EVAPORATION INTO THE ATMOSPHERE: THEORY, HISTORY, AND APPLICATIONS

蒸发理论与应用

【美】 Wilfried Brutsaert 著

程磊 张橹 秦淑静 译

中国水利水电出版社
www.waterpub.com.cn

·北京·

北京市版权局著作权合同登记号：图字 01-2018-2481

内 容 提 要

本书系统地梳理和介绍了自然条件下蒸发现象相关的理论及其发展历程和应用。全书主要涵盖了三部分内容：第一部分为第 1 章和第 2 章，概述了蒸发理论在 19 世纪末之前的发展历程；第二部分为第 3 章至第 7 章，详细介绍了自然蒸发表面水汽传输的概念和计算方法，包括低层大气物理学的一些基础知识，均一表面大气水汽传输的不同概念和公式，不同类型下垫面的湍流传输特性，地球表面能量平衡及应用不同方法描述地表条件受扰动后的边界层局部平流效应；第三部分为第 8 章至第 11 章，概述了观测与计算自然条件下蒸发的相关方法及其应用条件。

本书可供从事蒸发理论与应用以及水文循环相关研究工作的科研工作者参考使用，也可作为水文学及水资源、大气边界层动力学和气象学等相关领域专家、学者和研究生的参考用书。

图书在版编目（ＣＩＰ）数据

蒸发理论与应用 / （美）威尔·布鲁萨
(Wilfried Brutsaert) 著；程磊，张橹，秦淑静译. --
北京 ：中国水利水电出版社，2021.7
书名原文：Evaporation into the Atmosphere:
Theory，History，and Applications
ISBN 978-7-5170-9660-3

Ⅰ．①蒸… Ⅱ．①威… ②程… ③张… ④秦… Ⅲ.
①水蒸发 Ⅳ．①P426.2

中国版本图书馆CIP数据核字(2021)第115493号

审图号：GS（2021）3036 号

书 名	蒸发理论与应用 ZHENGFA LILUN YU YINGYONG	
原著编者	［美］Wilfried Brutsaert 著	
译 者	程 磊 张 橹 秦淑静 译	
出版发行	中国水利水电出版社 （北京市海淀区玉渊潭南路 1 号 D 座　100038） 网址：www.waterpub.com.cn E - mail：sales@waterpub.com.cn 电话：(010) 68367658（营销中心）	
经 售	北京科水图书销售中心（零售） 电话：(010) 88383994、63202643、68545874 全国各地新华书店和相关出版物销售网点	
排 版	中国水利水电出版社微机排版中心	
印 刷	北京印匠彩色印刷有限公司	
规 格	184mm×260mm　16 开本　16.5 印张　402 千字	
版 次	2021 年 7 月第 1 版　2021 年 7 月第 1 次印刷	
印 数	0001—1000 册	
定 价	**168.00 元**	

译 者 的 话

水是生命之源，自然界水循环生生不息。蒸发是水循环的重要环节，也是地表和大气连接的纽带——蒸发影响着地表的能量平衡，也带动了生物地球化学循环。水从自由水面或冰雪表面、湿润土壤进入大气形成蒸发，植物叶片蒸腾也包含了蒸发的物理过程。尽管微观尺度的蒸发机理及相关理论已经非常完善，但因边界条件、多过程和多要素间耦合与反馈非常复杂，自然条件下的蒸发观测与估算仍存在很多亟待深入研究的问题，仍然是流域水文模拟、水循环、天气过程、气候变化、变化环境下水资源管理等领域的难点问题。提高对蒸发的认识能够更好地进行水文过程模拟和水资源管理，解决人类生存发展中水的制约问题。

本书原著者威尔·布鲁萨（Wilfried Brutsaert）教授是美国康奈尔大学终身教授、美国工程院院士，获得了诸多享誉世界的荣誉，包括斯德哥尔摩水科学奖（Stockholm Water Prize——水资源界的诺贝尔奖）、美国地球物理联合会（AGU）最高奖鲍伊奖章（William Bowie Medal）和霍顿奖章（Robert Horton Medal）、美国气象学会（AMS）查尼奖章（Jule Charney Medal）等，发表了 200 多篇重要的学术期刊论文，出版了两部经典专著 *Evaporation into the Atmosphere：Theory，History，and Applications* 和 *Hydrology：An Introduction*。布鲁萨教授在水文领域建树颇丰，特别是在蒸发机理及其应用领域作出了杰出贡献，被尊称为"蒸发先生"。

布鲁萨教授在多年的教学讲义基础上，梳理总结研究成果并编写了这本关于蒸发的专著。书中对与蒸发现象有关的概念及相关理论进行了系统的整理和介绍，并概述了其发展历程和应用条件。本书专业性极强，从流体力学的角度出发解析蒸发的问题，详细介绍了自然蒸发表面水汽传输的概念和计算方法。本书也概述了不同自然条件下，观测和计算蒸发的方法及其适用条件，内容涵盖了绝大部分具有里程碑意义的蒸发理论研究。

译者有幸与布鲁萨教授进行蒸发方面的合作研究，受益匪浅。30 多年前，张橹在比利时布鲁塞尔自由大学攻读博士学位时，认识了布鲁萨教授并拜读了他的这本关于蒸发的巨著，并得到了他的耐心指导与帮助，对于这本书的学习延续至今。程磊从 2015 年开始与布鲁萨教授合作，参与了有关蒸发的多项研究，从而有机会系统地学习了这本关于蒸发的巨著。秦淑静在攻读博士学位期间开始系统地研习此书，并在布鲁萨教授的指导下从事蒸发机理和大气边界层理论方面的研究。几位译者从拜读此书到渐有所悟，日久年深，对蒸发理论的研究兴趣愈加浓厚。

翻译此书始念于 2016 年年底，主要动因有三个：一是崇敬之心。在与布鲁萨先生合作的过程中，深深地被他的学术思想造诣之深、治学态度之严谨、科研精神之纯粹所折服，先生之巨著在蒸发研究领域具有里程碑式的意义，谨以此项翻译工作向先生致以崇高的敬意。二是学习之需。从学习蒸发相关理论和应用，到逐渐领悟到蒸发仍是学科研究的前沿和难点问题，翻译此书也是自我鞭策和激励。三是推介之意。蒸发仍是水文及相关学科研究的关键和难点问题所在，希望本译作能够为学习或研究蒸发理论与应用的学者提供一定的帮助，促使更多青年学者更早接触和学习蒸发的相关知识。这也是翻译此书的价值和意义所在。

本书蕴涵深厚的哲学思想和理论知识体系，翻译此书的难度远超译者的预想。这是一项巨大的工程，历经几度春秋冬夏，本书的翻译工作终于完成了。感谢所有参加校译工作的学生对本书的出版所付出的辛勤劳动，特别是张云帆、叶林媛、程淑婕、侯钦耀、李昱然、万柳柳等，在此对他们所作出的贡献表示最真挚的感谢！感谢威尔·布鲁萨教授在翻译过程中对相关问题给出的具体而详尽的解释。感谢夏军院士和康绍忠院士提出的宝贵意见并为本书作序！感谢中国水利水电出版社隋彩虹及其同事对本书的版权办理及出版所做的细致工作和巨大努力！

此外，真诚感谢国家自然科学基金重大项目"长江经济带水循环变化与中下游典型城市群绿色发展互馈影响机理及对策研究"课题（41890822）和面上项目"广义蒸发互补关系在不同时空尺度上的变化机理研究"（51879193）为本书翻译和出版提供的资助。

译者虽然字斟句酌校译完稿，但由于水平有限，译文中难免会有错误和纰漏之处，敬请读者批评指正。

译　者

2021 年 6 月于东湖之滨珞珈山麓

陆地及全球水循环是联系地球系统科学多圈层的纽带。水文循环中的降水、蒸散发和径流以及大气水、地表水、土壤水和地下水的相互转化机理中，蒸散发的过程最为关键，对于它的研究也极其困难，其中原因之一是蒸散发涉及气候、植被、土壤等多要素，而且它们不能被直接或全部观测，因此蒸散发成为水文科学领域最为重要也是十分关键的科学难题。

威尔·布鲁萨（Wilfried Brutsaert）教授是国际著名的水文学家，在水文学蒸发机理和规律研究中作出了杰出贡献，被誉为"蒸发先生"。他所著的 *Evaporation into the Atmosphere：Theory，History，and Applications*（《蒸发理论与应用》）是一本学术水平极高且专业性极强的水文科学专著，其内容涉及水文学、气象学、农学、海洋学、气候学和流体力学等相关领域，在国际水文学和水资源学界引起强烈反响。

本书是布鲁萨教授在20世纪70年代的教学讲义基础上系统总结的一本关于蒸发的专著，也是迄今为止世界上仅有的几本聚焦蒸发机理与应用的专业书籍之一。书中对与蒸发现象有关的概念及相关理论进行了系统性的梳理和介绍，并概述了其发展历程和应用条件。与国内外诸多水文科学专著相比，布鲁萨教授的这本《蒸发理论与应用》在基础性、系统性和探索性方面更有独到之处。布鲁萨教授将与蒸发相关的多学科知识和流体力学融会贯通，在书中对地表蒸发过程及机理进行了系统性的解析，不仅仅对蒸发这一现象进行描述，并且对现象背后的机理进行了深入的探讨，这为水文科学领域的研究学者们提供了极大的启发。这样一部体大思精、推证严密的著作，对于广大青年学者乃至业内专家而言，都具有重要的学习意义和参考价值。

我于2000年入选中国科学院"百人计划"，曾在中国科学院担任陆地水循环及地表过程重点实验室主任十年有余，直到2012年回到武汉大学。曾记得在刘昌明院士邀请下，布鲁萨先生多次到中国科学院地理科学与资源研究所讲学，我也有幸聆听。在听了先生深入浅出和富有哲理的学术讲座后，我受益匪浅，也进一步感受到蒸发是水文循环的关键变量，是当前水科学研究中的难点问题之一。

　　中国学术界经过几代人的探索与努力，也在蒸散发的过程和机理方面取得了一系列成果，并作出了突出的贡献。但是，像《蒸发理论与应用》这样系统深入的总结和梳理还比较缺乏。本书值得水文科学和地球科学领域的同仁和青年学子们仔细研读和参考。我相信《蒸发理论与应用》中译本将为我国广大青年学者与科研工作者提供有力的帮助和支持，也希望有更多的中国学者能够从事水文学基础理论和蒸散发研究，推动水文科学的发展与进步。

武汉大学教授
中国科学院院士

2021 年 6 月 2 日

蒸发是地表水文循环的重要过程和水平衡的主要分量，蒸发过程中伴随着水热交换和水碳交换。陆地蒸发量是水资源评价、流域水利规划、水利工程建设与管理、农业种植区划和农业高效用水的重要科学基础。蒸发研究一直是水文学、自然地理学、农业气象学、农业水利学等学科关注的重点。

关于蒸发的研究已有 200 多年的历史。1802 年，道尔顿（Dalton）提出综合考虑风速、空气温度和湿度对蒸发影响的蒸发定律后，蒸发的理论计算才开始具有明确的物理意义。道尔顿蒸发定律对近代蒸发理论的创立起到了决定性的作用。1926 年，波文（Bowen）提出了蒸发计算的波文比-能量平衡法。1939 年，桑恩斯威特（Thornthwaite）和霍尔兹曼（Holzman）基于近地面边界层相似理论，提出了计算蒸发的空气动力学方法。1948 年英国的彭曼（Penman）提出了计算蒸发的综合法公式。20 世纪 50 年代，苏联学者布迪科（Будыко）提出了计算大区域蒸发的气候学方法。20 世纪 70 年代以来，基于地表能量平衡的区域蒸发遥感反演被越来越多地应用。

威尔·布鲁萨（Wilfried Brutsaert）是一位在近几十年蒸发理论发展过程中里程碑式的杰出科学家，他拓展了蒸发互补理论，在国际水文学界及相关领域享有盛誉。他是美国康奈尔大学终身教授，美国工程院院士。布鲁萨教授基于其多年从教生涯的讲义，梳理总结出来一系列具有重大国际影响力的水文学专著，具有不同寻常的宏阔器局与高远视野，其中 *Evaporation into the Atmosphere：Theory，History，and Applications*（中译本：《蒸发理论与应用》）是一本聚焦蒸发的专著，其内容涉及水文学、气象学、农学、海洋学、气候学和流体力学等相关领域，深刻洞见了蒸发研究的发展演化历程，为国际多所著名高校和研究机构选作专业教材或参考用书。

本书以一种极为严谨的描述方式对蒸发的基础理论发展与应用框架予以介绍，整体把握与讲解皆十分精辟，内涵丰富。在蒸发理论的描述中涉及大量严密的推导论证，表现出布鲁萨教授极为深厚的数理功底和一以贯之的超高教学水准；在蒸发历史的描述中，他又以科学史家的姿态将人类对于蒸发现象的认知过程娓娓道来，展示出他对蒸发理论发展及其内涵的独到凝练。养成对本学科发展历程进行不断检视与反思的习惯，对于那些有志于进行基础性研究与创新性探索的青年学子无疑十分重要。在这本《蒸发理论与应用》巨著中，同样可以领悟到这种检视与反思的治学精神。

布鲁萨教授几次到中国农业大学进行学术交流，介绍蒸发理论研究的最新进展，我们团队的霍再林教授在康奈尔大学访学期间也承蒙他的关照。在与布鲁萨教授的接触过程中始终能感觉到他不愧是一位德高望重又可敬可亲的著名科学家。有一次他到访北京，先在中国科学院地理科学与资源研究所交流，后到中国农业大学讲学。由于行程紧凑，加上时差等原因，我们感觉他有点疲惫，建议他坐下来做报告，但他一直坚持站着作完整场演讲。小霍在康奈尔大学访学期间经常到他办公室求教，后来他亲自到小霍的办公室跟他一起讨论。他说不能总让小霍到他的办公室，他也应该到小霍的办公室，这样才能平等交流和讨论。他平易近人，虽然是享誉全球的著名科学家，但从不唯我独尊、从不张扬，这就是他的人格魅力。我总想，现在迫切需要的正是像布鲁萨教授这样脚踏实地的名副其实的科研工作者，而不是张扬的"科学家"，更不是那些做了一点事就自以为了不得的"科学家"。我们不仅要学习布鲁萨教授著作中的专业知识，更应该学习他的治学精神。

专业论著的翻译工作对译者的专业基础和语言功底都有着严苛的要求，大量的细节都需经过严密推敲，因此是一项十分辛苦且些许枯燥的工作。欣闻程磊、张橹、秦淑静翻译的《蒸发理论与应用》历经数年沉淀即将付梓，为他们表现出的勤奋与严谨表示由衷钦佩，也为这部书的丰富和厚重而感叹。希望我国从事水文学及相关领域基础理论研究的广大青年学者乃至业内专家能够从中受益，进而推动蒸发理论研究的进一步深入和水文科学的发展与进步。

中国农业大学教授
中国工程院院士

2021 年 6 月 9 日于北京

　　自然环境中的蒸发现象是多个学科关注的焦点。本书试图系统地梳理和介绍蒸发现象相关的理论及其关系，并概述其发展历程和应用的脉络。本书的主要目的在于更好地认识和理解蒸发现象，并建立不同学科在蒸发现象研究中发展起来的方法和相关范例之间的联系。

　　本书面向水文学、气象学、农学、海洋学、气候学和相关领域对蒸发现象研究感兴趣的科学家和工程师。同时，也希望本书有助于流体动力学研究领域的同行了解或熟悉蒸发这一重要且有趣的自然现象。

　　从各章标题可以看出，本书主要包括三个部分。第一部分由第 1 章和第 2 章组成，主要概述蒸发理论在 19 世纪末之前的发展历程。对于这段历史的介绍并非面面俱到，但所述的背景和理论引发了欧洲科学革命，并对我们今天的认知有着巨大影响。第二部分是本书的核心，由第 3 章至第 7 章组成，主要涉及低层大气与自然蒸发表面水汽传输的概念和计算公式。第 3 章讨论低层大气物理学的一些基础知识，以作为之后各章详细介绍的基础，并使本书更具系统性。第 4 章试图在大气边界层理论框架内将统计学意义上均一表面的大气水汽传输的不同概念和公式联系在一起。第 5 章对不同类型下垫面的湍流传输特性进行参数化。第 6 章介绍地球表面能量平衡的相关内容。第 7 章主要介绍应用不同方法描述地表条件受扰动后的边界层的局部平流效应。第三部分由第 8 章至第 11 章组成，概述当前用于观测或计算蒸发的相关技术，并根据这些技术的概念基础及第二部分所述的相关原理进行梳理。方法的选择取决于所研究或待解决的问题，并受可用数据或仪器的制约。

　　我在编纂本书时没有尝试涵盖主题所有可能的角度和观点，相反，我遵循了一条多年来所确立的能够有效传递对蒸发现象的理解的思路。同样，书中也未能详尽列出所有的参考文献。尽管如此，本书所列的参考文献还是包含了所有引用到的前人的研究工作，以及一些用来追溯发展脉络的重要文献。除少数没有资料来源的情况，我亦避免列出一些不太容易得到的参考文献和资料。

本书基于我在康奈尔大学土木与环境工程学院水文学和微气象学课程的授课材料进一步完善而来。此外，我在荷兰瓦赫宁根大学（LH）和瑞士苏黎世联邦理工学院（ETH）担任访问教授时也讲授了本书的主要内容。

　　在此，要向我的研究生以及世界各地帮助过我的朋友表示感谢，我有幸与他们讨论了与蒸发有关的问题。他们的想法和见解促使我不断地完善自己的思路，从而能够完成本书。

威尔·布鲁萨
（WILFRIED BRUTSAERT）
伊萨卡，纽约
1980 年春

目　录

第 1 章 引言

1.1 蒸发的定义

本书所关注的主要问题是水在自然环境中的蒸发（evaporation）现象。一般来说，蒸发是一种物质从液态或固态转化为气态的过程。对于固体物质来说，这种现象通常称为升华（sublimation）。水通过植物叶片气孔的蒸发称为蒸腾（transpiration）。在计算中，地表的植被蒸腾与土壤和较小面积水面蒸发很难区分，因此，蒸发和蒸腾这两个术语经常合并称为蒸散发（evapotranspiration）。这些不同的区分有时是有用的，但是蒸发这一词足以涵盖水汽化的各种过程。除非特别说明，本书中所讲的蒸发包括水汽化的各种过程。

1.2 应用范围

1.2.1 水量平衡

自然环境下的蒸发，不论是从自由水面还是从有植被覆盖的陆地表面，都是水文循环的主要环节之一。水文循环，或水循环，是水永不停歇地转化和传输的过程，包括大气水通过降水落到地表，之后通过地下渗流或地表径流的形式汇入河流、湖泊和海洋，再经过蒸发返回到大气中的过程，如此形成了一个闭合的循环。

进入水文循环蒸发阶段的水分就变得不可利用，或难以进一步开发利用了，这是水资源管理中需要考虑的一个重要的问题。在世界上的许多地区，可利用水资源已经被开发到接近极限，因此准确估算蒸发耗水量是非常必要的。陆地表面的蒸散发与降水一起控制着流域的径流量。蒸散发也在很大程度上决定了流域的水文响应特征，如暴雨径流过程和强降水之后的洪水过程等。潜在蒸散发可以简单地定义为水分供应充足条件下的蒸发量，在灌溉用水规划中可作为作物灌溉需水量。水面的蒸发量和蒸发速率是水库库容设计、水库向城市和工业供水能力、农业灌溉水量、冷凝器冷却用水、水力发电、航运、甚至是休闲的必要信息。

然而，有植被覆盖的地表蒸发过程和自由水面蒸发的估算目前在水文循环中的认识仍然相对不足，估算区域蒸发还相当困难。在区域尺度上估算水循环的其他环节，如降水或径流，还存在不可避免的采样问题。对于蒸发来说，除了采样问题以外，也存在如何在一个点尺度对蒸发进行简单有效的估算的问题。

根据质量守恒定律，集总式或平均状态的水文系统的水量平衡方程可以表示为

$$(P-E)A+Q_i-Q_o=\mathrm{d}S/\mathrm{d}t \tag{1.1}$$

式中：P 为系统的平均降水量；E 为蒸发量；A 为面积；Q_i 为地表和地下水入流量；Q_o 为地表和地下水的出流量；S 为系统中存储的水量。

当其他变量已知时，确定蒸发量 E 的一个方法是将其作为式（1.1）的剩余项。但是，即使其他变量都已知的情况下，这种方法并不具有普适性。因为，降水和径流观测中较小的不可避免的观测误差都会给蒸发的估算带来较大的绝对误差。此外，这种方法在库容规划或灌溉工程项目中估算蒸发时也不太适用，这就是为什么通常需要一种独立于水量平衡的方法，比如根据气象数据来确定蒸发的方法。

1.2.2　能量平衡

在地球表面的任一自然系统中，蒸发是连接水量平衡和能量平衡的纽带。对于一个简单的集总式系统，当系统的不稳定性、冰雪融化、光合作用和横向平流的影响可以忽略时，能量平衡方程为

$$R_n=L_eE+H+G \tag{1.2}$$

式中：R_n 为净入射辐射通量；L_e 为水的蒸发潜热；E 为蒸发量；H 为进入大气的显热通量；G 为地表热通量。

大部分总入射辐射在近地表被吸收，并转换成内能。随后，这种内能分为向上长波辐射、向上的热传导和显热对流、蒸发潜热和地表热通量等部分，这种内能的再分配是驱动大气循环的主要动力之一。全球热量的分布驱动着地球的大气环流。由于水的汽化潜热大，所以蒸发过程涉及大量的能量转移和再分配，而且是在近似等温条件下进行的。水汽在向高处运移的过程中很容易冷凝并把携带的能量释放到大气中，与此同时空气会变得干燥。这种通过水汽凝结和降水过程所释放的能量是大气层最大的热源。换句话讲，蒸发作为潜热通量，在控制天气和气候方面起着至关重要的作用。

此外，水的多少或缺水程度是一种有用的衡量气候特征的变量。正因为如此，实际蒸发量经常与潜在蒸发能力进行比较，并用于刻画区域的干燥程度。

在一些特定的区域，发电和一些其他工业排放的高温废水会携带大量的热能，这种废水可能造成排泄处（如沿海水域、湖泊和河流等）自然状态下能量和生态的严重失衡。了解潜热和显热通量传输的物理过程对于设计合理的废水排泄系统以避免对人类环境造成一些不良影响是非常必要的。

如地表能量平衡公式［式（1.2）］所示，净辐射通量也可以以 H（即大气中的显热通量）的形式被耗散。实际上，近地表的这种显热可以表示为 c_pT，其中 c_p 为空气的定压比热，T 为温度。这种表示方式是把显热看作为空气中的一种标量混合物，如水蒸气一样。这种处理方式使得显热在大气中的传输机制与水汽非常相似。此外，在许多情况下，如果不考虑 H 则不可能得到 E，反之亦然。因此，显热通量 H 与潜热通量 E 通常在一起进行分析处理。这两个通量的比值称为波文比（Bowen ratio），是一个常用的气象和气候参数，即

$$\mathrm{Bo}=H/L_eE \tag{1.3}$$

1.3　全球气候学

到目前为止，已经开展了大量研究来估算全球水量和能量平衡方程中重要分量的大小，但由于所需数据还远远不够，其中的一些方法可能会受到质疑。然而，最近计算出的一些值具有较好的一致性，虽然这些结果仍有一定局限性，但它们为估算全球不同气候地区的长期平均蒸发量提供了一个可用的参照。从 1970 年以来估算的全球水量平衡见表 1.1。

表 1.1　　　　　　　　　　从 1970 年以来估算的全球水量平衡　　　　　　　　单位：m/a

文　　献	陆地 (1.49 亿 km²)		海洋 (3.61 亿 km²)		全球
	P	E	P	E	$P=E$
Budyko (1970，1974)	0.73	0.42	1.14	1.26	1.02
Lvovitch (1970)	0.73	0.47	1.14	1.24	1.02
Lvovitch (1973)	0.83	0.54	—	—	—
Baumgartner 和 Reichel (1975)	0.75	0.48	1.07	1.18	0.97
Korzoun 等 (1977)	0.80	0.485	1.27	1.40	1.13

如表 1.1 所示，全球年平均蒸发量约为 1m，陆地表面蒸发量大约是降水量的 60%～65%。在长期稳定的条件下，剩下的部分可以看作径流量，即 $q_r = (Q_o - Q_i)/A$，或表示为

$$q_r = P - E \tag{1.4}$$

全球陆地的径流量约为降水量平均值的 35%～40%。从表 1.2 可以看出，除南美洲和南极洲之外，各大洲的年平均降水量和蒸发量与全球均值之间并无显著差异。

表 1.2　　　　　　　　　各大洲年平均降水量和蒸发量的估算值　　　　　　　　单位：m/a

文　　献		欧洲	亚洲	非洲	北美洲	南美洲	大洋洲	南极洲
Lvovitch (1973)	E	0.415	0.433	0.547	0.383	1.065	0.510	—
	P	0.734	0.726	0.686	0.670	1.648	0.736	—
Baumgartner 和 Reichel (1975)	E	0.375	0.420	0.582	0.403	0.946	0.534	0.028
	P	0.657	0.696	0.696	0.645	1.564	0.803	0.169
Korzun 等 (1978)	E	0.507	0.416	0.587	0.418	0.910	0.511	0
	P	0.790	0.740	0.740	0.756	1.60	0.791	0.165

表 1.3 给出了不同形式储水量的估算值，这些估算值假定地球是一个标准球体，单位为覆盖全球单位表面积的水深。从表 1.3 可以看出，相对于地球上没有储存在永久性的冰和深层地下水的淡水资源来说，全球 1m 的年平均蒸发量是很大的。全球土壤、湖泊和河流中储存的水不足 1m，大气中的凝结水只有 2～3cm。换句话说，水文循环中比较活跃环节的更新速率非常快。如果假定大气中水储量大约为 0.025m，根据全球 1m/a 的蒸发速

率可得到全球水循环的更新率大约 9 天。全球陆地的径流为 0.30m/a（表 1.1），陆地面积约占全球地表面积的 29%，其河流的水储量约为（0.003/0.29）m，得到陆地河流中水的平均停留时间为 13 天。由此可见，水在大气和河流中的停留时间非常短。此外，全球海洋面积约占地球总面积的 71%，水文循环中的淡水通过海洋蒸发而不断得到更新。

表 1.3　　　　　　　　　全球不同形式的储水量　　　　　　　　单位：m

数据源	Lvovitch（1970）	Baumgartner 和 Reichel（1975）	Korzun 等（1978）
海洋	2686	2643	2624
冰盖与冰川	47.1	54.7	47.2
总地下水	117.6	15.73	45.9（不包括南极洲）
可利用地下水	7.84	6.98	—
土壤水	0.161	0.120	0.0323
湖泊	0.451	0.248	0.346
河流	0.00235	0.00212	0.00416
大气	0.0274	0.0255	0.0253

注　表中数值单位为全球单位表面积上的水深。

　　许多研究已经给出了全球蒸发的近似分布情况和水量平衡中其他分量的分布图，如 Lvovitch（1973）、Budyko（1974）、Baumgartner 和 Reichel（1975）、Bunker 和 Worthington（1976）、Korzoun 等（1977），以及 Hastenrath 和 Lamb（1978）。基于最近几个较为一致的全球估算结果，图 1.1 给出了全球年蒸发量（单位：dm）的空间分布情况。从图中可以看出，自然界中的蒸发存在显著的空间差异，特别是在干旱地区。如图 1.1 所示，最大的蒸发速率发生在大西洋的西北区域，超过了 32dm/a。实际上，Bunker 和 Worthington（1976）计算得到该地区的最大平均蒸发量为 37.3dm/a。显然，该地区这么大的蒸发不只是由局部净辐射高引起的，而且还受到墨西哥湾洋流携带能量的对流影响。Assaf 和 Kessler（1976）在研究红海附近的阿喀巴湾的蒸发中也发现了类似的洋流对流对区域海洋蒸发的影响。阿喀巴湾是一个被沙漠包围的海湾，由于洋流的作用该区域有大量从红海而来的温暖的海水，导致了阿喀巴湾的蒸发速率约为 3.65m/a。而且，Assaf 和 Kessler（1976）还补充说明有关海洋学的研究指出阿喀巴湾蒸发速率最大值可能高达 5m/a。

　　灌溉工程师在缺乏更可靠的信息时会根据经验认为作物灌溉需水量为 1.0～1.5L/(s·hm²)，即 3.2～4.7m/a。灌溉用水效率通常在 25%～40%，这样粗略的经验估计与这里给出的气候值一致。美国东北部的农民通常认为作物生长期每周大约需要 1 英寸（2.5cm）的降雨量以保持作物良好的生长状态。对于大约 6 个月的生长期来说，这个农田蒸发量的经验估算值与表 1.2 中的数据也非常一致。

　　美国东部四个地区的实测月蒸发量如图 1.2 所示。

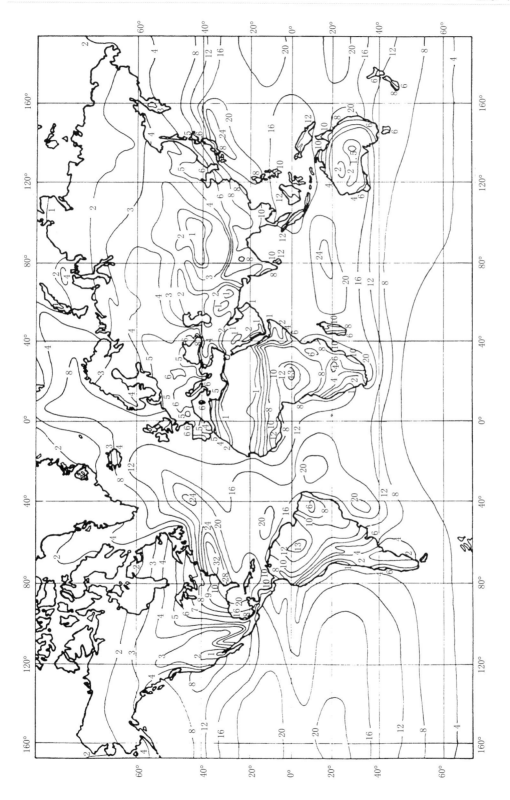

图 1.1　全球年蒸发量分布图（单位：dm）

（原著者 2020 年计算的全球年蒸发量分布图见附图）

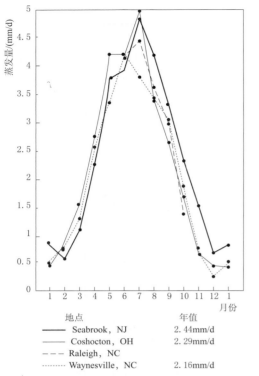

地点	年值
—— Seabrook, NJ	2.44mm/d
—— Coshocton, OH	2.29mm/d
- - - Raleigh, NC	
······ Waynesville, NC	2.16mm/d

图 1.2 美国东部四个地区用蒸渗仪实测的月蒸发速率（mm/d）〔Seabrook、Waynesville 和 Raleigh 这三个地方的观测值代表最大或近似最大蒸发量，而 Coshocton 的是在缺水条件下的实际蒸发量（源自 Van Bavel，1961）〕

表 1.4 提供了全球陆地、海洋和整个地球表面能量平衡及其主要组分的大小。这些数据表明地表能量主要用于蒸发的消耗。在海洋上，平均潜热通量 L_eE 大于净辐射的 90%。在陆地表面上，平均潜热通量 L_eE 略大于净辐射 R_n 的 50%。自然条件下，区域潜热通量与净辐射的比值会随着空间分布的不同而变化。表 1.4 中列出的参考文献中还包含有 10° 分辨率能量平衡各分量的全球空间分布图。从全球分布图上可以看出，大约在纬度 20°～40° 之间的区域，显热通量 H 大于潜热通量 L_eE，这是因为这些区域是干旱区或者沙漠。蒸发量在全球能量平衡中的相对大小再次表明蒸发是水循环和能量平衡相互耦合的重要纽带。因此，地表能量平衡的变化不仅与气候变化有关，而且与水量平衡的变化有关。

在任何给定的空间和时间，实际蒸发量通常与气候平均值相差甚远。这种偏差可以通过循环或周期性特征来描述，即在日尺度和季节尺度上的周期性。在极端的温暖干旱气候条件下，干旱和湿润季节特征非常显著，季节性的蒸发周期与降雨周期非常相关。在湿润的气候条件下，或者在水面上，

蒸发速率的季节性变化与蒸发可利用能量的变化非常相关。陆地上大多数气候区蒸发的季节性周期变化规律受到可利用水和可利用能量的共同影响。如图 1.2 所示，美国东部的几个地点月平均蒸发速率，最大和最小值分别出现在夏季和冬季。因此，美国东部蒸发的循环或周期规律与入射太阳辐射和空气温度变化非常相似，而且该区域水深较浅水体的实际蒸发的季节性变化也有相似的规律。但是，较深水体蒸发的季节性变化与太阳辐射的夏冬周期变化并不一致。与地面不同的是，水体可以储存和释放大量的热量。所以，较深水体可用于蒸发的能量变化可能比太阳能入射周期滞后数个月。如图 1.3 所示，安大略湖的蒸发速率在秋末和冬初最大，春季和初夏最低，相应的净辐射和热通量如图 1.4 所示。

表 1.4		地球表面能量平衡估算值						单位：kcal/(cm²·a)		
文　献	陆地			海洋			全球		
	R_n	L_eE	H	R_n	L_eE	H	R_n	L_eE	H
Budyko（1974）	49	25	24	82	74	8	72	60	12
Baumgartner 和 Reichel（1975）	50	28	22	81	69	12	72	57	15
Korzun 等（1978）	49	27	22	91	82	9	79	67	12

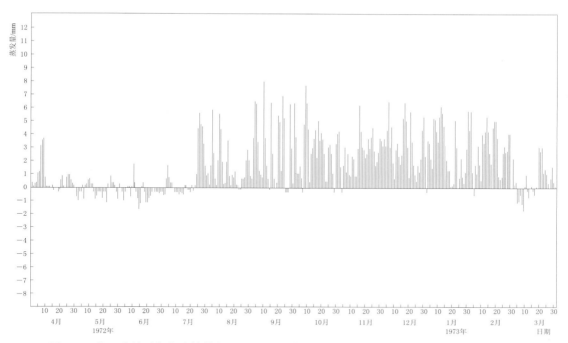

图 1.3　基于质量平衡方法估算的 1972—1973 年安大略湖日蒸发量（源自 Phillips，1978）

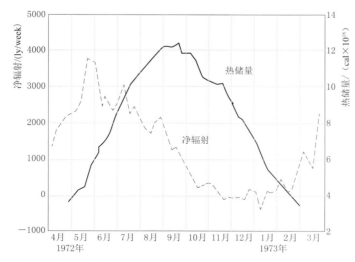

图 1.4　1972—1973 年安大略湖每周的净辐射和热通量（源自 Pinsak 和 Rogers，1974）

　　与陆面蒸发相比，水面蒸发日内变化周期性不太显著。因为入射能量传导到地面以下的热量较少，所以陆面实际蒸发的日循环通常随着太阳辐射日变化而变化。图 6.1～图 6.4 展示了有植被覆盖陆地和水面的蒸发及能量平衡的主要成分的日变化。图 1.5 展示了裸土实际蒸发在日尺度上的变化规律。降雨或灌溉后实际蒸发也有类似图 1.5 的一般规律，即土壤水被不断耗竭的实际蒸发量的变化。由于图 1.5 所展示的蒸发是无雨期或没有灌溉条件下观测到的蒸发变化，所以实际蒸发的日循环特征有明显的减少趋势。降雨后，草地和裸土的每日平均蒸发量也存在类似的趋势，如图 10.1 和图 11.7 所示。

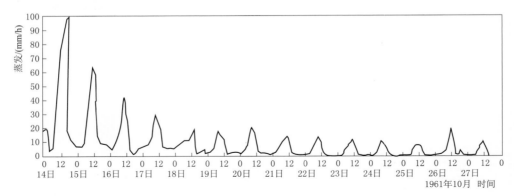

图 1.5　地表干燥过程中裸土表面的蒸发速率变化，其中蒸发为美国
亚利桑那州可称重式蒸渗仪观测值（Van Bavel 和 Reginato，1965）

实际蒸发在日尺度和季节尺度上的周期性只是自然条件下实际蒸发随机性的一个特征。很多学者已经尝试着去研究蒸发的随机性及其统计规律，如 Yu 和 Brutsaert（1969a；b）、Pruitt 等（1972）、Shahane 等（1977）、Magyar 等（1978）。但是，目前对蒸发随机性的了解仍然很少，亟待高质量和长系列的观测数据来提高我们对于蒸发随机性的认知。

1.4　地表与大气层交界面上其他混合物的传输

除了蒸发和显热交换外，大气中的其他混合物也会在陆面和大气之间交换，并且这种交换有重要的物理和生物影响。比如，水面上氧气（O_2）的交换机制是湖泊和河流保持或恢复水质的主要机制之一。二氧化碳（CO_2）是生物新陈代谢所必需的另一种空气成分，同时也是由各种燃料燃烧产生的主要废气之一。在过去的几十年中，CO_2 在空气中的浓度一直在增加。通过植被吸收 CO_2 和通过水体表面溶解 CO_2 是碳循环中两个重要的碳汇，在很大程度上决定了空气中 CO_2 的自然固碳能力。与阳光和养分一样，水面 CO_2 的交换也是控制湖泊富营养化的一个因素。除了 CO_2，许多其他生物代谢过程中产生的气体也通过水体表面释放到地球大气层中，大气层通过干沉降或湿沉降机制来去除这些气体成分。从湖泊和河流中挥发的一些碳氢化合物对环境的影响日益成为环境工程师关切的问题。

本书并不涉及上述问题。但是，本书所讲述的蒸发过程中伴随水和能量交换的其他一些物理现象和规律也适用于其他气体混合物。当然，这种相似性在纯液体或固体情况下更为显著。对于那些分压较低（即浓度较低）且在液体中有高溶解性或快速化学反应的气体成分，这种相似性也成立。比如，NH_3、SO_2、SO_3 和 HCl 与水汽在水面的气体交换规律非常相似（Hicks 和 Liss，1976）。实际上，大多数气体不属于这一类别，这些气体在水-大气界面的交换通常受到其在水中的扩散机制的影响。尽管如此，在交换界层之上，所有被动混合气体成分在湍流边界层中的运移规律都是一致的。例如，在植被冠层之上，CO_2（Shawcroft 等，1974）、O_3（Wesely 等，1978）或 NH_3（Denmead 等，1978）的扩散运移都可以按照计算水汽扩散运移的方法来计算。

第 2 章　蒸发理论发展简史

自古以来，人们就已经注意到自然界中水的蒸发这一现象，无疑也曾探究过这一现象的本质。为了更好地理解我们目前对蒸发的认识，有必要简要回顾过去的一些概念及其发展历程。

2.1　古希腊时代

在历史上，古希腊自然哲学家因其在揭示自然现象方面所做出的努力而得到了世界的广泛认可（Burnet，1930；Freeman，1953）。他们的作品得以流传的不多，而且即使是流传下来的作品也不易于理解，这不仅仅是因为其中大部分早期理论并非来源于原始资料，同时也因为即使是最基本的概念，其意义也发生了转变。尽管如此，关于这些著作和理论的研究仍然表明：蒸发在古希腊宇宙学的研究中占有核心地位［参考 Gilbert（1907）］。事实上，他们对所有气象现象的理解都基于地表的（水和陆地）呼气作用。这样的呼气作用被称为"水汽上升"（ἀναθυμίασις），或者在发生汽化的情况下，被称为"水蒸气"（ἀτμίς）。这些概念实现了地表（土和水）与大气（空气和火）之间的联系与互动。

早在哲学诞生之前——公元前 8 世纪，赫西俄德就描述了雾的形成。赫西俄德（Hesiod，1928；1978）在建议农民及时穿衣和耕作场景时就有一段著名表述，他这样写道：

"清冷的早晨，北风之神安静了下来；天际仍闪耀着星光，田野上弥漫着带来富饶和好运的白雾。它们（雾）源自奔腾的河流，随风飘到大地的上空，有时化作雨，直到傍晚也不停歇，有时又随风逝去，紧跟着色雷斯的北风之神，去追逐那厚厚的云层。"

这一段文字也体现了人类的一种自然的直觉。具体而言，其中包含了两个有趣的特点。既提到了水循环的大气循环阶段，也暗示了蒸发可能既是风的成因也是风的结果。

通常认为，真正有关自然科学的研究始于爱奥尼亚地区的米利都学派，这一学派在公元前 585 年前后达到鼎盛。塞利斯或许并未用文字记录自己的思想，现今也并无任何他的语录可考证，但有证据表明他相当重视蒸发这一现象。塞利斯认为：水是万物之源。据说（Diels，1879），塞利斯将其归为三大规律之一，"甚至太阳之火与星辰之光，甚至是宇宙本身，也都源于水的蒸发"。

已知的最早与此相关的古希腊哲学文献由塞利斯年轻的助手——米利都学派的阿那克西曼德（约公元前 610—前 565 年）所著。希波吕托斯在其论述著作中归纳了阿那克西曼德有关蒸发现象的观点（Diels，1934）："当最细的水汽从空气中分离，就形成了风；当水汽凝结在一起，就形成了雨；由于太阳的缘故，水汽从地表向上释放到了空中。"

就这一问题，埃提乌斯（Diels，1934）将阿那克西曼德的观点描述为"风是一种气流，是最细微、含水量最高的气流，在阳光的作用下运动或消散"。埃提乌斯是大约生活于公元 2 世纪的论述编集者，他所汇编的信息间接来自已经失传的塞奥弗拉斯特的作品（Diels，1879；Burnet，1930）。同样还有希波吕托斯（于公元 235 年去世），他的资料也属于间接来源，但基本上完全独立于埃提乌斯的资料之外，两篇文章的内容大同小异。因此，即使存在一些不确定性（Diels，1934；Gilbert，1907），这些论述仍然合理地阐述了阿那克西曼德的哲学。论述提到，阿那克西曼德认为存在水分蒸发作用，且这一作用源于太阳，太阳将水分变成了空气并以风的形式运动，故此，与其说蒸发是风的结果，不如说蒸发是风的起因。

色诺芬尼（公元前 570—前 460 年）在他青年时期，约公元前 530 年提出了这个观点："天象源于太阳之热量；大海中的水分离开水面，细雾部分凝而为云，受压后落而为雨，随风飘落四周"（Diels，1934）。

他同时也强调：

"海洋是水之源，也是风之源。没有大海，就没有呼啸的风，也没有奔腾的溪流，更没有天空的降雨。是大海，产生了云、风和溪流……"

第欧根尼·拉尔修（Diogenes Laertius，1925）也对色诺芬尼的观点进行了类似描述（此处未采用 Hick 的译文）："水汽在太阳的作用下上升进入大气，随后形成了云……"所有这些论述均表明，色诺芬尼对水循环存在一定的认识，而他的认识可能比赫西俄德和阿那克西曼德的认识更为完善，这是因为他还考虑到了地表溪流在水循环中的作用。但太阳作用下的蒸发扮演了核心角色。同时，色诺芬尼可能也提出了某种形式的两种呼气作用。根据塞奥弗拉斯特（Diels，1934）的记载，色诺芬尼认为"……太阳由水分蒸发产生的火热粒子构成"。

大约公元前 500 年处于盛年的赫拉克利特首次提出了两种呼气的概念。第欧根尼·拉尔修（Diogenes Laertius，1925；Diels，1934）对其观点的描述如下（此处未采用 Hick 的译文）：

"因火而蒸发水汽，因凝结而成为水，因水的凝固而成为土。此为下降路径。随之土发生液化形成水，其余万物则因水而生，一切来自海洋的蒸发作用，此为上升路径。"

换言之，赫拉克利特考虑到了各元素之间的相互转化，认为蒸发是最重要的过程。但同时他也考虑到了另一种呼气形式：

"不仅地表，海面上也存在着呼气现象。地表呼气明晰、纯粹，而海上呼气则混沌复杂。光明源之于火，而其他万物源之于水……日夜交替、四季变化、降雨、风和其他类似的现象都来自不同形式的呼气过程。在地表呼气过程中，太阳是整个循环的起点和昼夜交替的源头。地表的呼气所产生的热量形成了夏季，而由水分主导的海面的呼气作用中则形成了冬季。同时他也提到了相应的其他原因。"

这一文章认为，太阳是光明或湿呼气的推动者，驱动着各元素之间的转换。就赫拉克利特而言，呼气不仅仅是物理现象，也是万事万物的灵魂（Diels，1934）。

"宇宙的灵魂源于它的呼气，而生命的灵魂源于内外呼气。"

其他文献中也有述及："灵魂亦通过蒸发而消失"（Eusebius，1934）。

古希腊名医希波克拉底（约公元前 460—前 370 年）同样也提出了关于蒸发的看法。希波克拉底的主要研究领域并非哲学，因此他的观点少了一些深奥的意味，但可能更加能够代表那个时代的普遍观点。他在关于雨水的描述中提到（Hippocrates，1923）：

"太阳升起，聚集了最细小的水分（盐的形成可证明这一点）……最细小的水分轻盈而能够被太阳聚集。太阳不仅仅聚集了水池中的水分，也聚集了来自海洋和其他湿润物体的水分——万事万物都含有水分。即使对于人类，人体最细微和轻盈的水分也被太阳吸收。最明显的证据是，当一个人戴着斗篷在阳光下行走或静坐时，直接被阳光照射的皮肤不会出汗，这是因为汗水在产生和出现的时候便已经被阳光吸收。但在斗篷或其他遮盖物遮挡的部位会出汗。"

古希腊自然哲学的发展在亚里士多德（约公元前 384—前 332 年）时期达到了顶峰。尽管亚里士多德并不认可很多前人的观点（Cherniss，1964），但他仍然明显受到了前人思维方式的影响。在《天象论》一书中，亚里士多德进一步发展了赫拉克利特有关两种呼气的概念，并将其作为自己理论体系的核心。下文引述了亚里士多德关于蒸发的观点（Aristotle，1952）：

"水汽自水面分离而形成，……地球归于静止，水汽在空气中的运动取决于太阳的热量。当水汽从海洋升到空中，凝结成云，并以降雨的形式滴落地面，而风则使之蒸发到四周。水呼气形成水汽，空气呼气凝结成水，聚而成云……"

这一蒸发过程的描述模糊地涉及潜热的概念（Aristotle，1952）：

"在天气晴朗和温暖的地区更容易形成露水，而白霜形成的条件则相反。很显然，水汽的温度高于水，并且仍然含有引起水汽上升的热量，因此需要更多的冷空气来凝结。"

此外，还存在着另一种形式的呼气（Aristotle，1952）：

"地表存在着大量的热量。太阳不仅吸收地表的水分，同时也会加热地表从而使地表变干，这个过程产生了两种"呼气作用"，一种和水汽有关，另一种和烟雾有关。按前文所述，含有大量水分的呼气过程是雨水的来源，而干呼气过程则是风的来源和天然组成物质……考虑到两种呼气作用在性质上的不同，很显然，风和雨水的基本组成也各不相同，而并非像有些人所认为的：空气在运动时为风，而在凝结时为水。是的，很难假设我们周围的空气仅仅因为运动就成为了风，且无论运动来源如何都会成为风。这是因为，无论水的体积有多大，如果没有固定源头，我们就不会称之为河流。对于风，也是同样的道理……"

很显然，与前人一样，亚里士多德也认识到：湿呼气需要太阳辐射或其他热量的驱动；但他否认了蒸发与风之间的直接联系——两种呼气皆由太阳引起。亚里士多德强烈反对"风仅仅是运动的空气"这一观点，因此从未考虑风与蒸发之间存在任何因果关系。由于这一观点是由阿那克西曼德在距当时约 200 年以前提出的，因此亚里士多德的理论实际上是一种倒退。

事实上，最初提出两种呼气概念的赫拉克利特（也可能包括色诺芬尼）已经对风的性质持有了与亚里士多德相同的观点，但目前可以得到的证据无法证明这一点。

有人提出了一种可能性（Needham，1959），即两种呼气这一概念可能来自更早的美索不达米亚文明，而后者可能同样也对古代中国哲学产生了影响。也许是这样，但目前完全没有相关令人信服的证据。当然，"水汽与水有关，烟与灰、矿物和雷电有关"这一概念很有可能分别源自古希腊和中国。但中国早期有关风的概念似乎与干呼气并无关联。例如，在一部自然科学文献《计倪子》（可能著成于公元前 4 世纪末期）(Needham，1959)中，对风和雨有如下描述：

"风为天之气，雨为地之气。风随季转，雨随风落。可谓天气上浮而地气下沉。"

显然，此处的风即"呼气"，而非亚里士多德派学者认为的干呼气。

塞奥弗拉斯特（约公元前 372—前 287 年）是亚里士多德的继承者，也是雅典逍遥学派的主导者。在塞奥弗拉斯特的众多著作中有一部名为《风》的作品，在描述风本身及其起源方面均作出了重要贡献。正如考坦和艾兴劳布 (Coutant 和 Eichenlaub，1974) 所述，在过去，由于塞奥弗拉斯特与亚里士多德的密切关系和在其他问题上与亚里士多德的一致性，他的这些贡献常常被人所忽视。尽管身为亚里士多德的学生，塞奥弗拉斯特 (1975)并未在其有关风的理论中强调干呼气，而是回到了"风即运动的空气"这一旧的观点。他对自己的观点阐述如下 (Coutant 和 Eichenlaub，1974)："如果所有风的成因都一致，其影响因素也相同（通过部分介质），则太阳是产生风的媒介。"随后，似乎是作为对持有观点者的一种让步，"或许这一观点并非放之四海而皆准，但呼气应是来源，而太阳则为其辅"。但他还提到"但太阳的东升西落似乎是风开始动作和停止的原因"。在随后的文章中，他的观点明显不同于亚里士多德 (Coutant 和 Eichenlaub，1974)：

"如空气是自发运动的、冷的和富含水汽的，则应向下运动；在受热的情况下，空气应向上运动。就火的作用而言，应为自然向上运动。实际上，空气的运动是两者的结合，因为任何一方都不占主导地位。"

最后，他断言 (Coutant 和 Eichenlaub，1974)："空气的运动就是风"。因为他认为，风不只在某些干燥和有烟雾的蒸发条件下产生，因此可解释观察到的现象：即风可能是寒冷的和雾状的。

这些新的想法使得塞奥弗拉斯特能够更加正确地看待风与蒸发之间的关系。与前人一样，塞奥弗拉斯特也认为太阳是最重要的媒介 (Coutant 和 Eichenlaub，1974)，但并不是唯一的因素 (Theophrastos，1975)。

"寒冷的风比温暖的太阳蒸发水分更快，特别是最寒冷的风，其原因在于寒冷的风形成并清除水汽，而阳光则留下了水汽。"

这或许是希腊科学史上的首个有记录的、提出除了太阳之外风也具有干燥效应并能产生水汽的论述。不应忘记的是，阿那克西曼德（在距当时 200 多年以前就认为风是运动的空气）和色诺芬尼（认为风和蒸发都是太阳的产物）的观点是密切相关的。因此，他们是不可能将风和太阳作为单独的媒介看待的。

很难确定亚里士多德学派或塞奥弗拉斯特学派的观点随后是否为逍遥学派广泛采用。至少，根据目前的情况来看，亚里士多德的《天象论》更加广为人知，并得到更广泛的接受，这也是亚里士多德语录流传到阿拉伯国家以及随后流传到西欧的重要部分。尽管如此，在《问题》的第 26 卷 (Aristotle，1938b)，有数篇文章以奇异的方式提到了这一问题。例如：

"冷风为何具有干燥效应？是否因为冷风能引起蒸发？为何冷风引起的蒸发要大于太阳引起的蒸发？是否因为冷风将水汽带走而阳光让水汽留下，因此冷风将更加润湿而不是干燥？"

此外，"太阳东升西落为何会影响风起风止？是否因为风是运动的空气或上升的水分？……"

显然，这些文章与两种呼气的理论背道而驰，因此不可能出自亚里士多德之手。事实上，现在广泛认为《问题》是虚假的：《问题》可能形成于逍遥学派后期，随后不断演化，直至公元 5 世纪（Aristotle，1938）。这些事实表明，逍遥学派并非始终坚持亚里士多德学派的正统观点。而塞奥弗拉斯特关于风的理论则得到了认真对待，其结果就是，后来的部分理论与这位大师本人的姓名联系在了一起。

2.2　古罗马时期和中世纪

对于古罗马人，人们更熟悉的是他们的工程以及在法律和管理方面的贡献，而他们中的自然哲学家则鲜为人知。他们的文献也常常被认为只不过是对古希腊文献的综述和评论。这样的看法过于简单。一般而言，古罗马人更倾向实践，他们也更喜欢借助于观察而非仅靠推测，这在某些情况下会得出有趣的见解。

卢克莱修（约公元前 99—前 55 年）在著作《物性论》中对此给出了解释。关于为何海平面不会上升，卢克莱修（1924）写道："此外，太阳的热量也带走了很大一部分水分。很显然，我们发现阳光能够让被水浸湿的衣服变干。但我们也看到，大海是广阔无垠的。尽管太阳能够让某一地点的小部分水分蒸发，但对于如此宽阔的海面，太阳能带走的水分极为有限。此外，风在吹拂海面的时候也能带走一部分水分。在有风的情况下，路面常常一晚上便干燥，松软的泥土结成硬块。另外，我已经指出，云层也能带走广袤表面的很大一部分水分。云层在全世界漂流，降雨时让水返回地面，而云则被风带走。最后，鉴于地球是一个多孔体……"

卢克莱修在第 V 卷第 264 页及之后也有类似的描述。卢克莱修的哲学主要来源于伊壁鸠鲁。后者坚持德谟克利特和伊壁鸠鲁的原子理论，而他对于蒸发的看法也体现了这一思路。不幸的是，目前没有任何资料可以证明这些古希腊原子学家自己对于这一问题的看法。卢克莱修对于蒸发的描述明显优于塞奥弗拉斯特。应注意的是，卢克莱修提到了具体的观测，并通过两个例子来支持有关太阳和风的效应的论断。

塞涅卡（约公元前 4—公元 65 年，出生于科尔多瓦，罗马皇帝尼罗的老师和顾问）的观点则代表了古罗马时期自然哲学发展的另一趋势。其著作《自然问题》中包含了一些新的解释，但显然深受早期希腊理论的影响且充斥着说教的言论。在塞涅卡引述的近 40 份文献的作者中，只有 5 人为拉丁文著述者，其余均为希腊文著述者。他对于蒸发的解释是（Seneca，1972）：沼泽和河流的呼气滋养着太阳。太阳从海洋里吸收淡水，因为淡水是最轻的；风是单向流动的空气；陆地和水面蒸发有时是风的唯一成因，但同时大气本身也具有无须外界介质的自我循环能力。同时简要提及了亚里士多德的两种呼气理论（在提及雷的起源时提到过）。概言之，应注意的是，塞涅卡的观点与亚里士多德和塞奥弗拉斯特的观点是有关联的。尽管他承认湿呼气可能形成风，但并未提到风影响蒸发的可能性。因此，他对于蒸发的观点似乎并不及卢克莱修的观点合理。

普林尼（约公元 23—79 年）与塞涅卡身处同一时代。尽管在公共生活方面有着活跃的职业生涯，但他仍然坚持不懈地进行研究并完成了长达 37 卷百科全书式的巨著——《自然历史》。在序言中，普林尼（Pliny，1938）提到接触到了"来自 100 名著述者的 20000 条值得注意的事实"。在提到蒸发现象时，普林尼（Pliny，1938）对早期希腊理论进行了综合。他提到了两种呼气过程——太阳效应以及运动空气形成的风，但并未对此表明立场，只是谨慎地表示"我不会否认……"及"同样地，我并不打算否认……"。普林尼采取了务实的态度，并且愿意以非排他方式接受多种可能性。他对于寒冷地区蒸发的观点再一次说明了这一态度。在关于卡乌基人——生活在埃姆斯河和易北河之间北海沿岸地区的民族——的颇有趣味的描述中（普林尼作为骑兵军官在日耳曼尼亚服役期间有过观察），普林尼（Pliny，1945）提道："……他们用手兜起泥浆，泥浆风干的作用比太阳的作用更大。用土壤给食物加热和用于取暖，抵御北方的寒风"。考虑到北欧—西欧地区的阴霾天气，普林尼推测太阳应不是唯一的介质，而风则扮演更加重要的角色。

古罗马时代末期，基督教开始兴起。早期领导人物或教会神父的文献资料体现出了在圣经诠释与异教徒哲学之间的一种折中主义。例如，由卡帕多西亚的巴西莱尔斯（St Basil，约公元 330—379 年）所著的布道书《创世之六日》。巴西莱尔斯先后在凯撒利亚、君士坦丁堡和雅典求学，自然，他的著作中多受经典古希腊哲学家的影响，包括希罗多德、柏拉图、亚里士多德和塞奥弗拉斯特。他认为太阳是蒸发的唯一原因（Basil，1963）："……（大海）是美好的，是百川之汇，接受并保留来自所有河流的水。大海是美好的，因为大海是特定的源头和降雨的来源。阳光照射后，海面上的微细水汽开始上升，随后在超过地面阳光反射的高度后（同时也因为云层的阴影加剧了冷却）开始冷却，形成雨水，滋润大地。"

为了支持太阳是蒸发的原因这一论点，巴西莱尔斯进行了类比：将一壶水加热沸腾直至完全蒸发。在 Basil（1963）中也提到了相同观点。10 年或 20 年之后（公元 389 年左右），安布罗修斯（St Ambrose，约公元 333—397 年）在受到巴西莱尔斯一定程度的启发后也撰写了《创世之六日》。当时，安布罗修斯为米兰主教。但他在公元 374 年皈依基督教，而早期在罗马的教育仍然是传统的拉丁文教育。他对于蒸发的描述（Ambrose，1961）与巴西莱尔斯的描述极为相似。有一偶然之处值得注意，巴西莱尔斯和安布罗修斯对于蒸发的描述都与大海容纳百川而不会溢流的问题有关。亚里士多德（Aristotle，1952）已经尝试解决这一问题，并称之为"古老的困惑"。如上所述，卢克莱修也曾思考过这一问题。在古代中国，也对这一问题提出过疑问。公元前 3 世纪的《吕氏春秋》（Needham，1959）中写道：

"水泉东流，日夜不休。上不竭，下不满，小（溪流）为大，重（海水）为轻（云），圜道也。"

尽管如此，巴西莱尔斯和安布罗修斯对于这一问题的主要观念直接来源于《传道书》（约公元前 4 世纪—前 3 世纪）（牛津大学研究版，1976 年），如下所述："众河入海，而海不满溢；回归起源之地，河流又开始奔腾。"随后更多的基督教著述者传承了这一思想，一直延续到中世纪。相关的著作不断出现：多布森（Dobson，1777）认为，他所获得的资料能够支持这一圣经文章所传达的智慧。到 1877 年，Huxley（1900）在他描述水文描述循环时采用这一章节。

与古罗马时期相同，在物理科学漫长的发展过程中，人们也常认为中世纪的发展仅仅是一种故态重复。这样的看法同样过于简单（Lear，1936；Pernoud，1977）。正如下文所述，中世纪气象学的部分概念至少能达到文艺复兴时期的水平，甚至比那之后的概念更加先进。尽管神圣是万物的终极原则——古希腊先哲们也这样认为——但正如塞利斯所提出的那样，科学的根本概念得到了保留。换言之，以往古希腊先哲们努力寻求当今物质世界的合理解释，而不认为万物皆有神灵或者受神灵直接干预。主要的区别在于这一科学知识必须为基督教教义的传播服务。

关于这一事实，可见于公元 613 年左右由伊西多主教（约公元 560—636 年）为在托莱多的西哥特西班牙国王所写的《物性论》一书。该书与卢克莱修的著作同名，其主要框架也在一定程度上类似于亚里士多德、卢克莱修和普林尼的著作，但非常接近于埃提乌斯（Isidore，1960）。为了组织文章布局，伊西多必须获得和使用某些论述编集专著或至少获得修道学院的手册或摘要。除了少数之前的基督教参考文献外，大部分明确引用的参考文献均为早期基督教领袖所著。但这些文献大多为古典传统文献，无论形式还是内容，伊西多的著作都是同类作品的自然产物。

关于风的性质，伊西多（Isidore，1960）写道："风是运动的、扰动的空气，卢克莱修已经证实：'空气在扰动后开始流动，由此形成了风。'即使在无风的情况下，只需要用一把小扇子让空气流动，也能形成风，正如我们在打苍蝇时感觉到有风。"

关于海面为何不上涨（Isidore，1960），"克莱门斯主教说过，由于海里的盐水会吸纳所汇聚的淡水，这样不管汇入的淡水有多少，海里的盐分依然能完全吸收。此外还要加上风和蒸发及太阳热量所消耗的水量。最后我们可以见到湖泊和池塘的水在短时间内就因风吹及太阳曝晒而干涸。正如所罗门所说：河流回到了他们的源头。"

最后，伊西多（Isidore，1960）解释了为何海水又苦又咸：

"博学的安布罗修斯在他的教材中提道：古人认为海水又苦又咸的原因在于，无论汇入大海的水流来自何处，都会因为阳光的热量和风的吹拂而被吸收，同时白天的蒸发量也相当于每一天汇入大海的流量。人们认为这一现象是拜太阳所赐。太阳吸收和带走了纯净、轻盈的物质，留下了沉重的物质或泥土，这是因为它也同样既苦涩且不可饮用。"

伊西多关于蒸发和水循环的观点都非常类似于卢克莱修。这些观点要优于亚里士多德甚至塞奥弗拉斯特的观点。与卢克莱修一样，伊西多也通过实例支持自己的论点。提到安布罗修斯可能夸大了他的重要性，因为安布罗修斯（Ambrosius，1961）并未提到任何风的作用。在随后（约公元 620 年）完成的著作《词源》中，伊西多提出了关于风的类似描述（Isidorus，1911），并解释了海平面不上涨的原因（Isidorus，1911）："……或因为云吸收了大量的水；或因为风带走了一部分水分，而阳光蒸发了另一部分水分。"

伊西多的成果在中世纪早期有着广泛影响。在近一个世纪后，彼德（约公元 673—735 年）——英格兰贾罗的一名本笃会僧侣，以其历史著述而著称——也完成了《物性论》一书。在书中，他紧紧追随伊西多的思想。就气象现象而言，彼德引用了伊西多的论述，某些情况下甚至逐字照搬。例如，彼德著作中关于蒸发的描述（Beda，1843）极其类似于伊西多（Isidore，1960）著作中的描述，如上文所引述。约公元 993 年，艾尔弗里克（Aelfric，1942；1961）完成了《年代录》一书。该书受到了彼德著述的启发，表明伊西多的某些观点被安格鲁撒克逊人所接受。在赫拉班纽斯·麦若斯（约公元 776—856 年）的著述中也明显有着伊西多的影子。该书书名有《物性论》和《宇宙论》两种说法，成书于公元 844 年左右。起初撰写该书的目的是帮助准备布道。书中包含很多基督教释义、预言和圣经引述。赫拉班纽斯是一位博闻广识的著述者，但他阅读的书籍大多数显然是伊西多所著。赫拉班纽斯对于风的描述（Rabanus Maurus，1852）以及海面为何不上涨的解释显然来自伊西多（Isidorus，1911）的著述，如上文引述。

以上说明：至中世纪早期，古希腊和古罗马科学领域内的很多概念已经通过伊西多的著述在西欧得到了普及。如若伊西多在西方思想史上占有一席之地，那么按照如今的标准来讲，并非因为其整体世界观的原创性或正确性（Lear，1936）。但就蒸发这一主题而言，伊西多毫无疑问是具有科学价值的传统的一部分。伊西多对于蒸发的论述间接受到了卢克莱修的启发，因此相比而言更类似于较早的原子论者德谟克利特和留基波，而非亚里士多德的理论。中世纪早期蒸发理论最引人注意的特点是：太阳热能和风被视为同时产生作用但又独立的不同介质。

相似的观点和论述，在《物质对话》一书中得到了进一步的发展。该书是一本问答式的著述，由法国诺曼底维尔海姆斯编著。维尔海姆斯（Vuilhelmus，1567）将风描述为单向流动的空气，这一描述类似于塞涅卡（Seneca，1972）的论述，但他对风成因的解释不仅仅包含了呼气作用，还具体提到了原子特征。尽管存在不同观点，但仍然明显受到了德谟克利特观点的启发。关于风的干燥效应，他敏锐地写道："公爵：如您所述，如果风是潮湿的（只要它们不带来降雨），那为什么所有的风让地球表面、潮湿的衣服、药草或树木表面的水分变干呢？哲学家：潮湿的风同时也是温暖的，比如说南风，热量让东西变干。冷风同时也是干燥的，因此毫不奇怪风能使东西变干。"

直至 13 世纪之初，关于蒸发过程的总体论述都大体相近。比利时布拉班特的托马斯·坎廷普拉特西斯（1201—1270 年）是该时期著名的著述者。在 1244 年之前完成的《自然之书》中，他仍然持有这样的观点，即风只是流动的空气（Thomas Cantimpratensis，1973）；就海纳百川而海平面并不上涨这一熟悉的问题，他认为淡水"……被风或太阳光吸收……"托马斯·坎廷普拉特西斯的这一种著述有时被误认为是圣大阿尔伯图斯（约 1193—1280 年）所著，其影响力广泛。例如，该书是其多米尼加同事、法国的文森特（约 1190—1264 年）所著的《自然之镜》的主要参考来源。1267 年前后，弗兰德斯达莫的范马尔兰特（Van Maerlant，1878）以中古荷兰语行诗的形式对其进行了旨在达意的翻译——"自然之花"。但可惜的是并没有与本书讨论有关蒸发的具体内容。1350 年前后，康拉德·冯·梅根伯格（Conrad von Megenberg，1897）在用中古德语撰写《自然之书》时采用了的范马尔兰特的论述。考夫曼（Kaufmann，1899）列出了作为参考文献来源的其他著述。

但是，托马斯对于蒸发的描述可能是这一观点的最后成果之一。当时，亚里士多德的哲学著述已经流传到了西欧。这些著述的拉丁语译本来自十字军东征时期频繁与君士坦丁堡往来而得到的希腊语原本，阿拉伯语译本则来自摩尔西班牙地区（Jourdain，1960；Peters，1968）。

公元 8 世纪末与 9 世纪初，阿拉伯世界通过叙利亚学者的翻译开始了解古希腊著述。其中早期的翻译学者中有基督教教徒阿尤布（Job of Edessa，约公元 760—835 年），他同时进行了叙利亚语和阿拉伯语的翻译。也提到了《财富之书》——一本包含了公元 817 年巴格达所有有意思的知识的百科全书。阿尤布显然对亚里士多德的气象哲学有着透彻的认识，但他并非无条件、毫无批判地接受亚里士多德的哲学。实际上，阿尤布断然否定了亚里士多德关于风的理论（Edessa，1935），对干蒸汽起源的反驳论述如下："既然有时有风而有时无风，而地表上的水汽始终存在——无论量大或量小，因而似乎水汽并不成为风的起源或风强度的衡量标准。"

阿尤布认为风是运动的空气，同时也思考了风的平流对云层运动和降雨产生的影响。令人费解的是他认为只有太阳和其他热源是蒸发的原因。关于蒸发，他写道（Edessa，1935）："此外，南方因更靠近太阳，其水是微咸的。这是因为阳光吸收了其中的水分。"

同样，"冬季，地球内部储存的热量将内部的水加热。水以蒸气的形式上升，在空气中聚集，这一方式与由柴火加热锅中的水引起的蒸发相同。水蒸气产生后在空气中上升。"

阿尤布未提到任何风的效应。不同于将风视为运动的空气的阿那克西曼德或塞奥弗拉斯特，阿尤布甚至并未考虑潮湿蒸发形成风这一可能性。他关于蒸发的概念显然与亚里士多德学派属于同一思想。

在他著作的翻译完成后，亚里士多德学派在阿拉伯人中备受推崇。以下的事实也证明了这一点（Mieli，1966）：亚里士多德之后土耳其斯坦的著名哲学家法拉比（逝于公元 950 年）和伊朗人伊本·西那（Avicenna，公元 980—1037 年）也先后被尊称为第二和第三位大师。

阿拉伯文献中有据可查的蒸发及相关现象的论述明显表明：亚里士多德的两种呼气理论有着重要的影响。从伊拉克的巴士拉的精诚兄弟会（Ikhwan al-Safa，1861）于第 10 世纪所著的大型百科全书《精诚兄弟会会典》中也可见一斑。对风的看法反映了对蒸发的观点。

"风无非是空气的前后涌动。在 6 个方向上运动时，就像大海中波浪翻涌，各个部分彼此推动朝着 4 个方向运动。水和空气都是静止的海洋，只不过水密实而难以运动，空气细微而运动轻盈。"

"海面上的水汽和陆地上的烟雾是空气运动的例子。当阳光洒满海面、田野或沙漠，潮湿的水汽或干燥的烟雾将从海面或干燥的陆地表面上升起。阳光的热量让水汽或烟雾升腾到空中。一部分空气推动另一部分空气朝着不同的方向运动，为升起的水汽/烟雾创造了空间。如存在大量干燥的烟雾，风将因此而产生：这些气流在到达有风区域的上部边界时开始变冷，而低温地区的寒冷将使得气流无法继续上升。随后气流不断返回，将空气朝着 4 个方向推动，由此产生了不同方向的风。"

对空气前后涌动的描述，说明精诚兄弟会开始考虑在巴士拉观察到的陆上和海上的风。将风与潮水类比，似乎与亚里士多德（Aristotle，1952）的论述背道而驰。如前文引述，亚里士多德认为，风无源头，因此不可能为运动的空气。精诚兄弟会的理由是：如果水通过运动形成潮水，则空气运动没有理由不能形成风。这一观念上的区别毫无疑问是来自这一事实：波斯湾的潮水明显大于雅典地中海的潮水。无论如何，精诚兄弟会清楚地表明：无论风的性质如何，都是因干蒸作用而引起，而水汽的作用还在其次。蒸发完全是太阳的作用。精诚兄弟会也将其以类似的表述归为水循环的一部分——"太阳将海洋、沼泽和池塘中的水分解为更小的部分，使之以水汽的形式升入空中，由此产生雾和云，而风将雾和云送到不同的位置，年复一年。此乃自然循环，伟大荣光、无所不能的上帝之道。神圣的、无微不至的关怀，伟大而睿智的指引……"

因此，风对云层具有平流作用，但并不直接与蒸发有关。有趣的是，在亚里士多德的语录中（Ikhwan al‐Safa，1861）甚至提到了蒸发和降水形成的不同原因的区别。

"正如上文所述，形成云、雨以及它们相关现象的原因是两种形式的上升气流。太阳和星辰，因放射出光芒，而成为上升气流的原因。在上文也已有论述。"

尽管具体的描述有别于《天象论》，但精诚兄弟会仍然沿用了两种呼气理论作为其理论的根据。但他们对于蒸发的描述与阿尤布相似，基本上与亚里士多德的论述相同。就此而言，亚里士多德的学术研究对阿拉伯科学的影响显著，这从法拉比（Al‐Farabi，1969）和伊本·鲁士德（1126—1198 年）对《天象论》的评述中可以窥见。

《天象论》的前三册由克雷莫纳的杰拉德（1187 年去世）从阿拉伯语翻译而来；第四册由阿里斯提柏斯（1162 年去世）从希腊语翻译而来（Grabmann，1916）。因此，从 13 世纪上半期开始，这些拉丁语译本便开始在西欧出现。在圣奥尔本斯的亚历山大·内卡姆（约 1157—1217 年）（Alexander Neckam，1863）所著的诗体本《赞美神的智慧》中，简要提到了风产生于"干蒸汽"，这也是两种呼气理论开始显露头角的明显标志。但亚里士多德理论的全面盛行并非易事。初期（1210—1215 年），巴黎官方禁止教授亚里士多德的自然哲学，这一禁令实际上一直持续到 1241 年，直至 1255 年被官方撤销（Van Steen-berghen，1955）。随后这一禁令的范围扩大到了土鲁斯，但从未延伸到牛津。由于托马斯·坎廷普拉特西斯曾在巴黎求学，因此亚里士多德禁令也可以解释为何在 1240 年左右他仍然在采用伊西多的论述描述蒸发。无论如何，托马斯之后的著述者们逐渐开始采用亚里士多德的理论。

在众多的拉丁学者中，文森特（Vincentius Bellovacensis，1964）在关于风的起源的章节中首次明确、正式地提到了亚里士多德的两种呼气理论。这本可能完成于托马斯·坎廷普拉特西斯著作出版后 10 年内的百科全书包含了详细的其他一些有关风的起因的论述，即普林尼、维特鲁威、德谟克利特还有德·库奇等人的观点。尽管如此，文森特断言：如同塞涅卡和托马斯·坎廷普拉特西斯（Vincentius Bellovacensis，1964）所述，风是运动的空气。他认为凡人无法知晓风的真正成因。在此后的一篇文章中，文森特引用了伊西多关于为何海平面不上涨的论述。此外，文森特还广泛研究了除水之外的油及其他物质的蒸发、蒸馏及相关现象。

巴塞洛缪主教（约 1190 年）是英格兰方济会会员，完成了一部类似的百科全书——《物性本源》。1231 年以后，巴塞洛缪在德国的马格德堡开始编写这一著作，因此其出版时间大致应与文森特的著作出版时间相同。无证据表明他们彼此知晓对方的作品。尽管巴塞洛缪（Bartholomaeus，1601）归纳了彼德、亚里士多德和其他研究自然与风的成因的无名研究者的观点，但他仍然倾向于认为两种呼气机制是首要原因，但同时也并不否认"风是运动的空气"这一观点。关于为何海平面不上涨，巴塞洛缪（Bartholomaeus，1601）引用了伊西多的观点：涉及太阳和风引起的蒸发。同时他也利用亚里士多德的理论解释了海的盐度，认为阳光是蒸发的唯一原因。太阳的照射将盐析出。同样，这一著作也在欧洲取得了巨大成功。在 14 世纪，这一著作被翻译成了法语、西班牙语、荷兰语和英语等版本，并在随后出现了多个版本。

亚里士多德的理论迅速渗透到了其他语言甚至是方言之中。1273 年前后，一名弗兰德斯根特（比利时北部）的无名诗人用中古荷兰语诗体发表了一首说理诗——《宇宙中的物理学》。该诗在风的起源、降雨和云的内容中都提到了亚里士多德所指的干、湿同步蒸发（Jansen-Sieben，1968）。在格申·本·施洛莫（Gershon Ben Shlomoh，1953）——一名普罗旺斯艾勒斯的学者于 13 世纪用希伯来语所著的《天堂之门》中，亚里士多德的影响也清晰可见。有两种形式的蒸气：一种为水汽，即雨、雪、霜、雹等的构成物质；另一种为干而温暖的蒸气，即风的构成物质（Gershon Ben Shlomoh，1953）；阳光是蒸发的唯一原因（Gershon Ben Shlomoh，1953）。同样，由来自施韦因富特附近的康拉德·冯·梅根伯格（Conrad von Megenberg，1897）于 1350 年左右发表的《自然之书》中的文章也说明了当时对亚里士多德观点的广泛接受。其中对风的成因的解释是：风是地面蒸发而上升的烟雾。尽管将托马斯·坎廷普拉特西斯的著述作为主要来源，但康拉德也解释称：是太阳和其他星辰的蒸发作用使得海平面不会上涨。但不同于托马斯的是，康拉德并未提到任何风的效应。

亚里士多德的理论在接下来的三个世纪中继续占据主导地位。到欧洲文艺复兴时期，相关文献完全接受了他的两种呼气理论。这一理论不仅仅做出了物理上的解释，也成了隐喻和诗歌意象的来源。例如，海宁格（Herninger，1960）就这一理论对于文艺复兴中英语作家（包括斯宾塞、马洛、琼森、查普曼、多恩以及最著名的文人——莎士比亚）的多用性展开了广泛讨论。

亚里士多德哲学系统的完整性毫无疑问地从 13 世纪开始推动了欧洲思想的发展和演变，最终形成了科技革命。尽管如此，就蒸发理论而言，亚里士多德的两种呼气概念则代表着又一次倒退，其后果比古时首次问世时更加严重。如前所述，即使是到了今天，关于希腊原子论者德谟克利特和留基波的气象理论仍然是知之甚少。二人的很多物理概念较之亚里士多德更加接近于当前认知。我们只能推测，假如在中世纪晚期为人们重新认识的是他们的著述而非亚里士多德的著述，那么科学可能会经历不同的发展。

2.3 17 世纪和 18 世纪：初始的观测与实验

笛卡尔（Descartes，1637）是首位打破亚里士多德观念的自然哲学家之一。在《气象学》中，笛卡尔提出假说：环境中的所有物体都是由细小的粒子所组成。这些粒子之间的空间并非空的，而是被一种微妙的物质所占据，而光的作用就是通过这种物质实现的。他详细描述道（"论述"1）："……组成水的物质绵长、均一而具有滑动性，就像小小的鳗鱼：尽管相互联系和交缠，但并不打结或勾绕，因此能轻而易举地相互分离。相反，包括泥土和空气以及其他物体的组成物质都具有极为不规则、不对等的外形，因而不可能在不发生缠绕和相互纠缠的情况下互相交错，就如同篱笆上相互缠绕的灌木枝条……"

他将对热或冷的感知归因于这些微小粒子的混合强度。但他也指出，他并非认为这些粒子是不可分割的原子，而更像是可以用无穷多种方式重新分割的同一种物质。

在这些初步论断的基础上便很容易理解笛卡尔对于蒸发的定义（"论述" 2）："考虑到尘世存在的这种微妙的物质的混合运动一次比一次剧烈——无论是因太阳或其他原因而引起——同时也更加剧烈地混合组成尘世的微小粒子，那么人们将很容易理解这一'物质'必然会让那些最微小且因外形和所在环境的影响而易于相互分离的'粒子'随处彼此分离而上升到空中。这并非因为它们具有上升的内在倾向或太阳对它们具有吸引力，而仅仅是因为它们发现在当前的运动环境中已无其他空间可以活动。这就类似于乡村道路上有人经过时扬起的灰尘。"

由于亚里士多德的理论得到了广泛的认可，因此笛卡尔提出的概念中也不可避免地留下了两种呼气理论的影子（Gilson，1920；1921）。他指出，大部分升入空气的粒子都具有与水相同的外形：它们都能轻易地与地表分离。他将这些粒子称为蒸汽。而对于那些具有更加不规则外形的粒子，则因没有更合适的名称而称之为呼气。尽管如此，笛卡尔几乎并不重视这些干呼气，比如土壤、酒精、挥发性盐、燃油和烟的粒子。在他对风的论述中也说明了这一点（"论述" 4）："可被感知的空气的运动称为风；不可见、无法感知的物质称为空气。"从水和潮湿的泥土、雪与云的表面上升后，蒸汽的扩散和膨胀产生了风。为了证明这一点，笛卡尔提到了汽转球产生的人造风。汽转球是由亚历山大的希罗（公元 1 世纪）发明的一种仪器，目前人们称之为首台蒸汽机。因此，蒸汽"……携带或捕捉着整个空气及其所包含的干呼气；尽管风几乎完全是产生于蒸汽，但风并不仅仅只由蒸汽组成；空气中这些干呼气的扩散和凝结也加速了风的产生。但与蒸汽的扩散和凝结相比，干呼气的作用是如此微小，以至于几乎可以不予考虑。"

总而言之，笛卡尔试图通过假定细小粒子的存在来解释蒸发和风。蒸发源于太阳的热量；热量促进了粒子的运动。风是运动的空气，但与其说是蒸发的原因之一，不如说是蒸发的结果。鉴于自 13 世纪以来亚里士多德学派的理论便长期占据统治地位，笛卡尔的理论显得颇为激进。但这些理论只是推测的结果。除汽转球外，笛卡尔并没有具体的证据来支持自己的观点。

在这一时期，在笛卡尔著作的影响下，一般科学方法开始发生改变，其中实验逐渐成了重要的组成部分。

目前正式记录的最早的蒸发实验由佩罗（Perrault，1733）完成。在 1669—1670 年寒冷的冬天，"……将 7 磅[1]'结冰的'水放在寒冷的地方。18 天后发现水减少了近 1 磅。对于这样的季节而言，蒸发量是惊人的。"他同时也研究了几种类型的油的蒸发。这一实验结果让他建立了如下理论（Perrault，1674）："尽管亚里士多德和其他哲学家认为热是水蒸发的唯一原因，但我能发现另外两个原因。其中一个是与热相反的冷，而另一个则是空气粒子的运动。"在对上述实验进行说明后，他继续论述这一观点，但在有关冷的效应

---

[1]　1 磅≈0.45 千克。

方面显示出一些犹豫："当然，热产生蒸发是显而易见的。而热的对立面冷也可能产生类似的效应。我也不认为将蒸发归结于空气粒子的运动是很困难的事情……让我产生这一观点的理由是：我发现即使没有热和冷的作用，蒸发依然会发生……无论是热、冷或仅仅是空气粒子所产生的蒸发效应都是相似的；蒸发的水永远保留其原样；蒸发的水永远是水，蒸发只不过是水各个部分的分离，当分离过程停止后，会再次恢复到水的形态……"

除了关于冷的效应的观点颇显犹豫之外，以上观点已经有了很明显的现代色彩。但仍须指出的是，自卢克莱修至维尔海姆斯，甚至是中世纪早期的托马斯·坎廷普拉特西斯就已经提出了极为相似的观点。事实上，早在 12 世纪，维尔海姆斯（Vuilhelmus，1567）就已经采用更合理的方式研究了冷的蒸发效应。但佩罗的创新之处在于以实验为依据。

数年以后，哈雷（Halley，1687）也给出了实验数据。根据小锅内水蒸发引起的重量变化，哈雷推论：在温暖的天气下，12 小时内蒸发约 0.1 英寸。他预测"……这样的蒸发足以补给降雨、泉水和露水……"。哈雷将这一蒸发过程主要归因于太阳。"为了估算离开海面的水汽量，我认为应当仅在有太阳的时候考虑，因为夜晚产生的露水量等于或者多于离开海面的水汽量。"此外，他还认识到风也有影响："尽管这一蒸发量很大，但这一实验并不能得出什么结论，而尚有其他的原因无法得知其规律。我想说的是风。风让水面的蒸发速度有时快于太阳热量所产生的效应。这对于那些已经考虑干燥风作用的人并不陌生。"

在第二篇论文中，哈雷（Halley，1691）阐述了一种完全不同于笛卡尔所述的粒子："我曾经借助于温度来解释蒸气的上升方式：如水的原子膨胀成了直径大于水状态时 10 倍的气泡，这样的原子会比空气轻而上升。与此同时，起初让原子从水中分离的微风或温热空气将继续使其膨胀，而热使其下降……但我并不坚称这是唯一的蒸汽上升原理……无论真正的原因是什么，能够确定的是：就像一口沸腾的锅产生的蒸气那样，热量使水粒子分离，随着热量越来越高，以越来越快的速度让粒子发散。"但他同时也比较了蒸发过程与盐的溶解过程："……我认为，空气本身可能吸收并保留一定量的蒸汽，就如同盐溶解在水中；白天，阳光让空气变得温暖，大量的水汽从水中逸出，就如同温暖的水能溶解更多的盐。而在夜晚，没有阳光的时候，水汽又全部凝结成露水，就如同液体冷却后盐会析出……"

在第三篇论文中，哈雷（Halley，1694）提到他知道佩罗进行的研究；哈雷进一步阐述了太阳和风是蒸发的主要原因，并提出了新的实验证据。

因此，实验成了科学方法中不可或缺的方法。在 1692 年塞迪洛（Sedileau，1730a；1733a）呈交给法国皇家科学院的关于蒸发的论文引言中体现了这一精神："有些基础实验成为所有物理学的基础。为了合理利用这一科学进行解释，必须进行必要的实验，无论这些实验多么令人讨厌；否则，所有对于自然事物的推理都只是凭空推测。"

塞迪洛的研究灵感来自当时需要设计水库以保证路易十四的凡尔赛宫中人工喷泉的正常运行；科尔伯特（王宫的管理人）以及其继任者卢福瓦要求法国皇家科学院——尤其是塞迪洛——研究凡尔赛宫地区周围平原的雨水能够提供多少水量以及蒸发所带走的水量。因此，塞迪洛在三年中进行了多次降雨和蒸发观测。他使用了两个铁盆：一个 2 英尺❶×

---

❶ 1 英尺 ≈ 0.30 米。

1.5 英尺大小，1.5 英尺深，用于观测降雨；另一个 3 英尺×2 英尺大小，2 英尺深，用于观测蒸发。将两个铁盆放在皇家天文台的阳台上，他发现，在 1688 年 6 月至 1690 年 12 月间，平均年降雨大约 19 英寸，和佩罗在 1674 年的发现一致，但要多于马利奥特在第戎观察到的 17 英寸（1 法国英寸＝2.707cm）。平均年蒸发量为 32.5 英寸。他还得出结论：在其他条件相同时，较小盆内的蒸发要大于较大盆内的蒸发。此外，他还观察了雪和冰。在 1693 年塞迪洛（Sedileau，1730a；1733a）呈交的一份有关佩罗和马利奥特水循环概念的有效性的论文中，他也解释了为何蒸发几乎为降雨的两倍。据他的推测，部分雨水渗入地下后，蒸发较少；剩下的雨水流入并汇集在较为低洼的地方，露出的面积较小。此处应注意的是，塞迪洛的结果并不令人意外。盆内的蒸发量通常明显大于区域蒸散量。同样，即使是在今天，降雨也是很难观测的，且塞迪洛的结果很有可能较为保守。

水循环和河流起源问题也是拉伊尔（de LaHire，1703）的研究的重要方面。尽管这个实验并不直接研究蒸发理论，但有趣的是，该实验是测渗计的先导。具体描述如下：“我选择了天文台的一处低洼地，于 1688 年在地下 8 英尺处放置了一个底面积为 4 英尺×4 英尺的铅盆。盆侧高 6 英尺，向一角稍微倾斜，并焊接上一根长 12 英尺的铅管。铅管下斜，另一端插入小坑中。铅盆远离坑壁，使得铅盆周围布满足够的土壤，与顶部的环境近似，同时不会因接近坑壁而变得干燥。”

这样的设置有着严重的缺陷：显然，铅盆侧壁未与土壤表面接触，因而下渗的雨水可能横向流动。就目前对于部分饱和土壤中的水流的理解而言，拉伊尔提到“15 年内管中未出一滴水”是毫不奇怪的。他也在更浅的地方设置了水盆，在最低蒸发条件下进行了一些实验。但在这些地方，只有在大雨和大规模融雪之后才能采集到雨水。根据这些下渗实验，拉伊尔认为雨水无法渗入到土壤深处。随后，他又在水中放入无花果树叶进行蒸发实验。通过实验，他认为雨水本身并不足以保证夏季的植被需求，更不用说补给河流。拉伊尔认为，佩罗和马利奥特的理论并非普遍有效，应有其他的原因来解释泉水的起源。拉伊尔的实验是失败的，但也是可以理解的，因为直到 200 年后（Buckingam，1907），当土壤物理学取得进展之后，才有了令人满意的解释。

毫无疑问，实验激发了思维，由此产生了各种假说和理论模型以解释蒸发这一现象。通常，这些不可避免引起激烈争论的解释也反映了物理科学其他分支中取得的进展。有趣的是，哈雷（Halley，1691）早就已经提到了这些辩论中的一直延续到 19 世纪的主要观点。辩论主要围绕下列问题开展：蒸发是否是一个溶解过程，如同盐溶于水，即如没有空气则不可能发生蒸发，或者蒸发只是简单的水分解为粒子的过程？如是后者，这些粒子是否以囊泡的形式存在？或者因热能而互相排斥？由于关于蒸气粒子和热的性质（Fox，1971）的定义并不明确，且理解也不甚完善，出现了很多新的不确定性。某些情况下，甚至承认多种可能并存。

当时，粒子分离理论被认为是更早且更成熟的观点，它继承了笛卡尔甚至古希腊原子论者的一些概念要素。这一理论不同版本的追随者包括格雷夫桑德（Gravesande，1742；1747）、德萨古利耶（Desaguliers，1729；1744）和冯·马森布罗克（Van Musschenbroek，1739；1732）。后者还记录了在他位于乌特勒支自家花园内用方形盆进行蒸发观测的结果：在 10 年中，平均年蒸发量约为 29 莱茵寸（1 莱茵寸＝2.618cm）。

如上所述，通常认为粒子分离机制离不开某种形式的热量或火。后来，德萨古利耶（Desaguliers，1744）考虑到了另一可能性，即用静电效应来解释蒸发：某些水粒子朝向空气粒子跳跃，其比重较大因而与空气粒子黏附。尽管如此，在水粒子带电之后，运动中的空气开始排斥水粒子。带电粒子互相排斥，同时也排斥空气粒子。水汽密度较小而上升。冯·马森布罗克（Van Musschenbroek，1769）也提出了相同的观点，认为蒸发不仅仅是火作用的结果，同时也是电作用的结果。电让粒子互相排斥。风具有双重效应：首先，风将已经有上升趋势的水汽带走；其次，尤其是在干燥的情况下，风含有大量的流体电，增强了粒子的分离。但电效应从未得到广泛认可。例如，在数年之内，德·索绪尔（de Saussure，1783）就对此提出了质疑，他的观点类似于德萨古利耶和冯·马森布罗克。

蒸发溶解理论没有先例，被认为更有创新性、更加现代。这一理论的追随者布耶（Bouillet，1742）解释说：空气吸收和"消化"包含在其中的水粒子。由此，连续不断地分离的水粒子以间隙储存和支持的方式与空气结合，并且随着空气而运动。他将这一现象比作铜或银在硝酸中的溶解；同样，布耶还将空气在水中的吸收过程视为一种蒸发过程。盐溶解类比理论也得到了勒罗伊（LeRoy，1751）和富兰克林（Franklin，1765）的支持。汉密尔顿（Hamilton，1765）研究了早期的观点，发现所有观点都涉及某种形式热能导致的稀疏化；但他认为这并不是真正的机理，因为在封闭的房间里的水不会比暴露在空气中的更冷的地方蒸发更快，同时即使在水凝固成冰以后，蒸发作用仍然在继续（此时并无热能），因此上述观点并非真正的机理。同样，多布森（Dobson，1777）和阿查德（Archard，1780a）的实验结果也支持溶解理论。实验表明，真空状态中水的蒸发速率要慢于大气中。蒙格（Monge，1790）的研究证明：空气中的水就如同水中的盐，保留了自身的透明性。随着溶解量增加，溶解力下降；此外，温度较高时饱和空气中的水分高于低温状态。当饱和空气冷却时，形成降水。

蒙格（Monge，1790）的解释意外地说明了一个事实，即当时温度是物理科学中的标准测量指标。由此诞生了多个在蒸发理论历史上有着重要意义的概念。例如，勒罗伊（LeRoy，1751）引入了空气"饱和度"的概念——这一概念与现代的露点温度对应——试图用这一概念描述空气的含水量。勒罗伊发现，饱和度随着空气中热量的增加而增加，并且与风的强度和风向有关。根据另一与温度有关的发现，众所周知，蒸发导致一定的冷却。1757年前后，富兰克林（Franklin，1887）记载了这一冷却效应，其事实依据为"用酒精湿润温度计导致水银柱下降5℃或6℃"。显然，正如拉瓦锡（Lavoisier，1777）所述，里奇曼（Richmann，1748）、德迈朗（de Mairan，1749）及其他一些人早前已经进行了类似的定性的观测研究。这些研究无疑为布莱克（Black，1803）在1760年左右提出潜热概念作出了贡献。由此之后，对冷却效应的研究变得更加量化。

18世纪时，"空气溶解水而发生蒸发"这一概念显然拥有很多的支持者。但到该世纪末，这一理论的基础反而变得薄弱，这主要是因为德吕克（De Luc，1787；1792）进行的研究。根据其对瓦特研究的了解和自身的实验，德吕克得出如下结论：水在蒸发时产生了可膨胀的流体，可称之为蒸汽。蒸汽由水和火（"自由火"或"热源"）组成。在一定的温度下，流体产生的压力具有恒定的最大值，并随着温度的升高而增加。无论是否存在空气，这一流体都通过压力和水分影响着压力计和液体比重计的读数。当流体与空气混合，它们将凭借各自的"力量"作用于压力计或气压计。

德吕克的发现显然包含了气体混合物中分压定律的精髓，然而这一定律目前一般与道尔顿的名字联系在一起。尽管他的证明可能更加清晰和令人信服，但道尔顿（Dalton，1801；1802a）也得出了相同的结论。因此，气体的压力或密度与存在的其他气体或蒸汽的量无关。每一种气体或蒸汽都单独发生作用，似乎是构成大气的唯一弹性流体。从事实来看，液体产生的气压差仅与温度有关，大气中的"排气接收器"也是同理。无论如何，分压定律的证明和认可使得是否需要空气来溶解水蒸气的争议成了一个无解的问题。这为更多蒸发量化理论打开了大门。

2.4　19 世纪——现代理论的奠基时期

毫无疑问，1802 年道尔顿论文的出版成了蒸发理论发展史上的重要事件之一。在文中，道尔顿概述了关于气体混合物的观点，并用表格的方式说明了饱和蒸汽压随温度变化的关系。随后，在关于蒸发的论文中，道尔顿（Dalton，1802a）概括了 18 世纪末期科学家们形成的共识（以下为他人之观点和立场，此处仅作为参考）：

（1）一些流体的蒸发速度要快于另一些流体。

（2）在其他条件一定的情况下，蒸发量与暴露表面的面积成正比。

（3）液体温度的升高会导致蒸发增加，但并不直接成比例。

（4）有气流的地方，蒸发要大于空气静止不动的地方。

（5）在其他条件一定的情况下，大气的湿度越低，水的蒸发量越大。

道尔顿及他之后的数代人未能给出有关（1）、（2）、（4）更加明确的描述。事实上，就目前看来，塞迪洛的观点（Sedileau，1730a）——上述观点（2）——并不正确。观点（1）和（4）也是直到近年来才得到了解释。道尔顿的贡献是对观点（3）和观点（5）进行了量化。根据进行的实验，他认为"在其他条件不变的情况下，空气中的蒸发的液体量即该温度下液体产生的蒸汽量"。他解释他的研究成果时称："……简而言之，蒸发力须总体上等于水力减去大气中已经存在的水分。"如不同情况下的蒸发力相同，不同的蒸发率"……仅取决于风力"。根据这些论述，可用现代表达方式将道尔顿的研究结果表示如下（注意，道尔顿并没有给出该方程式）：

$$E = f_D(\overline{u})(e_s^* - e_a) \tag{2.1}$$

式中：E 为每单位时间按水高度计的蒸发率；e_s^* 为水表面温度下的饱和水汽压；e_a 为空气中的水汽压；$f_D(\overline{u})$ 为平均风速 $\overline{u}$ 的函数。

阐述道尔顿对于风效应的看法也具有一定意义。为了便于实际运用，道尔顿建立了针对三种类型风的干燥空气中蒸发率与水温度的关系表。这三种类型包括：门窗关闭的房间中央无风状态的蒸发过程、门窗打开的房间中的蒸发和室外阵风条件下的强风蒸发，以及室外强风条件下的蒸发。每一类的特征用水沸点时的蒸发率表示。用沸点蒸发率乘以分数（e_s^*/p）——其中 p 为空气压力——得到表中的值。道尔顿发现表中的计算值与在不同风力和暴露条件下进行的实验具有很好的一致性。

索德纳（Soldner，1804）指出，道尔顿的理论并未考虑大气压力的影响，且蒸发不仅仅像道尔顿的表所列那样取决于水温和风。道尔顿得出的结论是，所有液体在其沸点都以 E_b 的速率快速蒸发，而这一速率仅与风速有关。因此，索德纳认为应有比道尔顿的表更合适的方法来描述其发现成果，大体应如下：

$$E = E_b \frac{e_s^* - e_a}{p} \tag{2.2}$$

式中：E_b 为大气压力 p 下干燥空气中沸点时的蒸发率，即沸点时的饱和蒸汽压力。

采用式（2.2）时，索德纳（Soldner，1804）也根据道尔顿的饱和蒸汽压力实验结果建立了数学表达式：

$$e^* = p\exp[-(250 + T_b - T)(T_b - T)/6976] \tag{2.3}$$

式中：T 为温度，K；T_b 为大气压力 p 下的沸点温度，K。

与此同时，拉普拉斯也提出了类似的方程，但他的方程与道尔顿数据的契合度略差于式（2.3）（Soldner，1807）。

除了一些怀疑论者外（Parrot，1804），道尔顿的大部分同时代科学家们很快认可了他的贡献，但他们也认识到其局限性。索德纳（Soldner，1807）提出了如下观点：

"道尔顿的蒸发定律非常正确，但实际应用很难成功。我研究了他的观察结果（Dalton，1802b）——包括蒸发、温度、露点和大气压力；除了道尔顿本人选作示例的 8 月外，其他结果都不相符（他为什么没有提到其他月份的结果？这对于帕罗特先生应当可能十分有益）。但在考虑风的不规则性以及风是如何迅速、明显地在经过云层和地形的瞬间而改变温度时，就不足为奇了……我相信尽管这一事实是正确的，且也符合在完全无风的房间内的情形，但该理论不可能适用于室外。"

尽管出现了不同观点，但在随后的半个世纪中，在关于气流效应的问题上仍无甚进展。例如，施密德（Schmid，1860）能搜集到的、关于这一课题的最佳资料是 1826 年在图宾根所获得的席布勒的数据。这些数据仅仅显示了夏季有风时水表面的蒸发量为无风时表面的 1.7 倍，而冬季则为 4 倍。这些定性结果并未真正证明任何新的理论。但在随后的 20 年中，先后诞生了数项重要成果。

采用新设计的"蒸发器"，泰特（Tate，1862）得出了如下结论：蒸发率基本与风速成正比。泰特并未说明具体比例，但他的论述是明确的。应当注意的是，泰特同时还得出结论：蒸发率基本与大气压力成反比，而与湿球和干球温度计所示的温差成正比。前一结论类似于索德纳对道尔顿结果的解释，后一结论相对于道尔顿的结论［式（2.1）］有所倒退，因为他否认了水温的任何直接效应。

魏伦曼（Weilenmann，1877a；b）的研究提供了进一步的见解。在考虑到空气与水表面接触后，他用平均风速 $\bar{u}$ 的线性函数表示蒸发率。但他也认为，蒸发率可与空气饱和差成正比。魏伦曼利用经验数据测试了下列方程：

$$E = (A_w + B_w\bar{u})(e_a^* - e_a) \tag{2.4}$$

式中：A_w 和 B_w 为常数；e_a^* 为空气温度下的饱和蒸汽压力。

显然，魏伦曼（Weilenmann，1877a）在推演自己的方程时受到了泰特结论的启发。

就道尔顿定律［式（2.1）］而言，饱和差的采用［式（2.4）］相当于假设水表面与空气温度相等。因此，毫不意外，［式(2.4)］对于有荫庇处得到的结果要优于阳光直射的结果。在一定程度上，魏伦曼也知晓这一限制，因为他强调应采用空气—水界面的温度来计算饱和差；由于他并无任何可用的水温数据，因此认为可采用空气温度得到近似值。应当指出，并且情有可原的是，采用他的经验数据后这一近似值并非十分重要：他可以利用的大部分蒸发测量数据都是从或多或少有荫庇的位置得到的。事实上，即使是道尔顿（Dalton，1802a）在计算表中的部分情形时也心照不宣地假设空气温度等于水温。道尔顿在他的一般理论讨论中明显有此意图［式(2.1)］。他在实际应用中对［式(2.1)］模棱两可的解释可能导致随后泰特（Tate，1862）和魏伦曼（Weilenmann，1877a；b）在研究中出现困惑。

最后，这一问题由斯特林（Stelling，1882）进行了纠正。在综合了魏伦曼的风函数和道尔顿的理论［式(2.1)］后，斯特林（很可能是第一人）提出下列方程：

$$E = (A_s + B_s \bar{u})(e_s^* - e_a) \tag{2.5}$$

式中：A_s 和 B_s 为经验常数，是在乌兹别克斯坦努库斯地面上方 1m 处由野外蒸发器（图 11.16）测得的。斯特林广泛测试了这一方程并得出结论：当 E 采用 mm/2h 作为单位，e 采用 mm Hg 作为单位，$\bar{u}$ 从地面上方 7.5m 测得并采用 km/h 作为单位时，$A_s = 0.0702$，$B_s = 0.00319$。

斯特林的方程以 A_s 和 B_s 作为变量，很快便得到了广泛应用。马萨诸塞的菲茨杰拉德（Fitzgerald，1886）和科罗拉多的卡潘特（Carpenter，1889；1891）先后采用了这一方程。至今，这一方程仍广泛应用于工程设计实践。

式（2.5）是凭经验得出的。文献中出现了不计其数的 A_s 和 B_s 值。即使是现在，仍然有人在试图确定不同条件下的最佳值。尽管如此，正如有时会出现的情况，某一公式在描述实际应用经验数据上取得了一定的成功，反而因此扼杀和阻碍了在某一现象更根本方面的研究进度。同样，从理论角度而言，斯特林的方程也是一个死胡同。

随后，蒸发理论的发展呈现出了百花齐放的态势，并总体上跟随了流体力学和紊流传输现象的发展。但这样的关联并没有很快得到实现。费克（Fick，1855）在流体质量传递的理解方面做出了重要贡献。费克采用实验方法发现：在仅有分子作用的条件下，无扰动流体混合物的局部流量比与浓度梯度成正比。这一发现首先证实了他的模糊概念，即这一现象将继续发生（Fick，1855）。"……根据傅立叶建立的导体传热相同的定律，欧姆也已经成功地将这样的理论应用于电传播的相关研究……"事实上，在这一点上，费克的定律同样也类似于牛顿的黏性切变定律。布西尼斯克（Boussinesq，1877）将黏性切变定律的应用扩展到了紊流研究中。他假设紊流中的剪切应力与流速梯度成正比，并指出，比例系数（Boussinesq，1877）"……必须取决于每一个因素——也可能是压力 p——而非仅仅是温度，但同时还尤其取决于偶然产生的平均扰动的密度"。

雷诺（Reynolds，1874）认为在热量和阻力传递方程类似于式（2.5）的情况下，提出相应的 A_s' 和 B_s' 应成正比，认为紊流中热量和动力的传输机制可能类似。这一理论目前也称为"雷诺类比"，可很容易地将其进一步应用于水汽。因此，随着对地球表面上方空气在不同高度的垂直变化的研究兴趣越来越浓（Stevenson，1880；Archibald，1883），一种更为基本的方法即将登场。费克、布西尼斯克和雷诺有着巨大影响力的思想最终在施密特（Schmidt，1917）的研究中开花结果。施密特提出的动力和其他混合物相同的"交换系数"标志着对蒸发这一常见紊流问题的认可；同时，也直接促进了当前有关水蒸气和低层大气环境中其他标量紊流传递的、相似理论的发展。

到目前为止，本章很少提及19世纪蒸发能量方面的发展。如上所述，自大约18世纪中期开始人们便已经知道，蒸发能够降低湿球温度计的温度。因此，人们普遍认为蒸发导致降温而且需要热量。尽管热量的性质未知且这一课题具有很大的争议性（Fox，1971），在18世纪末，已经能够用量化的术语来解释热量。1760年左右，布莱克发现了蒸发潜热（McKie和Heathcote，1935）。两年后，布莱克（Black，1803）进行了首批实验，发现水在沸点时的潜热相当于约810°F[1]，这是将水加热810°F所需的热量：约$810 \times 5/9 = 450cal/g$[2]，非常接近目前所认可的539.1cal/g。此后不久（可能在1765年之前），这一预测由瓦特在对蒸汽机的研究中进一步改进，得到了900～950°F这一范围——当时瓦特是布莱克在格拉斯哥的合伙人（Black，1803）。同样，在20世纪之初，确认了主要的热传递现象——导热、对流和辐射。然而，仍然普遍存在很大的不确定性，还需要相当长的时间将这些概念与室外大气中的蒸发现象联系起来。

当然，自史前时期起，人类便已经发现太阳辐射与蒸发之间的密切关系。因此，各种研究最初都瞄准这一关系也丝毫不令人吃惊。例如，海勒（Heller，1800）观察到，在相同的温度下，蒸发随着阳光而增加。因此认为，除了温度之外，对辐射的研究也有助于了解蒸发。世界上首次关于这方面的定量研究可能是由多布里（Daubrée，1847）完成的。根据可以得到的数据，多布里预测全球的年均降雨量达到约1.379m；这一数据与目前的约1.0m相差不大。在这之前，普耶（Pouillet，1838；1847）已经采用"太阳热量计"预测：大气上限太阳辐射约为$1.7633cal/(cm^2 \cdot min)$，这一结果也非常接近目前的$1.98cal/(cm^2 \cdot min)$；为了更好地了解这一数据的重要性，普耶进一步指出：在一年内，这样的热量将能够融化31m厚的、均匀覆盖在地表的冰层。年均降雨量同时也是年均蒸发量。因此，根据普耶的预测，多布里（Daubrée，1847）得出结论，认为蒸发约消耗了大气层外层接受的太阳能的1/3，相当于10.7m厚的、均匀覆盖在地表的冰层融化所需的热量。有趣的是，他还观察到：当时法国的年燃料消耗量约等于融化0.0017m厚的、均匀覆盖该国地表的冰层所需的热量，相当于蒸发所需平均热量的1.6×10^{-4}倍。莫里（Maury，1861）也根据普耶的太阳辐射冰融化当量研究了同一课题，预测密西西比河流域蒸发所耗的能量为"燃烧3万t煤释放的热量乘以654万倍"的5/6。

但是，更重要的是，在对于地表接收太阳辐射分布的描述中，莫里（Maury，1861）引入了能量平衡概念，且一直沿用至今。

"太阳散发的热量中，一部分被大气吸收，而大部分照射在陆地和水面上。……剩下的热量……在蒸发的过程中被吸收。被蒸发的热量进入大气，隐藏在蒸汽的水泡中并释放入云层，经过感热进入上层空气，随后以辐射的方式进入广袤的宇宙。由此，空气调节热量分布和变化，避免了陆地和海面因温度过高而沸腾……"

---

[1] 1°F ≈ −17.22℃。

[2] 1cal ≈ 4.19J。

　　在当代的研究中，例如土壤学家沃尔尼（Wollny，1877）和气候学家沃伊科夫（Woeikoff，1887）的研究也暗示了在能量平衡过程中蒸发、太阳辐射和其他热通量要素之间的关系。显然，能量平衡这一概念在当时已经逐渐被接受和认可。

　　尽管如此，首次对地表能量平衡进行的定量详细分析可能是胡曼（Homén，1897）完成的。胡曼以 10cm 的间隔测量了最深达 60cm 处的土壤温度，并根据测量到的温度和土壤的热能得到了土壤热通量数据。采用 1893 年发表的斯特朗的方法测量了辐射；使用了一个直径 35cm、深 30cm 装满土壤的金属圆柱体，通过圆柱体的重量变化确定了蒸发数据。进入大气的感热通量是平衡方程式中唯一的未知项。斯特芬（Stefan，1879）和玻尔兹曼（Boltzmann，1884）的发现促进了对辐射研究的快速发展。在此背景下，胡曼的贡献来得正是时候。施密特（Schmidt，1915）、波文（Bowen，1926）以及后人不懈的努力，为能量平衡过程的进一步发展奠定了基础。

第 3 章 低层大气

3.1 湿润空气

3.1.1 部分参数的定义

在实际应用中，可以把低层大气中的空气视为理想气体的混合物；在本书中，为了方便起见，假设低层大气为组分不变的干燥空气和水汽。空气中的水汽含量可以用混合比来表示，混合比即每单位质量干燥空气中的水汽质量：

$$m = \rho_v / \rho_d \tag{3.1}$$

式中：ρ_v 为水汽密度；ρ_d 为无水汽的空气的密度。

比湿即每单位质量湿润空气中的水汽质量：

$$q = \rho_v / \rho \tag{3.2}$$

其中 $\rho = \rho_v + \rho_d$，相对湿度即实际混合比与相同温度和压力条件下饱和空气混合比的比值为

$$r = m / m^* \tag{3.3}$$

这个比值近似于 e/e^*——实际水汽压与饱和状态下的均衡水汽压之比。

根据道尔顿定律，理想气体混合物的总压力等于各分压之和；每一种气体遵循自身的状态方程。因此，干空气的密度为

$$\rho_d = \frac{p-e}{R_d T} \tag{3.4}$$

式中：p 为空气总压力；e 为实际水汽分压；T 为（"绝对"）温度；R_d 为干空气的气体常数（表 3.1）。

同样，水汽的密度为

$$\rho_v = \frac{0.622e}{R_d T} \tag{3.5}$$

其中 $0.622 = 18.016 \div 28.966$，为水和干空气分子量之比。

湿润空气的密度可以通过式（3.4）和式（3.5）来计算。

湿润空气密度小于同压力 p 下的干空气密度［式（3.6）］，说明水汽分层对大气稳定性有一定的影响。

$$\rho = \frac{p}{R_d T} \left(1 - \frac{0.378e}{p} \right) \tag{3.6}$$

表 3.1　　　　　　　　　　　　　　　部 分 物 理 常 数

物 理 常 数		取 值
干空气	分子量	28.966g/mol
	气体常数 R_d	287.04J/(kg·K)
	比热	$c_{pd}=1005\text{J}/(\text{kg·K})$
		$c_{vd}=716\text{J}/(\text{kg·K})$
	密度 ρ	1.2923kg/m^3($p=1013.25$mb,$T=273.16$K)
水汽	分子量	18.016g/mol
	气体常数 R_w	461.5J/(kg·K)
	比热	$c_{pw}=1846\text{J}/(\text{kg·K})$
		$c_{vw}=1386\text{J}/(\text{kg·K})$

注　表 3.1 和表 3.4～表 3.6 中所列值引自史密森气象表（List，1971）中的原始资料。

消去式（3.4）和式（3.5）中的 e，可以得到湿润空气的状态方程：

$$p = \rho T R_d (1+0.61q) \tag{3.7}$$

式（3.7）说明，如果混合气体的气体常数 $R_m=R_d(1+0.61q)$ 为水汽含量的函数，则混合气体可以用理想气体状态方程相似的方式来描述。因此，通常用下式表达式(3.7)：

$$p = R_d \rho T_V \tag{3.8}$$

其中
$$T_V = (1+0.61q)T \tag{3.9}$$

式中：T_V 为虚温，表示在给定 q、T 和 p 条件下，要达到与湿润空气相同的密度，干空气应具有的温度。

为了便于参考，表 3.2 和表 3.3 列出了部分通用单位和转换系数。

表 3.2　　　　　　　　　　　　　　　通 用 单 位

量的名称	国际单位制（米-千克-秒）	厘米-克-秒
长度	米，m	厘米，cm
质量	千克，kg	克，g
时间	秒，s	秒，s
力	牛顿，1N=1kg m/s^2	达因，1dyn=1g·cm/s^2
压力	帕斯卡，1Pa=1N/m^2	微巴，1μbar=1dyn/cm
能量	焦耳，1J=1N·m	尔格，1erg=1dyn·cm
功率	瓦特，1W=1J/s	尔格，erg/s

量的名称	单位名称（符号）	换 算 关 系
压力	毫巴（mb）	$1\text{mb}=10^3\mu\text{b}=10^2\text{Pa}=10^3\text{dyn}/\text{cm}^2$
	毫米汞柱（mmHg）	$1\text{mmHg}=1.333224\text{mb}$
	大气压（atm）	$1\text{atm}=1.01325\times10^5\text{Pa}$
能量	卡路里（IT）（cal）	$1\text{cal}=4.1868\text{J}=4.1868\times10^7\text{erg}$

表 3.3　　　　　　　　　　转 换 系 数

3.1.2　热力学第一定律的实用表达式

热力学第一定律阐述，某一系统吸收的热量等于该系统内部能量变化与系统做功之和（Fermi，1956），即

$$\delta H=\delta U+p\delta V \tag{3.10a}$$

或者用微分形式表达每单位质量如下：

$$\mathrm{d}h=\mathrm{d}u+p\,\mathrm{d}\alpha \tag{3.10b}$$

式中：V 为体积；α 为比容，$\alpha=\rho^{-1}$。

气体的状态方程包含三个变量：α、T 和 p，可利用其中任何两个变量确定气体的状态。如选择 α 和 T 作为独立变量，则式（3.10b）变为

$$\mathrm{d}h=\left(\frac{\partial u}{\partial T}\right)_\alpha\mathrm{d}T+\left[\left(\frac{\partial u}{\partial\alpha}\right)+p\right]\mathrm{d}\alpha \tag{3.10c}$$

根据定义，定容下的比热容为

$$c_v=\left(\frac{\partial h}{\partial T}\right)_\alpha \tag{3.11}$$

同时根据焦耳的实验证明和运动气体理论，$\partial u/\partial\alpha=0$，热力学第一定律也可表示为

$$\mathrm{d}h=c_v\mathrm{d}T+p\,\mathrm{d}\alpha \tag{3.10d}$$

或利用状态方程表示为

$$\mathrm{d}h=(c_v+R)\mathrm{d}T-\alpha\mathrm{d}p \tag{3.10e}$$

这表明

$$R=c_p-c_v \tag{3.12}$$

根据定义

$$c_p=\left(\frac{\partial h}{\partial T}\right)_p \tag{3.13}$$

即恒定压力下的比热。

3.1.3　饱和水汽压

饱和水汽压 e^* 是指恒温条件下发生相态变化时的水汽压。饱和水汽压是蒸发研究中的重要变量，因此需要予以阐述。考虑总质量 M 的液体-水蒸气混合物中，有 δM 的物质以等温的方式从液态变为气态，总体积和内部能量相应的变化分别为 δV 和 δU（Fermi，1956）。当液体和气体平衡时，压力和密度只取决于温度。若 M_l 和 M_v 分别为液体和气体

的质量，α_l 和 α_v 为其比容，则等温相变之前的总体积为

$$V = M_l \alpha_l(T) + M_v \alpha_v(T)$$

相变后则为

$$V + \delta V = (M_l - \delta M)\alpha_l + (M_v + \delta M)\alpha_v$$

因此

$$\delta V = [\alpha_v(T) - \alpha_l(T)]\delta M \tag{3.14}$$

对于内部能量变化采用类似的方法得到

$$\delta U = [u_v(T) - u_l(T)]\delta M \tag{3.15}$$

式中：u_l 和 u_v 分别为液体和气体的比内能。

根据定义，每单位质量相态变化所需的热量为蒸发潜热，即

$$L_e = \delta H / \delta M \tag{3.16}$$

结合该式与式（3.10a）、式（3.14）和式（3.15），得到

$$L_e = u_v - u_l + p(\alpha_v - \alpha_l) \tag{3.17}$$

式（3.14）和式（3.15）也说明

$$\left(\frac{\partial U}{\partial V}\right)_T = \frac{u_v - u_l}{\alpha_v - \alpha_l}$$

因此，对于式（3.17）：

$$\left(\frac{\partial u}{\partial V}\right)_T = \frac{L_e}{\alpha_v - \alpha_l} - p \tag{3.18}$$

同时在此介绍一下熵的定义：

$$dS = dH / T \tag{3.19a}$$

结合热力学第一定律式（3.10c），式（3.19）可表达为

$$dS = \frac{1}{T}\left(\frac{\partial U}{\partial T}\right)dT + \frac{1}{T}\left(\frac{\partial u}{\partial V} + p\right)dV \tag{3.19b}$$

为了确保这一表达式左边为全微分形式，应满足下列条件：

$$\frac{\partial}{\partial V}\left(\frac{1}{T}\frac{\partial U}{\partial T}\right) = \frac{\partial}{\partial T}\left[\frac{1}{T}\left(\frac{\partial U}{\partial V} + p\right)\right] \tag{3.20a}$$

其中 V 和 T 为独立变量。由此得到

$$\left(\frac{\partial U}{\partial V}\right)_T = T\left(\frac{\partial p}{\partial T}\right)_V - p \tag{3.20b}$$

系统的压力仅为 T 的函数，即气体与液体处于平衡状态时产生的压力。由此，结合式（3.18）与式（3.20）得到

$$\frac{de^*}{dT} = \frac{L_e}{T(\alpha_v - \alpha_l)} \tag{3.21}$$

式（3.21）即著名的克劳修斯-克拉佩龙（Clausius－Clapeyron）方程。与 α_v 相比，α_l 通常被忽略，因此可将方程（3.21）表示为

$$\frac{de^*}{dT} = \frac{0.622 L_e e^*}{R_d T^2} \tag{3.22}$$

其中饱和水汽压可利用式（3.5）进行计算。

在给出了合适的 $L_e(T)$ 表达后,可将式 (3.22) 积分。Goff 和 Gratch (1946) 根据与理想气体的偏差和实验数据建立了饱和水汽压与温度的关系,为克劳修斯-克拉佩龙方程的积分提供了更好的表达式。这一公式被普遍认为是一种标准表达式,也是各种公开数据表编制的依据 (List,1971)。表 3.4 和表 3.5 分别给出了 e^* 和 $\mathrm{d}e^*/\mathrm{d}T$ 的部分取值及冰上饱和水汽压 e_i^*。

表 3.4   水 的 部 分 特 性

温度/℃	$c_w/[\mathrm{J}/(\mathrm{kg \cdot K})]$	$L_e/(10^6\mathrm{J/kg})$	e^*/mb	$\mathrm{d}e^*/\mathrm{d}T/(\mathrm{mb/K})$
−20	4354	2.549	1.2540	0.1081
−10	4271	2.525	2.8627	0.2262
0	4218	2.501	6.1078	0.4438
5	4202	2.489	8.7192	0.6082
10	4192	2.477	12.272	0.8222
15	4186	2.466	17.044	1.098
20	4182	2.453	23.373	1.448
25	4180	2.442	31.671	1.888
30	4178	2.430	42.430	2.435
35	4178	2.418	56.236	3.110
40	4178	2.406	73.777	3.933

注　c_w 为比热;L_e 为蒸发潜热;e^* 为饱和水汽压。

表 3.5   冰 的 部 分 特 性

温度/℃	$c_i/[\mathrm{J}/(\mathrm{kg \cdot K})]$	$L_{fu}/(10^6\mathrm{J/kg})$	$L_s/(10^6\mathrm{J/kg})$	e_i^*/mb	$\mathrm{d}e_i^*/\mathrm{d}T/(\mathrm{mb/K})$
−20	1959	0.2889	2.838	1.032	0.09905
−15	—			1.652	0.1524
−10	2031	0.3119	2.837	2.597	0.2306
−5	—			4.015	0.3432
0	2106	0.3337	2.834	6.107	0.5029

注　c_i 为比热;L_{fu} 为融化潜热;L_s 为升华潜热;e_i^* 为冰上饱和水汽压。

为便于计算,先后提出了多个更为简单的表达式。其中最早的表达式之一是由索德纳根据道尔顿的数据提出的公式 [式(2.3)]。洛威 (Lowe,1977) 在对比了其他常用的 e^* 表达式后提出了一些 e^* 和 $\mathrm{d}e^*/\mathrm{d}T$、$e_i^*$ 和 $\mathrm{d}e_i^*/\mathrm{d}T$ 的多项式。这些多项式准确且适于快速计算。为了保证计算速度,这些多项式可嵌套使用,e^* 的表示形式为

$$e^* = a_0 + T[a_1 + T(a_2 + T\{a_3 + T[a_4 + T(a_5 + a_6 T)]\})] \tag{3.23}$$

如果温度 T 的单位为 K,则多项式系数为:$a_0 = 6984.505294$,$a_1 = -188.9039310$,$a_2 = 2.133357675$,$a_3 = -1.288580973 \times 10^{-2}$,$a_4 = 4.393587233 \times 10^{-5}$,$a_5 = -8.023923082 \times 10^{-8}$,$a_6 = 6.136820929 \times 10^{-11}$。Richards (1971) 提出的表达式可能更适于手动计算:

$$e^* = 1013.25\exp(13.3185t_R - 1.9760t_R^2 - 0.6445t_R^3 - 0.1299t_R^4) \tag{3.24a}$$

其中 $t_R = 1 - 373.15/T$，T 为温度，单位为 K。即使采用嵌套的方式，如式（3.24a）所示，所需的计算时间也是洛威多项式的 3 倍左右，而计算精确度却相差无几。与戈夫-格拉奇标准相比相差约 0.01%。式（3.24a）的优点在于能够得出饱和水汽压随温度而发生的变化，即式（3.24b），其形式与克劳修斯-克拉佩龙方程 ［式（3.22）］相同：

$$\frac{\mathrm{d}e^*}{\mathrm{d}T} = \frac{373.15e^*}{T^2}(13.3185 - 3.952t_R - 1.9335t_R^2 - 0.5196t_R^3) \tag{3.24b}$$

3.2　非饱和大气的流体静力稳定度

3.2.1　小幅度绝热位移

静态大气稳定性标准可以用垂向移动且不与周围气体混合的微小气团的状态来近似，假设这种足够小的气团以足够快的速度移动，以满足微小气团以绝热方式移动，也就是可逆的没有热量交换的过程。此外，微小气团的含水量不变，而周围大气的含水量变化为 $\partial q/\partial z$。用下列运动方程表达气团的垂直加速度：

$$\ddot{z} = -g - \frac{1}{\rho_1}\frac{\partial p}{\partial z} \tag{3.25}$$

式中：ρ_1 为湿润微小气团的密度。

静态条件下，周围大气作用于气团的压力梯度为

$$\frac{\partial p}{\partial z} = -\rho g \tag{3.26}$$

式中：ρ 为周围空气的密度。

用式（3.26）和式（3.8）替代式（3.25）中的 ρ 和 ρ_1 得到

$$\ddot{z} = -g\left(\frac{T_V - T_{V1}}{T_V}\right) \tag{3.27}$$

式中：T_{V1} 和 T_V 分别为气团和周围空气的虚温。若假设参照水平 $z = 0$ 时发生小位移 z，$z = 0$ 时气团的密度及虚温 T_{V0} 与环境空气相同，就可以写出方程 $T_{V1} = T_{V0} + z\partial T_{V1}/\partial z$ 和 T_V 的类似方程，则式（3.27）可表示为

$$\ddot{z} = -\frac{gz}{T_V}\left(\frac{\partial T_V}{\partial z} - \frac{\partial T_{V1}}{\partial z}\right) \tag{3.28}$$

就式（3.9）而言，周围空气的虚温梯度也可表达为

$$\frac{\partial T_V}{\partial z} = (1 + 0.61q)\frac{\partial T}{\partial z} + 0.61T\frac{\partial q}{\partial z} \tag{3.29}$$

假设气团不会与周围大气交换水分或热量，从而得到气团位移过程中虚温随气团高度的变化率。因此 $\partial q_1/\partial z = 0$，$\partial T_1/\partial z$ 表示绝热过程。式（3.10e）提供了气团的一个绝热过程：

$$c_p\frac{\partial T_1}{\partial z} - \frac{1}{\rho_1}\frac{\partial p}{\partial z} = 0 \tag{3.30}$$

恒压下湿空气的比热为干空气和水汽比热的加权和，即 $c_p = qc_{pw} + (1-q)c_{pd}$。根据

表 3.1 给出的值得

$$c_p = c_{pd}(1+0.84q) \tag{3.31}$$

上式说明水汽的作用几乎可以忽略不计。把式（3.26）中的压力梯度和式（3.7）的密度 ρ_1 和 ρ 代入式（3.30）得

$$\frac{\partial T_1}{\partial z} = -\frac{g}{c_p}\frac{T_1}{T} \tag{3.32}$$

由式（3.9）、式（3.31）和式（3.32），当 $\partial q_1 / \partial z = 0$ 时，气团虚温垂直变化率为

$$\frac{\partial T_{V1}}{\partial z} = -\frac{g}{c_{pd}}\frac{T_1}{T}(1-0.23q)$$

或当 T_1/T 和 $1-0.23q$ 非常接近于 1 时，则有

$$\frac{\partial T_{V1}}{\partial z} = -\Gamma_d \tag{3.33}$$

其中 $\Gamma_d = g/c_{pd}$，被称为干绝热递减率，约 9.8K/km，实际上是完全干燥的位移气团的垂直温度递减率。将式（3.33）代入式（3.28）得到位移气团的加速度为

$$\ddot{z} = \frac{gz}{T_V}\left(-\frac{\partial T_V}{\partial z}-\Gamma_d\right) \tag{3.34}$$

式（3.34）说明，可利用干绝热递减率作为判断静态部分饱和大气稳定度的标准。如所述大气环境中的虚温递减率（即虚温随高度而下降的速率）等于 Γ_d，则轻度位移颗粒的加速度为 0；其密度与周围空气相同，且无位移增加或减少的趋势。大气处于静态中性平衡。另外，如果虚温直减率是超绝热的，即大于 g/c_p，采用式（3.34）计算得到的位移 z 随时间呈指数增长；气团将离最初的位置越来越远。此时的大气处于静态不稳定状态。相反，当 $-(\partial T_V/\partial z) < \Gamma_d$，即微绝热时，$\ddot{z} < 0$，气团减速并开始返回最初的位置。此时的大气处于静态稳定状态。对于式（3.34）所描述的简化情形，气团围绕 $z=0$ 上下波动，但现实中摩擦会阻碍气团的运动。

3.2.2 位温

当空气以绝热方式达到 $p_0 = 1000\text{mb}$ 的标准压力水平时，此时的温度为位温。对于绝热过程，通过结合式（3.10e）和式（3.8），可得到泊松方程，其对位温 θ 的定义如下：

$$\theta = T\left(\frac{p_0}{p}\right)^{\kappa} \tag{3.35}$$

其中 $p_0 = 1000\text{mb}$，p 的单位为 mb；对于潮湿空气，$\kappa = R_d(1-0.23q)/c_{pd}$。式（3.35）的微分方程为

$$\frac{\partial \theta}{\partial z} = \frac{\theta}{T}\left(\frac{\partial T}{\partial z}+\Gamma_d\right) \tag{3.36}$$

式（3.36）忽略了 q 的影响。绝热位移过程中，位温是守恒的。对比式（3.36）和式（3.34）可以发现，对于干燥或有着均一含水量 q 的大气，可将位温作为一项稳定性标准。当 θ 随着高度的增加而降低时，大气变得不稳定，反之亦然。$\partial q / \partial z$ 不为 0 可以作为一项判断大气稳定性的标准，根据 Montgomery 和 Spilhaus（1941）的理论，位温还可以用

于定义虚位温，即当空气以绝热方式从实际状态转化为标准压力 p_0 时的虚温。因此，使式（3.7）和式（3.8）等同 $p=p_0$，可得到

$$p_0 = R_d(1+0.61q)\rho_0\theta = R_d\rho_0\theta_V$$

或

$$\theta_V = (1+0.61q)\theta \qquad\qquad (3.37a)$$

式中：ρ_0 为绝热变化后的密度。

对于恒定比热，根据式（3.9）和式（3.35），可将方程写为

$$\theta_V = T_V\left(\frac{p_0}{p}\right)^{\kappa} \qquad\qquad (3.37b)$$

若 κ 表示 R_d/c_{pd} 而非 $R_d(1-0.23q)/c_{pd}$，则由式（3.37b）得到位虚温，即干空气在相同压力和密度条件下的位温。显然，在实际应用中，没有必要区分虚位温和位虚温。式（3.37b）的微分方程非常接近于

$$\frac{\partial\theta_V}{\partial z} = \frac{\theta_V}{T_V}\left(\frac{\partial T_V}{\partial z} + \Gamma_d\right) \qquad\qquad (3.37c)$$

与式（3.34）对比发现，当 θ_V 为常数时，大气处于静态中性状态。当 θ_V 随着高度的升高而降低时，大气处于静态不稳定状态，反之亦然。

3.3　大气中水汽的传输

3.3.1　水汽守恒

在没有相变的情况下，空气中的水汽是一种守恒的标量混合物。混合在流动流体中的守恒物质相对固定的坐标系统而移动，首先是对流，其次通过叠加在流体对流运动之上的分子运动。总比质量通量为

$$\mathbf{F} = \rho_v\mathbf{v} + \mathbf{F}_m \qquad\qquad (3.38)$$

其中 $\mathbf{v} = \mathbf{i}u + \mathbf{j}v + \mathbf{k}w$ 为空气流速；$\mathbf{i}$、$\mathbf{j}$、$\mathbf{k}$ 和 u、v、w 分别为 x、y、z 方向上的单位向量和速度分量；$\mathbf{F}_m$ 为分子扩散比质量通量。根据费克定律（见第 2 章），可以认为后一种方式的迁移与水汽密度的局部比降成正比：

$$\mathbf{F}_m = -\kappa_v\nabla\rho_v \qquad\qquad (3.39)$$

式中：κ_v 为空气中水汽的分子扩散系数，在 20℃、1atm 条件下，约等于 $0.25\mathrm{cm}^2/\mathrm{s}$，表 3.6 给出了分子扩散系数与温度的变化关系。

表 3.6　　　　标准大气压（1013.25mb）条件下空气中的分子扩散系数

温度/℃	运动黏度 $v/(10^{-5}\mathrm{m}^2/\mathrm{s})$	热力 $\kappa_h/(10^{-5}\mathrm{m}^2/\mathrm{s})$	水蒸气 $\kappa_v/(10^{-5}\mathrm{m}^2/\mathrm{s})$
−20	1.158	1.628	1.944
−10	1.243	1.747	2.082
0	1.328	1.865	2.230
10	1.418	1.994	2.378
20	1.509	2.122	2.536

温度/℃	运动黏度 $v/(10^{-5}\,\mathrm{m^2/s})$	热力 $\kappa_h/(10^{-5}\,\mathrm{m^2/s})$	水蒸气 $\kappa_v/(10^{-5}\,\mathrm{m^2/s})$
30	1.602	2.250	2.694
40	1.700	2.388	2.852

注　取值引自史密森气象表（List，1971），第395页，转换为1个大气压。

没有源和汇的情况下，水汽连续性方程为

$$-\nabla \cdot \mathbf{F}=\frac{\partial \rho_v}{\partial t} \tag{3.40}$$

同样，湿空气连续性方程为

$$-\nabla \cdot (\rho \mathbf{v})=\frac{\partial \rho}{\partial t} \tag{3.41}$$

综合式（3.38）、式（3.40）和式（3.41）可得

$$-(\mathbf{v} \cdot \nabla)q-\rho^{-1}\nabla \cdot \mathbf{F}_m=\frac{\partial q}{\partial t} \tag{3.42}$$

如果假设 ρ 和 κ_v 为空间常数，则将式（3.39）代入式（3.42）得到水汽守恒基本方程：

$$\frac{\partial q}{\partial t}+(\mathbf{v} \cdot \nabla)q=\kappa_v \nabla^2 q \tag{3.43}$$

式（3.43）具有普适性，可用于描述任何守恒混合物的守恒或空气的特性，只需要将 q 用浓度（即混合物质量与单位空气质量的比值）替代，并且 κ_v 用该混合物的分子扩散系数替代。

在合适的边界条件和已知流速场 $\mathbf{v}$ 的情况下，可采用式（3.43）求得 q 值以研究水汽的传输。在下文中将要提到，在这些边界条件中，下列三项之一常常出现或接近水平面（ $z=0$ ）：q 值、水汽比通量值或有关水汽比通量与其他能量通量项有关的能量平衡方程。

然而，在实际中无法直接运用式（3.43），因为大气气流几乎一直都是湍流状态。这就意味着几乎不可能描述任何指定时间和地点的速度场、水汽或其他混合物的含量。只有在静态条件下才能运用式（3.43）。

平均值是最简单且最重要的统计值。可按下列方法得到平均比湿方程，即一阶矩。根据雷诺（Reynolds，1894）提出的方法，首先将因变量分解成平均和湍流波动两部分，即 $u=\bar{u}+u'$、$v=\bar{v}+v'$、$w=\bar{w}+w'$ 和 $q=\bar{q}+q'$。在合适的时间段内采用时间平均值并运用连续性式（3.48），可从式（3.43）得到

$$\frac{\partial \bar{q}}{\partial t}+\bar{u}\frac{\partial \bar{q}}{\partial x}+\bar{v}\frac{\partial \bar{q}}{\partial y}+\bar{w}\frac{\partial \bar{q}}{\partial z}=-\left[\frac{\partial}{\partial x}(\overline{u'q'})+\frac{\partial}{\partial y}(\overline{v'q'})+\frac{\partial}{\partial z}(\overline{w'q'})\right]+\kappa_v \nabla^2 \bar{q} \tag{3.44}$$

式（3.44）左边各项代表平均风速状态下的平均比湿变化率；右边协方差项类同于雷诺应力［参考式(3.62)］，也可称为雷诺通量，代表着湍流运动产生的扩散通量组分。最后一项为分子扩散迁移辐合。

在研究大气水汽传输中也可采用各种高阶矩方程，可根据比湿波动方程推导得出所述方程。从式（3.43）的分解式中减去式（3.44）得到如下波动方程：

$$\frac{\partial q'}{\partial t}+\bar{\mathbf{v}} \cdot \nabla q'+\mathbf{v}' \cdot \nabla \bar{q}+\mathbf{v}' \cdot \nabla q'-\nabla \cdot \overline{(\mathbf{v}'q')}=\kappa_v \nabla^2 q' \tag{3.45}$$

用式（3.45）分别乘以 u'、v'、q' 等得到各个二阶矩方程，随后求平均值。在均方比湿波动计算中，$\bar{m}$ 为

$$\frac{\partial \bar{m}}{\partial t} + \bar{\mathbf{v}} \cdot \nabla \bar{m} = -\overline{q'\mathbf{v}'} \cdot \nabla \bar{q} - \overline{\mathbf{v}' \cdot \nabla m} + \kappa_v \overline{q' \nabla^2 q'} \qquad (3.46)$$

其中 $m = q'^2/2$。在速度脉动公式（3.49）中采用连续性方程，可将式（3.46）写为

$$\frac{\partial \bar{m}}{\partial t} + \bar{\mathbf{v}} \cdot \nabla \bar{m} = -\overline{q'\mathbf{v}'} \cdot \nabla \bar{q} - \nabla \cdot [\overline{\mathbf{v}'m} - \kappa_v \nabla \bar{m}] - \kappa_v \overline{\nabla q' \cdot \nabla q'} \qquad (3.47)$$

同样，式（3.47）左边表示随空气运动时观察到的 m 变化率；右边首项表示利用比湿梯度得出均方湿度波动，第二项表示 m 的湍流和分子传输。通过观察，对此的解释是，如果对式（3.47）在足够大的控制体积上积分使得边界上的湍流基本为 0，那么这一辐散项可以为 0，因为体积积分可变为面积积分；因此该项仅表示控制体积内 m 的再分布（Tennekes 和 Lumley，1972）。通常分子扩散传输项可以忽略不计。末项表示 ε_q，即分子扩散引起的湿度波动导致的散逸。式（3.47）可以用于耗散法观测蒸发的研究中（见第 8 章）。

又如，可用式（3.45）乘以 w' 得到湍流水汽通量组分方程 $\overline{w'q'}$，或用式（3.63）乘以 q' 得到 w' 的方程，将两个方程相加然后取平均值。与式（3.47）相同，得到的方程包含产生项、传输项和耗散项。Donaldson（1973）、Launder（1975）和 Warhaft（1976）等人也讨论了这一方程在显热传输中的相关问题。尽管有助于高阶建模（见第 7 章），其详细的计算过程超越了本节讨论的范围。

3.3.2　其他守恒方程

显然，在流速场未知的情况下，式（3.44）和式（3.45）等水汽守恒方程及由其推导出的方程，如式（3.47）等，并不足以确定水汽的比湿或其传输。为此需要引入新的方程，包括如式（3.8）的状态方程和整体空气质量守恒、动量守恒和能量守恒方程。后文分别介绍这些方程以便参考。

在此，有必要介绍一种可显著简化这些方程的近似法。一般认为这一方法是由布西尼斯克提出的。该方法假设：相对于惯性效应，流体的可压缩性可忽略不计；但必须考虑密度随重力变化而对空气浮力产生的影响。换言之，压力变化引起的密度改变可忽略不计，但温度和比湿变化引起的密度改变不可忽略。

3.3.2.1　整体质量守恒

当密度（ρ）为常数时，不可压缩流体，例如速度明显低于音速的空气，其平均速度连续方程可以通过对雷诺方程［式（3.41）］进行平均后得到

$$\nabla \cdot \bar{\mathbf{v}} = 0 \qquad (3.48)$$

从密度（ρ）为常数的雷诺分解方程［式（3.41）］中减去方程［式（3.48）］，得到波动连续性方程：

$$\nabla \cdot \mathbf{v}' = 0 \qquad (3.49)$$

3.3.2.2　动量守恒

运动方程为不可压缩黏性流体的纳维-斯托克斯（Navier-Stoke）方程，但其中增加

了因地球自转引起的参照系统的加速而产生的一个项。如果 z 轴垂直，那么

$$\frac{\partial \mathbf{v}}{\partial t} + (\mathbf{v} \cdot \nabla)\mathbf{v} = -g\mathbf{k} - \frac{1}{\rho}\nabla \rho + \nu \nabla^2 \mathbf{v} - 2\Omega \times \mathbf{v} \tag{3.50a}$$

式（3.50a）右边最后一项表示地球自转引起的科氏（Coriolis）加速度（Rossby，1940）；Ω 表示右旋系统中旋转矢量的角频率，可表示为

$$\Omega = \omega[(\cos\alpha\cos\phi)\mathbf{i} + (\sin\alpha\cos\phi)\mathbf{j} + (\sin\phi)\mathbf{k}] \tag{3.50b}$$

式中：ϕ 为纬度或水平面与地球自转轴形成的交角；α 为 x 轴与北轴线的交角；ω 为自转角速度。

即使大气处于流体静力平衡状态，压力、密度、温度和比湿也随着高度的变化而变化。因此很容易将这些变量分解为静态（不受干扰或基准状态）和动态分量（Landau 和 Lifshitz，1959）：

$$p = p_S + p_D, \rho = \rho_S + \rho_D, T_V = T_{VS} + T_{VD} \tag{3.51}$$

其中下标为 D 的分量为静态分量的微小偏差。未扰动状态是水平均一的，它符合流体静力学定律：

$$-\nabla p_S = \rho_S g\mathbf{k} \tag{3.52}$$

状态方程为

$$p_S = \rho_S T_{VS} R_d \tag{3.53}$$

其虚温垂直变化率为干绝热过程：

$$-\frac{\partial T_{VS}}{\partial z} = \Gamma_d \tag{3.54}$$

为线性分布：

$$T_{VS} = T_{VSr}[1 - (z - z_r)\Gamma_d / T_{VSr}] \tag{3.55}$$

其中 T_{VSr} 为参照高度 z_r 的已知 T_{VS}。根据式（3.54），动态分量的梯度值近似于式（3.37c）中的 θ_V，即

$$\frac{\partial T_{VD}}{\partial z} = \frac{\partial \theta_V}{\partial z} \tag{3.56}$$

对于实际观测而言，根据式（3.9）、式（3.51）和式（3.55）得到的虚温动态分量为

$$T_{VD} = T(1 + 0.61q) + \Gamma_d z + \text{const} \tag{3.57}$$

式中：const 为常数，可以通过式（3.55）得到，当参照高度为 1000mb 时，其值为 0。

根据布西尼斯克的假设，密度与压力无关，而仅与温度和湿度有关。因此，考虑到 ρ_D 和 T_{VD} 的值较小，可得到 $\rho = \rho_S + (\partial \rho / \partial T_V)(T_V - T_{VS})$，而状态方程［式（3.8）］则近似为

$$\rho_D = -\rho_S T_{VD} / T_{VS} \tag{3.58}$$

同样，式（3.50）中的压力梯度也可取近似值：

$$\frac{\nabla p}{\rho} = \frac{\nabla p_S}{\rho_S} + \frac{\nabla p_D}{\rho_S} - \frac{\rho_D}{\rho_S^2}\nabla p_S \tag{3.59}$$

由此，综合式（3.59）与式（3.52）和式（3.58）并替代式（3.50），可得到布西尼斯克假定条件下考虑科里奥利效应的纳维-斯托克斯方程：

$$\frac{\partial \mathbf{v}}{\partial t}+(\mathbf{v}\cdot\nabla)\mathbf{v}=-\frac{1}{\rho_S}\nabla p_D+g\left(\frac{T_{VD}}{T_{VS}}\right)\mathbf{k}+\nu\,\nabla^2\mathbf{v}-2\Omega\times\mathbf{v} \tag{3.60}$$

为了描述湍流，可将参考状态偏差分解为一个平均分量和一个波动分量：

$$p_D=\overline{p}_D+p_D',\quad T_{VD}=\overline{T}_{VD}+\theta_V' \tag{3.61}$$

与之前的 $\mathbf{v}=\overline{\mathbf{v}}+\mathbf{v}'$ 一样。根据式（3.51）、式（3.56）和式（3.61），显然 θ_V' 不仅仅是 T_{VD} 的波动，也是 T_V 和 θ_V 的波动。由此分解然后平均式（3.60）可得到平均运动方程，即与布西尼斯克假设近似的雷诺方程：

$$\frac{\partial \overline{\mathbf{v}}}{\partial t}+(\overline{\mathbf{v}}\cdot\nabla)\overline{\mathbf{v}}+(\nabla\cdot\overline{\mathbf{v}'})\overline{\mathbf{v}'}=-\frac{1}{\rho_S}\nabla\,\overline{p}_D+g\,\frac{\overline{T}_{VD}}{T_{VS}}\mathbf{k}+\nu\,\nabla^2\overline{\mathbf{v}}-2\Omega\times\mathbf{v} \tag{3.62}$$

从分解式（3.60）中减去式（3.62）得到波动速度方程：

$$\frac{\partial \mathbf{v}'}{\partial t}+(\overline{\mathbf{v}}\cdot\nabla)\mathbf{v}'+(\mathbf{v}'\cdot\nabla)\overline{\mathbf{v}}+(\mathbf{v}'\cdot\nabla)\mathbf{v}'-(\nabla\cdot\overline{\mathbf{v}'})\overline{\mathbf{v}'}$$

$$=-\frac{1}{\rho_S}\nabla p_D'+g\,\frac{\theta_V'}{T_{VS}}\mathbf{k}+\nu\nabla^2\mathbf{v}'-2\Omega\times\mathbf{v}' \tag{3.63}$$

与式（3.45）相同，这一方程［式（3.63）］可用于推导高阶矩方程。

用 $\mathbf{v}'$ 点乘式（3.63）再取平均，可得到湍流运动能量 $\overline{e_t}$ 的方程，其标量模拟表达式为式（3.47）。经过直接但颇为繁复的推导过程最终得到

$$\frac{\partial \overline{e_t}}{\partial t}+\overline{\mathbf{v}}\cdot\nabla\,\overline{e_t}=-\left[\overline{\mathbf{v}'(\overline{\mathbf{v}'}\cdot\nabla)}\right]\cdot\overline{\mathbf{v}}+\frac{g}{T_{VS}}\overline{w'\theta_V'}-\nabla\cdot\overline{\left[\mathbf{v}'\left(e_t+\frac{p_D'}{\rho_S}\right)\right]}+\nu\,\overline{\mathbf{v}'\cdot(\nabla^2\mathbf{v}')} \tag{3.64}$$

其中 $e_t=(u'^2+v'^2+w'^2)/2$，在这一推导中科氏效应抵消，这说明它对湍流能量的变化率无影响。式（3.64）右边第一项是机械能生成项，表示平均运动通过湍流剪切应力产生的能量传输率；第二项表示湍流动能因浮力做功的增加率，一般称为热能生成项；第三项为传输项，该项代表总湍流能量的发散性，在介绍式（3.47）时曾提到，既然是发散，那么该项就表示能量从一个位置到另一个位置的再分配；第四项表示黏度效应，显然，可将其分解如下（为方便起见采用张量符号，重复的下标表示指数 i、$j=1$、2、3 的总和）（Hinze，1959）：

$$\overline{\nu\mathbf{v}'\cdot\nabla^2\mathbf{v}'}=\nu\,\frac{\partial}{\partial x_j}\overline{\left[u_i'\left(\frac{\partial u_i'}{\partial x_j}+\frac{\partial u_j'}{\partial x_i}\right)\right]}-\nu\,\overline{\frac{\partial u_i'}{\partial x_j}\left(\frac{\partial u_i'}{\partial x_j}+\frac{\partial u_j'}{\partial x_i}\right)} \tag{3.65}$$

式（3.65）右边的第一项为发散项，表征由湍流黏性剪切应力引起的湍流动能传输率，该值极小，常常忽略不计；第二项为湍流转换成内能的单位耗散率。

3.3.2.3　能量守恒

根据布西尼斯克假设，不可压缩流体的能量守恒原理可表示为

$$\frac{\partial \theta}{\partial t}+(\mathbf{v}\cdot\nabla)\theta=\kappa_h\,\nabla^2\theta-\frac{1}{\rho_S c_p}\nabla\cdot H_R \tag{3.66}$$

式中：κ_h 为热扩散率（表 3.6）；H_R 为辐射热通量。

式（3.64）与式（3.43）的相似性表明除了辐射传输外，可将位温视为空气的一种守恒特性。$c_p\theta$ 表示空气的显热含量。采用与式（3.44）同样的方法得到平均位温 $\overline{\theta}$ 方程，即

$$\frac{\partial \overline{\theta}}{\partial t}+(\overline{\mathbf{v}} \cdot \nabla)\overline{\theta}+(\nabla \cdot \overline{\mathbf{v}'})\overline{\theta'}=\kappa_h \nabla^2 \overline{\theta}-\frac{1}{\rho_s c_p}\nabla \cdot H_R \qquad (3.67)$$

同样，式（3.67）左边末项表示雷诺通量辐合，即湍流运动引起的热传输。

3.3.3 传输方程的解法

上述守恒方程并不容易求解。首先，均值方程即一阶矩方程如式（3.44）、式（3.62）和式（3.67）包含了雷诺通量，即二阶矩。同样，二阶矩方程如式（3.47）和式（3.64）包含了三阶矩项，依此类推。总体而言，因存在某些高阶矩，任何湍流波动矩的有限方程组总是存在未知变量多于方程数目的闭合问题，这是所有基于雷诺分解的湍流方程的固有问题，源于这些方程的非线性特征。其次，日常经验告诉我们，大气的平均运动也是相当复杂的现象；即使是不存在闭合问题，想通过求解几个偏微分方程就能描述这一平均运动及平均比湿的分布也是非常困难的。

幸运的是，我们可以在相当程度上简化上述守恒方程产生的一般问题，同时也能获得极有意义的结果。为此，首先需要假定近地表大气为稳定的边界层；其次，需要运用相似性原理描述湍流。普朗特（Prandtl，1904）年提出的边界层理论假设：边界层中湍流传输沿垂直方向的尺度显著小于水平方向的尺度，即垂直梯度显著大于水平梯度。运用相似性原理和半经验性湍流传输理论可以降低闭合问题的影响，因为我们用仅含有平均和低阶变量的项分别替代湍流波动的二阶矩和高阶矩。布西尼斯克（Boussinesq，1877）引入了涡动黏性系数这一概念，这可能是在这方面所做出的最早尝试。

3.4 大气边界层

大气中，风、温度和湿度的最大变化一般发生在近地面垂直方向上。为此，可将近地面空气视为边界层。这一概念由普朗特（Prandtl，1904）提出，以解决固体壁面周围的动量传输问题。相应地，大部分研究变量的水平尺度都明显大于垂直尺度，这就意味着与垂直梯度和水平速度相比，水平梯度和垂直速度可以忽略不计。

大气边界层（ABL）定义为大气层的近地面部分，其紊流运动直接受地面特征的影响。在正常大气条件下，有很多因素影响着边界层的总体质量、动量和能量传输现象。尽管如此，在本书中，为了得到有用的结果，可考虑最简单条件下的大气边界层，具体条件包括稳定运动、平行于均匀一致的平面及气旋流与反气旋流之间产生的平行等距直线等压线间的运动。这种情形下，可对主要方程进行大幅简化。平均比湿方程［式（3.44）］简化后得到

$$\kappa_v \frac{\partial^2 \overline{q}}{\partial z^2}-\frac{\partial}{\partial z}\overline{(w'q')}=0 \qquad (3.68)$$

根据雷诺方程［式（3.62）］得到水平平均运动方程：

$$-\frac{1}{\rho}\frac{\partial \overline{p}}{\partial x}+f\overline{v}+\nu \frac{\partial^2 \overline{u}}{\partial z^2}-\frac{\partial}{\partial z}\overline{(w'u')}=0 \qquad (3.69)$$

$$-\frac{1}{\rho}\frac{\partial \overline{p}}{\partial y}-f\overline{u}+\nu \frac{\partial^2 \overline{v}}{\partial z^2}-\frac{\partial}{\partial z}\overline{(w'v')}=0 \qquad (3.70)$$

式中假设水平方向上的平均压力梯度不变；除非另有说明，从这两个式子起，密度 ρ 表示边界层的平均标准值。科氏参数 f 代表地球自转的影响，其定义如下：

$$f = 2\omega \sin\phi \tag{3.71}$$

式中：ω 为地球自转角速度；ϕ 为纬度；中纬度的 f 值约为 $10^{-4}\mathrm{s}$。一般将垂直运动方程简化为静态方程。最终，静态水平同质边界层中热量传输方程如下：

$$\kappa_h \frac{\partial^2 \overline{\theta}}{\partial z^2} - \frac{\partial}{\partial z}\overline{(w'\theta')} - \frac{1}{\rho c_p}\frac{\partial H_R}{\partial z} = 0 \tag{3.72}$$

在完全湍流条件下，分子输运项如黏度 υ 和分子扩散系数 κ_υ、κ_h 的数量级均小于雷诺通量。自此时起，除非另有说明，否则假设这些值可忽略不计。

为了阐明边界层的结构及为下一章中相似性概念的运用打好基础，需要在此简要介绍部分动态特征。假设在边界层之外存在着自由大气层，其风速为自由气流的速度，主要受压力场和地球自转的影响，极少受摩擦干扰。对于无摩擦气流，式（3.69）和式（3.70）变成

$$v_g = \frac{1}{\rho f}\frac{\partial \overline{p}}{\partial x}, \quad u_g = -\frac{1}{\rho f}\frac{\partial \overline{p}}{\partial y} \tag{3.73}$$

根据定义，u_g 和 v_g 分别为地转速度 $\boldsymbol{G}$ 的 x 分量和 y 分量，是沿等压线运动的稳定水平气流，是在无摩擦力和向心力及切向力加速度的条件下水平压力梯度与科氏力平衡的结果。尽管式（3.73）的自由气流假设很难实现，同时大气极少处于正压状态使得压力梯度随着高度的变化而变化，但通常认为地转风速非常近似于大气边界层以外的风速。边界层的厚度约 1000m，在 500～2000m 的范围内变化（图 3.1）。

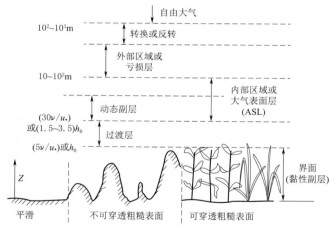

图 3.1　大气边界层副层高度数量级定义图

（h_0 为粗糙度障碍物标准高度；垂直标度单位：m，垂直坐标比例尺仅为示意）

一般认为（Csanady，1967；Monin，1970；Tennekes，1973），大气边界层的结构类似于二维湍流边界层，例如就像风洞中的气流，都有着明确的内区和外区。在外区，气流几乎不受地表性质的影响，主要取决于自由流速度；在内区——也称为气壁、普朗特层或表层，气流明显受地表性质的影响。无论如何，在大气中，外区不仅仅受压力影响，同时

也受地球自转产生的自转偏向力的影响。为此，大气边界层也常常被称为艾克曼（Ekman）层。假设在内、外区域之间有一个重叠区域，有时也称之为匹配层或惯性副层。应注意，这一情形一般仅存在于近似于中性的状态。在强烈不稳定的条件下，压力项和科氏力项的影响很小，外区则基本上是局部、间歇性的热对流湍流。此时可将外区称为混合层或自由对流层。在不稳定的条件下，由于逆温的影响，边界层上限会存在很大的差异，但平均高于中性条件。稳定条件下，边界层的厚度可从数十米到约 $500\,\mathrm{m}$，极端情况下湍流可能被抑制。

可以认为，地表副层是一个充分湍流区。在这里，垂直湍流通量较之地表值不会有明显变化。就水汽而言，式（3.68）表明在没有凝结的情况下，通量实际上是不变的，即

$$E = \rho\, \overline{w'q'} \tag{3.74}$$

式中：E 为地表蒸发率。

同样，对于显热通量，式（3.72）说明了在没有辐射通量发散的情况：

$$H = \rho c_p\, \overline{w'\theta'} \tag{3.75}$$

式中：H 为地表热通量。

对于动量传输，问题就不那么简单了。有时也认为地表副层是地表附近风向几乎不随高度变化且地球自转的影响可以忽略的一个区域。因此，通常认为可将式（3.69）和式（3.70）简化成

$$-\overline{w'u'}[=(\tau_{xz}/\rho)] = u_*, \quad -\overline{w'v'}[=(\tau_{yz}/\rho)] = 0 \tag{3.76}$$

式中：x 为近地表平均风向。根据定义，摩擦速度为

$$u_* = (\tau_0/\rho)^{1/2} \tag{3.77}$$

式中：τ_0 为地表切应力。

实际上，"地表副层是一个恒定应力层"这一假设并不十分正确，由式（3.69）和式（3.70）便可知。由于地表层的 $\overline{v}$ 值极小，根据式（3.69）和式（3.73）可以认为

$$\left| \frac{\partial}{\partial z}(\tau_{xz}/\rho) \right| \simeq |f|\, v_g \tag{3.78}$$

如果认为剪应力与地表值之分数偏差为 ε_τ，高度是 H_c，则根据式（3.78）和式（3.77）可近似得到

$$\varepsilon_\tau \simeq \frac{|f|\, v_g H_c}{u_*^2} \tag{3.79}$$

典型值为 $|f| = 10^{-4}\,\mathrm{s}^{-1}$ 和 $v_g/u_* = 12.5\,[=(A/k)$，式（4.77）$]$。由此，当 $u_* = 0.3\,\mathrm{m/s}$ 且 $H_c = 50\,\mathrm{m}$ 时，可得 $\varepsilon_\tau = 20\%$。很多情况下，测得的 $\overline{u'w'}$ 误差不会超过 $10\% \sim 20\%$。因此，从实际角度出发，对恒定应力层的假设足以保证地表上方最低空数十米范围的计算精度。但在理论上，20% 偏差（$50\,\mathrm{m}$ 高度）或 30% 偏差（$75\,\mathrm{m}$ 高度）无法忽略不计。在根据混合长度或 K 理论建立这些地表副层相似性模型的过程中，常常对恒定剪力即式（3.76）有着严格要求。因此，让人感到困惑的是，常常发现基于 K 理论模型得到的部分结果对于恒定应力层以上 1% 或 5% 的高度也有效。尽管如此，人们随后就发现无须恒定应力假设也可以得出相似性假说，其结果与 K 理论结果相同。因此，关于恒定应力层的看法有些武断，但其可以作为某些理论推导的出发点。相关问题无须进一步详述〔参考

Tennekes（1973）]，但可以这样假设，在实际应用中，地表副层的厚度为 $50 \sim 100m$，这也符合对平面上或风洞中的非旋转分层气流观察而得出的壁厚标准 $z/\delta < 0.10$。在稳定水平均一地表副层中，如果风向无明显转向，均方湿度波动方程［式（3.47）］可近似地写为

$$\overline{q'w'}\frac{\partial \overline{q}}{\partial z} + \frac{\partial}{\partial z}\overline{(w'm)} + \varepsilon_q = 0 \tag{3.80}$$

其中 ε_q 为式（3.47）的末项。

同样，湍流动能方程［式(3.64)］可以写为

$$\overline{u'w'}\frac{\partial \overline{u}}{\partial z} - \frac{g}{T_{VS}}[\overline{w'\theta'} + 0.61\,\overline{T}\,\overline{w'q'}] + \frac{\partial}{\partial z}\left(\overline{w'e_t} + \frac{\overline{w'p'}}{\rho}\right) + \varepsilon = 0 \tag{3.81}$$

其中参考虚温 T_{VS} 和平均温度 $\overline{T}$ 通常可用空气参考温度 T_a 代替。式（3.65）右边第二项的能量散逸 ε 可近似变为

$$\varepsilon = \nu\,\overline{\frac{\partial u_i'}{\partial x_j}\frac{\partial u_i'}{\partial x_j}} \tag{3.82}$$

误差可用 $\partial^2(\overline{w'^2})/\partial z^2$ 表示［参考 Hinze（1959）］，因 $\overline{w'^2}$ 的值近似于 u_*^2，因此误差极小。

总而言之，在非中性条件下，气流和动量传输会受到显热传输和水汽传输的显著影响，反之亦然。尽管如此，在地表副层的下部，水汽和显热可仅仅被看作是被动混合物，由湿度和温度梯度导致的密度分层效应可忽略不计。这一地表副层的下部被称为动态副层。中性条件下，整个地表副层都是一个动态层。

最后，近地表处的湍流明显受粗糙单元结构的影响，或因黏性效应而明显受阻；大多数情况下，两种效应同时存在。因此必须考虑粗糙单元的性质，且不可忽视传输方程中包含黏度 ν 和分子扩散系数 κ_v、κ_h 的项，因为它们在充分湍流中对湍流传输变量的影响更大。本书中将上述效应更为明显的、最靠近地表的区域称为界面副层。对于平滑流，常常称之为黏性副层，其厚度约为 $30\nu/u_*$。当地表在起伏不平时，其近地面大气层则可称之为粗糙副层，其厚度约为粗糙障碍物的平均高度 h_0。如果粗糙障碍物为植被，且植被冠层可穿透时，则可将界面副层称为冠层副层。空气中，κ_v 和 κ_h 与 ν 数量级相同（表3.6），因此动量、水汽和显热的特征长度（及界面传输副层的厚度）也十分相似。

第 4 章 均匀稳态大气边界层中湍流传输的平均廓线和相似性

本章介绍大气边界层的不同副层中比湿及其他相关变量（如风速和温度）的通量廓线关系。由于之前章节提到的传输方程的解的不确定性问题，这些通量廓线关系并不是基于传输方程来求解，而是运用相似性原理，通过量纲分析得出的。首先，通过控制方程或者分析确定相关的物理量，然后将它们组合成一些无量纲的变量。量纲分析只是建立了这些无量纲变量之间可能存在的函数关系；而具体的函数表达形式通常必须通过实验来确定。在某些情况下，可以通过在概念传输模型或传输方程中应用合理的闭合假设来推断函数关系的具体形式，其中的一些未知常数可通过实验的手段确定。近年来，关于大气边界层的相似性模型得到迅速发展，本章没有详尽地回顾所有的文献，仅介绍了其中一些可能适用于确定水汽输送的重要方法。

4.1 动态副层

动态副层由完全湍流区组成。完全湍流区的下边界可以低至接近地面，因而科氏力和由密度分层引起的浮力的影响可以忽略不计；其上边界可以足够的高，因而空气黏度和粗糙表面单元的结构也对其运动没有影响。在非绝热条件，即空气密度分层的条件下，动态副层的厚度可只有几米或更少；而在中性稳定的条件下，动态副层可以占据整个大气地表副层。

4.1.1 对数廓线法

对数廓线现已被实验充分验证，因此基本上已被接受。据其定义，平均风速、平均温度、平均比湿和其他气体混合物的平均浓度如果在动态副层中被地表均一地释放或吸收，其廓线都是高度 z 的对数函数。对数关系最先是针对平均风速建立的。而且，对地表附近风速廓线的分析也是了解水汽紊动传输的前提，因此，我们首先来介绍平均风速廓线。

1. 平均风速

对数风速廓线定律建立于 20 世纪 20 年代晚期，由普朗特将其引入到气象学研究中（Prandtl，1932）。朗道和利夫希兹（Landau 和 Lifshitz，1959）在他们 1944 年版的书中首次提出了一个简单的推导方式（Monin 和 Yaglom，1971）。该方法基于量纲分析并认为平行流动的流体中 z 方向上的平均速度增量 $\mathrm{d}\bar{u}/\mathrm{d}z$，表征了向下的动量通量和其地表的汇。因此，在密度为 ρ 的流体中，平均速度梯度是由壁面切应力 τ_0 和距壁面的距离 z 决定的。这些变量可以组合成如下的一个单一的无量纲量：

$$\frac{u_*}{z(\mathrm{d}\bar{u}/\mathrm{d}z)}=k \tag{4.1}$$

其中 u_* 的定义参照式（3.77）。实验证明，k 是近似不变的，被称为冯·卡门（Von Kármán）常数。其值近似为 0.40，但存在一定的不确定性。文献中已报道的实验值有的低至 0.35 [如 Businger 等（1971）、Hagstrom（1974）]，有的高达 0.47 [例如 Pierce 和 Gold（1971）]。然而，目前似乎还没有比 $k=0.4$ 更令人信服的值（Hicks，1976a；Yaglom，1977）。

由式（4.1）即得风速对数廓线方程，即

$$\bar{u}_2 - \bar{u}_1 = \frac{u_*}{k}\ln\left(\frac{z_2}{z_1}\right) \tag{4.2}$$

式中：下标 1、2 指的是动态副层中的两个不同的高度。风速廓线方程也可以写为

$$\bar{u} = \frac{u_*}{k}\ln\left(\frac{z}{z_{0m}}\right),\quad z \gg z_{0m} \tag{4.3}$$

式中：z_{0m} 是一个量纲为长度的积分常数，在此称为动量粗糙度参数。其值取决于式（4.1）成立的下边界条件，可视为动态副层中平均风速与高度的半对数图中当风速为 0 时的截距。

当粗糙单元的平均高度比 ν/u_* 大得多的时候，该表面被称为动态粗糙。对于粗糙的表面，动量粗糙度通常写为

$$z_{0m} = z_0 \tag{4.4}$$

式中：z_0 为下垫面粗糙度长度。除了柔性障碍物或波浪，z_0 的取值在理论上是独立于流体的，仅是下垫面特征的函数，如几何形状、尺寸和粗糙元素的排列等。确定自然表面 z_0 的一些估计方法将在第 5 章中讨论。

在粗糙表面的情况下，式（4.1）中使用的参考平面 $z=0$ 会存在一些不确定性。在粗糙要素非常稀疏的情况下，$z=0$ 可取这些粗糙要素的底部；而在粗糙要素非常密集的情况下，$z=0$ 应该参考粗糙物体的顶部高度。因此，在大多数情况下，零平面基准的高度应该位于粗糙障碍物的底部和顶部之间。为了减小难度，通常将 $z=0$ 定义为粗糙要素的底部；而且在相似性公式中，可以对所使用的坐标系参考平面进行移动。据此，由式（4.5）代替式（4.1）：

$$\frac{u_*}{(z-d_0)(\mathrm{d}\bar{u}/\mathrm{d}z)}=k \tag{4.5}$$

或者通过积分，由式（4.6）代替式（4.3）：

$$\bar{u} = \frac{u_*}{k}\ln\left(\frac{z-d_0}{z_{0m}}\right) \tag{4.6}$$

式中：d_0 为零平面位移高度，这个概念是由佩斯克提出的（Paeschke，1937）。

在水面、雪地、冰面、盐场之上的低风速的情况下，当 ν/u_* 同表面的突起高度相比不是很小时，我们将不再认为空气流动是完全粗糙的，此时必须考虑黏度的影响。粗糙度

雷诺数为

$$z_{0+} = \frac{u_* z_0}{\nu} \tag{4.7}$$

是一个重要的参数。1933年尼古拉兹通过实验研究表明：在大约 $0.13 < z_{0+} < 2$ 范围时，z_{0m} 不是常数，而是存在一定的函数关系：

$$z_{0m}/z_0 = f(z_{0+}) \tag{4.8}$$

该关系是尼古拉兹通过试验确定的（Schlichting，1960，图20和图21；Monin 和 Yaglom，1971，图28）。当 $z_{0+} > 2$ 时，等同于式（4.4）。

当 $z_{0+} < 0.13$ 时，流动与表面性质无关，称之为水力光滑（hydrodynamically smooth）。后续更多的实验研究表明，当 $u_* z/\nu \equiv z_+ > 30$ 时，式（4.3）可以用来描述平滑流动，这时

$$z_{0m} = 0.135\nu/u_* \tag{4.9}$$

它们的中位数如图4.1所示。图4.1表明

$$\bar{u}/u_* > 13.5 \tag{4.10}$$

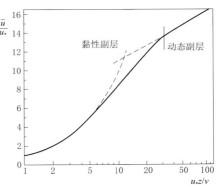

图 4.1 实验得到的光滑表面上湍流流动的平均速度廓线图［实线表示的是式（4.123）中 $z_+ < 5$ 和式（4.3）与式（4.9）中 $z_+ > 30$ 的情况］

2. 平均比湿

用来推导式（4.1）和式（4.5）的量纲分析方法可以推广到推导比湿廓线和其他量（如温度、CO_2 等）的表达式。在动态副层中，这些量是空气的被动混合物，不影响空气流动的动力学特征。

比湿随着海拔的升高而降低，这表明有一个向上的水汽通量。因此，在密度为 ρ 的流体中，水汽浓度随着海拔的下降率与表面水汽通量 $E = \rho \overline{(w'q')}$ 有关，也与流体的动力学特征相关。流体的动力学特征主要受 $d\bar{u}/dz$、τ_0 和 $z - d_0$ 控制。通过式（4.5）可知这三个变量是相互关联的，只需要两个变量，即 τ_0 和 $z - d_0$，来描述流体的运动。有四种量纲的五个变量中可组合成一个无量纲的比，其表达式如下：

$$\frac{E}{u_*(z - d_0)\rho(d\bar{q}/dz)} = -k_v \tag{4.11}$$

类似于式（4.1）、式（4.5），k_v 也近似为一个常数。式（4.11）中 k_v 称为水汽冯·卡门常数，也可写成

$$k_v = a_v k \tag{4.12}$$

两种冯·卡门常数的比值 a_v，实际上也是中性条件下半经验或K理论湍流（K-theory of turbulence）的水蒸气湍流扩散率与湍流黏度之比。因此，a_v 是中性条件下湍流施密特数（参见普朗特数）的倒数。雷诺类比（Reynolds's analogy）研究要求 $a_v = 1.0$。实验表明，a_v 等于或者略大于 1.0。例如，Pruitt 等（1973）发现 $a_v = 1.13$（$k = 0.42$）；然而 Dyer（1974）的综述表明在实际应用中 $a_v = 1$ 仍然是一个合理的假定。

在动态副层区域内任意高度 z_1 和 z_2，对式（4.11）积分可得

$$\bar{q}_1 - \bar{q}_2 = \frac{E}{a_v k u_* \rho} \ln\left(\frac{z_2 - d_0}{z_1 - d_0}\right) \tag{4.13}$$

如果 $\overline{q}_s$ 为 $\overline{q}$ 在地面的值，则水汽的廓线表达式可写成

$$\overline{q}_s - \overline{q} = \frac{E}{a_v k u_* \rho} \ln\left(\frac{z-d_0}{z_{0v}}\right), \quad z \gg z_{0v} \tag{4.14}$$

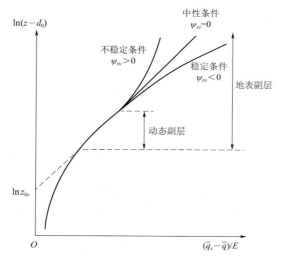

图 4.2　动态副层和地表副层归一化平均湿度廓线［见式（4.33）］简图［相似的曲线描述了风速和温度廓线，见式（4.34）和式（4.35）］

式中：z_{0v} 为水汽粗糙度长度，是一个积分常数。z_{0v} 可以被认为是零平面位移 d_0 以上的高度，如果将廓线向下延伸到其有效范围之外，此时 $\overline{q}$ 取其在地表面的数值（见图 4.2）。以 $z-d_0$ 为横坐标，它是在半对数坐标系上绘制的 $\overline{q}_s - \overline{q}$ 散点图的纵截距。在此之前，我们无法通过式（4.14）直接确定 z_{0v}，因为缺乏足够的 $\overline{q}$ 观测值或其他标量的廓线数据。目前，主要通过标量混合物的输送方程来间接获得 z_{0v} 信息。在第 4.4 节的数据分析基础上，我们将在第 5.2 节将详细讨论这一问题。

虽然 z_{0v} 与 z_{0m} 有关，但实际上它们有很大的区别，主要原因是动态副层交界面动量传输和被动的标量混合物的传输是不同的。这是由于表面附近的质量和热量传输是由分子扩散控制的，而动量传输同时还受压力作用的控制。过去认为 $z_{0v} = z_{0m}$，但这一假设会引起较大的误差。

在式（4.11）的推导中，用 $z-d_0$ 来代表到地表面的距离，而不直接用 z；这是因为坐标原点不容易定义，特别是当地表被密集的粗糙单元覆盖时。但当 z 比粗糙单元的高度高很多的时候，d_0 的值无关紧要，因此它可以从表达式中略去。

在式（4.11）、式（4.13）和式（4.14）中出现的参数 d_0 与式（4.5）中的参数相同，但是鉴于 z_{0v} 和 z_{0m} 的特征不同，我们也可以假设水汽的零平面位移高度不同于风廓线所对应的 d_0，特别是当粗糙单元表面水汽的源和汇与动量的汇的分布有很大差别时。但是，到目前为止也没有更详细的研究。应该注意的是，通过相似性参数推导出的式（4.11）中出现 $z-d_0$ 项，是因为它是流体动力学的变量之一，如动量传输式（4.5）所示；我们还应当注意到只有当高度 z 比粗糙要素的特征高度大很多时，对数廓线才是有效的。但如前面提到的，我们没必要取得 d_0 的精确值，对数廓线方程对 d_0 的精度是相对不敏感的。因此，作为一个实用的假设，根据相似性的观点，除了高大的植被外，其他情况下可以认为水汽或其他标量混合物的位移高度与动量传输中的 d_0 相同。

在以前的推导过程中，我们习惯直接用涡流扩散系数的雷诺相似法从风廓线获得对数湿度廓线。Sverdrup（1937）是第一个考虑水汽压和 $k_v = k$、$d_0 = -z$ 情况下推导出类似于式（4.11）的人，其积分形式参见式（4.14），他考虑了地面附近分子扩散并认为该层的厚度与 ν/u_* 成正比。Wüst（1937）、R. B. Montgomery（1940）以及 F. L. Black 的海洋上的各种实验数据集都显示湿度或水汽压是海拔的对数线性函数。Pasquill（1949）和

Rider（1954）的研究也进一步证实了对数湿度廓线与高度的线性关系。因此对数方程式是用廓线方法在中性条件下计算蒸发的基础，结合式（4.13）或式（4.14）和式（4.2）、式（4.3）或式（4.6），消除 u_* 即可得到著名的廓线方程，如 Thornthwaite、Holzman（1939）、Sverdrup（1946）、Pasquill（1949b）和 Rider（1957）所提出的各种方程。

3. 平均位温

我们可以用类似于推导比湿关系的方法得到下式：

$$\frac{H}{u_*(z-d_0)\rho c_p(\mathrm{d}\overline{\theta}/\mathrm{d}z)}=-a_h k \tag{4.15}$$

式中：H 为从地表到空气中的感热通量；a_h 为与 a_v 相似的量。对于感热来说，a_h 通常是略大于或者等于 1.0。一些实验［如 Businger 等（1971）］在 $k=0.35$ 条件下得到的 a_h 值为 1.35，从相关实验来看这一问题仍然没有很好地解决（Yaglom，1977）。然而，对于实际问题假设 $k=0.4$、$a_h=1$，也是合理的。式（4.15）的积分形式如下：

$$\overline{\theta}_1-\overline{\theta}_2=\frac{H}{a_h k u_*\rho c_p}\ln\left(\frac{z_2-d_0}{z_1-d_0}\right) \tag{4.16}$$

或

$$\overline{\theta}_s-\overline{\theta}=\frac{H}{a_h k u_*\rho c_p}\ln\left(\frac{z-d_0}{z_{0h}}\right),\quad z\gg z_{0h} \tag{4.17}$$

式中：z_{0h} 是感热粗糙度长度。上面关于 z_{0v} 的讨论对 z_{0h} 也适用（更多内容参见第 5 章）。

在实际应用中，因为 Γ_d 的值非常小，在式（4.15）～式（4.17）中的动态副层中的位温 $\overline{\theta}$ 可以由温度 $\overline{T}$ 来代替［参见式(3.36)］。

4.1.2 幂函数近似法

对数分布函数为超越函数，因此目前在湍流传输问题中难以用精确的数学解析式来求解。这个问题可以通过近似的方法来解决，用高度的简单幂函数来描述平均廓线是比较方便的。平均风速可以表示为

$$\overline{u}=a z^m \tag{4.18}$$

在给定的大气湍流和表面粗糙度条件下，假定 m 和 $a=(\overline{u}_1/z_1^m)$ 为常数，$\overline{u}_1$ 是在给定参考高度 z_1 上的平均风速。式（4.18）在有了风速观测之后，于 1876 年就开始使用了（Stevenson，1880）。虽然幂函数缺乏理论根据，但适当地选择参数值，可以很好地描述实验得到的风廓线。

式（4.18）已广泛应用于光滑和粗糙表面风廓线的计算，因在自然界中绝大多数表面都是粗糙的，故在此仅考虑粗糙的表面，通过式（4.6）对粗糙表面情况进行类比，式（4.18）也可写成下面的形式：

$$\overline{u}=C_p u_*\left(\frac{z-d_0}{z_0}\right)^m \tag{4.19}$$

式中：C_p 是参数。Prandtl 和 Tollmien（1924）的研究中也提出了类似式（4.19）的公式。参数 C_p 和 m 的值可以通过在一定的海拔范围内拟合式（4.19）与更加精确的式

（4.6）来确定。Brutsaert 和 Yeh（1970）关于湍流的研究指出，在中性条件下的低层大气层中，$m = 1/7$ 是代表性值，这也符合布雷西（Schlichting，1960）光滑管内湍流流动的经验阻力定律。但是 m 应该不是一个恒量，它和 z、z_0 以及湍流强度呈弱相关。C_p 的取值也有多种算法。Frost（1946）推得在混合长度为 $z^{1-m} z_0^m$ 的粗糙表面且 $d_0 = 0$ 的情况下，

$$C_p = m^{-1} \tag{4.20}$$

通过比较式（4.3）和式（4.18）的蒸发和对流数值试验结果，Brutsaert 和 Yeh（1970a；b）认为在 $d_0 = 0$ 假设条件下，当 m 值很接近 1/7 时，C_p 的值在 5.5～6.0；当 m 值与 1/7 稍有不同时，C_p 的值由下式计算：

$$C_p = 6/7m \tag{4.21}$$

式（4.21）可用于开阔水面。

已经有研究者尝试将幂函数参数与大气稳定性联系起来，然而，由于幂函数可能并不是通用的廓线函数，这种关系的适用性是有限的。Deacon（1949）最先假设 $d\bar{u}/dz$ 是 z 的幂函数，而不是平均风速 $\bar{u}$，但由此假设得到的平均分布廓线方程不如式（4.18）便于扩散问题的数学分析。

4.2　地表副层

4.2.1　平均廓线

粗糙单元上方边界层的下部通常称为地表副层，其中的空气流动相对不受黏性和粗糙单元结构以及科氏力作用的影响，如图 3.1 所示。因此，除了描述影响动态副层中湍流运动的因子即式（4.5），式（4.11）和式（4.15）中的变量，大气的稳定性，也就是由有效的垂直密度梯度产生的浮力的影响也必须考虑。相似性分析的目的是将这种浮力的影响用无量纲变量来表示。

目前有几种方法可以将浮力的影响用无量纲变量来表示。式（3.34）表明，在静止大气中，空气团的单位垂直位移加速度可以用空气有效密度分层性来近似，即

$$-\frac{g}{T_a}\left(\frac{\partial \theta}{\partial z} + 0.61 T_a \frac{\partial q}{\partial z}\right) \tag{4.22}$$

式中：T_a 为表面附近空气的平均参考温度。

另外，式（3.64）和式（3.81）表明，在水平方向上均匀分布的地表副层中，波动或浮力对湍流动能的平均贡献率近似于

$$\frac{g}{\rho T_a}\left(\frac{H}{c_p} + 0.61 T_a E\right) \tag{4.23}$$

显然，只有当有感热通量 $\overline{w'\theta'}$ 和（或）水汽通量 $\overline{w'q'}$ 存在时，密度分层才对湍流起作用。式（4.11）和式（4.15）表明，对于给定的大气稳定条件，这种情况在地表副层中发生，因为浮力的影响是动态副层和地表副层之间的唯一区别。这些方程还表明，在相同的条件下式（4.23）与式（4.22）成比例。因此，式（4.22）和式（4.23）都能很好地用来构造

所需的描述大气稳定性对湍流影响的无量纲变量。

式（4.5）、式（4.11）和式（4.15）中的无量纲比率有共同的变量 $z-d_0$ 和 u_*。因此可以假设在分层湍流中，湍流的无量纲特性只取决于以下四个量：虚拟水平面之上的高度 $z-d_0$、表面的剪切应力 τ_0、密度 ρ 以及式（4.23）表示的由浮力引起的湍流动能强度。这四个量，可以用三个基本量纲来表示，即时间、长度和空气质量来表示并可以结合在一起成为一个无量纲变量，对于 $d_0=0$，莫宁和奥布霍夫（Monin 和 Obukhov，1954）提出了变量 ζ：

$$\zeta=\frac{z-d_0}{L} \tag{4.24}$$

式中：L 为奥布霍夫（Obukhov，1946）稳定长度（Businger 和 Yaglom，1971），传统上由式（4.25）定义：

$$L=\frac{-u_*^3\rho}{kg\left[\left(\dfrac{H}{T_ac_p}\right)+0.61E\right]} \tag{4.25}$$

最初为了方便引入了冯·卡门常数和负号，L 在稳定条件下为正值，非稳定条件下为负值，中性条件下是无限大值。最初 $z=-L$ 被解释为"动态湍流副层高度"。在湍流动能方程（3.81）中，假如平均廓线在整个表层呈对数分布，$z=-L$ 可以被认为是在剪切力项与浮力项相等处的高度。因为平均廓线在整个表层不完全呈对数分布，$-L$ 就会比高度 z 大一些。奥布霍夫稳定长度最初的计算式中湍流通量项忽略了水汽的作用，不过可以用 $0.61T_aE$ 项加以弥补。

根据这一假设，用式（4.11）无量纲方式表示地表副层中水汽通量廓线为

$$-\frac{ku_*(z-d_0)\rho}{E}\frac{\mathrm{d}\overline{q}}{\mathrm{d}z}=\phi_{sv}(\zeta) \tag{4.26}$$

ϕ 是 ζ 的通用函数。类似地，对于平均风速梯度式（4.5）和平均位温梯度式（4.15），都有相似的函数 $\phi_{sm}(\zeta)$ 和 $\phi_{sh}(\zeta)$ 如下：

$$\frac{k(z-d_0)}{u_*}\frac{\mathrm{d}\overline{u}}{\mathrm{d}z}=\phi_{sm}(\zeta) \tag{4.27}$$

$$-\frac{ku_*(z-d_0)\rho c_p}{H}\frac{\mathrm{d}\overline{\theta}}{\mathrm{d}z}=\phi_{sh}(\zeta) \tag{4.28}$$

显然，在动态副层或在中性条件下，当 $|\zeta|\leqslant 1$ 但 $z-d_0\geqslant z_0$ 时，$\phi_{sv}=a_v^{-1}$、$\phi_{sm}=1$、$\phi_{sh}=a_h^{-1}$。由式（4.26）~式（4.28）推导出如下地表副层的廓线方程：

$$\overline{q}_1-\overline{q}_2=\frac{E}{ku_*\rho}[\Phi_{sv}(\zeta_2)-\Phi_{sv}(\zeta_1)] \tag{4.29}$$

$$\overline{u}_2-\overline{u}_1=\frac{u_*}{k}[\Phi_{sm}(\zeta_2)-\Phi_{sm}(\zeta_1)] \tag{4.30}$$

$$\overline{\theta}_1-\overline{\theta}_2=\frac{H}{ku_*\rho c_p}[\Phi_{sh}(\zeta_2)-\Phi_{sh}(\zeta_1)] \tag{4.31}$$

其中，函数 Φ_{sv} 可由下式确定，Φ_{sm}、Φ_{sh} 也可由类似的方法通过积分确定：

$$\Phi_{sv}(\zeta) = \int \phi_{sv}(x) \, \mathrm{d}x / x \tag{4.32}$$

通量廓线关系式（4.29）～式（4.31）也可以拓展到非中性条件，其对数廓线方程如下：

$$\overline{q}_1 - \overline{q}_2 = \frac{E}{a_v k u_* \rho} \left[\ln\left(\frac{\zeta_2}{\zeta_1}\right) - \Psi_{sv}(\zeta_2) + \Psi_{sv}(\zeta_1) \right] \tag{4.33a}$$

$$\overline{u}_2 - \overline{u}_1 = \frac{u_*}{k} \left[\ln\left(\frac{\zeta_2}{\zeta_1}\right) - \Psi_{sm}(\zeta_2) + \Psi_{sm}(\zeta_1) \right] \tag{4.34a}$$

$$\overline{\theta}_1 - \overline{\theta}_2 = \frac{H}{a_h k u_* \rho c_p} \left[\ln\left(\frac{\zeta_2}{\zeta_1}\right) - \Psi_{sh}(\zeta_2) + \Psi_{sh}(\zeta_1) \right] \tag{4.35a}$$

与 Panofsky（1963）的建议相似，Ψ_s 函数由下式计算：

$$\Psi_{sv}(\zeta) = \int_{z_{0v}/L}^{\zeta} [1 - a_v \phi_{sv}(x)] \, \mathrm{d}x / x \tag{4.36}$$

$$\Psi_{sm}(\zeta) = \int_{z_{0m}/L}^{\zeta} [1 - \phi_{sm}(x)] \, \mathrm{d}x / x \tag{4.37}$$

$$\Psi_{sh}(\zeta) = \int_{z_{0h}/L}^{\zeta} [1 - a_h \phi_{sh}(x)] \, \mathrm{d}x / x \tag{4.38}$$

上述方程中 ζ_2、ζ_1 的值必须大于 z_0/L 的值，在非常粗糙的表面，如高大的森林冠层，如果这个条件不满足，那么这些关系就可能不成立。

同样，当取用地表面值，即 $\overline{q} = q_s$、$\overline{u} = 0$、$\overline{\theta} = \theta_s$，方程就简化为

$$q_s - \overline{q} = \frac{E}{a_v k u_* \rho} \left[\ln\left(\frac{z - d_0}{z_{0v}}\right) - \Psi_{sv}(\zeta) \right] \tag{4.33b}$$

$$\overline{u} = \frac{u_*}{k} \left[\ln\left(\frac{z - d_0}{z_{0m}}\right) - \Psi_{sm}(\zeta) \right] \tag{4.34b}$$

$$\theta_s - \overline{\theta} = \frac{H}{a_h k u_* \rho c_p} \left[\ln\left(\frac{z - d_0}{z_{0h}}\right) - \Psi_{sh}(\zeta) \right] \tag{4.35b}$$

式中：z_{0v}、z_{0m}、z_{0h} 分别为水汽、动量和感热的粗糙度长度，在第 5 章中将有详细的介绍。方程式（4.33b）的示意图如图 4.2 所示。

值得注意的是，在文献中，式（4.26）～式（4.28）中的函数 ϕ_s 也被当作为理查森数而不是 ζ 的函数。理查森数是另一种稳定性参数（Richardson，1920），在考虑水汽影响的条件下可以写成：

$$\mathrm{Ri} = \frac{g}{T_a} \left[\frac{\mathrm{d}\overline{\theta}/\mathrm{d}z + 0.61 T_a (\mathrm{d}\overline{q}/\mathrm{d}z)}{(\mathrm{d}\overline{u}/\mathrm{d}z)^2} \right] \tag{4.39}$$

由式（4.23）中浮力项和式（3.81）湍流能量项比值即可得到该参数形式。通过雷诺相似准则可得，式（4.26）～式（4.28）中 ϕ_s 相等，但实际情况并非如此。当仍用最初的形式来表示时，这个参数被称为通量理查森数：

$$R_f = \frac{g}{T_a} \left[\frac{\overline{w'(\theta' + 0.61 T_a q')}}{(\overline{u'w'})(\mathrm{d}\overline{u}/\mathrm{d}z)} \right] \tag{4.40}$$

ζ、Ri、R_f 中用到的变量是相互关联的，所以从理论上讲，三者中的任何一个都可以用来

描述大气的稳定性对湍流的影响。Ri 的优点在于它只包含可以由实验确定的变化梯度；但是梯度是随高度变化而变化的。R_f 的缺点是包含湍流协方差和平均风速梯度。ζ 与高度成比例，因为 L 只包含地表通量，它相对于高度是独立的，近年来研究地表副层稳定性的工作也都重点在于研究 L。

4.2.2 通量廓线函数

通用函数 ϕ_{sv}、ϕ_{sm} 和 ϕ_{sh} 的性质一直是许多理论及实验研究的重要课题。文献中有许多以 ζ 和 Ri 为变量的通用函数，这些函数有些是通过半经验方法推导出来的，比如对中性条件、极不稳定条件或自由对流情况下的函数进行插值，普朗特（Prandtl，1932）、奥布霍夫（Obukhov，1946）和普里斯特利（Priestley，1954）进行过这方面的研究；另一些通用函数则完全基于实验数据。莫宁和亚格洛姆（Monin 和 Yaglom，1971）与亚格洛姆（Yaglom，1977）整理了这些通用函数。

然而，相对于 ϕ_{sm}、ϕ_{sh} 来说，关于水汽传输的通用函数 ϕ_{sv} 的研究比较少。目前，一般认为

$$\phi_{sv}(\zeta) = \phi_{sh}(\zeta) \tag{4.41}$$

Crawford（1965）和 Dyer（1967）的实验研究数据支持这一假设。如图 4.3 和图 4.4 所示，Pruitt 等（1973）用实验数据拟合的 ϕ_{sv} 函数和其他研究如 Yaglom（1977）提出的函数 ϕ_{sh} 极其相似。因此，在多数实际应用中可以认为式（4.41）是成立的。然而，应该指出的是，有些理论（Warhaft，1976）和实验（Verma 等，1978）证据表明式（4.41）的应用条件还有待商榷，尤其是在稳定的条件下。但这个问题还尚未明了（Brost，1979；Hicks 和 Everett，1979），有待深入研究。

除了式（4.41）的不确定性之外，函数 ϕ_{sm} 和 ϕ_{sh} 似乎存在着各种各样的变化，并且根据观测到的廓线计算的通量对函数形式的变化来说是相对不敏感的，因此，这里没有试图做一个完整的论述，只给出了一些与现有数据一致的、适合通量计算的典型函数。

1. 非稳定状态

Businger（1966）和 Dyer（Businger 等，1971）的研究表明，当 $\zeta \leqslant 0$ 时，ϕ_s 函数可以很好地用经验公式来表达。其通用公式如下：

$$\phi_{sv} = a_v^{-1}(1 - \beta_{sv}\zeta)^{-1/2} \tag{4.42}$$

$$\phi_{sm} = (1 - \beta_{sm}\zeta)^{-1/4} \tag{4.43}$$

$$\phi_{sh} = a_h^{-1}(1 - \beta_{sh}\zeta)^{-1/2} \tag{4.44}$$

这些经验公式也有多种不同形式，最初，Dyer（1967）发现 $k = 0.40$ 时 $\phi_{sv} = \phi_{sh} = (1 - 15\zeta)^{-0.55}$；随后，Dyer 和 Hicks（1970）与 Hicks（1976b）提出 $k = 0.41$ 时 $\beta_{sv} = \beta_{sh} = \beta_{sm} = 16$，$a_v = a_h = 1$，与廓线方程和湍流通量数据十分符合，Paulson（1970）、Miyake（1970）和 Paulson（1972）等在 $k = 0.40$ 时也得到了同样的结论。另外，Businger 等（1971）从观测数据拟合结果中得到 $\beta_{sm} = 15$、$a_h = 1.35$、$\beta_{sh} = 9$，但是这一结果是基于冯·卡门常数 $k = 0.35$ 的情况，Högström（1974）的实验也证实了这些结果。Smedman 和 Högström（1973）发现对于非稳定状态（$\zeta = -7.62$），当 $k = 0.40$、$a_v = 1.0$、$\beta_{sv} = 9$ 时，式（4.42）和他们的湿度数据高度吻合。Businger（1971）公式看起来反常，仍然存

在很大的不确定性（Yaglom，1977），我们需要更好的实验数据去解决这一问题。但到目前为止，当 $k=0.40$ 时，下列公式在实际应用中可以得到准确的结果：

$$\phi_{sv}=\phi_{sh}=\phi_{sm}^2=(1-16\zeta)^{-1/2}, \quad \zeta<0 \tag{4.45}$$

式（4.45）可以与图 4.3~图 4.5 中的实验数据进行比较。

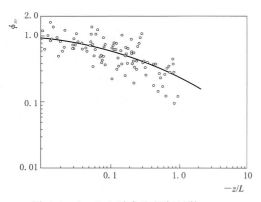

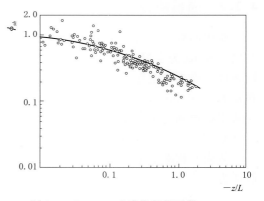

图 4.3　$k=0.4$ 时水汽相似函数 $\phi_{sv}=$ $\phi_{sv}(\zeta)$ 的取值［其中圆点为 Dyer（1967）在澳大利亚 Kerang 根据实验得到的实测值，曲线表示式（4.45）的理论值］

图 4.4　$k=0.4$ 时感热相似函数 $\phi_{sh}=$ $\phi_{sh}(\zeta)$ 的取值［其中圆点为 Dyer（1967）在澳大利亚 Kerang 和 Hay 根据实验得到的实测值，曲线表示式（4.45）的理论值］

联立式（4.36）~式（4.38）和式（4.42）~式（4.44），得到式（4.33）~式（4.35）的廓线函数：

$$\Psi_{sv}(\zeta)=2\ln\left(\frac{1+x^2}{1+x_{0v}^2}\right) \tag{4.46}$$

$$\Psi_{sm}(\zeta)=\ln\left[\frac{(1+x)^2(1+x^2)}{(1+x_{0m})^2(1+x_{0m}^2)}\right]$$
$$-2\arctan x+2\arctan x_{0m} \tag{4.47}$$

$$\Psi_{sh}(\zeta)=2\ln\left(\frac{1+x^2}{1+x_{0h}^2}\right) \tag{4.48}$$

其中，对于 $x=(1-\beta\zeta)^{1/4}$，在式（4.46）~式（4.48）中 β 分别为 β_{sv}、β_{sm}、β_{sh}；对 $x_{0v}=(1-\beta_{sv}\zeta_{0v})^{1/4}$，$\zeta_{0v}=z_{0v}/L$，$x_{0m}$、$x_{0h}$ 的定义类似。因为粗糙度长度与 L 相比小很多，故式（4.36）~式（4.38）中下限通常取为 0（Paulson，1970）。积分廓线函数就变为

$$\Psi_{sv}(\zeta)=2\ln\left(\frac{1+x^2}{2}\right) \tag{4.49}$$

$$\Psi_{sm}(\zeta)=2\ln\left(\frac{1+x}{2}\right)+\ln\left(\frac{1+x^2}{2}\right)-2\arctan x+\frac{\pi}{2} \tag{4.50}$$

$$\Psi_{sh}(\zeta)=2\ln\left(\frac{1+x^2}{2}\right) \tag{4.51}$$

使用式（4.45）时，$x = (1-16\zeta)^{1/4}$。

2. 稳定状态

通过级数展开并保留第一项，可以得到在近似中性条件下（$|\zeta|$ 很小），ϕ_s 函数的最早形式（Monin 和 Obukhov，1954），即

$$\phi_{sv} = a_v^{-1}(1+\beta_{sv}\zeta) \tag{4.52}$$

$$\phi_{sm} = 1+\beta_{sm}\zeta \tag{4.53}$$

$$\phi_{sh} = a_h^{-1}(1+\beta_{sh}\zeta) \tag{4.54}$$

式中：β_{sv}、β_{sm}、β_{sh} 为经验常数。

显然，将式（4.26）～式（4.28）与上述公式结合可得到包含对数项和线性项的廓线函数。因此，式（4.33）～式（4.35）就可以写成下式：

$$\Psi_{sv}(\zeta) = -\beta_{sv}(\zeta - \zeta_{0v}) \tag{4.55}$$

$$\Psi_{sm}(\zeta) = -\beta_{sm}(\zeta - \zeta_{0m}) \tag{4.56}$$

$$\Psi_{sh}(\zeta) = -\beta_{sh}(\zeta - \zeta_{0h}) \tag{4.57}$$

在实际应用中，式（4.55）～式（4.57）中 ζ_{0v}、ζ_{0m}、ζ_{0h} 是很小的量，往往可以忽略不计。

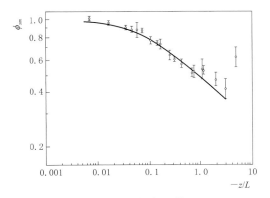

图 4.5　$k=0.4$ 时动量相似函数 $\phi_{sm} = \phi_{sm}(\zeta)$ 的取值［其中圆点为 Dyer（1967）在澳大利亚 Kerang 和 Hay 根据实验得到的几何平均值曲，线表示式(4.45)的理论值］

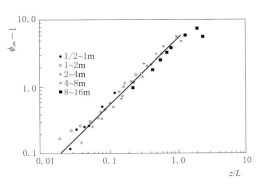

图 4.6　Hicks（1976）在澳大利亚新南威尔士的 Hay 根据实验数据得出的在稳定条件下 ζ 和 $\phi_{sm}-1$ 的相关性［直线表示式(4.58)的第一个公式（改编自 Hicks，1976）］

起初人们希望对数廓线能够在 ζ 取值范围更宽时使用，但很快就发现［例如 Taylor（1960）］，式（4.53）和式（4.54）只适用于非稳定条件下（$-\zeta$）<0.003 的情况。目前，人们普遍认为，对数线性廓线可以用来拟合中性稳定条件下 $\zeta<1$ 的数据。McVehil（1964）通过实验研究发现，当 $0<\zeta<1.8$ 且 $\beta_{sm}=\beta_{sh}=7$，$a_h=1$，$\phi_{sm}=\phi_{sh}$ 时，式（4.53）和式（4.54）是有效的。Webb（1970）研究发现，在 $k=0.41$ 情况下，当 $\beta_{sv}=\beta_{sm}=\beta_{sh}=5.2$、$\phi_{sm}=\phi_{sh}=\phi_{sv}$，且 $0<\zeta<1$ 时对数直线廓线是有效的。Businger 等（1971）研究发现，在 $0<\zeta<1$ 时式（4.53）和式（4.54）是有效的，但是 $k=0.35$ 时，常数 β_{sm}、β_{sh}、a_h 应分别为 4.7、6.35、1.35。

对数线性函数适用于描述 $\zeta < 1$ 时中等稳定的状态，但当 $\zeta > 1$ 时非常稳定的状态下，目前仍然没有公认的参数值，也没有找到 ϕ_s 函数的通用表达式。Webb（1970）和 Kondo（1978）等发现，当 $\zeta > 1$ 时，ϕ_s 函数约等于 6；Hicks（1976b）推断当 $\zeta = 10$ 的时候，ϕ_s 大约等于 8（图 4.6）。从理论上讲［例如 Monin 和 Yaglom（1971）］，在非常稳定的情况下，ϕ_s 函数应当与 ζ 成比例。Hicks（1976b）的实验数据分析证明了这一理论，分析结果也表明，当 $\zeta > 10$ 时，$\mathrm{d}u/\mathrm{d}z$ 约等于 $0.8u_*/kL$。但是仍有些不同的结论，Businger 等（1971）研究表明 $\phi_{sm} > \phi_{sh}$，而 Hicks（1976b）和 Kondo（1978）则认为 $\phi_{sm} < \phi_{sh}$。所有这些都说明了人们对稳定条件下的湍流通量廓线关系比非稳定条件下的了解得更少。然而，在稳定的条件下，湍流通量往往很小，因此，从观测到的廓线中进行常规通量计算时 ϕ_s 函数的精确公式并不重要。因此，实际情况下进行通量计算时，假定 $k = 0.4$ 时下式成立时就已经有足够的精度了，即

$$\phi_{sv} = \phi_{sh} = \phi_{sm} = \begin{cases} 1 + 5\zeta, & 0 < \zeta < 1 \\ 6, & \zeta > 1 \end{cases} \tag{4.58}$$

式（4.58）可以与图 4.6 中的实验数据进行比较。

4.3　大气边界层整体参数化

4.3.1　外部区域平均廓线的相似性

地表副层位于大气边界层的最底部，其厚度约为大气边界层厚度的 10%。因此考虑高层的湍流传输时，由于地表副层的相似参数有限，需要考虑更多的附加变量。解决地表副层问题的一种方法是对莫宁-奥布霍夫相似理论进行形式化延伸，并假设平均廓线可以用类似于式（4.26）～式（4.28）的方程表示：

$$-\frac{ku_*(z - d_0)\rho}{E}\frac{\mathrm{d}\overline{q}}{\mathrm{d}z} = \phi_{bv} \tag{4.59}$$

$$\frac{k(z - d_0)}{u_*}\frac{\mathrm{d}\overline{u}}{\mathrm{d}z} = \phi_{bmx} \tag{4.60}$$

$$\frac{k(z - d_0)}{u_*}\frac{\mathrm{d}\overline{v}}{\mathrm{d}z} = \phi_{bmy} \tag{4.61}$$

$$-\frac{ku_*(z - d_0)\rho c_p}{H}\frac{\mathrm{d}\overline{\theta}}{\mathrm{d}z} = \phi_{bh} \tag{4.62}$$

不同的是，此处的 ϕ 函数不仅仅与 ζ 相关，而且与一些变量组成的附加的无量纲变量相关，这些变量的作用在高海拔条件下是不可忽略的。下面将讨论几个影响较大的变量。

正如平板风洞实验的情况一样，边界层厚度 δ 是一个重要的参数。但是对于大气来说，δ 难以明确定义，通常用几个长度尺度来度量边界层厚度 δ。

1. 艾克曼层厚度尺度

当大气边界层处于静态、水平均匀、正压和中性的状态时，其动力学方程可以用式（3.69）、式（3.70）和式（3.73）来表示，分析它的运动可以得出其厚度尺度。这表明如果用 u_* 作为水平速度项的转换尺度，那么 $u_*/|f|$ 可以作为垂直坐标 z 的转换尺度。因此，

可以定义

$$\delta_r = K_r u_* / |f| \tag{4.63}$$

式中：下标 r 表示地球自转，因此长度涉及科氏力。在中性条件下，K_r 是常数。艾克曼边界层，即外部边界层，其层内湍流传输受到自由大气和地转力的共同影响。因此，艾克曼厚度尺度又称地转力影响的厚度尺度。Rossby（1932）提出 $K_r = 0.195$，Kazanski 和 Monin（1960）在相似研究中假定 $K_r = k$，但在实际研究中发现，K 应更小，应当在 $0.15 \sim 0.30$ 之间。在下文可见，K_r 值难以精确测定。目前认为，在非中性条件下，K_r 可能是 $(u_* / L |f|)$ 的函数［例如 Zilitinkevich 和 Deardorff（1974）］。

2. 逆温层的厚度尺度

在早期应用于非中性大气条件下的相似模型中，δ_r 被认为是唯一的边界层厚度的尺度，显然这种尺度存在一些局限性。实际上大气层的厚度一般受到气团的前期状态和其他与内部边界层动态无关的因素的影响，这些复杂的因素包含日照、非平稳运动、大尺度平流以及湿度和温度的非均匀性等。此外，在赤道附近，f 接近于零，使用 δ 变得没有意义。Deardorff（1972）指出 δ_r 作为唯一的长度尺度存在明显的缺点，他的数据研究表明，即使在地表附近大气条件轻度不稳定的条件下，δ 值也不应该由式（4.63）确定，而应该通过直接观测来确定。就是说在可能情况下，δ 应该被认为是一个水平高度，在这个高度处从地球表面产生的动力学和热力学效应清晰地表现在平均风、温度和比湿的廓线中。由于这通常与逆温层的高度有关，所以假定边界层厚度的第二种观测值为 δ_i；可以确定 δ_i 的温度廓线示例如图 4.7 所示。在实际中（Garratt 和 Francey，1978），不稳定条件下，δ_i 可以看成是混合层的顶部，也就是地表以上的对流混合层的厚度。在很多

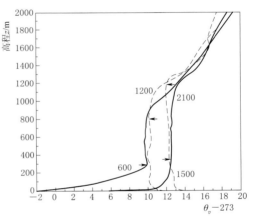

图 4.7　大气边界层及其上方虚温廓线示例
［边界层的高度 δ_i 的估计值用箭头表示；
廓线上的数值表示天数，Clarke 等（1971）
于 1967 年 7 月 16 日第 33 天在澳大利亚
新南威尔士 Hay 的实验观察所得］

情况下，这种混合层被逆温层覆盖，此时 δ_i 可以简化为主要逆温层底层的高度。然而，通常情况并非如此，尤其是在陆地早晨夜间逆温消失期间，地面对流层的厚度显然是一个更好的指标。在稳定情况下，δ_i 可以看成是地面逆温层的厚度，由 $\overline{\theta}$ 廓线中大幅度冷却延伸到的高度或 $\overline{u}$ 廓线中最大值（夜间的高速气流）的下限高度来表示。应该强调的是，在实际大气层中 δ_i 值是不容易准确测定的，在不稳定的大气条件下，行星边界层的厚度常常会发生急剧和迅速的变化；这种间歇性现象可能是对流羽流的一种表现，这会引起上覆逆温层中的卷吸和类波浪结构的破碎。

在过去的几年中，研究者普遍认为，近中性条件下，δ_i 是更重要的边界层厚度的尺度。其最主要的原因是用 δ_i 来表示边界层厚度的相似性函数比用 δ_r 来表示边界层厚度的相似性函数与实验数据的拟合更具一致性。此外，δ_i 还有一个优点，它允许在适当的高

度直接测定任何外部变量，并且它既不包含通常难以计算的量 u_*，也不包含在赤道附近无意义的科氏参数 f。

3. 斜压性

大气压力梯度随海拔的变化而变化是大气层的另一个特征。这种水平压力梯度的垂直变化，缘于地转风切变或斜压性，正如平均风廓线所示会影响湍流结构［例如 Clarke 和 Hess（1974）］。斜压性是与热风方程中水平温度梯度相关的［例如 Haltiner 和 Martin（1957）］，其相关关系式如下：

$$\frac{\partial u_g}{\partial z} = -\frac{g}{fT}\frac{\mathrm{d}T}{\mathrm{d}y} \tag{4.64}$$

$$\frac{\partial v_g}{\partial z} = \frac{g}{fT}\frac{\mathrm{d}T}{\mathrm{d}x} \tag{4.65}$$

式中：T 为绝对温度，这两个方程表明斜压性的存在证实了热量水平分布的非均匀性，反之亦然。在 z 变化时斜压性虽然不是常数，但变化很小，因此一次项近似值可以忽略不计。

有几种方法可以将 $z - d_0$、L 和以上四个变量组成五个无量纲参数。当科氏力效应占主导地位时，在近乎稳定的近中性条件下，可以认为 $\eta_r = (z - d_0)/\delta_r$、$\mu_r = \delta_r/L$、$\nu_0 = \delta_i/\delta_r$、$\beta_{xr} = f^{-1}\partial u_g/\partial z$、$\beta_{yr} = f^{-1}\partial v_g/\partial z$。Kazanski 和 Monin（1960）提出了参数 η_r、μ_r，Wyngaard 等（1974）提出参数 ν_0，Yordanov 和 Wippermann（1972）则提出 β_{xr} 和 β_{yr} 两个参数［Arya 和 Wyngaard（1975）提出的参数 $M_x = f\delta_i\beta_{xr}/u_*$，$M_y = f\delta_i\beta_{yr}/u_*$ 来取代 β_{xr} 和 β_{yr}］。运用这些变量，式（4.59）中的相似函数可以写成

$$\phi_{bv} = \phi_{bv}(\eta_r, \mu_r, \nu_0, \beta_{xr}, \beta_{yr}) \tag{4.66}$$

同样也可以得到 ϕ_{bmx}、ϕ_{bmy}、ϕ_{bmh}。

第二种方法更加适用于观测高度 δ_i 是主要的边界大气层厚度参数的情况，其组成参数有：$\eta_i = (z - d_0)/\delta_i$、$\mu_i = \delta_i/L$、$\nu_0 = \delta_i/\delta_r$、$\beta_{xi} = -(g/T)(\delta_i/K_r u_*)^2(\partial T/\partial y) = \beta_{xr}\nu_0^2$、$\beta_{yi} = \beta_{yr}\nu_0^2$。Zilitinkevich 和 Deardorff（1974）提出了参数 η_i、μ_i；Brutsaert 和 Mawdsley（1976）提出参数 β_{xi} 和 β_{yi}，这两个参数可以从水平温度梯度中获得，且不包含科氏参数。运用这些参数，式（4.59）中的相似函数可以写成

$$\phi_{bv} = \varphi_{bv}(\eta_i, \mu_i, \nu_0, \beta_{xi}, \beta_{yi}) \tag{4.67}$$

式（4.66）和式（4.67）有相同的初始变量，因此这两个公式在物理上是等价的。当然，除了这两个组合公式之外，还有其他参数组合形式来表示函数 ϕ_{bv}。除了上述变量之外，我们可以想象到仍有其他未考虑到的变量也应该纳入其中，不过需要对大气边界层结构进行进一步的研究。

在远高于地表副层的边界层外部，使用在边界层的外缘而不是在某个其他层面上的 $\bar{q}$、$\bar{u}$、$\bar{v}$ 和 $\bar{\theta}$ 的参考值更加方便有效。因此，式（4.59）～式（4.62）通过积分得到平均廓线的下列亏损律（defect laws）：

$$\bar{q}_\delta - \bar{q} = \frac{E}{ku_*\rho}\Phi_{bv} \tag{4.68}$$

$$\bar{u} - \bar{u}_\delta = \frac{u_*}{k}\Phi_{bmx} \tag{4.69}$$

$$\overline{v} - \overline{v}_\delta = \frac{u_*}{k} \Phi_{bmy} \qquad (4.70)$$

$$\overline{\theta}_\delta - \overline{\theta} = \frac{H}{k u_* \rho c_p} \Phi_{bh} \qquad (4.71)$$

Φ 函数由式（4.66）或者式（4.77）中的参数决定，取决于哪一种可能更好。在 $\eta = 1$（$d_0 \leqslant \delta$）、$\overline{q} = \overline{q}_\delta$、$\overline{u} = \overline{u}_\delta$、$\overline{v} = \overline{v}_\delta$、$\overline{\theta} = \overline{\theta}_\delta$ 的大气边界层顶部 Φ 函数值应该减小到零。冯·卡门（Von Kármán，1930）提出中性管道中流速廓线的亏损律概念；在本书中，当 $\overline{u}_\delta = u_g$、$\overline{v}_\delta = v_g$ 时，它也直接由（3.69）和（3.70）中出现的地转偏差式（3.73）所表示。

式（4.68）～式（4.71）所代表的 Φ_b 函数不同于地表副层的 Φ_s 函数，Φ_b 函数取决于许多参数；因此在实验数据分析时，不容易理清各个参数各自的影响。此外，在实际大气层中，不同于地表副层，大气边界层外部副层的不稳定性、日照变化、水平平流等的影响是不能忽略的。因此，目前大气边界层的外部区域的通量廓线函数的一般公式仍处于发展阶段。在过去的 10 年研究中，已经取得了巨大的进展，通过平板模型、K 理论和高阶闭合方法进行的实验研究和理论分析也为我们提供了大量的信息，通量廓线函数的一般公式也取得了进一步的发展。然而，这些工作的回顾超出了本书的范围。

4.3.2 大气边界层的整体传输方程

大气外部副层相似理论发展至今的主要实际成果之一是整个大气边界层的整体传输系数和热量与质量传导系数的计算公式。实际上，很长时间里，拖曳系数一直被工程技术人员用于渠道流和平板湍流边界层问题。Lettau（1959）通过类比管道流动和大气边界层摩擦问题，在相似性基础上通过实验数据研究首次将拖曳系数的概念引入到大气中。随后对总体传输系数的研究源于对简便方法和数值模型中被称为外部变量的地表通量 u_*、H 和 E 的参数化的需要，外部变量是在边界层顶部和地表附近观察到的变量，建立外部变量时，引入了 u_*、H 和 E 参数。近年来，越来越多的实验研究数据用于验证各种相似性假设，这种研究一直在延续。

通过应用外部副层和地表副层的廓线渐近线匹配的原理，可以很自然地得到二维管道和平板湍流边界层的总体传输系数；Csanady（1967）、Blackadar 和 Tennekes（1968）把这种方法应用于一个中性、稳定、水平均一的大气边界层，但 Kazanski 和 Monin（1961）在更早的研究中已间接地用到了该方法。推导整体传输系数的一种更直接的方法是将外部副层的廓线与地表副层的对数廓线衔接起来。在这种衔接或者修改过程中，通常假定地表副层廓线是先验的，而在渐近线匹配原理中不需要这样的假设；事实上，对数廓线是分析的结果。虽然这种简单的衔接并不严谨，但在文献中，所有中性边界层整体传输关系的延伸，也包括浮力效应或斜压性的真实条件下，都是以此方法为基础的。下文将介绍 Brutsaert 和 Mawdsley（1976）用于水汽输送系数计算的衔接方法。

1. 一般形式的推导

在推导中性湍流边界层对数流速廓线时，Millikan（1938）假定存在一个有限的重叠区域，在此区域内壁厚公式和速度亏损律都是有效的。如果 Millikan 的假设也适用于分层边界层内的任何混合物的平均廓线，联立式（4.33）～式（4.35）和式（4.68）～式

（4.71），以消掉重叠区中的 $\bar{q}$、$\bar{u}$、$\bar{v}$ 和 $\bar{\theta}$，并求出表面通量 E、u_* 和 H 与剩余外部参数之间的关系，后者是大气边界层下部和上部边界的湿度、风速和温度的值。对于比湿廓线，可以进行以下推论。

如果式（4.33）和式（4.68）均描述重叠区域内的湿度廓线（参见图 3.1），则式（4.68）和式（4.33）与 z 值的相关性相同。因此，重叠的区域内，Φ 函数必有以下形式（因为这两组无量纲变量的参数是相同的，下标 r 和 i 可以暂时省略）：

$$\Phi_{bv}(\eta,\mu,\nu_0,\beta_x,\beta_y)=a_v^{-1}\big[\ln(\eta)-\Psi_{sv}(\eta\mu)+D\big] \qquad (4.72)$$

式中：D 为所有与 z 无关的其余变量的相似函数，有

$$D=D(\mu,\nu_0,\beta_x,\beta_y) \qquad (4.73)$$

D 将以实验或其他方式确定，式（4.33）中的 $\bar{q}_2$ 等同于式（4.68）和式（4.72）中的 $\bar{q}$，由此得到水汽整体输送方程：

$$\bar{q}_1-\bar{q}_\delta=\frac{E}{a_v k u_* \rho}\Big[\ln\Big(\frac{\delta}{z_1-d_0}\Big)+\Psi_{sv}(\zeta_1)-D\Big] \qquad (4.74)$$

若 $\bar{q}_1$ 是地面观测值，则 $z=d_0$ 值，上式可以简化为

$$\bar{q}_s-\bar{q}_\delta=\frac{E}{a_v k u_* \rho}\Big[\ln\Big(\frac{\delta}{z_{0v}}\Big)-D\Big] \qquad (4.75)$$

当 $\bar{q}_1$ 是百叶箱观测值时，用式（4.74）；当实际湿润表面比湿 $\bar{q}_s$ 可获得时，则应用式（4.75）。Zilitinkevich（1969）给出了类似于式（4.75）的方程，但他的推导中包含了对其适用性的某些不必要的限制条件。

对于给定的斜压性，以及地表附近 $z=\delta$ 处的 $\bar{q}$ 值，当 u_* 和 H（从 μ 和 ν_0 中确定 D）已知，式（4.74）或式（4.75）只能应用于计算蒸发率 E。因此，除非 u_* 和 H 可以从其他观测中获得，否则式（4.74）或式（4.75）如果没有类似的风速和温度公式，就不能应用。通过使用相同的衔接方法，可得到在 $z=\delta$ 时平均风速的 x 分量和 y 分量：

$$\bar{u}_\delta=\frac{u_*}{k}\Big[\ln\Big(\frac{\delta}{z_0}\Big)-B\Big] \qquad (4.76)$$

$$\bar{v}_\delta=-\frac{u_*}{k}A \qquad (4.77)$$

和以下任一种显热整体传输方程：

$$\bar{\theta}_1-\bar{\theta}_\delta=\frac{H}{a_h k u_* \rho c_p}\Big[\ln\Big(\frac{\delta}{z_1}\Big)+\Psi_{sh}(\zeta_1)-C\Big] \qquad (4.78)$$

$$\bar{\theta}_s-\bar{\theta}_\delta=\frac{H}{a_h k u_* \rho c_p}\Big[\ln\Big(\frac{\delta}{z_{0h}}\Big)-C\Big] \qquad (4.79)$$

从式（4.76）和式（4.77）可以得到拖曳系数为 $u_*^2/(\bar{u}_\delta^2+\bar{v}_\delta^2)$，符号 A、B 和 C 是沿用 Kazanski 和 Monin（1961）以及 Zilitinkevich 等（1967）运用旋转相似延伸时所采用的符号，它们都是类似于式（4.73）式中 D 的相似性函数。不过应当注意，在一些出版物中，A 和 B 的含义与此处所用的相反。

2. 现有的相似性函数 A、B、C 和 D

这些相似性函数至少是式（4.73）中所示的四个参数的函数，并且可能也会受到一些

其他目前尚未考虑到的参数的影响。遗憾的是，在实际大气中通过实验测定通量、平均廓线和所有其他相关变量仍然十分困难，会产生许多误差。除了实验之外，也可以通过大气边界层的数值模拟来确定相似性函数。虽然这种数值模拟模型可以一次改变一个变量来进行敏感性分析，但仍有许多不确定性，特别是对于稳定情况。因此，大多数可用的信息都取决于 μ_r 和 μ_i 项。尽管 A、B 和 C 对 β_x 和 β_y 的依赖性已经有人研究过〔Clarke 和 Hess（1974）、Arya 和 Wyngaard（1975）、Kondo（1977）等研究了 A、B；Garratt Francey（1978）研究了 C〕，不过所得结果难以解释实际应用中的情况。A、B 和 C 对 ν_0 的依赖性已经在数值模型中考虑到了（Arya，1977），不过从实验数据看来，ν_0 并不是起重要作用的参数（Garratt 和 Francey，1978）。因此，目前看来，将 A、B、C 和 D 仅表示为一个参数，即反映大气的稳定性的 $\mu = \delta/L$ 的函数似乎是切实可行的。

在实际应用中，应当先确定 δ_r 和 δ_i 或者是其他假定高度是否是最合适的尺度来代表大气边界层厚度。相应的稳定性参数为

$$\mu_r = \delta_r/L \tag{4.80}$$

$$\mu_i = \delta_i/L \tag{4.81}$$

将前者的相似性函数表示为 $A_r = A_r(\mu_r)$、$B_r = B_r(\mu_r)$、$C_r = C_r(\mu_r)$、$D_r = D_r(\mu_r)$，将后者的相似性函数表示为 $A_i = A_i(\mu_i)$、$B_i = B_i(\mu_i)$、$C_i = C_i(\mu_i)$、$D_i = D_i(\mu_i)$。如前所述，近年来达成了一个共识，认为基于 δ_i 的相似性优于基于 δ_r 的相似性。除了 Clarke 和 Hess（1973）的研究外，关于这一问题的大多数研究得出的结论是：在非稳定情况下，基于 δ_i 进行尺度转换的方法在计算 A、B、C 和 D 中散度最小；在稳定情况，相似性模型拟合情况很差，而且地表通量通常很小，以至于 δ_i 或是 δ_r 的选择并不重要。因此本书主要关注基于 δ_i 的相似模型。

（1）基于艾克曼厚度尺度的相似性。由于其历史重要性，以及在中性和稳定条件下的良好表现，有必要简要回顾一下旋转高度尺度转换的相关研究。旋转相似的整体输送方程可以通过将式（4.74）～式（4.79）中 δ 用 $u_*/|f|$ 代替得到。例如式（4.74）就变成

$$\overline{q}_1 - \overline{q}_\delta = \frac{E}{a_v k u_* \rho}\left[\ln\left(\frac{u_*}{(z_1 - d_0)|f|}\right) + \Psi_{sv}(\zeta_1) - D_r(\mu_r)\right] \tag{4.82}$$

也可以写成与式（4.75）～式（4.79）类似的方程。但是，这些方程中 $\overline{q}_\delta$、$\overline{u}_\delta$、$\overline{v}_\delta$ 和 $\overline{\theta}_\delta$ 表示的意义可能有所不同，在文献中这种相似方法的应用缺乏一致的结论，多数作者都采用 u_g、v_g 来代替 $\overline{u}_\delta$、$\overline{v}_\delta$。Clarke 和 Hess（1974）发现在风速的观测高度为 $z = 0.15u_*/|f|$ 时，无论采取何种措施，出现的误差都是相当大的。Zilitinkevich（1969）认为 $\overline{q}_\delta$ 和 $\overline{\theta}_\delta$ 应该在与 $u_*/|f|$ 成一定比例的高度处观测，但是实际应用中，在一定的高度上如 1000m 或 850mb 处，观察它们可能是足够精确的。Clarke（1970）在平均风速廓线取得最大值的高度处以 $\overline{\theta}_\delta$ 代替 $\overline{\theta}$；Arya（1975）认为不稳定条件下，$\overline{\theta}_\delta$ 在 $\overline{\theta}$ 廓线取得最大值的高度处观测，对于稳定条件，在 $z = 0.25u_*/|f|$ 观测，他认为这是稳定边界层高度的上界。Brutsaert 和 Chan（1978）经过多种方法的比较，认为 $\overline{q}$ 和 $\overline{\theta}$ 应在 $0.15u_*/|f|$ 进行内插值得到观测值，尽管所有其他的方法都具有相同程度的散度。

迄今为止，以实验为基础的 A_r、B_r、C_r 和 D_r 的计算值都会有相当大的散度。Zilitinkevich（1969）、Clarke（1970；1972）、Deacon（1973）、Clarke 和 Hess（1974）、

Arya（1975）、Yamada（1976）、Brutsaert 和 Chan（1978）等都进行了相关研究。读者可以参考这些文献，更详细地了解这些函数。

函数 A_r、B_r、C_r 和 D_r 和函数 A_i、B_i、C_i 和 D_i 是非常相似的，其中 δ_r 的定义和式（4.63）、式（4.74）～式（4.79）是一致的。因为对于给定的地点，δ_r 和 δ_i 经常是同一数量级，即使 δ_i 和 u_* 有时有强烈的日变化，$\nu_0 = \delta_i / \delta_r$ 在超过 10 年的时间跨度里变化会很大。因此，为了实际应用，在本节中没有给出旋转相似性函数的表达式，但可以从 A_i、B_i、C_i 和 D_i 中推导出来（见下一节）。应该指出，旋转相似函数 A_r、B_r、C_r 和 D_r 等价于式（4.74）～式（4.79）中 A、$(B-\ln K_r)$、$(C-\ln K_r)$ 和 $(D-\ln K_r)$；这里的 K_r 项源于 Kazanski 和 Monin（1961）在旋转方程式（4.74）～式（4.79）中 δ 的对数项，δ 通常用 $u_* / |f|$ 替代，而不用 δ_r［式(4.82)］。因此，这两组相似函数之间的关系是非常近似的：

$$A_r(\mu_r) = A_i(\mu_r), \ B_r(\mu_r) = B_i(\mu_r) - \ln K_r$$
$$C_r(\mu_r) = C_i(\mu_r) - \ln K_r, \ D_r(\mu_r) = D_i(\mu_r) - \ln K_r \tag{4.83}$$

式中：μ_r 由式（4.63）中 δ_r 给出，K_r 通常认为在 $0.15 \sim 0.3$ 之间而不是 1.0。

（2）基于逆温层厚度尺度的相似性。Zilitinkevich 和 Deardorff（1974）提出了这一方案。方程形式是将式（4.74）～式（4.79）中的观测高度 δ 用 δ_i 代替。例如，式（4.74）变成

$$\overline{q}_1 - \overline{q}_\delta = \frac{E}{a_v k u_* \rho} \left[\ln\left(\frac{\delta_i}{z_1 - d_0} \right) + \Psi_{sv}(\zeta_1) - D_i(\mu_i) \right] \tag{4.84}$$

式（4.75）和式（4.79）也可获得类似的表达式。在文献中，这种方法中的 $\overline{q}_\delta$、$\overline{u}_\delta$、$\overline{v}_\delta$ 和 $\overline{\theta}_\delta$ 有几种不同的解释。在非稳定情况下，Melgarejo 和 Deardorff（1974）在 $\overline{q}$ 和 $\overline{\theta}$ 相对接近于常数的高度确定了 δ_i，即地面到 $\overline{q}$ 快速减小、$\overline{\theta}$ 快速增加处下面的高度。在稳定情况下，他们对边界层厚度作出了两种假设：一个是从温度廓线上来看，从表面开始到显著冷却传播到的高度；另一个是从风廓线的最大值的下限处确定。在稳定情况下，这两个关于 δ_i 的假设都发现有相同的散度。Arya（1975）认为在不稳定情况下 $\overline{\theta}_\delta$ 可以当作在廓线里面 $\overline{\theta}$ 的最小值，不过他假设了 $\overline{u}_\delta = u_g$ 和 $\overline{v}_\delta = v_g$，因此，在某种意义上，他使用了混合相似准则。Brutsaert 和 Chan（1978）对非稳定条件的不同可选方案进行了比较。他们得出的结论是：在实际应用中，用无线电探空仪进行观测可以将 δ_i 看作是温度廓线的最低值 $\overline{q}_\delta$，$\overline{\theta}_\delta$ 是该高度处的读数，这一方法的结果是令人满意的。Yamada（1976）提出在白天 δ_i 为混合边界层顶部，在夜晚应为逆温层高度；不过关于 $\overline{u}_\delta$、$\overline{v}_\delta$ 和 $\overline{\theta}_\delta$，他取了地转风和虚拟位温的垂直平均值；这一观点基于 Arya 和 Wyngaard（1975）的假定，即平均地转风尺度应保持与地转切应力无关，也就是斜压性。这些风速标度可以通过将式（3.69）、式（3.70）和式（3.73）积分得到

$$\langle v_g \rangle = \langle \overline{v} \rangle - \frac{u_*^2}{f \delta_i} \tag{4.85}$$

$$\langle u_g \rangle = \langle \overline{u} \rangle \tag{4.86}$$

这里

$$\langle F \rangle = \int_{z_0}^{\delta_i} F \, \mathrm{d}z / \delta_i \tag{4.87}$$

类似地，Yamada（1976）以温度 $\langle \overline{\theta}_v \rangle$ 来代替 $\overline{\theta}_{v0}$，他发现这样计算的相似函数的离散度比以前的计算要小得多。同时他也在 $z=\delta_i$ 时，代入 $\overline{u}_\delta$、$\overline{v}_\delta$ 和 $\overline{\theta}_\delta$，计算了函数 A_i、B_i 和 C_i，结果表明，基于数据的曲线与基于平均尺度的曲线相似，不过离散度显著增加。

在 $z=\delta_i$ 时使用平均状态变量更好，除了可能降低相似性函数对斜压性的依赖性之外，还有其他原因。大气边界层的平均状态值不容易受到抽样误差的影响，而且正如 Arya（1977）指出的那样，当用相似参数化来表示大尺度区域或区域平均状态时，使用平均状态变量更合适。尽管它们和函数 A_i、B_i、C_i 和 D_i 十分相似，基于大气边界层平均状态值的相似函数一般使用 A_{im}、B_{im}、C_{im} 和 D_{im} 来表示。例如，对于水气来说，式（4.74）可以写成

$$\overline{q}_1 - \langle \overline{q} \rangle = \frac{E}{a_v k u_* \rho}\Big[\ln\Big(\frac{\delta_i}{z_1 - d_0} \Big) + \Psi_{sv}(\zeta_1) - D_{im}(\mu_i) \Big] \tag{4.88}$$

式（4.75）～式（4.79）也可以也可得到类似的表达式。

尽管数据点很分散，文献中出现的所有由实验数据计算的相似性函数都相当一致。典型的结果如图 4.8～图 4.12 所示。

文献中已有一些经验函数和理论函数。一些作者提出了以下非稳定条件下的结果：

$$B_i = a\ln(-\mu_i) + b \tag{4.89}$$
$$C_i = c\ln(-\mu_i) + d \tag{4.90}$$

其中 a、b、c 和 d 均为常数。例如，Clarke 和 Hess（1973）通过最小二乘法计算得到：$k=0.4$、$a_h=1$ 时，有 $a=c=1$、$b=-0.71$、$d=1.82$；$\overline{u}_\delta$ 为 $0.15u_*/|f|$，$\overline{\theta}_\delta$ 为 $0.25u_*/|f|$。Wyngaard 等（1974）根据其数值模型假设在不稳定条件且没有地转切应力的情况下，在地表层上方存在一个基本上没有剪切的对流层，因此他们推导出在 $k=0.35$、$a_h=1.35$、$\mu_i<5$、$A_i=0$ 时，式（4.89）和式（4.90）中 $a=c=d=1$、$b=0$。他们发现 B_i 也与实验观察结果拟合得很好，但是 C_i 太小。Arya（1975）总结道：Wyngaard 等（1974）的关于 C_i 的式（4.90）在 $a_h=1$ 时，与他的数据高度吻合；而关于 B_i 的式（4.89）则略微高估。Garratt 和 Francey（1978）在几个实验数据集的基础上，使用相同的函数形式去拟合计算得到的 C_{im} 函数。对式（4.90）使用最小二乘线性回归方法，假设 $k=0.41$、$a_h=1$，在 $\mu_i<1$ 时，他们得到 $c=0.46$、$d=4.88$。

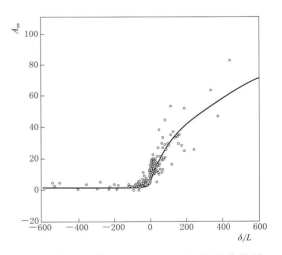

图 4.8 相似性函数 A_{im} 与 $\mu_i = \delta_i/L$ 关系曲线图 [基于 Clarke 等（1971）在澳大利亚新南威尔士 Hay 的实验数据，式（4.85）的垂直平均地转风作为风力标度 $\overline{v}_\delta$；实线表示式（4.94）（Yamada，1976）]

Mawdsley 和 Brutsaert（1977）推断莫宁-奥布霍夫理论的地表廓线方程也能很好地适应外部副层，这是因为外部对流层的温度几乎是恒定的，通过该假设可得

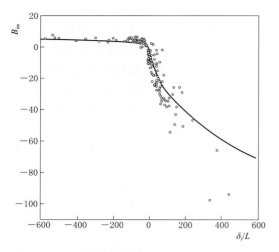
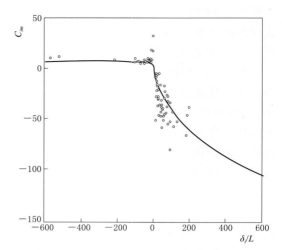

图 4.9　相似性函数 B_{im} 与 $\mu_i = \delta_i / L$ 关系曲线图［基于 Clarke 等（1971）在澳大利亚新南威尔士 Hay 的实验数据，式（4.86）的垂直平均地转风作为风力标度 $\overline{v}_\delta$；实线表示式（4.95）（Yamada，1976）］

图 4.10　相似性函数 C_{im} 与 $\mu_i = \delta_i / L$ 关系曲线图［基于 Clarke 等（1971）在澳大利亚新南威尔士 Hay 的实验数据，式（4.86）的垂直平均位温作为温度标度 $\overline{\theta}_\delta$；实线表示式（4.96）（Yamada，1976）］

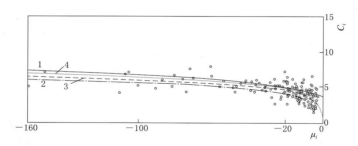

图 4.11　相似性函数 C_{im} 与 $\mu_i = \delta_i / L$ 关系曲线图［由中国东海的实验数据计算得出，曲线 1 表示 Yamada(1976)的式(4.96)，曲线 2 表示取用 Wyngaard 等(1974)常数的式(4.90)，曲线 3 表示 Mawdsley 和 Brutsaert(1977)的式(4.92)，曲线 4 表示式(4.97)(Brutsaert 和 Chan，1978)］

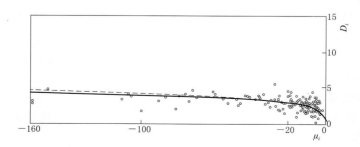

图 4.12　相似性函数 D_i 关系曲线图［基于海洋的实验数据计算，实线表示式(4.97)的函数 D_i，虚线表示式(4.98)(Brutsaert 和 Chan，1978)］

$$\begin{cases} A_i = 0, & \mu_i \ll 0 \\ B_i = \Psi_{sm}(\mu_i), & \mu_i \leqslant 0 \\ C_i = \Psi_{sh}(\mu_i), & \mu_i \leqslant 0 \end{cases} \tag{4.91}$$

上式可应用于式（4.45）、式（4.50）、式（4.51）。因此，他们提出 $k=0.4$ 和 $a_h=1$ 时，有

$$\begin{cases} A_i = 0, & \mu_i < -147 \\ B_i = 2\ln\left[\dfrac{(1+x)}{2}\right] + \ln\left[\dfrac{(1+x^2)}{2}\right] - 2\arctan x + \dfrac{\pi}{2}, & \mu_i \leqslant 0 \\ C_i = 2\ln\left[\dfrac{(1+x^2)}{2}\right], & \mu_i \leqslant 0 \end{cases} \tag{4.92}$$

其中 $x = (1-16\mu_i)^{1/4}$。很明显，在 $\mu_i \ll 0$，$c=1$ 和 $d=1.39$ 时，式（4.92）就变成式（4.90）。式（4.91）中 A_i 的有效上限可以通过对不同来源的实验数据进行检验决定。对于 μ_i 区间的其余部分，可以用以下经验函数进行数据拟合：

$$\begin{cases} A_i = \begin{cases} 5 - \ln(1-\mu_i), & -147 \leqslant \mu_i \leqslant 0 \\ 5 + 2.2\ln(1+\mu_i), & \mu_i > 0 \end{cases} \\ B_i = -2.2\ln(1+\mu_i), & \mu_i > 0 \\ C_i = -7.6\ln(1+\mu_i), & \mu_i > 0 \end{cases} \tag{4.93}$$

Yamada（1976）提出了一套覆盖整个 μ_i 范围的经验方程（$k=0.35$ 和 $a_h=1.35$）：

$$A_{im} = \begin{cases} 2.85(\mu_i - 12.47)^{1/2}, & \mu_i > 35 \\ 3.02 + 0.3\mu_i, & 0 \leqslant \mu_i \leqslant 35 \\ 3.02(1 - 3.29\mu_i)^{-1/3}, & \mu_i \leqslant 0 \end{cases} \tag{4.94}$$

$$B_{im} = \begin{cases} -2.94(\mu_i - 19.94)^{1/2}, & \mu_i > 35 \\ 1.855 - 0.38\mu_i, & 0 \leqslant \mu_i \leqslant 35 \\ 10 - 8.145(1 - 0.008376\mu_i)^{-1/3}, & \mu_i \leqslant 0 \end{cases} \tag{4.95}$$

$$C_{im} = \begin{cases} -4.32(\mu_i - 11.21)^{1/2}, & \mu_i > 18 \\ 3.665 - 0.829\mu_i, & 0 \leqslant \mu_i \leqslant 18 \\ 12 - 8.335(1 - 0.03106\mu_i)^{-1/3}, & \mu_i \leqslant 0 \end{cases} \tag{4.96}$$

这些方程可同图 4.8～图 4.10 中的实验数据进行比较。

迄今为止，关于水汽函数 D_i 的研究工作很少。Brutsaert 和 Chan（1978）通过对 Amtex 实验数据的分析得出，下述公式对这些数据能够进行很好的描述（见图 4.11 和图 4.12）：

$$\begin{cases} C_i = 1.06\Psi_{sh}(\mu_i), & \mu_i \leqslant 0 \\ D_i = 0.685\Psi_{sh}(\mu_i), & \mu_i \leqslant 0 \end{cases} \tag{4.97}$$

其中 Ψ_{sh} 由式（4.38）给出，可使用 $2\ln[(1+x^2)/2]$ 表示，就像式（4.92）。在式（4.91）中的 B_i 函数可以得到几乎同样好的数据，即

$$D_i = \Psi_{sh}(\mu_i), \qquad \mu_i \leqslant 0 \tag{4.98}$$

Ψ_{sh} 由式（4.50）给出，式（4.97）表明 D_i 比 C_i 小，或者

$$D_i = 0.646C_i, \qquad \mu_i \leqslant 0 \tag{4.99}$$

图 4.13 为 $C_i - D_i$ 的值与 μ_i 的关系，曲线为 $0.375\Psi_{sh}$[式（4.97）]。图中的数据点来自图 4.11

和图 4.12。式（4.98）表明，和平均位温廓线相比，平均比湿廓线与 u_* 方向的平均风廓线分量更接近。因为缺乏合适的实验数据，迄今为止仍无法推导出在稳定条件下的 D_i 函数。

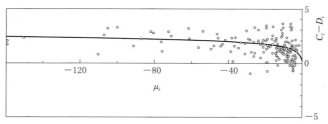

图 4.13　海洋中的实验数据计算的 $C_i - D_i$ 值［曲线所表示的是由式(4.97)得到的 $C_i - D_i$ 值(Brutsaert 和 Chan，1978)］

简单回顾一下可以看出，关于函数 A_i、B_i、C_i 和 D_i 的最优函数在文献中并没有统一的形式。在确定这些函数时，发生大的离散通常归因于观测中的误差，因此，需要时间去改进观测方法。然而，已经给出的各种函数是没有太大区别的，图 4.11 可以说明这个问题，图上显示了由式（4.90）、式（4.92）、式（4.96）和式（4.97）给出的函数 $C_i(\mu_i)$。这些曲线之间的差异在离散范围内，这也和其他大多数研究是一致的（例如图 4.10）。

4.4　界面副层

4.4.1　平均廓线的相似性

界面副层可以定义为紧邻地面而低于动态副层的大气边界湍流副层。在界面副层，因为有各种类型的地表，相应的也有许多不同类型的动态模式，因而通用的对数廓线是不适用的。在靠近地表面的部分，必须考虑以下的一些特性：①空气的运动是不完全湍流，因此，湍流为不完全阻尼运动，流动受黏度影响，标量混合物的输送取决于它们的分子扩散系数。②除了光滑的表面外，其他表面的粗糙单元的性质和位置将影响流动的模式；这种流动通常发生在障碍物之间，以植物为例，甚至能够穿过障碍物。③总的来说，雷诺的相似准则有可能不成立。这是因为动量传输不仅涉及黏性切应力，而且涉及与形成粗糙障碍物上的阻力有关的局部压力梯度。而界面上的惰性或被动混合物（如水汽）的传输只能通过分子扩散来进行。动量、显热和水汽的汇和源在表面的分布不同，因此雷诺的相似准则可能不成立。

在相似模型的框架下，界面副层平均廓线可以通过类似于大气边界层的其他副层中使用的表达式来进行描述。这可以用梯度形式［如式(4.26)、式(4.59) 等］或者直接用下式［如式(4.29)、式(4.68) 等］来描述：

$$\overline{q}_s - \overline{q} = \frac{E}{ku_*\rho}\Phi_{0v} \tag{4.100}$$

$$\overline{u} = \frac{u_*}{k}\Phi_{0m} \tag{4.101}$$

$$\overline{\theta}_s - \overline{\theta} = \frac{H}{ku_*\rho c_p}\Phi_{0h} \tag{4.102}$$

式中 k 仍然保留，便于和其他层进行类比。从理论上讲，廓线函数 Φ_{0v}、Φ_{0m} 和 Φ_{0h} 是通用函数，但它们依赖于大量的变量。

鉴于上述特点，这些变量可以简单地列为：到最低参考水平 z 的距离、界面副层厚度 h 的观测值、表面剪切力所产生的湍流动态 u_*、空气黏度 ν、水气分子扩散率 κ_v、热扩散率 κ_h。在粗糙表面的情况下，这些变量描述粗糙障碍物的大小、形状、排列、密度和刚性；在植被的情况下，一些附加的变量用于描述树叶和树枝的大小、形状、分布和密度。这些变量可以看成无量纲参数，因此可以得出：

$$\Phi_{0v} = \Phi_{0v}\left(\frac{z}{h}, h_+, \mathrm{Sc}, \gamma_{b1}, \gamma_{b2}, \cdots, \gamma_{sv1}, \gamma_{sv2}, \cdots\right) \tag{4.103}$$

$$\Phi_{0m} = \Phi_{0m}\left(\frac{z}{h}, h_+, \gamma_{b1}, \gamma_{b2}, \cdots, \gamma_{sm1}, \gamma_{sm2}, \cdots\right) \tag{4.104}$$

$$\Phi_{0h} = \Phi_{0h}\left(\frac{z}{h}, h_+, \mathrm{Pr}, \gamma_{b1}, \gamma_{b2}, \cdots, \gamma_{sh1}, \gamma_{sh2}, \cdots\right) \tag{4.105}$$

式中：$h_+ = u_*h/\nu$ 为雷诺数；$\mathrm{Sc} = \nu/k_v$ 为施密特数；Pr 为普朗特数；$\gamma_{b1}, \gamma_{b2}, \cdots$ 为无量纲参数，以描述粗糙单元的整体几何特征；$\gamma_{sv1}, \gamma_{sv2}, \cdots$ 为无量纲参数，以描述水气运输粗糙障碍物的小尺度结构和几何形状；相似地，$\gamma_{sm1}, \gamma_{sh1}, \cdots$ 分别描述动量和热输送。

显然，统一处理所有类型表面所需的无量纲参数的数目太大而不实用。此外，现有的关于 Φ_0 函数的认识仅限于和几个参数的关系。

尽管大多数天然地表都是中间的或过渡性的情况，为了更详细的分析，区分三种有代表性的地面是很方便的，如图 3.1 所示，分别为光滑下垫面、不可穿透粗糙下垫面、可穿透粗糙下垫面，将分别在 4.4.3、4.4.4 和 4.4.5 小节进行说明。

4.4.2 界面副层标量混合物的整体传输方程

界面副层的标量如 $\overline{q}$、$\overline{\theta}$ 的平均廓线目前研究较少。相反大多数实验研究都集中在用 $z=0$ 处或完全湍流边界层内高度 z 处的 $\overline{q}$、$\overline{\theta}$ 的观测来确定比通量 E 和 H。为了研究界面副层中的具体传输特征，对这种观测值的分析通常涉及将整体传输方程分解成与界面有关的部分和与动态副层或地表副层有关的部分。正如 4.3.2 小节中所述，需要假设一个重叠区域，或者至少在界面副层与动态副层分界线处有 $z=h$，其相应的廓线方程可以进行"连接"或"修补"。Sverdrup（1937）首先应用了该衔接技术，他假设海洋上的界面副层流动实际上是层流。下面所述是其简化形式，一般来说，组合整体传输方程可以采用以下方法获得。

令式（4.100）和式（4.102）中 $z=h$，则 $\overline{q} = \overline{q}_h$，$\overline{\theta} = \overline{\theta}_h$，就可以写成

$$\overline{q}_s - \overline{q}_h = \frac{E}{ku_*\rho}\Phi_{0v}\left(\frac{z}{h} = 1, \cdots\right) \tag{4.106}$$

$$\overline{\theta}_s - \overline{\theta}_h = \frac{H}{ku_*\rho c_p}\Phi_{0h}\left(\frac{z}{h} = 1, \cdots\right) \tag{4.107}$$

上两式中括号之间的其余变量同式（4.103）～式（4.105）。应当注意，在过去关于这一

问题的文献中，$k\Phi_{0v}^{-1}(z/h=1,\cdots)$ 和 $k\Phi_{0h}^{-1}(z/h=1,\cdots)$ 有时被称为界面质量传输系数（或界面道尔顿数）和界面热交换系数（或界面斯坦顿数）。

$$\mathrm{Da}_0 = \frac{E}{\rho u_*(\overline{q}_s - \overline{q}_h)} \tag{4.108}$$

$$\mathrm{St}_0 = \frac{H}{ku_*\rho(\overline{\theta}_s - \overline{\theta}_h)} \tag{4.109}$$

另外，引入界面阻力系数 $k\Phi_{0m}^{-1}(z/h=1,\cdots)$，形式如下：

$$\mathrm{Cd}_0 = \frac{u_*^2}{\overline{u}_h^2} \tag{4.110}$$

式中：$\overline{u}_h$ 为 $z=h$ 时的平均速度，在 $z=h$ 时同样适用于动态副层的公式。对于比湿，如式（4.13）。

$$\overline{q}_h - \overline{q}_r = \frac{E}{a_v k u_*\rho}\ln\left(\frac{z_r - d_0}{h - d_0}\right) \tag{4.111}$$

式中：$\overline{q}_r$ 为在 z_r 处的比湿；z_r 为动态副层中任一高度。

未知的 $\overline{q}_h$ 可以通过两相邻层间连续性假设来消除，因此从式（4.106）和式（4.111）中可以得到

$$\overline{q}_s - \overline{q}_r = \frac{E}{ku_*\rho}\left[\Phi_{0v}\left(\frac{z}{h}=1,\cdots\right) + a_v^{-1}\ln\left(\frac{z_r - d_0}{h - d_0}\right)\right] \tag{4.112}$$

基于式（4.6），式（4.108）和式（4.110）也可以写成

$$\overline{q}_s - \overline{q}_r = \frac{E}{u_*\rho}\left[\mathrm{Da}_0^{-1} - a_v^{-1}\mathrm{Cd}_0^{-1/2} + (a_v k)^{-1}\ln\left(\frac{z_r - d_0}{z_{0m}}\right)\right] \tag{4.113}$$

整体传输方程使用质量传输系数更容易表示，或者用道尔顿数 Ce_r 表示，即

$$E = \mathrm{Ce}_r\rho\,\overline{u}_r(\overline{q}_s - \overline{q}_r) \tag{4.114}$$

其中下标 r 代表在参考高度 z_r 下，$\overline{u}$ 和 $\overline{q}$ 即为参考高度 z_r 下的计算值。

类似地，拖曳系数 Cd_r 可写成

$$\mathrm{Cd}_r = \frac{u_*^2}{\overline{u}_r^2} \tag{4.115}$$

由整体传输方程（4.113）可得到水汽传输系数为

$$\mathrm{Ce}_r = \frac{\mathrm{Cd}_r^{1/2}}{\mathrm{Da}_0^{-1} - a_v^{-1}\mathrm{Cd}_0^{-1/2} + a_v^{-1}\mathrm{Cd}_r^{-1/2}} \tag{4.116a}$$

为了便于与其他工作进行比较，应该注意到有几位研究者［例如 Owen 和 Thomson（1963）、Chamberlain（1966）］将上述结果写成如下形式，即 $B = [a_v(\mathrm{Da}_0^{-1} - a_v^{-1}\mathrm{Cd}_0^{-1/2})]^{-1}$，进而得到

$$\mathrm{Ce}_r = \frac{a_v\mathrm{Cd}_r^{-1/2}}{B^{-1} + \mathrm{Cd}_r^{-1/2}} \tag{4.116b}$$

类似地也可以根据式（4.107），式（4.109），式（4.110）和式（4.16）定义一个传热系数（或斯坦顿数）Ch_r 如下：

$$H = \mathrm{Ch}_r\rho\,\overline{u}_r c_p(\overline{\theta}_s - \overline{\theta}_r) \tag{4.117}$$

$$Ch_r = \frac{Cd_r^{-1/2}}{St_0^{-1} - a_h^{-1} Cd_0^{-1/2} + a_h^{-1} Cd_r^{-1/2}} \tag{4.118}$$

式 (4.116a) 和式 (4.118) 的重要意义在于它们能够用于界面副层的标量传输特性研究；它们广泛运用在实验数据分析中对 $(Da_0^{-1} - a_v^{-1} Cd_0^{-1/2})[=(a_v B)^{-1}]$ 或 $(St_0^{-1} - a_h^{-1} Cd_0^{-1/2})$ 进行评价。三种不同类型表面的界面传输系数的测定将在 4.4.3～4.4.5 小节中分别进行介绍。

式 (4.116) 和式 (4.118) 由动态副层或中性地表副层 $z = z_r$ 中派生而来，使用式 (4.33) 来描述大气稳定性比式 (4.13) 更加直接。因为通常 $(h - d_0) \ll |L|$，所以 $\Psi_{sm}[(h = d_0)/L] \approx \Psi_{sv}[(h = d_0)/L] \approx 0$，以 $z = z_r$ 为非中性地表层中的参考高度可得到

$$Ce_r = \frac{Cd_r^{-1/2}}{(Da_0^{-1} - a_v^{-1} Cd_0^{-1/2}) + (a_v k)^{-1}\left[\ln\left(\dfrac{z_r - d_0}{z_{0m}}\right) - \Psi_{sv}(\zeta_r)\right]} \tag{4.119}$$

类似地可以写出 Ch_r。应当注意的是，特别是在高大植被的情况下，$h - d_0$ 并不远远小于 $|L|$，此时函数 Φ_{0v}、Φ_{0m} 和 Φ_{0h} 还受大气稳定性参数的影响。然而，实际上目前对这一点认知还不够充分，因此在下文中，假定界面副层传输函数对大气稳定性不敏感。

如前所述，Sverdrup（1937）率先提出了一个界面副层输送模型可能由两个副层组成，即壁面附近的分子扩散层和分子扩散层之上的纯湍流转移层；假定最接近水面的副层是稳定且均一的；但其厚度必须作为参数考虑。Kitaygorodskii 和 Volkov（1965）也提出了一个概念相似的模型。Sheppard（1958）没有使用单独的分子扩散副层，而是认为，这种输送在 $z = 0$ 的整个动态层同时发生在分子和湍流扩散面，扩散率均为 $ku_* z + \kappa_v$。在 $a_v = 1$ 时就得到了一个类似于式 (4.116) 的式子，将其中的 $(Da_0^{-1} - a_v^{-1} Cd_0^{-1/2})$ 用 $[\ln(ku_* z_0/\kappa_v)]/k$ 代替。后来的研究表明 Sheppard 的假设是不符合实际内容的，具体内容将在 4.4.3～4.4.5 小节中进行介绍。

4.4.3　光滑表面：黏性副层

1. 动量传输
水力光滑表面可以近似地定义为

$$z_{0+} < 0.13 \tag{4.120}$$

其中 $z_{0+} \equiv u_* z_0 / \nu$ 是糙率雷诺数。

在自然界中，大多数表面不符合这一标准，但上方风速较低的开阔水面和平整均匀的冰面是光滑的。在光滑的表面上，界面副层通常称为黏性副层。界面副层的上边界由式 (4.121) 给出，如图 4.1 所示。

$$h = 30\nu/u_* \tag{4.121}$$

将式 (4.9) 代入式 (4.3)，并考虑式 (4.10)，可以得到 $\overline{u}_h/u_* = 13.5$，即

$$Cd_0^{-1/2} = 13.5 \tag{4.122}$$

当 $z_+ (\equiv u_* z/\nu) < 5 \sim 7$ 时，即黏性副层的下部，平均速度廓线是线性的，即

$$\overline{u} = u_* z_+ \tag{4.123}$$

$5<z_+(\equiv u_*z/\nu)<30$ 的范围内为过渡层，平均速度廓线介于线性与对数廓线之间。在文献中［如 Monin 和 Yaglom（1971）］，给出了差值公式用以涵盖从线性到对数的全部范围，如图 4.1 所示；然而，实际情况下，将式（4.3）与式（4.9）和式（4.123）外推到过渡区通常也足够精确。如图 4.1 中虚线所示，这些方程可以分别应用到 $z=11$ 处交点的上方和下方。相应地，就得到 $\overline{u}_h/u_*=11$，接近于式（4.122）。

2. 界面标量传输系数

在式（4.103）列出的无量纲变量中，很明显只有 Sc 对 Da_0 有影响；事实上，在光滑表面上 h_+ 是常数，如式（4.121），表面粗糙度对其没有影响。相似地，St_0 只取决于 Pr。在文献中，关于式（4.116）中（$Da_0^{-1}-a_v^{-1}Cd_0^{-1/2}$）或式（4.118）的热传导的合适形式一直没有得到一致的认可。表 4.1 列出了过去提出的若干表达式。尽管这些方程由不同的人提出，但对于不同的概念模型，它们却表现出惊人的相似性。毫无疑问，这是因为对于光滑表面，我们有高质量的实验数据；它也表明对于光滑表面，界面传输系数对其推导方法相对不敏感。

表 4.1　　　　　光滑表面界面传输系数的若干表达式［$z_{0+}(=u_*z_0/\nu)<0.13$］

引　用　文　献	$(Da_0^{-1}-a_v^{-1}Cd_0^{-1/2})[=(a_vB)^{-1}]$
Friend 和 Metzner（1958）	$11.8(Sc-1)Sc^{-1/3}$
Petukhov 和 Kirillov（1958）	$12.7Sc^{2/3}-12.7$
Petukhov 等（1961）	$12.5Sc^{2/3}-10.24$
Kader 和 Yaglom（1972）	
Yaglom 和 Kader（1974）	
Kondo（1975）	$11.6Sc^{2/3}-12.05$
Brutsaert（1975a）	$13.6Sc^{2/3}-13.5$

注　热传导 Da_0、Sc 和 a_v 分别用 St_0、Pr 和 a_h 代替。

Brutsaert（1975a）的表达式可作为参考例证。其基本概念模型包括分子扩散到随机生成的漩涡，它的长度和时间尺度可以用克尔莫格罗夫关于微尺度湍流传输的理论给出。通过假定式（4.123）给出的壁面上的平均速度廓线，输送到与壁面接触的微尺度涡流中的分子扩散方程的解就产生了

$$E=C_s\rho\kappa_v^{2/3}(\overline{q}_s-\overline{q}_h)u_*\nu^{-2/3} \tag{4.124}$$

其中 C_s 为经验常数，这给出了界面道尔顿数 Da_0［参见式（4.108）］：

$$Da_0=C_SSc^{-2/3} \tag{4.125}$$

$a_v=1$ 时式（4.125）和式（4.122）与实验数据具有很好的一致性，如图 4.14 所示。图 4.14 中斜率为 2/3 的直线大约表示 $C_S^{-1}=13.6$，此时

$$Da_0^{-1}-a_v^{-1}Cd_0^{-1/2}=13.6Sc^{2/3}-13.5 \tag{4.126}$$

在这个结果的应用中，Merlivat 和 Coantic（1975）、Merlivat（1978）研究了分子扩散率对湍流大气蒸发速率的影响。他们发现结合式（4.116）和式（4.126）在 $z_{0+}<1$ 时的光滑水面，$H_2^{16}O$、$H_2^{18}O$ 和 HDO 稳定同位素分馏实验取得了令人满意的结果。这三种

同位素的分子量不同，有不同的分子扩散系数，由于施密特数的存在，会使其蒸发速率也不同。

4.4.4 不可穿透粗糙地面

目前情况下，当粗糙元素为不可穿透障碍物时，其高度与它们垂直于平均流方向的宽度相比并不大，因此可称为"不可穿透的"。犁过的田地，具有大叶子的植被（例如卷心菜和甜菜植物）、不规则的冰面和波光粼粼的水面均可看成这种粗糙的表面。

1. 动量传输

满足以下准则的表面，可以认为是流体动力粗糙表面：

$$z_{0+} > 2 \tag{4.127}$$

不可穿透粗糙元素之间和周围的流动

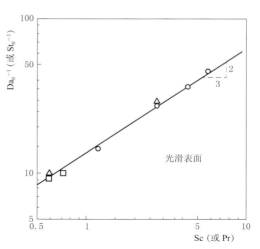

图 4.14 $a_0 = 1$ 时，绘制的由式（4.116）和式（4.122）确定的光滑表面 Da_0（或 St_0）与施密特数（或普朗特数）关系曲线〔圆圈表示 Dipprey 和 Sabersky（1963）数据的中位数，三角代表 Chamberlain（1968）数据的中位数，正方形表示 Mangarella 等（1971）关于急风浪数据的中位数〕

包括不同类型的尾流和空腔流，随着对流加速和减速从一个地方到另一个地方变化很大。此外，对于任何给定的粗糙度分布，流动模式都是十分明确的。因此，根据式（4.104）中的几何参数 γ_{b1}，γ_{b2}，…在粗糙障物的平均速度廓线之间建立一般相似关系〔即式（4.101）〕实际上是不可行的。除了最简单的表面（例如矩形肋粗糙度）外，直到现在几何粗糙度及其平均大小 h_0，通常被合并集中到粗糙度参数 z_0 中。这和假设是相符的，但是不同于式（4.104），我们可以用

$$\Phi_{0m} = \Phi_{0m}\left(\frac{z}{h_0}, z_{0+}\right) \tag{4.128}$$

来表示式（4.101）中的风廓线。

如上所述，式（4.110）中的 Cd_0 应至少是糙率雷诺数 z_{0+} 的函数〔如式（4.7）中定义〕。然而，特别是在雷诺数较大时，粗糙表面上的动量传递主要是由于局部压力梯度引起的形状阻力，而不是黏性剪切的结果。因此，在这种情况下 Cd_0 和 z_{0+} 的相关关系弱，我们对之知之甚少，并没有多少研究。在粗糙壁附近的实验速度廓线（例如，Paeschke，1937；Liu et al.，1966；图 4.11）表明，虽然有很大的变化，对数廓线通常在 $\overline{u}/u_*$ 水平之下是无效的（所观察到的变化大约在 4～8）。因此，如果在界面副层上部边界粗略估计 $\overline{u_h}/u_*$，由式（4.110）大致可以得到

$$Cd_0^{-1/2} \approx 5 \tag{4.129}$$

2. 界面标量传输系数

如果把界面副层厚度和几何参数的影响都放到粗糙长度 z_0 上考虑，很显然，根据式（4.103）可知 Da_0 必然是 z_{0+} 和 Sc 的函数；类似地 St_0 是 z_{0+} 和 Pr 的函数。在文献中关

于 $(\mathrm{Da}_0^{-1} - a_v^{-1}\mathrm{Cd}_0^{-1/2})$ 的不同表达形式不像光滑表面那样具有良好的一致性。这是因为目前关于粗糙表面的研究较少，而且实际上，z_{0+} 也受一定的几何结构和粗糙单元的性质的影响。表 4.2 列出了部分经验和理论表达式。

表 **4.2**　　　　　　不可穿透粗糙表面界面传输系数的若干表达式 $[z_{0+}>2]$

引　用　文　献	$(\mathrm{Da}_0^{-1} - a_v^{-1}\mathrm{Cd}_0^{-1/2})[=(a_v B)^{-1}]$
Dipprey 和 Sabersky（1963）（1.2≤Pr≤6）	$10.25z_{0+}^{0.20}\mathrm{Sc}^{0.44} - 8.48$
Owen 和 Thomson（1963）[0.7≤(Sc,Pr)≤6]	$2.40z_{0+}^{0.45}\mathrm{Sc}^{0.8}$
Sheriff 和 Gumley（1966）（Pr=0.7）	$7.78z_{0+}^{0.199} - 4.65$
Dawson 和 Trass（1972）（300≤Sc≤4600）	$12.87z_{0+}^{0.25}\mathrm{Sc}^{0.58} - 8$
Yaglom 和 Kader（1974）（0.7≤(Sc,Pr)≤9）	$0.55h_{0+}^{1/2}(\mathrm{Sc}^{2/3} - 0.2) + 9.5 - 2.12\ln(h_0/z_0)$
Brutsaert（1975a）（0.6≤(Sc,Pr)≤6）	$7.3z_{0+}^{0.25}\mathrm{Sc}^{0.5} - 5$

注　热传导 Da_0、Sc 和 a_v 分别用 St_0、Pr 和 a_h 代替。

目前对上述表达式仍存在一些质疑。Sheriff 和 Gumley（1966）的经验公式和 Brutsaert（1975a）的理论结果十分相似，但只适用于空气中的热传导；Dawson 和 Trass（1972）的经验公式不太适合在大气中使用，因为施密特数太大。Dipprey 和 Sabersky（1963）可能是目前第一个将式（4.116）、式（4.118）和式（4.119）合理运用到热传导数据的缜密分析中。表达式中常量 8.48 来源于 $\overline{u}_h/u_* = (\ln30)/k$，是通过在式（4.34）中假设界面间层的上边界位于 $h=30z_0$ 处得到的，该假设是根据沙粒粗糙度中尼古拉兹（Nikuradse）关系 $h_{0s} = 30z_0$ 得出；不过，根据第 5 章的介绍，粗糙障碍物高度在 $7z_0 \sim 8z_0$ 之间，可根据式（4.3）得出式（4.129）。另外，Owen 和 Thomson（1963）认为 $\overline{u}_h/u_*$ 足够小以至接近零。结合两者的说法来看，$\overline{u}_h/u_* = 8.48$ 和 $\overline{u}_h/u_* = 0$ 都太极端；因为 h 很可能小于 $30z_0$，因此 $\overline{u}_h/u_*$ 肯定大于零。无论如何，若表 4.2 中各个表达式中的 $\mathrm{Cd}_0^{-1/2}$ 值相同，则 z_{0+} 和 Sc 值也基本相同。

表 4.2 中的理论表达式都是通过壁面流的概念模型和相似性推导出的。Yaglom 和 Kader（1974）的理论结果是在界面副层的涡流扩散模型的基础上得到的，是光滑表面早期模型的推广，这个模型基于观测数据。在极其接近于光滑的壁面，将包含线性项的平均阔线 $\overline{\theta}$ 或 $\overline{q}$ 按幂级数展开成四阶级数。因此，假设在黏性副层传输的有效扩散系数近似等于壁面的分子扩散系数。由此得到界面副层道尔顿数（具体参见上文斯坦顿数定义）为

$$\mathrm{Da}_0 = (h_0 u_*/\nu)^{-1/2}(b_1'\mathrm{Sc}^{2/3} - b_2')^{-1} \tag{4.130}$$

式中：b_1 和 b_2 为经验常数；h_0 为粗糙障碍物的平均高度；Sc 的 2/3 次方是从光滑表面模型沿袭下来的；$a_v^{-1}\mathrm{Cd}_0^{-1/2}$ 等于 $[(a_v k)^{-1}\ln(h_0/z_0) - C_y]$，其中 C_y 也是一经验常数；这三个常数的值见表 4.2。

Brutsaert（1975a）的理论模型建立在分子扩散从表面到克尔莫格罗夫尺度的漩涡内的基础上，这些漩涡在随机碰撞后间歇性地重新生成，将这一过程假定为粗糙单元之间的停滞，重新生成的过程认为是类似于液体的"爆破"和"喷射"的随机重复循环，与此同

时会产生肉眼能够看见的"涌流"［例如 Kim 等（1971）、Corin 和 Brodkey（1969）、Grass（1971）］。对蒸发而言，分子扩散问题表达为

$$F = C_R \rho \kappa_v^{1/2} u_*^{3/4} (\overline{q}_s - \overline{q}_h)(\nu z_0)^{-1/4} \qquad (4.131)$$

其中 C_R 为唯一的经验常数，根据式（4.108），结果可以写成

$$Da_0 = C_R z_{0+}^{-1/4} Sc^{-1/2} \qquad (4.132)$$

$a_v = 1$ 时，将式（4.129）代入式（4.132），得到的方程和各种粗糙表面的实验数据契合度高。如图 4.15～图 4.17 所示，Da_0^{-1} 的值由 $a_v = 1$ 时通过式（4.116）和式（4.129）得到，并以 z_{0+} 为横坐标作图。这些观测数据包括不同粗糙元素表面的热传导测量值，放射性气体钍-B 和水汽的传输观测值。所有 Da_0^{-1} 数据的中位数和 Sc 的关系图作于图 4.18，所得直线的斜率为 1/2，见式（4.132）。

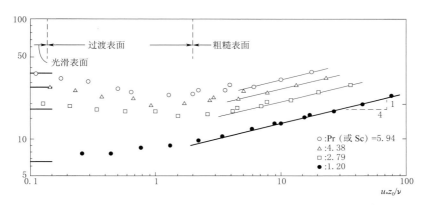

图 4.15 Dipprey 和 Sabersky（1962）绘制的 $[(Cd_r^{1/2}/Ce_r) - (Cd_r)^{-1/2} + 5]$ 和糙率雷诺数 z_{0+} 关系线图［斜率为零的直线为光滑表面，斜率为 1/4 的直线为满足式（4.126）和式（4.133）的粗糙表面；粗糙表面纵坐标为 Da_0^{-1}，光滑表面纵坐标为（$Da_0^{-1} - 8.5$）（Brutsaert，1975a）］

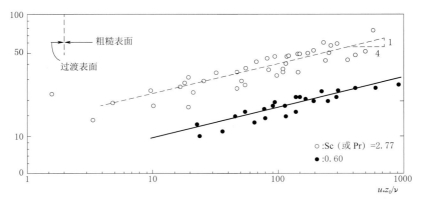

图 4.16 根据 Chamberlain（1968）的数据绘制的式（4.116）和式（4.129）中的 Da_0^{-1} 和糙率雷诺数 z_{0+} 的关系图［直线斜率为 1/4，表征了数据点的中位数，与式（4.132）是一致的（Brutsaert，1975a）］

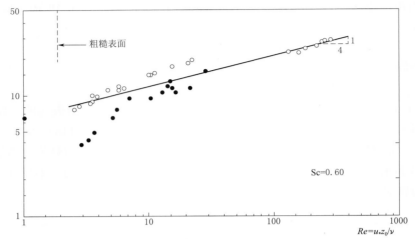

图 4.17　根据 Mangarella 等(1971)的水面蒸发数据绘制的式(4.116)
和式(4.129)中的 Da_0^{-1} 和糙率雷诺数 z_{0+} 的关系图（$a_v=1$）［空心
圆圈表示加热水体，实心圆点代表等温条件（Brutsaert，1975a）］

图 4.18 中经验常数 $C_R^{-1} \approx 7.3$，代入式（4.132）并结合式（4.129）（$a_v=1$）得到不可穿透的粗糙表面的计算结果为

$$\mathrm{Da}_0^{-1} - a_v^{-1} \mathrm{Cd}_0^{-1/2} = 7.3 z_{0+}^{1/4} \mathrm{Sc}^{1/2} - 5 \qquad (4.133)$$

C_R 实验数据在 $0.6 \leqslant (\mathrm{Sc}, \mathrm{Pr}) \leqslant 6$ 范围内，这正是气象学研究中所关注的范围。

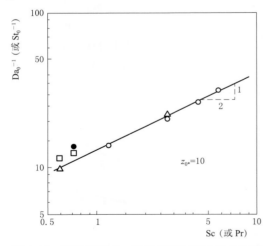

图 4.18　粗糙表面 Da_0 数据与施密特数的关系图（$z_{0+} < 10$）［Da_0 为 $a_v=1$ 时采用式(4.116)和式(4.129)计算获得。空心圆圈代表 dipprey 和 Sabersky(1962)数据的中位数；三角代表 Chamberlain(1968)数据的中位数；正方形表示 Mangarella 等(1971)关于风浪数据的中位数；实心圆圈表示 Nunner(1956)数据的中位数（Brutsaert，1975a）］

式（4.133）的结论已被 Merlivat（1978）采用同位素方法进行了实验验证。实验结果表明：在波浪水面，$z_{0+} \geqslant 1$ 时水的稳定同位素 $H_2^{16}O$、$H_2^{18}O$ 和 HDO 的实验蒸发速率有很好的一致性。

不过，现有的合理的实验数据仅限于雷诺数小于 1000 的情况，因此，式（4.133）和表 4.2 中的其他表达式并不能用于十分粗糙的表面。例如，当 z_0 的量级是米或者更大时描述热传导，就不能用这些表达式。此外，水面实验数据是在风浪形成过程观测得到的，这些表达式也不适用于隆起的水面（也就是说逐渐衰减的波面）上，因此，需要更进一步的研究去解决这些问题。

表 4.1 中的各个表达式是在 $z_{0+} < 0.13$ 限制下得到的，表 4.2 中的表达式仅限于 $z_{0+} > 2$ 的情况。目前，也没有任何合适理论来建立从光滑流动过渡到粗糙流动的模

型。在实际应用中，采用合适的插值也就能达到实用的目的。Yaglom 和 Kader（1974）、Kondo（1975）、Brutsaert 和 Chan（1978）采用了不同的插值公式进行过研究。目前应用最简单的是 Merlivat（1978）准则，该准则指出在风浪情况下，$z_{0+}=1$ 是式（4.126）的合理上限，也是式（4.133）的合理下限。

4.4.5　可穿透粗糙表面：植被副层

地球表面的大部分地区都覆盖着植被，大多数植物通常不是典型的不可穿透障碍物。相反，植被表面由粗糙元素组成，这些粗糙单元的特征是更具穿透性和纤维性，并且常常分布得非常密集。

1. 动量传输

自然界中存在许多种不同类型的植被，因此很难用式（4.101）和式（4.104）整体概括。人们普遍认为，在致密、均匀且高大的植被冠层，平均风廓线 $\overline{u}(z)$ 和平均水平剪应力 $\tau(z)$ 在植被顶部下方呈随深度递减的函数，如图 4.19～图 4.22 所示，这是 Geiger（1961）在 1925 年发现的。在以往的文献中也给出了几种廓线函数，通常获得这种廓线函数的方法是先假设枝叶是散射分布的，这样它们就成了动量连续体。在没有压力梯度的情况下，得到水平运动方程，如方程式（3.69）。在动量传输的推导过程中，通常

$$-\frac{\mathrm{d}\tau}{\mathrm{d}z}+D_f=0 \qquad (4.134)$$

式中：$\tau(z)$ 为空气中的水平剪应力；D_f 为动量汇项，是每单位空气体积的叶子所受的阻力。

在所有推导过程中，通常进一步假设：

第一，通过涡黏性的定义得剪切应力与速度梯度成正比，即

$$K_m=\frac{\tau/\rho}{\mathrm{d}u/\mathrm{d}z} \qquad (4.135)$$

第二，D_f 与 $\overline{u}^2$ 成正比，即

$$D_f=A_f \mathrm{Cd}_f \rho\, \overline{u}^2/2 \qquad (4.136)$$

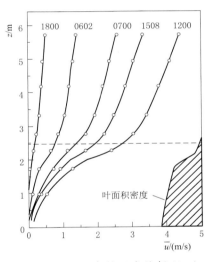

图 4.19　2.5m 高的玉米地每 10min 的代表性风速廓线［开始时间如图所示，取自纽约伊萨卡的数据（改编自 Wright 和 Brown，1967）］

式中：$A_f=A_f(z)$ 为单位空气体积中枝叶的表面积（上下两面）；Cd_f 为枝叶阻力系数。A_f 与叶面积指数有关，即地表单位面积上的叶片的面积（单面），通过积分 $\mathrm{LAI}=\int_0^{h_0} A_f \mathrm{d}z/2$ 得到。对于给定的植被，A_f 和 z、Cd_f 是雷诺数 $\mathrm{Re}_L=\overline{u}L_f/\nu$ 的函数；其中 L_f 是树叶特征尺度，比如 $\mathrm{Cd}_f=a\mathrm{Re}_L^b$，其中 a、b 均为常数。对具有不同种形状和连接角的单个物体，可以有效估计 a 和 b 的值［例如 Schlichting（1960）］。实际的冠层情况是很复杂的，然而，这是由于叶片的分布、形状变化及其相互干扰，取决于叶子的密度 $A_f(z)$。Thom（1971）对一种圆柱状的仿真作物和豆类进行研究，发现 Cd_f 与 $\overline{u}^{-1/2}$ 成正比；

Inoue 和 Uchijima（1979）对大米和玉米的研究也得到了相同的结论，但是散度很大。Seginer 等（1976）对细长杆林冠作物研究发现 $b=0$。应当注意的是，在用平均风廓线方程进行参数的连续化处理中，具体流动特征和 Cd_f 的精确值影响不大。

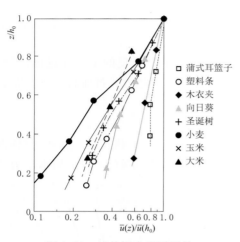

图 4.20　纯林冠中观测到的
风廓线示例（Cionco，1978）

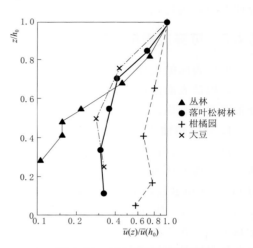

图 4.21　复杂林冠中观测到的
风廓线示例（Cionco，1978）

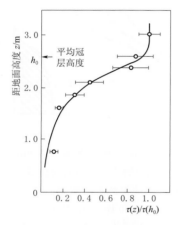

图 4.22　玉米冠层内涡动通量
$-\overline{(u'w')}$ 的观测变化曲线［是
$a_d=2$ 时式（4.142）的指数廓线
（Hicks 和 Sheih，1977）］

Ordway 等（1960）首次应用了式（4.134）～式（4.136），Tan 和 Ling（1963）给出了数值解法。假设 K_m 和 $Cd_f A_f$ 的不同形式可以得到各种风速廓线函数。假设在林冠上有一个恒定的混合长度 l_c，得到 $K_m = l_c^2 |d\bar{u}/dz|$，$Cd_f A_f$ 为一个常数，Inoue（1963）和 Cionco（1965）由此得到一个指数廓线函数，即

$$\bar{u} = \bar{u}(h_0)\exp\left[-a_w\left(1-\frac{z}{h_0}\right)\right] \qquad (4.137a)$$

式中：$\bar{u}(h_0)$ 为 $z=h_0$ 时的平均速度；a_w 为衰减或者吸收参数。假设冠层中 $K_m/\bar{u} = K_m(h_0)/\bar{u}(h_0)$，且 $Cd_f A_f$ 为常数，Cowan（1968）得到双曲正弦函数廓线，即

$$\bar{u} = \bar{u}(h_0)\left[\frac{\sinh(a_w' z)}{\sinh(a_w' h_0)}\right]^{1/2} \qquad (4.138)$$

式中：a_w 为参数。

这个结论满足地面平均风速 $\bar{u}=0$。如果假设 K_m 和 $Cd_f A_f$ 均为常数，就得到下式（Landsberg 和 James，1971；Thorn，1971）：

$$\bar{u} = \bar{u}(h_0)\left[1+a_w''\left(1-\frac{z}{h_0}\right)\right]^{-2} \qquad (4.139)$$

式中：a_w'' 为另一个参数。

上述三个廓线方程是根据 K_m 或 $Cd_f A_f$ 的不同假设得到的，难以用理论进行验证。

三个廓线方程都给出了平均速度，且平均速度随高度逐渐减少；上述方程在野外实验数据拟合较好。不过仍然发现了一个比较严重的问题，对一些植物，其靠近顶部的枝叶部分，以及地面附近的空树干空间，观察到了风廓线第二峰值［例如 Lemon 等（1970）、Oliver（1975）］；因此式（4.137）～式（4.139）的单调递减廓线不足以描述这一点。为解决这个问题做过许多研究［例如 Kondo 和 Akashi（1976）、Shaw（1977）］，不过问题仍然存在。然而，在植被和大气之间的湍流输送问题中，这一问题并不重要；植被上方的空气流动主要与冠层顶部附近空气相互作用，而与土壤表层附近相互作用则较少。

目前，指数廓线分布应用最广泛，其适用性也最好，对其的描述及理解也最详细。指数廓线推导比较简单，不需要假设任何形式的混合长度，可以按照下述步骤进行推导。以式（4.134）为出发点，假设动量衰减项与湍流强度成正比，也就是湍流动能 e_i［详见式（3.64）］，湍流强度假定为与湍流速度的协方差成比例，$-\overline{u'w'} = u_{*c}^2$，得到下式：

$$D_f = 2\gamma_d \rho u_{*c}^2 \qquad (4.140)$$

其中 γ_d 为反映树叶对动量消除效率的参数，取决于 u_{*c} 和 z，但对于均一的冠层和高雷诺数流动，其作为一阶近似，通常视为常数。利用粗糙度障碍物的平均高度，可以很方便地测量 γ_d 值：

$$\gamma_d = a_d / h_0 \qquad (4.141)$$

结合式（4.134）、式（4.140）和式（4.141）可以得到

$$\frac{\tau(z)}{\tau(h_0)} = \frac{u_{*c}^2(z)}{u_{*c}^2(h_0)} = \exp(-2a_d\xi) \qquad (4.142)$$

其中

$$\xi = (h_0 - z)/h_0 \qquad (4.143)$$

式中：ξ 为指向树冠的标准深度坐标。目前关于 $\tau(z)$ 的观测很少，Seginer 等（1976）、Finnigan 和 Mulhearn（1978）利用仿真植物冠层测量的 $\overline{u'w'}$ 数据符合式（4.142）的指数形式。如图 4.22 所示，Hicks 和 Sheih（1977）发现 $a_d = 2$ 时式（4.142）能够很好地代表密集种植的、还未成熟的玉米冠层中，在 $\xi = 0.7$ 的低处的协方差。若式（4.136）的假设是合理的，结合式（4.140）和（4.142）得到均一密集的冠层的平均风廓线，即

$$\overline{u} = \overline{u}(h_0)\exp(-a_w\xi) \qquad (4.137b)$$

推导过程中 A_f 为常数，表明 $a_w = a_d(1 + b/2)^{-1}$。因此，尽管几乎没有任何关于完全湍流中 a_w 和 a_d 之间关系的实验数据，但它们的值并不能完全不同。

图 4.20 和图 4.21 展示了不同类型的自然和模拟冠层中的平均速度廓线。可以看出简单冠层中，式（4.137）应用范围可以有效降低到 $0.1h_0$；在图 4.21 所示的更复杂的冠层中，该式只在树冠的上半部才有效。

衰减参数 a_w 适用于各种类型的冠层。例如 Cionco（1972）表明随着冠层密度和枝叶柔度的增加，a_w 增大。对现有实验数据研究后，他得出结论：在稀疏的刚性元素（柑橘园、木衣夹、蒲式耳篮子）中 a_w 大约在 0.4～0.8 之间变化；在中等密度的半刚性的元素（玉米、大米、落叶松、圣诞树、向日葵，还有塑料条）中 a_w 大约在 1.0～2.0 之间变化；在密集的柔性元素（小麦、燕麦、未成熟玉米）中 a_w 大约在 2.0～4.0 之间变化。

根据 Inoue 和 Uchijima（1979）的研究，表 4.3 给出了 a_w 对植物生长变化影响的例证。在一个更加广泛的概念化框架中，Kondo（1971；1972）给出了 a_w 与零平面高度 d_0

之间关系：

$$a_w = \frac{A_k h_0}{h_0 - d_0} \tag{4.144}$$

从实验中得出，A_k 为一个常数，略小于或者等于 1.0。在此基础上，认为 d_0 与 $2h_0/3$ 为同一数量级，因此 Brutsaert（1975c）认为当没有其他可用信息时，$a_w = 3.0$ 为密集植被的代表值。式（4.135）中定义的涡流黏度表示的通量廓线关系如下：

$$K_m = K_m(h_0) \exp(-a_m \xi) \tag{4.145}$$

式中：$K_m(h_0)$ 为 $z = h_0$ 时 K_m 的值；$a_m = 2a_d - a_w$ 为衰减系数，其值和 a_w、a_d 值很接近（图 4.23）。

表 4.3　玉米生长季节中的衰减系数的平均速度廓线的变化示意表（Inoue 和 Uehijima，1979）

高度 h_0/cm	平均叶面 a_w	积密度 A_f/（cm²/cm³）
50	1.6	0.022
140	2.0	0.036
225	2.6	0.038
277	3.0	0.030

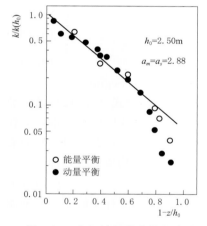

图4.23　在纽约伊萨卡的玉米站观测到的归一化的涡流黏度（实心圆点）和涡流扩散（空心圆圈）廓线［实线表示式(4.145)和式(4.150)（Wright 和 Brown，1967）］

以前的研究中，式（4.137）、式（4.142）和式（4.145）需要的 $\bar{u}(h_0)$、$u_{*c}(h_0)$ 和 $K_m(h_0)$ 的值通常是用这些方程与 $z = h_0$ 时相应的动态副层公式简单衔接得到的。因此，事实上，假定植物的平均高度 h_0 与地表层的下边界 $z = h$ 重合的。从冠层底层过渡到动态副层是在 $z = h_0$ 的假设下实现的，可能类似于直接在光滑表面的联立式(4.123)和式(4.3)，如图 4.1 虚线所示。这一简化和假设可以提供一个有用的一阶近似值。因此，式(4.124)中的参考值 $u_{*c}(h_0)$ 是 u_*；式(4.145)中的参考值 K_m 借助于式（4.135）中的对数廓线，有

$$K_m(h_0) = k u_*(h_0 - d_0) \tag{4.146}$$

类似地，将式（4.6）中 z 以 h_0 代替就可以求得平均速度 $\bar{u}(h_0)$。在第 5 章中可以看到，z_0 和 d_0 分别约为 $h_0/8$ 和 $2h_0/3$，因此，如果将 $z = h_0$ 作为冠层副层的厚度，则 $\bar{u}_h = \bar{u}(h_0)$，式（4.110）中定义的冠层阻力系数为

$$Cd_0^{-1/2} \approx 2.5 \tag{4.147}$$

2. 界面标量传输系数

方程（4.106）和式（4.107）以及式（4.103）和式（4.105）给出了有可能影响传输系数 Da_0 和 St_0 的变量。然而，对于实际植被来说，我们只能对这些变量进行一般性的描

述，而无法进行更为详尽的描述。目前很少有实验和理论工作关注于对光滑和粗糙表面进行比较，一般性和实用的可穿透粗糙表面整体传输系数的公式都是相关的。由于植被覆盖具有多样性，难以使下垫面湍流传输满足严格的相似性，因此更好地理解这个问题需要更多的研究。但是，对我们研究地球表面蒸发和热量交换而言，这些结论有一定的实际应用意义。

Chamberlain（1966）、Stewart 和 Thom（1973）、Garratt 和 Hicks（1973）、Garratt（1978）、Garratt 和 Francey（1978）给出了实验结果，Cowan（1968）、Thom（1972）和 Brutsaert（1979a）进行了理论分析。这些研究表明，整体标量传输系数对于可穿透和不可穿透粗糙表面来说有所不同。具体地说，他们发现，对于植被覆盖区的热量和质量传输，$(Da_0^{-1} - a_v^{-1}Cd^{-1/2})$、$[=(a_vB)^{-1}]$ 对 z_0 的变化不敏感，仅仅与 u_* 有一定的关系。

例如，Chamberlain（1966）获得了一套相当完整的仿真和自然草地的气体传输数据。在同位素钍-B 在人工草地沉积情况下，当 u_* 取值在 $12.8 \sim 200 \text{cm/s}$ 时，$[a_v(Da_0^{-1} - a_v^{-1}Cd^{-1/2})](=B^{-1})$ 的取值则在 $6.1 \sim 12.8$ 之间；在湿地蒸发情况下，当 u_* 取值在 $15.8 \sim 170 \text{cm/s}$ 时，B^{-1} 的取值仅在 $4.3 \sim 7.3$ 之间。Garratt 和 Hicks（1973）收集了相关资料，并指出与不可穿透的粗糙表面的 B^{-1} 相比，植被表面关于 B^{-1} 的实验数据对 z_{0+} 的变化并不敏感。Garratt（1978b）得出结论：对于有 25% 平均高 8m 的大树，约 65% 的高达 1m 的干草，还有 10% 被烧焦的草和沙土组成的平坦崎岖的下垫面，其热传输的 kB^{-1} 约为 2.5 ± 0.5。虽然这三种植被的地表温度不同，但为了分析热传输数据，可用飞机和地面辐射观测加权来计算整体有效的表面温度。部分 kB^{-1} 的实验结果概括如图 4.24 所示。

在理论分析中，可以遵循类似于式（4.134）～式（4.136）中动量传输的方法。从而，假定流动的任何标量惰性混合物的湍流传输受下式主导：

$$-\frac{dF}{dz} + S_f = 0 \qquad (4.148)$$

式中：F 为冠层空气中混合物的垂直比通量；S_f 为叶面混合分布源参数。

同样，动量廓线式（4.135）中的通量廓线关系也是如此，可以用涡流扩散的形式来表示：

$$K_c = \frac{-F/\rho}{d\bar{c}/dz} \qquad (4.149)$$

式中：$\bar{c}$ 为需要考虑的物理量浓度，对于感热 $\bar{c} = c_p\bar{\theta}$，对于水汽 $\bar{c} = \bar{q}$。

式（4.148）和式（4.149）是文献中许多数值模型的基础，从 Philip（1964）开始，用来模拟冠层中的湍流交换。

原则上，在假定的边界条件中数值解可以有一定的可变性和灵活性，并且可以假定不同类型植被的 K_c 和 S_f。另外，对于分析解决方案，只要可行，通常使用更简洁的参数形式。式（4.114）和式（4.117）定义的整体传输系数需要求出冠层表面的浓度 $\bar{c}_s$，这一浓度不随高度变化。在浓度 $\bar{c}_s$ 为常数的情况下，Cowan（1968）和 Brutsaert（1979a）导出了不同的解析解。后者结论应用更广泛，总体来说可以用这种类型的分析得出结果。

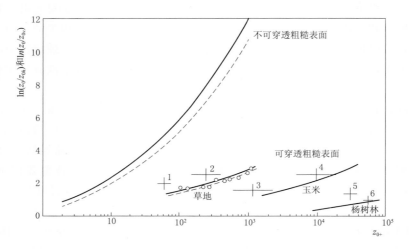

图 4.24　kB^{-1} 的实验和理论结果的比较——热传输（实线）中 $[k(a_h\text{St}_0^{-1}-\text{Cd}_0^{-1/2})]$、湿润表面蒸发 $[k(a_v\text{Da}_0^{-1}-\text{Cd}_0^{-1/2})]=\ln(z_0-z_{0v})$ 同糙率雷诺数 $z_{0+}=u_*z_0/\nu$ 的关系曲线图，$\text{Pr}=0.71$（$\text{Sc}=0.59$），$C_L=0.25$，$m=0.25$ 且 $n=0.36$ 的草地、玉米地和杨树林的理论方程式（4.162）和方程式（4.160）的曲线 [有编号的点曲线代表传热实验的结果，这些曲线是由 Garratt 和 Hicks（1973）、Garratt 和 Francey（1978）总结得到的；编号 1 表示矮草地，编号 2 代表中等高度草地，编号 3 表示豆类作物，编号 4 代表草原灌丛，编号 5 和 6 表示高大松林（水平杆表示 z_{0+} 范围、垂直杆表示标准偏差）。Chamberlain（1966）通过叠加方法得到了湿润蒸发理论曲线上的数据点。由式（4.133），或式（5.28）和式（5.29）得到了不可穿透粗糙表面曲线（源自 Brutsaert，1979a）]

　　若用式（4.149）来解式（4.148），那么必须先确定 K_c 和 S_f 的函数形式。文献中指出在许多类型的植被冠层浓密的上层，标量混合涡流扩散可以用一个指数分布来描述，类似于 $\bar{u}$、u_* 和 K_m（图 4.23）；这就是说，尽管可能在理论上存在矛盾，但雷诺的类比可以作为近似，标量的通量廓线关系与动量近似相似。因此，均匀树冠层的涡流扩散系数可表示如下：

$$K_c=K_c(h_0)\exp(-a_s\xi) \tag{4.150}$$

式中：a_s 与式（4.137）中 a_w 或式（4.145）中 a_m 具有相同数量级。

　　以前关于 $K_c(z)$ 的大多数观测都是在冠层内的不同层次上用能量平衡法进行测定的。Saito（1962）和 Uchijima（1962）分别在麦田和稻田中首次应用此方法。Uchijima 和 Wright（1964）提出 Uchijima（1962）给出的稻田地 K 值与式（4.150）中 $a_s=3.1$ 相对应；类似地，Brown 和 Covey（1966）提出在玉米地中 $a_s=2.6$；Denmead（1964）、Brown 和 Covey（1966）提出松林中 $a_s=4.25$；Lemon（1965）提出红树林中 $a_s=2.5$；Wright 和 Brown（1967）给出玉米地中 $a_s=2.88$（且 $a_s=a_w$）（图 4.23）；Uchijima 等（1970）提出玉米地中 a_s 介于 $2.46\sim2.88$；Denmead（1976b）认为在麦田中 a_s 介于 $2.2\sim3.3$。Meroney（1970）提出了 $K_c(z)$ 的一个不同测定方法，利用风洞模型测量冠层内氦气流动水平和垂直浓度梯度得到对流扩散方程。在这种情况下得到的涡流扩散率 $K_c(z)$ 也与式（4.150）十分相似。应当指出，式（4.150）可能只适用于叶面积 $A_f(z)$

分布比较均匀的冠层；Inoue 和 Uchijima（1979，图 8）得到了一个叶面积集中在中间层的水稻冠层分布中 $K(z)$ 廓线，这明显不同于式（4.150）。

式（4.148）中 S_f 项来自冠层内每一叶片和茎段的表面通量。它可以用整体传输方程给出，类似于式（4.140）：

$$S_f = A_f \text{Ct}_f \rho u_{*c} (\overline{c}_s - \overline{c}) \qquad (4.151)$$

式中：Ct_f 为是枝叶整体传输系数。根据量纲分析方法，从已知的各种几何形状系数，可以得到 Ct_f 系数可能的形式：

$$\text{Ct}_f = C_L \text{Re}_{*c}^{-m} \text{Sc}^{-n} \qquad (4.152)$$

式中：$\text{Re}_{*c} = u_* L_f / \nu$，为局部冠层雷诺数；$L_f$ 为枝叶特征尺寸；Sc 为施密特数；C_L、m 和 n 均为参数，与树叶的形状、密度、拥挤程度、方向以及湍流的强度有关。

回顾关于这些参数可能取值的研究（Brutsaert，1979a，Appendix B）表明，式（4.152）中的幂指数值范围为 $1/5 \leqslant m \leqslant 1/2$，不过缺乏足够的实验证据。在式（4.151）和式（4.152）中可以类似于式（4.140）用 $\overline{u}_{*c}$ 作为速度转换尺度，也可以用平均风速 $\overline{u}$ 作为速度转换尺度，如式（4.136）。然而，考虑到式（4.142）和式（4.137）两式的相似性，这两种观点很可能并没有什么区别。局部摩擦速度可能是测量湍流强度的较好方法，在式（4.151）和式（4.152）中使用平均风速 $\overline{u}$，C_L 可以通过乘以比率 $(u_{*c}/\overline{u})^{1-m}$ 进行调整；在式（4.147）中则 $C_L = 2.5^{m-1}$。

假定 $\overline{c}_s$ 为常数，便于将浓度标准化，即

$$\chi = \frac{\overline{c}_s - \overline{c}}{\overline{c}_s - \overline{c}_h} \qquad (4.153)$$

其中 $\overline{c}_h$ 为大气中 $z = h_0$ 处浓度，因此结合式（4.148）～式（4.153）得到

$$\frac{\mathrm{d}^2 \chi}{\mathrm{d}^2 \xi} + C_1 \frac{\mathrm{d}\chi}{\mathrm{d}\xi} - C_2 e^{N\xi} = 0 \qquad (4.154)$$

其中

$$C_1 = -a_s$$

$$C_2 = \frac{A_f C_L h_0^2}{a_c k (h_0 - d_0) \text{Re}_*^m \text{Sc}^n} \qquad (4.155)$$

$$N = -a_d (1 - m) + a_s \qquad (4.156)$$

式（4.155）中 a_c 类似于任何标量混合物中的 a_v 和 a_h，Re_* 由下式定义：

$$\text{Re}_* = \frac{u_* L_f}{\nu} \qquad (4.157)$$

其中 u_* 为 $z = h_0$ 处的摩擦风速，并假定冠层的表面层 u_* 均相同。据此推导出整体传输系数的边界条件为

$$\begin{cases} \chi = 1, & \xi = 0 \\ \chi \to 0, & \xi \text{ 趋于无穷大} \end{cases} \qquad (4.158)$$

第二个边界条件假设冠层顶部不受地表特征的影响，所以地面条件的精确描述并不重要。实际上，式（4.137）、式（4.142）、式（4.145）和式（4.150）的指数分布廓线隐含着同样的假设。求解式（4.154）与式（4.158）需要计算 $z = h_0$ 时的比通量 F_0，即式（4.149）和式（4.150）植被表面总通量：

$$F_0 = -a_c k [(h_0 - d_0)/h_0] \rho u_* (\overline{c}_s - \overline{c}_h) G_0 \tag{4.159}$$

其中 $G_0 = d\chi/d\xi$ 是 $\xi = 0$ 处的梯度，在 $a_s = a_d = a$ 的特殊情况下，有

$$G_0 = -C_2^{1/2} K_{\lambda-1} \left(\frac{2C_2^{1/2}}{ma} \right) / K_\lambda \left(\frac{2C_2^{1/2}}{ma} \right) \tag{4.160}$$

其中 C_2 由式（4.115）给出，$K_\lambda(\ )$ 是第二类修正的贝塞尔函数且与 $\lambda = m^{-1}$ 同阶（Abramowitz 和 Stegun，1964）。参数 a 和 m 取典型值时函数 $G_0 = G_0(C_2)$，如图 4.25 所示。比通量 F_0 同式（4.108）和式（4.109）中的 E 和 H 相对应。因此，冠层的界面斯坦顿数为

$$Da_0 = a_v k [(h_0 - d_0)/h_0](-G_0) \tag{4.161}$$

式（4.161）可以应用于式（4.116）或式（4.118），也可写成以下形式 $[=(a_v B)^{-1}]$:

$$Da_0^{-1} - a_v^{-1} Cd_0^{-1/2} = (a_v k)^{-1} \left[\frac{h_0}{(h_0 - d_0)(-G_0)} - \ln \left(\frac{h_0 - d_0}{z_0} \right) \right] \tag{4.162}$$

当没有 z_0 和 d_0 的有效数据时，式（4.162）近似等于 $2.5[3/(-G_0-1)]$。

根据 Chamberlain（1966）对草地表面关于 kB^{-1} 的实验研究数据进行反算可以用来确定式（4.152）中各参数值。结合式（4.162）和式（4.160）中 $a = 2$ 时的理论结果（图 4.26），得到 $C_L = 0.25$、$m = 0.25$、$n = 0.36$；仅用钍 B 数据进行分析得到 $C_L = 0.29$、$m = 0.25$、$n = 0.5$。这两组参数在预测计算中产生的结果基本相同。但是这些参数值只是基于一组实验数据与这个理论模型相吻合确定的，因此得到的这些参数值应该被视为估计值，需要更多的研究加以验证其精确性。不过之前的研究表明（Brutsaert，1979a，Appendix B），这些参数的数量级是正确的。

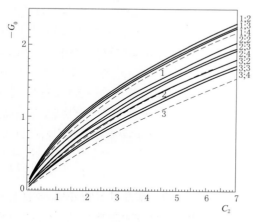

图 4.25 由式（4.160）计算得到的函数 $-G_0 = -G_0(C_2)$［每条实线有 2 个特征数字，即 $a(= a_s = a_d)$ 值和 m^{-1} 值。虚线是在式（4.154）简化条件 $N = 0$ 下计算得出的，其特征数字是 a 值（Brutsaert，1979a）］

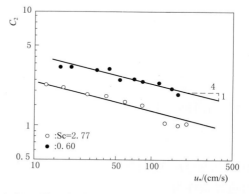

图 4.26 Chamberlain(1966)关于钍 B 的干沉降和人工湿地水分蒸发数据，在 $a = 2$ 和 $m = 1/4$ 通过式（4.160）和式（4.162）处理得到的关系线图（参见图 4.25）［草地参数 $h_0 = 7.5\text{cm}$，$A_f = 0.58\text{cm}^{-1}$，$z_0 = 1\text{cm}$，$d_0 = 5\text{cm}$。两条直线分别对应于式（4.155）$C_L = 0.25$ 和 $n = 0.36$（Brutsaert，1979a）］

通过玉米地和杨树林的研究，得到了参数随温度变化的理论结果，如图 4.24 所示。Brutsaert（1979a）给出了计算的详细过程并讨论了冠层参数 a、L_f、A_f、z_0、h_0、d_0 的选择情况。可以看出，理论结果与现有的实验数据结果是比较合理的且具有一致性。在实验基础上，图 4.24 所示的计算结果验证了式 $[ka_v(\text{Da}_0^{-1} - a_v^{-1}\text{Cd}_0^{-1/2})](\equiv kB^{-1})$ 的早期观测值的合理性。这和 kB^{-1} 可分为 z_{0+} 的两类函数的实验数据也是相吻合的。在不可穿透粗糙单元的表面，从式（4.133）可以看出 kB^{-1} 将急剧增大（直到 $z_{0+} = 1000$）；但对于密集且可穿透粗糙物表面，从式（4.160）看出 kB^{-1} 相对 z_{0+} 不敏感，事实上，z_{0+} 并不直接出现在式（4.155）和式（4.160）中。在理论模型中 kB^{-1} 可以完全独立于 u_*，但一些野外实测数据［如 Garratt（1978b）、Garratt 和 Francey（1978）］表明，只有式（4.152）中 $m = 0$ 时才成立；因此需要更进一步研究。理论结果表明，可穿透粗糙物表面与不可穿透粗糙表面相反，对于给定的 Sc（或 Pr），糙率雷诺数 z_{0+} 并不是唯一的，甚至对可穿透粗糙表面进行实验数据分类来说，Sc 也不是主要的相关参数。定义 C_2 的方程式（4.155）包含几个重要的变量，这些变量控制着式（4.160）中 G_0 和式（4.16）中整体传输系数的大小，因此必须将所有这些变量（可能还有一些不包括在这个简单理论中）都加以考虑，从而使这个问题的严格相似性方法变得复杂。当没有其他可靠信息时，在实际应用中施密特数（或普朗特数）通常取 $0.6 \sim 0.8$，kB^{-1} 约等于标量 2。在高大森林里，kB^{-1} 可能为 1 或者更小。

考虑到植被副层的整体传输系数的不确定性，在实际应用中，最好应当避免在冠层上使用包含表面浓度 $\bar{c}_s$、$\bar{q}_s$ 或 $\bar{\theta}_s$ 的方程式（4.114）或式（4.117）。不过，在有些情况下，利用表面浓度［包括 Ce_r、Ch_r（见 4.4.2 节）或 z_{0v} 和 z_{0h}（见 5.2.1 节）］来计算表面通量是有效的，甚至是不可避免的。第一种是结露的情况，如露水形成，或湿润植被蒸发；在这两种情形下，通过表面温度就可确定 $q_s^* = q_s^*(\overline{T_s})$ 的饱和值。第二种是当叶面温度为已知时，计算传输到植物表面或从植物表面传输的显热系数。植被各部分的温度通常不是均匀的，但往往运用合适的平均温度就能够达到令人满意的结果。例如，通过遥感技术观测得到的表面平均温度在计算显热传输时是很有用的；Garratt（1978a）成功地将这种方法应用到了草原冠层中，其结果如图 4.24 所示。第三种有效应用是在污染物干沉降情况下，植被作为一个十分完美的汇［如张伯伦（Chamberlain，1966）关于钍 B 的研究］，可以使用表面浓度；而且在这种情况下，表面浓度可以取为 0，即 $\bar{c}_s = 0$。

3. 表面干燥植被的蒸发与阻抗方程

描述蒸发过程，或者更确切地说是表面干燥植被的蒸腾过程，不能使用式（4.114）或与其相关的整体传输方程，因为叶子表面的比湿 q_s 是未知的。为解决这个问题，通常使用已经广泛应用于农业气象中的一种方法，即当叶片次级气孔占主导时，用 $q_s^* = q_s^*(T_s)$ 来替代 q_s；此外，还可以引入整体气孔阻抗来描述气孔腔和叶表面之间的传输过程。Penman 和 Schofield（1951）对 Penman（1948）方程（10.15）进行修正并提出了叶表面水汽传输阻力的概念；随后进一步发展，Slatyer 和 McIlroy（1961）、Monteith（1965；1973）、Cowan（1968）、Thorn（1972；1975）提出了多种不同应用形式。

整体气孔阻抗 r_{st} 可由下式定义：

$$E = \rho(\overline{q}_s^* - \overline{q}_s)/r_{st} \qquad (4.163)$$

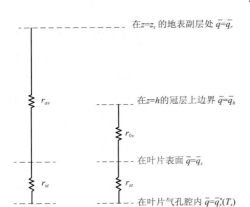

在 $z=z_r$ 的地表副层处 $\overline{q}=\overline{q}_r$

在 $z=h$ 的冠层上边界 $\overline{q}=\overline{q}_h$

在叶片表面 $\overline{q}=\overline{q}_s$

在叶片气孔腔内 $\overline{q}=\overline{q}_s^*(T_s)$

图 4.27　转移植物表面和从植物
表面传出的阻力参数示意图

如图 4.27 所示，这一概念在地面参数化中有不同的应用方式，如本章前面所述。冠层空气传输可以由冠层空气阻力 r_{0v} 的方程形式给出：

$$E = \rho(\overline{q}_s - \overline{q}_h)/r_{0v} \qquad (4.164)$$

此方程等价于方程式（4.108），因为 $r_{0v} = (u_* \mathrm{Da}_0)^{-1}$。未知量 $\overline{q}_s$ 可以联立方程式（4.163）和式（4.164）消掉，得到

$$E = \rho(q_s^* - q_h)/(r_{st} + r_{0v}) \qquad (4.165)$$

不过，当已知表面温度时，如果使用 $\overline{q}_s^*$ 代替 $\overline{q}_s$，方程式（4.116）、式（4.119）和式（5.22）或者其他整体传输方程中（$\mathrm{Da}_0^{-1} - a_v^{-1}\mathrm{Cd}_0^{-1/2}$）[$=(a_v B)^{-1}$] 项应由下式替代：

$$(r_{st} + r_{0v} - a_v^{-1} r_{0m})u_* \qquad (4.166)$$

式（4.166）中冠层阻力 r_{0m} 量表示符号的一致性。由下式定义：

$$r_{0m} = (u_*^2/\overline{u}_h)^{-1} \qquad (4.167)$$

式（4.167）等价于式（4.110），因此 $r_{0m} = (u_* \mathrm{Cd}_0^{1/2})^{-1}$。

冠层内部及其上方空气传输也可以用合成阻力 r_{av} 来表示，r_{av} 为水汽的空气动力学阻抗，由下式进行定义：

$$E = \rho(\overline{q}_s - \overline{q}_r)/r_{av} \qquad (4.168)$$

式（4.168）等价于式（4.114），显然有 $r_{av} = (\overline{u}_r \mathrm{Ce}_r)^{-1}$。消掉式（4.163）～式（4.168）中未知量 $\overline{q}_s$ 得到

$$E = \rho(\overline{q}_s^* - \overline{q}_r)/(r_{st} + r_{av}) \qquad (4.169)$$

即为植被的整体传输方程 [参见式（4.114）]。

应当注意的是，式（4.169）通常写成

$$E = \rho(\overline{q}_s^* - \overline{q}_r)/(r_c + r_a) \qquad (4.170)$$

式中：r_c 一般称为冠层阻抗；r_a 为空气动力学阻抗，r_a 通常用下式定义：

$$r_a = (u_*^2/\overline{u}_r)^{-1} \qquad (4.171)$$

式（4.171）等价于式（4.115），得到 $r_a = (\overline{u}_r \mathrm{Cd}_r)^{-1}$。如图 4.27 所示，例如式（4.119）[同式（5.10）和式（5.21）]中，Ce_r（或 r_{av}）完全不同于 Cd_r（或 r_a）。就是说，如 Thom（1972）指出的一样，式（4.170）中冠层阻抗 r_c 不同于式（4.169）中气孔整体阻抗 r_{st}。r_c 可以用类似于式（4.163）的方程定义，用 $\overline{q} = \overline{q}(z_{0m} + d_0)$ 替代 $\overline{q}_s$，式（4.33）给出 $z_1 - d_0 = z_{0m}$，$z_2 = z_r$。这些量的物理意义不容易理解，因此冠层阻抗的概念相当模糊。在实际计算过程中，r_c 通常为式（4.170）或式（7.169）中分母中总的阻抗减去 r_a 后的剩余项。不过，r_{st} 定义明确且 r_{av} 和 Ce_r 之间关系也明确时，所以式（4.169）的表述比式（4.170）更好。

目前已经在不同条件下对各种植被的气孔整体阻抗 r_{st} 和相关的冠层阻抗 r_c 进行了多

次试验研究。此外，为获得经验关系，Monteith（1965）、Van Bavel（1967）、Szeicz Long（1969）、Federer（1977）、Garratt（1978b）也已经尝试将它们与各种因素联系起来，如波文比、根区土壤水分吸力、土壤水分亏缺、空气湿度亏缺以及其他变量等。虽然迄今为止尚未获得能足以用于预测的一般关系式，但气孔整体阻抗和冠层阻抗方程仍可以用作诊断指标并且应用于某些模型中。

第5章 下垫面粗糙度参数化方法

5.1 动量粗糙度

动量粗糙度 z_{0m} 不仅是风廓线的重要参数，而且对水汽粗糙度 z_{0v}、粗糙度 z_{0h} 以及其他标量粗糙度参数的计算也至关重要。光滑下垫面（即 $z_{0+}<0.13$）的动量粗糙度可用下式近似简化：

$$z_{0m}<0.135\nu/u_* \tag{5.1}$$

地球表面，尤其是陆地部分，通常是粗糙的。对于一个粗糙下垫面，即当 $u_* z_0/\nu>2$ 时，我们可以近似地认为

$$z_{0m}=z_0 \tag{5.2}$$

对极度粗糙下垫面，还需引入零平面位移高度 d_0，见式（4.5）和式（4.6）。以目前的认知，仍无有效方法替代风廓线实验测定 z_0 和 d_0 的方法。因而，在没有观测值的情况下，有时需要根据下垫面简单的几何特征来估算各种参数。

5.1.1 陆面

表 5.1 给出了各种常见陆面的 z_0 值。已有许多研究将 z_0 与可测量的陆面特征变量建立关系。其中最常见、最简单有效的表面特征值就是粗糙单元的平均高度 h_0。Paeschke（1937）是最早有关植物覆盖地表的冠层高度和地表粗糙度的研究，其结果表明，对于粗糙的雪面、多种草地表面、小麦、休耕地及甜菜地，其高度与粗糙度的比值如式（5.3）时，与风廓线数据拟合效果较好。

$$h_0/z_0=7.35 \tag{5.3}$$

Tanner 和 Pelton（1960）以及 Plate（1971）基于更多的数据都得到了相似的结论，其中前者得到 $z_0=h_0/7.6$。对于条状覆盖的地表，摩尔的研究得到 $h_0/z_0=7.5$，该结论也被 Perry 和 Joubert（1963）所证实。Chamberlain（1968）在人造的不可穿透的、波浪状的粗糙表面上实验得到的中位数 $h_0/z_0=8$，最大和最小值分别为 16.6 和 4.2，在仿真草地上 $h_0/z_0=7.5$（Chamberlain，1966）。

实际上，问题并不像式（5.3）所假设的那样简单；进一步的研究发现 h_0/z_0 是其他相关陆面特征的复杂函数。Lettau（1969）、Takeda（1996）等已基于高度、锋面、表面密度、集中度等其他几何或阻力参数推导出 z_0 和 d_0 在不可穿透粗糙下垫面和可穿透粗糙下垫面条件下的函数关系。然而，尽管这些公式的精度高于式（5.3），但依旧很低。例如，Seginer（1974）（图 5.1）发现 h_0/d_0 为 $Cd_f \overline{A_f} h_0$ [符号定义见式（4.136），$\overline{A_f}$ 为垂

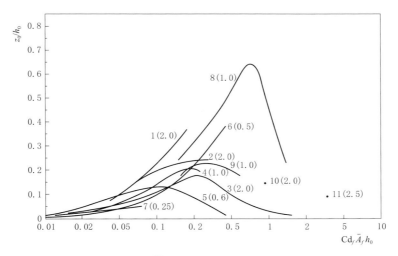

图 5.1　相对粗糙度长度 z_0/d_0 为 $\mathrm{Cd}_f \overline{A}_f h_0$ 函数的数据概述［括号中为阻力系数的粗略估算值。

1、2—三维隔板数据；3—二维板条；4—二维杆件；5—三维球体；6—三维篮筐；7—三维半球；8—

三维栓钉；9—二维杆件；10—三维长条；11—三维杆（Seginer，1974）］

向均值］的函数，且在 $\mathrm{Cd}_f \overline{A}_f h_0 = 0.2$ 时取得最大值。即当 $\mathrm{Cd}_f \overline{A}_f h_0$ 小于 0.2 时，z_0/h_0 随粗糙度密度上升而增加至式（5.3）的 1.5～2 倍峰值，当大于 0.2 时 z_0/h_0 逐渐下降。这种现象不难解释：当稀疏放置的障碍物密度增加时，阻力增加，z_0 增加；当障碍物变密集时，流体可掠过其顶部而不进入下面的空间，有效粗糙度减小。显而易见，除了更复杂的冠层数值模型［如 Seginer（1974）、Kondo 等（1976）］，上述简化公式均不能描述 z_0/h_0 随粗糙度密度增加出现的峰值现象，且并未考虑风对 z_0 的影响，而这在柔软植被上不容忽视。然而，尽管 z_0 的计算公式更精确，但由于一些必要参数尚不明确，在自然表面上并不实用。因此，在没有风廓线数据的情况下，只能利用诸如帕施克的关系。

表 5.1　　　　　　　　　　　　　　不同表面粗糙度参数

表 面 描 述	z_0/cm	参 考 文 献
泥滩，冰	0.001	Sutton（1953）
光滑柏油路（机场跑道）	0.002	Bradley（1968）
大面积水体（平均状况）	0.01～0.06	大量参考文献
草（草坪高度 1cm）	0.1	Sutton（1953）
草（机场）	0.45	Kondo（1962）
草地（草原，内布拉斯加州）	0.65	Kondo（1962）
草（人工草坪，7.5cm）	1	Chamberlain（1966）
草（高达 10cm）	2.3	Sutton（1953）
草（高达 50cm）	5	Sutton（1953）
小麦收割平原（18cm，美国堪萨斯州）	2.44	Businger 等（1971）

续表

表 面 描 述	z_0/cm	参 考 文 献
草（有零星的灌木丛和丛生的树木；区域值 英国索尔兹伯里平原）	4	Deacon（1973）
1～2cm 高植被（佛罗里达州卡纳维拉尔角）	20	Fichtl 和 McVehil（1970）
树（10～15cm 高）（佛罗里达州卡纳维拉尔角）	40～70	Fichtl 和 McVehil（1970）
草原灌丛（25％树，约 8m；65％干草， 低于 1m；焚烧草地和沙 10％）	40	Garratt（1978b）
大城市（日本东京）	165	Yamamoto 和 Shimanuki（1964）

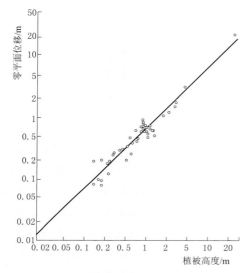

图 5.2　19 种植被类型和裸脊土的零平面位移 d_0 与高度 h_0 的关系［最佳拟合直线与式（5.4）无明显差别（Stanhiii，1969）］

d_0/h_0 比 z_0/h_0 对表面特性或其他因素更敏感（Munro 和 Oke，1973）。Stanhill（1969）依据多种作物数据分析（图 5.2）发现 $d_0 = 0.7h_0^{0.98}$（cm），相关系数为 0.97；平均高度 $h_0 = 66$cm，$d_0/h_0 = 0.64$。Konfo（1971）研究中，均值为 $d_0/h_0 = 0.68$，最小值和最大值分别为 0.53 和 0.83。因此，下式基本可以描述自然作物覆被表面特性：

$$d_0 = \frac{2}{3}h_0 \tag{5.4}$$

上述研究再次证明，d_0/h_0 不是常数。当粗糙单元分布极度稀疏时，可以地面为参考，d_0 近乎为 0；当粗糙单元分布密集时，流体略过表面，d_0/h_0 趋于 1。当然，d_0 的确定不像 z_0 那样关键，因为 d_0 在 $z - d_0$ 中，若假设 $z \gg z_0$，第 4 章的廓线函数对该值并不敏感。因此，当没有实际的风廓线数据以获取更准确的值时，可以用式（5.4）估算。

有趣的是，对于植被冠层来说，帕施克（Paeschke，1937）的结果［式（5.3）］也可通过简单的论证方法得到。例如，Kondo（1971）研究了 $d_0 = 0$ 时稀疏粗糙单元的情况，与 Cowan（1968）在 $z > h_0$ 和 $z < h_0$ 情况下基于对数轮廓线得到的 $\bar{u}$ 和 $d\bar{u}/dz$ 相匹配，当 $z = h_0$ 时情况类似，因为稀疏放置的障碍物 $a'_w \ll 1$，此时有

$$h_0/z_0 = e^2 \tag{5.5}$$

该式等于 7.39。当然，对密集障碍物我们也可以得到帕施克比值（Brutsaert，1975c）。在均匀而密集的树林中，风廓线可用式（4.137）表示。采用式（4.3）和式（4.137）得到的 $\bar{u}$ 和 $d\bar{u}/dz$ 一致，当 $z = h_0$ 时，可以得到

$$\frac{h_0 - d_0}{z_0} = \exp\left[\frac{h_0}{a_w(h_0 - d_0)}\right] \tag{5.6}$$

因此，根据式（4.144）和式（5.4），可以得到

$$h_0/z_0 = 3e \tag{5.7}$$

该式等于 8.15。式（5.5）和式（5.7）与帕施克的结果［式(5.3)］相似表明，h_0/z_0 对采用的计算方法并不敏感。需强调的是，这些结果只能作为近似值，只适用于没有风廓线观测的地表。

5.1.2 水面

湍流空气与自由水面的相互作用涉及复杂的物理现象。因此，水面 z_{0m} 的预测仍受到一些不确定因素的限制。

人们普遍认为，当风速较小时，水面是光滑的，但式（5.1）是否一直适用尚不清楚。一些实验发现水面可能会"过于光滑"，z_{0m} 小于式（5.1）给出的值。这个问题尚未解决。Casnady（1974）认为这种现象是由表面薄膜或其他杂质引起的表面张力效应造成的，Kondo 和 Fujinawa（1972）则认为这种差异可能是因为忽视了大气的稳定性，或采用了杯状风速表估计风速，又或者忽视了水的表面漂移等。

对于波浪形成良好的中强风，一般认为，z_0 取决于表面剪切应力。因此，夏诺克（Charnock，1955）从量纲的角度提出了下式：

$$z_0 = \frac{u_*^2}{bg} \tag{5.8}$$

式中：b 为常数。夏诺克（Charnock，1958）取 $b = 81$；Hicks（1972a）取 $b = 62.5$；Smith 和 Banke（1975）及 Carratt（1977）发现 $b = 69$ 时实验结果最合理，这与式（5.12）基本一致。Sethu Raman 和 Raynor（1975）基于数据发现，在 $0.15 < z_{0+} < 4$ 中度粗糙情况下 $b^{-1} = 0.016$（± 0.011）；$z_{0+} > 4$ 高度粗糙时，$b^{-1} = 0.072$（± 0.030）。

式（5.8）用 u_* 代替了 $\bar{u}$，与 Rossby 和 Montgomrry（1935）提出的公式类似。Yasuda（1975）增加一个参数，提出了相似的关系：

$$z_0 = au_*^b \tag{5.9}$$

式中：a 和 b 均为常数，以 cm 为单位。Kondo（1975）以 cm 为单位，基于式（5.12）分析发现，$u_* \leqslant 6.89 \text{cm/s}$ 时，$a = 1.69 \times 10^{-2}$，$b = -1$；$u_* > 6.89 \text{cm/s}$ 时，$a = 1.65 \times 10^{-4}$，$b = 1.40$。Kondo（1977）认为式（5.9）中的 $b = 1$（即 $u_*/z_0 = $ 常数），$a^{-1} = 1.4 \times 10^3 \text{s}^{-1}$ 可作为 $20 \text{cm/s} \leqslant u_* \leqslant 100 \text{cm/s}$ 或 $6 \text{m/s} \leqslant \bar{u}_{10} \leqslant 25 \text{m/s}$ 时的近似值。

水面的水动力特性常用阻力系数 Cd_r 描述，而不是糙率系数 z_0。根据适用于地表副层的式（4.34）和式（4.115），这两个参数通过下式关联（水面上 d_0 为 0）：

$$Cd_r = k^2 \left[\ln\left(\frac{z_r}{z_{0m}}\right) - \Psi_{sm}\left(\frac{z_r}{L}\right) \right]^{-2} \tag{5.10}$$

当风速有观测值时，水面以上的高度 z_r 一般取 10m。显然，当大气接近中性状态时，即宽阔水面上方的大气，Cd_r 的变化因为这种对数关系而远小于 z_{0m}。

然而，许多研究者认为，在实际应用中，剪切应力或风速对 Cd_r 的影响可忽略不计，强风条件下例外。尽管如此，现有结果依旧相当离散，中性或近似中性条件下的实验结果表明，10m 处的平均系数 Cd_{10} 分布广泛，为 $2 \times 10^{-3} \sim 1 \times 10^{-3}$，部分结果见表 5.3。对比

这些结果可以发现，$z_0 = 0.023\text{cm}$ 时的 Cd_{10} 为典型均值，即

$$Cd_{10} = 1.4 \times 10^{-3} \tag{5.11}$$

一般来说，浅水区的 Cd_{10} 低于深水区（Emmanuel，1975；Hicks，1974），也受 u_* 的获取方法的影响，例如，由表面斜率法得到的 Cd_{10} 比用廓线或涡度相关方法的值要大得多（Wieringa，1974）。Dunckel（1974）和 Krügermeyer（1978）结果表明，风速观测不能距地面太近。

关于 Cd_{10} 与风速或摩阻风速的关系已有不少推断。在 a 和 b 为常数时，得到线性关系：

$$Cd_{10} = (a + b\bar{u}_{10}) \times 10^{-3} \tag{5.12}$$

该式与 Munk（1955）的推断相符，即总阻力可能是表面摩擦之和，与 $\bar{u}^2$ 成正比，滞留效应与 $\bar{u}^{-3}$ 成正比。如前所述，Smith 和 Banke（1975）的式（5.12）与夏诺克的 z_0 式（5.8）相似。表 5.2 列出了一些 a 和 b 的实验值，式（5.12）的对应关系如图 5.3 所示。

表 5.2　　　　　　式（5.12）中水的阻力系数 Cd_{10} 的参考值

参考文献	a	$b/(\text{s/m})$	标准差(SD)	$\bar{u}_{10}$ 范围/(m/s)	观测（图 5.3 中曲线编号）
Deacon 和 Webb（1962）	1	0.07		<14	多源数据（1）
Garratt（1977）	0.75	0.067		$4\sim21$	多源数据（减少到中性）（2）
Kondo（1975）	光滑			<2	
	1.2	0.025		$8\sim16$	平塚海滨（3）
	0	0.073		$25\sim50$	动量平衡资料和水槽实验（4）
Sheppard（1972）	0.36	0.1		$3\sim16$	廓线法数据（5）
Smith（1974）	0.58	0.068	(±0.24)	$4\sim16$	涡度相关（6）
	0.82	0.039	(±0.20)	$3\sim10$	安大略湖（7）
Smith 和 Banke（1975）	0.63	0.066	(±0.23)	$3\sim21$	111 项组合数据（8）
Wieringa（1974）	0.87	0.048		>5	各种涡度相关方法，多源数据

当 a 和 b 为常数时，基于对数关系假定如下线性关系：

$$Cd_{10} = a\,\bar{u}_{10}^{b}\,10^{-3} \tag{5.13}$$

Wieringa（1977）发现当 $5\text{m/s} < \bar{u}_{10} < 15\text{m/s}$ 时，$a = 0.7$，$b = 0.3$，式（5.13）的估算值与实验数据较一致（如图 5.3 中曲线 10）。Garratt（1977）通过对多源数据分析，建议中性条件下当 $4\text{m/s} < u_{10} < 21\text{m/s}$ 时，a 取值为 0.51，b 为 0.46（如图 5.3 中的曲线 11）。

水体 Cd_r 量级的不确定性影响因素除了风速或摩擦风速外，还需考虑其他因素。造成实验结果不一致的主要原因很可能是因为许多学者没有考虑大气稳定性的影响。其他可能因素为浪的特征及其发展阶段、高风速条件下的喷雾和降雨等。已有人尝试过考虑这些影响因素。Kitaygorodskiy（1973）认为粗糙度 z_0 本身是海浪发展程度的一个合理特征。因此，他们提出 Cd_r 可用如下糙率雷诺数表示：

$$Cd_{10} = az_{0+}^{b} \tag{5.14}$$

式中：a 和 b 为常数，实验数据表明：当 $10^{-3} < z_{0+} < 300$ 时，$a = 1.2 \times 10^{-3}$，$b = 0.15$。

但需要注意，这种关系本质上等价于式（5.8）或式（5.9），因为用式（5.10）消除中性条件下的 Cd_{10}，可得到 z_0 和 u_* 的关系。例如，夏诺克提出的式（5.8a）也可写成阻力系数；当 $b=69$ 时，得到中性条件下的式（5.10）：

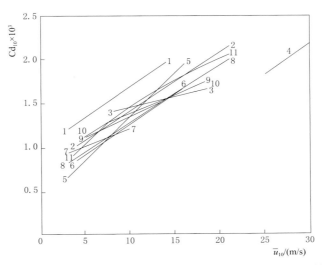

图 5.3　式（5.12）和式（5.13）中水面阻力系数作为 10m 平均
风速的函数的不同形式比较［数字编号参考表 5.2 和式（5.13）］

$$Cd_{10}=k^2[11.9-\ln(z_{0+}^{2/3})]^{-2} \tag{5.8b}$$

一些学者试图考虑风与水波之间的耦合关系来阐述海洋状态的影响。从 Kitaygorodskiy（1969）假设可推导出一种相似的方法：在中性条件下，在波动水面上风廓线为

$$\frac{kz}{u_*}\frac{d\overline{u}}{dz}=\phi_{wm} \tag{5.15}$$

此时

$$\phi_{wm}=\phi_{wm}\left(\frac{z}{\lambda},\frac{c}{u_*}\right) \tag{5.16}$$

式中：c 为主导波的相速度；λ 为相应的波长。

根据式（5.15）以及一些简化假设，Brutsaert（1973）通过对湍流动能方程的尺度转换推导出下列方程：

$$\phi_{wm}=1+\beta\left(\frac{c}{u_*}-\alpha\right)^2,\quad\left(\frac{c}{u_*}>\alpha\right) \tag{5.17}$$

式中：α 和 β 均为常数，分别为 29 和 0.006。

因此，综合式（5.15）和式（5.17）得到中性条件下的阻力系数为

$$Cd_r=Cd_{r0}\left[1+\beta\left(\frac{c}{u_*}-\alpha\right)^2\right]^{-2},\quad\left(\frac{c}{u_*}>\alpha\right) \tag{5.18}$$

式中：Cd_{r0} 表示式（5.10）中 $\Psi_{sm}=0$ 时的阻力系数，可由式（5.18）取 $c/u_*=\alpha$ 得到。

式（5.17）和式（5.18）适用于涌浪，即已成型的、衰退缓慢的海浪在弱风条件下的

状态。Davidson（1974）通过对稳定状态下大西洋涌浪的实验数据统计分析得到相近的结果，即 Cd_r 不仅是风速的函数也是 c/u_* 的函数：

$$Cd_r = k^2 \left[\ln\left(\frac{z_r}{z_0}\right) + 6.44\left(\frac{z_r}{L}\right) + 0.13\left(\frac{c}{u_*} - 26.3\right) \right]^{-2} \tag{5.19}$$

式中：c 为与波峰的相速度。

在中性条件下，若 $z_r = 10\mathrm{m}$，Davidso（1974）取粗糙度 $z_0 = 0.024\mathrm{cm}$，式（5.19）可写作

$$Cd_{10} = 1.4 \times 10^{-3} \left[1 + 0.0122\left(\frac{c}{u_*} - \alpha\right) \right]^{-2}, \quad \left(\frac{c}{u_*} > \alpha\right) \tag{5.20}$$

式（5.20）与式（5.18）趋势相同。无论如何，进一步研究式（5.18）和式（5.20）等表达式需要更多的实验和理论研究，以更好地理解水波上方的气流运动。

5.2　标量粗糙度

当对数廓线在某一高度的浓度与其地面值相等时，可以认为该高度为被动标量的粗糙度。式（4.14）或式（4.17）可作为这种概念的定义。在界面副层中，雷诺相似是不成立的，所以不能使用平均风速廓线推算的 z_{0m}，也不能用平均比湿、温度或任何其他标量的廓线。考虑到界面副层上方的不同副层的相似度函数，标量粗糙度的概念对式（4.114）和式（4.117）中定义的整体传输系数的简化理论公式很有用，它可作为式（4.14）、式（4.33b）和式（4.75）中不同的相似性函数的积分下限，如水汽的积分下限。因此，它将有助于界面副层间传输现象的参数化。

5.2.1　基于界面传输系数计算的标量粗糙度

假定水汽粗糙长度为 z_{0v}，根据非中性地表副层如式（4.33b）所定义，该理论可适用于显热或其他任何标量。则式（4.114）中定义的整体质量转化系数可用 z_{0v} 写作如下形式：

$$Ce_r = a_v k Cd_r^{1/2} \left[\ln\left(\frac{z_r - d_0}{z_{0v}}\right) - \Psi_{sv}\left(\frac{z_r - d_0}{L}\right) \right]^{-1} \tag{5.21}$$

其中 Cd_r 的定义见式（4.115）。结合式（5.21）和式（4.119）[或者对更简单的动态副层，结合式（4.14）和式（4.113）]可得到 z_{0v} 表达式：

$$z_{0v} = z_{0m} \exp\left[-k a_v (Da^{-1} - a_v^{-1} Cd_0^{-1/2}) \right] \tag{5.22}$$

该方程表明已知界面或冠层传输系数（$Da^{-1} - a_v^{-1} Cd_0^{-1/2}$）时便可以确定标量粗糙度。如第 4 章所述，界面副层之间的传输有时可用式（4.116b）中定义的 B 来表达。显然 z_{0v}/z_{0m} 可用下式中 B 表示（Chamberlain，1966）：

$$z_{0v} = z_{0m} \exp(-k B^{-1}) \tag{5.23}$$

4.4 节中讨论了界面传输系数的特性。当然，为了便于参考，现在对式（5.22）在三种不同类型的表面应用总结如下。

1. 光滑表面

对于一个光滑表面，当 $z_{0+} < 0.13$，标量粗糙度（或 $\overline{q_s} - \overline{q_r}$ 与高度的半对数图为零的截距）可简单地用表 4.1 中的任一表达式计算。基于式（4.126）和式（5.1），得到式（5.22）及 $k = 0.4$，则有

$$z_{0v} = (30\nu/u_*)\exp(-13.6ka_v Sc^{2/3}) \tag{5.24}$$

因此，在低层大气中，当水汽 $Sc = 0.595$ 时，该式变为

$$z_{0v} = 0.624\nu/u_* \tag{5.25}$$

类似地，当 $Pr = 0.71$ 时，可得到感热粗糙度：

$$z_{0h} = 0.395\nu/u_* \tag{5.26}$$

显然，光滑表面的 z_{0v} 和 z_{0h} 均比式（5.1）中给出的 z_{0m} 大。

2. 不可穿透的粗糙表面

对于具有不可穿透元素的粗糙下垫面，当 $z_{0+} > 2$，根据 4.4.4 节的内容可得到界面传输系数。以式（4.133）（典型表达式）替代式（5.22）可得到任意标量下的 z_{0v}，即

$$z_{0v} = 7.4z_0\exp(-7.3ka_v z_{0+}^{1/4} Sc^{1/2}) \tag{5.27}$$

对于 $Sc = 0.595$ 的低层大气中的水汽，式（5.27）可表示为

$$z_{0v}/z_0 = 7.4\exp(-2.25z_{0+}^{1/4}) \tag{5.28}$$

类似地，当 $Pr = 0.71$ 时：

$$z_{0h}/z_0 = 7.4\exp(-2.46z_{0+}^{1/4}) \tag{5.29}$$

式（5.28）和式（5.29）的关系分别如图 4.24 中的虚线和实线所示。显然，对于具有不可穿透物的粗糙表面，z_{0h} 和 z_{0v} 均明显小于 z_0。这种粗糙度的显著区别体现了动量与标量混合物的传输机制之间的不同。动量传输不仅是黏性剪切的结果，表面粗糙度也产生了一种与局部压力梯度有关的有效阻力。被动标量混合物在粗糙物的传输主要由分子扩散控制。这种差异也反映在整体传输系数的差异，如图 5.4 所示。

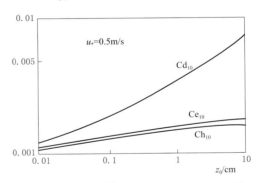

图 5.4 中性条件（$\Psi_{sm} = \Psi_{sv} = \Psi_{sh} = 0$）下，水蒸气、感热阻力系数和整体传输系数在 $z_{0m} = z_0$ 和 $d_0 = 0$ 的非流线型粗糙表面上方 $z_r = 10m$ 处的差异 [Cd_{10} 由式（5.10）计算，Ce_{10} 和 Ch_{10} 分别由式（5.21）、式（5.28）和式（5.29）计算（Brutsaert，1975a）]

3. 可穿透的粗糙表面

当表面由可穿透、细长或植被等障碍物覆盖时，式（5.22）中所需的界面传输系数处理方法如 4.4.5 节所述。例如式（5.22）中稠密均匀冠层式 [式（4.162）] 理论替代解为

$$\frac{z_{0v}}{z_0} = \exp\left\{-\left[\frac{h_0}{(h_0 - d_0)(-G_0)}\right] + \ln\left[\frac{h_0 - d_0}{z_0}\right]\right\} \tag{5.30}$$

其中 $G_0 = G_0(C_2)$，如式（4.160）和图 4.25 所示。C_2 如式（4.155）所定义，取 $C_L = 0.25$，$m = 0.25$，$n = 0.36$，可适用于任何标量。例如，当 C_2 如下式所示时可根据式（5.30）计算感热 z_{0h}：

$$C_2 = 1.41 \text{LAI}[h_0/(h_0-d_0)]\text{Re}_*^{-0.25} \tag{5.31}$$

其中 $\text{LAI}=(\overline{A_f h_0})/2$ 为叶面积指数。草、玉米和白杨林等植被类型的感热粗糙度的计算结果以及试验数据如图 4.24 所示。

与不可穿透的表面不同，大多数草地或森林的 z_{0h}/z_0 并无明显变化。由图 4.24 可知，z_{0h}/z_0（或者其他 Pr 或 Sc 约为 0.6～0.8 任意组合的 z_{0v}/z_0 为 1/7～1/12，若为高大树木则可能为 1/3～1/2，但整体不大。当没有其他信息可用时，这些值可以作为近似值。

如 4.4.5 节所述，式（4.14）、式（4.33b）及式（4.75）的湍流边界层廓线函数有时可用于非饱和条件下的植被，其中表面实际湿度 $\overline{q_s}$ 用 $\overline{q}^* = \overline{q}^*(T_s)$ 代替。因此，式（5.22）中水汽粗糙度长度则必须用式（4.166）计算，这便得到了含表面阻力的表达式：

$$z_{0v}/z_{0m} = \exp[-ka_v u_*(r_{st}+r_{0v}-a_v^{-1}r_{0m})] \tag{5.32}$$

5.2.2　水面的标量粗糙度

1. 理论结果

对于光滑的水面（$z_{0+}<0.13$），可以用式（5.24）来估算 z_{0+}。对于有风波的粗糙水面，如图 4.17 所示（Merlivat，1978），可用具有不可穿透粗糙单元的表面的界面传输系数。因此，在没有实验数据的情况下，粗糙海面的标量粗糙度可通过式（5.27）来确定。要应用该公式，必须知道水表面的空气动力学粗糙度 z_0。正如 5.1.2 节所述，z_0 通常很难确定。可以采用不同的 u_* 来确定，比如式（5.9）和式（5.12）。假设式（5.11）适用于整个粗糙度范围内，可以得到 z_{0v} 或 z_{0h} 的一阶近似值。基于这一假设，$z_0 = 0.0228\text{cm}$，由式（5.28）可以得到

$$z_{0v} = 0.169\exp(-1.40u_*^{1/4}) \tag{5.33}$$

该式可用于粗糙流。光滑流的计算则可用式（5.25）。

类似地，式（5.29）中粗糙水面的感热可用下式计算：

$$z_{0h} = 0.169\exp(-1.53u_*^{1/4}) \tag{5.34}$$

同样地，式（5.26）可用于光滑水面的计算。

介于光滑和粗糙之间的过渡型流态没有理论表达式。为了描述这一机制，假设 $2\text{cm/s}<u_*<20\text{cm/s}$，Brutsaert 和 Chan（1978）采用了简单的插值方法，例如：

$$z_{0h} = \beta z_{0h,r} + (1-\beta)z_{0h,s} \tag{5.35}$$

式中：$z_{0h,r}$ 和 $z_{0h,s}$ 分别由式（5.34）和式（5.26）计算；$\beta=(u_*-2)/18$，为权重因子。z_{0v} 可结合式（5.35）使用相同的方法计算，但 $z_{0v,r}$ 和 $z_{0v,s}$ 可分别由式（5.33）和式（5.25）得到。同样地，更简单的做法是，取 Merlivat（1978）标准值 $z_{0+}=1$ 为从光滑到粗糙突变的过渡点；此时，若 $u_*<7\text{cm/s}$，则可用式（5.25）和式（5.26）计算；若 $u_*>7\text{cm/s}$，可用式（5.33）和式（5.34），无需任何插值。

2. 其他估算方法

很少有研究涉及基于实验数据确定开放水域的 z_{0v} 和 z_{0h} 的问题。Sheppard（1972）发现，当 $z_{0+}<10$ 时，z_{0m}、z_{0v} 和 z_{0h} 无显著差别。这些数据似乎并未考虑光滑和粗糙之间的过渡情况，因此各数据差异并不明显，可能被实验误差所掩盖。如式（5.26）和式

(5.29) 所述，平滑流的 z_{0v}、z_{0h} 大于 z_{0m}，若为粗糙流，这些值则更小。Hicks（1975）基于 Sheppard（1958）的界面传输模型（见 4.4.2 节最后一部分）发现，$z_{0v}=\kappa_v/ku_*$ 和 $z_{0h}=\kappa_h/ku_*$ 适用于实际情况。显然，根据式（5.25）、式（5.26）和式（5.33）可将粗糙长度写成 $z_{0v}=4.20\nu u_*^{-1}$ 和 $z_{0h}=3.52\nu u_*^{-1}$，然而，这些粗糙长度可能导致传输系数估计过高。

如式（5.21），对于给定的大气稳定条件，粗糙度 z_{0v}（或 z_{0h}）与质量传输系数 Ce_r（或 Ch_r）一一对应。因此，就像动量一样［参见式（5.10）］，给定表面的标量传输特性可以直接理解为整体传输系数 Ce_r 或 Ch_r，而不使用粗糙度的辅助概念。大多数实验结果都是用这种方法分析的。

根据里海涡度相关方法观测的资料，Kitaygorodskiy（1973）提出了以下关系［参见式(5.14)］：

$$Ce_{10}=az_{0+}^b \tag{5.36}$$

当 $10^{-2}<z_{0+}<10$ 时，$a=1.0\times10^{-3}$，$b=0.11$。由于实验期间大气稳定性的影响尚不明确及 Cd_r 的不确定性，很难将这一结果与通过理论方程［如式（5.21）与式（5.24）和式（5.27），或式（4.119）与式（4.126）和式（4.133）结合］的方法获得的结果进行比较。特别是在微风条件下，当 $z_{0+}<1$ 时，大气稳定性和表面粗糙度异常（"超光滑"）的影响可能相当大。然而，从式（5.14）和式（5.36）得到 $Ce_{10}/Cd_{10}=z_{0+}^{-0.04}/1.20$，趋势与理论方程相似，因此，$Ce_{10}/Cd_{10}$ 随着 z_{0+} 的增加而减少。但是，当 $z_{0+}<0.13$ 时，基于式（5.14）和式（5.36）获得的比值小于光滑条件下的量级。理论方程预测，光滑表面的比值大于整体比值，而粗糙表面比值小于整体比值。

过去 10 年中，在各种实验中获得的 Cd_{10}、Ce_{10} 和 Ch_{10} 均值比较见表 5.3。可以发现，Ce_r 和 Ch_r 的观测值通常小于相应的 Cd_r。许多研究中的观察结果表明，如果风速对 Ce_r 或 Ch_r 有决定性作用，也比其对 Cd_r 的作用要小得多。这与图 5.4 所示的结果一致。

应该注意的是，在开阔水面，不仅是 Cd_r 的测定，Ce_r 和 Ch_r 的实验测定也是很有必要的，但实验误差很大。5.1.2 节提到了大气稳定和海洋状态对 Cd_r 的影响。然而，除了这些影响外，Ce_r 和 Ch_r 的测定可能还受喷雾和污染物等表面薄膜的存在等因素的影响。此外，还存在确定水表面温度的难题。这一问题相当重要，科学界尚有分歧。一些人认为，利用通常在船舶观测中报告的可用数据（即根据水面几厘米以下水温度），进行参数化是唯一可行的方法。然而，最近有人认为应该使用常用的红外测温获得的真实表面温度。显然，这些未解决的问题需要进一步研究。

表 5.3　　　　　　　总体传输系数 Cd_{10}、Ce_{10} 和 Ch_{10} 的部分取值

参考文献	$10^3 Cd_{10}$	$10^3 Ce_{10}$	$10^3 Ch_{10}$	风速范围/（m/s）	站　　点	方法
Dunckel 等（1974）	1.56	1.28	1.46	4.5~11	大西洋（Bomex）	廓线
Emmanuel（1975）	1.15（±0.2）	1.34（±0.3）	1.1（±0.3）	2.7~8	赫夫纳湖（约 8m 深）	涡度相关

续表

参考文献	$10^3 Cd_{10}$	$10^3 Ce_{10}$	$10^3 Ch_{10}$	风速范围/ (m/s)	站　点	方法
Emmanuel（1975）	1.34 （±0.3）	1.34 （±0.4）	1.15 （±0.3）			廓线
Friehe 和 Schmitt（1976）		1.32	不同表达式取决于变量 $\bar{u}\Delta T$		多来源数据	涡度相关
Hicks 和 Dyer（1970）	1.1 （±0.1）		1.40 （±25%）	2～10	巴斯海峡	涡度相关
Hicks 等（1974）	光滑		1.1	3～10	珊瑚礁（Papua，低于2.5m 水深）	涡度相关
Muller – Glewe 和 Hinzpeter（1974）			1	<8	波罗的海	涡度相关
Pond 等（1971）			1		太平洋（远离 San Diego）	涡度相关
	1.44 （±0.26）	1.18 （±0.17）		4～7.5	大西洋（Bomex）和太平洋（San Diego）	涡度相关
	1.44 （±0.4）	1.20 （±0.25）				耗散法
Pond 等（1974）	1.49 （±0.28）	1.36 （±0.4）		2～8	阿拉伯海	廓线
	1.48 （±0.21）	1.41 （±0.18）	1.47 （±0.64）	2.5～8	大西洋（Bomex）	廓线
Smith（1974）	1.2	1.2 （±0.3）	1.3 （±0.5）	3～10	安大略湖	涡度相关
Smith 和 Banke（1975）	1.6		1.5 （±0.4）	高风速 8～21	加拿大黑貂岛	涡度相关
Tsukamoto 等（1975）	1.32	1.28	1.4	3～13	中国东海（Amtex）	涡度相关

第6章 地表的能量通量

地表为大气的潜热和感热提供了可利用能量，这一问题可采用地表能量平衡方程定量表征，可由水或其他一些物质如土壤、林冠或雪组成，它有时可被视为无限薄，有时亦可能是整个湖泊的深度或植被冠层的厚度。实际应用中，能量平衡方程式（1.2）可表示为更一般的形式：

$$R_n - L_e E - H + L_p F_p - G + A_h = \frac{\partial W}{\partial t} \tag{6.1}$$

式中：输入地表的能量通量为正，输出为负；R_n 为地表上边界的净辐射通量；L_e 为汽化潜热；L_p 为固定二氧化碳的转换系数；F_p 为 CO_2 的比通量；G 为下边界输出的地表热通量；A_h 为地表的平流输送能量通量；$\partial W/\partial t$ 为单位面积的能量储量变化率。当下垫面为冰层或雪层时，最后一项则为融化消耗的能量，L_e 则由升华潜热 L_s 代替。

上述方程中的能量平衡项取决于地表类型。实际上，为了应用更广泛，可以省略部分变量使得式（6.1）的形式更简单。不同地表的能量平衡中主要变量的数量级和日变化量如图 6.1～图 6.4 所示。

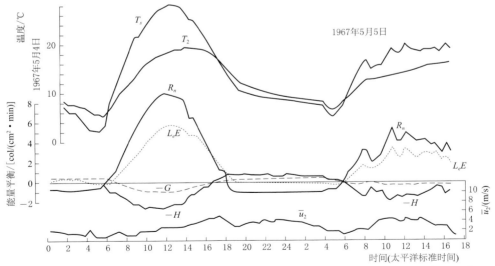

图 6.1　加利福尼亚州戴维斯地区的草地覆盖表面的日循环能量平衡、表面温度、温度及 2m 风速（Pruitt 等，1968）示例［在此条件下，能量平衡方程为 $R_n = L_e E + H + G$］

湍流传输项潜热（E）和感热（H）的物理意义和计算方法已在本书的第 4 章和第 5 章详述，不同下垫面的能量平衡方程的其他项会在本章中其余部分简述。本书不再详述能

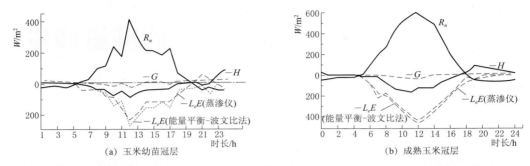

图 6.2　法国凡尔赛地区玉米幼苗冠层和成熟冠层的能量平衡日变化（Perrier，1976）

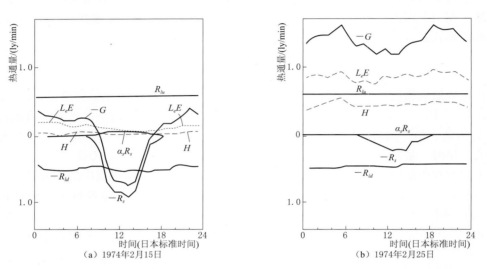

图 6.3　深层水体表面的能量平衡［cal/（min·cm²）］日变化过程［数据由 1974 年 2 月 15 日和 25 日的中国东海气团转化实验（AMTEX，Air Mass Transformation Experiment）得到，时间为日本标准时间（Yasuda，1975）］

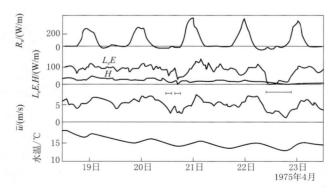

图 6.4　澳大利亚南部（35°35′S，130°15′E）一个水面绵延 4～15km 的浅层湖泊（平均水深 2m）表面能量平衡日变化［柱状表示风偏离水测量和泥潭取风浪区方向的短时段，因此测量（涡度相关）通量可能并不代表湖泊蒸发（Raupach，1978）］

量平衡的理论研究，但基于气象或工程设计的目的，介绍了一些简单的方法以估算这些变量的短时缺失数据。

6.1 净辐射

净辐射可分为几个组成部分：

$$R_n = R_s(1-\alpha_s) + \varepsilon_s R_{ld} - R_{lu} \tag{6.2}$$

式中：R_s 为（全球）短波辐射；α_s 为地表的反照率；R_{ld} 为向下长波或大气辐射；ε_s 为表面放射率，R_{lu} 为向上长波辐射。

条件允许时应观测净辐射，目前已有较为可靠的观测仪器。在没有直接观测的情况下，R_n 可以从式（6.2）的分量得到。当没有观测时，可通过理论方法或更简单的经验公式得到这些分量。

6.1.1 总短波辐射

短波辐射是太阳辐射直接产生的辐射通量，其波长范围为 $0.1 \sim 4\mu m$。大气层外的太阳短波辐射即为太阳常数，等于 $1395 W/m^2$ ［或 $2cal/(min \cdot cm^2)$］。太阳短波辐射在大气层中传输时会被不同类型的分子和胶体粒子散射、吸收和反射；因此，地表的总短波辐射由直接太阳辐射和天空散射辐射组成。

短波辐射易于观测 ［如 Robinson（1966）、Kondratyev（1969）、Coulson（1975）］，从大多数国家气象局和农业部门均可获得数据。如果没有合适的数据，可以通过一些理论模型或将短波辐射与地外辐射、大气光学特性、浊度、大气中水汽含量、云量和类型等物理因子联系在一起的经验公式估算。但这些方法仍在发展中，使用需谨慎。

Ångström（1924）基于晴空下的短波辐射 R_{sc} 和日照时数 n/N，提出了一个简单的计算短波辐射 R_s 日均值的方法，其中 n 是实际日照时数，N 为白昼长度，可以写成下式：

$$R_s = R_{sc}[a + (1-a)n/N] \tag{6.3}$$

其中 a 为常数，在斯德哥尔摩取值为 0.235。a 取决于位置、季节和大气的状态，最好通过当地的观测数据校准来确定。许多地方很少有完全无云的日子，所以很难校准。普雷斯科特（Prescott，1940）提出的采用地外辐射 R_{se}（即在没有大气的情况下将到达水平表面的太阳辐射）的方程可以避免这一问题，其在周和月尺度上的表达形式如下：

$$R_s = R_{se}[a + b(n/N)] \tag{6.4}$$

其中 a 和 b 均为常数，由位置、季节和大气状态决定。当太阳常数已知，给定纬度和年内时间时，R_{se} 计算非常简单；表 6.1 中给出了在米兰科维奇（List，1971）计算的太阳辐射日总量，其中太阳常数为 $2.0cal/(min \cdot cm^2)$，如图 6.5 所示。许多地方的 a 和 b 值已经确定，表 6.2 给出了部分值。表中均值 $a = 0.25$，$b = 0.5$。Golver 和 McCulloch（1958）、Lof（1966）以及 Linacre（1967）试图将 a 和 b 与纬度、气象或者其他因子联系起来。

| 表 6.1 | | | | | | 无大气层影响的水平面上的太阳辐射 | | | | | | | | 单位：cal/(d·cm²) | | |

太阳经度/(°)	0	22.5	45	67.5	90	112.5	135	157.5	180	202.5	225	247.5	270	292.5	315	337.5
日期/(日/月)	21/3	13/4	6/5	29/5	22/6	15/7	8/8	31/8	23/9	16/10	8/11	30/11	22/12	13/1	4/2	26/2
纬度																
90°N		436	796	1030	1110	1025	789	431								
80°N	160	436	784	1014	1093	1010	777	431	158	7						7
70°N	316	541	772	968	1043	963	765	535	312	133	25				25	135
60°N	461	655	834	963	1009	957	826	648	456	281	151	74	51	75	151	285
50°N	593	755	894	988	1020	984	886	747	586	427	295	210	181	211	298	432
40°N	707	832	938	1002	1022	997	929	823	698	562	442	359	327	361	447	570
30°N	799	892	958	997	1005	990	949	882	789	684	581	507	480	509	586	691
20°N	867	922	952	964	964	959	944	911	857	784	706	646	624	649	712	793
10°N	909	925	921	908	900	904	913	914	898	861	813	771	756	775	820	871
0°	923	900	863	829	814	825	856	890	912	913	897	877	869	881	905	924
10°S	911	849	784	729	708	726	776	839	898	938	956	960	962	965	965	949
20°S	867	773	680	611	585	608	674	761	857	935	989	1019	1030	1024	998	946
30°S	799	674	560	479	449	477	555	666	789	904	994	1052	1073	1057	1003	915
40°S	707	555	426	339	306	338	422	549	698	844	973	1059	1092	1064	982	854
50°S	593	421	285	199	170	198	282	416	586	766	929	1045	1089	1049	937	775
60°S	461	277	144	70	48	70	143	274	456	664	866	1018	1078	1023	873	672
70°S	316	131	24				24	130	312	548	802	1024	1114	1029	809	556
80°S	160	7						7	158	442	814	1073	1167	1078	821	447
90°S										442	826	1089	1185	1095	834	447

| 表 6.2 | | 不同区域普雷斯科特方程［式（6.4）］常数取值 | | | | |

位　置	纬度	时段	a	b	参考文献
Accra（加纳）	6°N	月	0.3	0.37	Davies（1965）
Kano（尼日利亚）	12°N	月	0.26	0.54	Davies（1965）
Kunumura（澳大利亚）	16°S	天	0.334	0.431	Fitzpatrick 和 Stern（1965）
Delhi（印度）	29°N	周	0.31	0.46	Yadav（1965）
Tateno（日本）	36°N	月	0.25	0.54	Kondo（1967）
Dodge City（美国）	38°N	天	0.23	0.542	Baker 和 Haines（1969）
Cleveland（美国）	41°N	天	0.188	0.539	Baker 和 Haines（1969）
Madison（美国）	43°N	天	0.208	0.53	Baker 和 Haines（1969）

续表

位 置	纬度	时段	a	b	参考文献
DeBilt（荷兰）	52°N	天	0.22 ± 0.01	0.50 ± 0.02	W. Kohsiek（1971）-未发表
Rothamsted（英国）	52°N	月	0.18	0.55	Penman（1948）
Matanuska - Anchorage（美国）	61°N	天	0.261	0.465	Baker 和 Haines（1969）

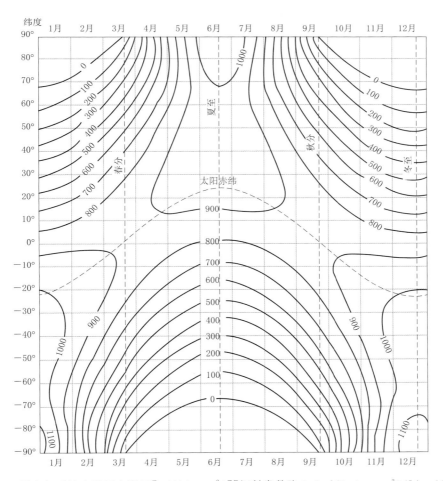

图 6.5　无大气时的水平面太阳辐［cal/（d·cm²）］［辐射常数取 1.9cal/（min·cm²）（List，1971）］

除了相对日照时数 n/N，该经验关系中还用到平均云覆盖度 m_c。Kimball（1972）提出了一个与式（6.3）类似的方程：

$$R_s = R_{sc}[1 - am_c] \tag{6.5}$$

其中 a 为常数，取 0.71。方程形式略有不同，式（6.5）也被称作萨维诺夫-埃格斯特朗方程，T. G. Berliand（Budyko，1974；Kondratyev，1969）给出了 a 与纬度的相关关系。Pachop（1968）利用其与式（6.4）的相似性，以 m_c 替代 n/N，Black（1956）进行了二次扩展。

n/N 实际上为一天中没有云层阻挡太阳光的时间比例，结合式（6.3）和式（6.5）的相似性可提出如下假设：

$$m_c + \frac{n}{N} = 1 \tag{6.6}$$

当没有其他信息可用时，通过式（6.6）可得到满意结果。实际上，式（6.6）的右侧数值并不完全统一，而是夏天更大，冬天更小。例如，DeVries（1955）在荷兰发现：

$$a\frac{n}{N} + bm_c = 1 \tag{6.7}$$

夏季取 $a=1.12$、$b=0.88$，冬季取 $a=1.29$、$b=1$；Kondo（1967）分析日本的数据后取 $a=1.11$、$b=0.78$。

文献中还提出了其他几个类似于式（6.3）～式（6.5）的相关公式，但在这里不做太多描述。显然，这种简单的方程只能粗略替代直接观测值。但是可以通过更好的经验方程和理论方法获得精确的辐射估计，但这些方法更难应用。这些方法在 Kondo（1967，1976）、Paltridge 和 Platt（1976）以及 Satterlund 和 Means（1978）等研究中均取得了良好的适用性。

6.1.2　反照率

地表反照率是总反射辐射通量与总入射辐射通量之比。根据波长不同，反照率包含散射辐射部分。在能量平衡中，反照率通常是指所有波段反射率的积分值；有时为了区别于光谱反照率，称其为积分反照率。理想粗糙表面的反照率应独立于主光束的方向。

大多数自然表面的直接和散射辐射的比例取决于入射光束的方向。因此在晴天，多数地表的反照率取决于太阳高度角，但这种依赖性随着云量的增加而降低。

例如，Anderson（1954）提出了以下经验公式来计算赫夫纳湖的反射率：

$$\alpha_s = aS_A^b \tag{6.8}$$

其中 S_A 为太阳高度［单位为（°）］，晴天的 a 和 b 为常数，分别取 1.18 和 -0.77。表 6.3 列出了不同云层分布和不同云量时 a 和 b 的取值。Payne（1972）得到了类似但更详细的结果。其他表面的反照率遵从于式（6.8）类似的关系。然而，在计算每日辐射总量时，通常取反照率均值。水面反照率取为 0.06。表 6.4 简要概述了基于可用数据总结得到的各种表面的平均反照率取值（Van Wijk 和 Scholte Ubing，1963；Kondratyev，1969；List，1971；Budyko，1974）。

表 6.3　　　　　　　　**Anderson（1954）公式中参数 $\binom{a}{b}$ 取值**

云量 m_c	0	0.1～0.5	0.6～0.9	1
云类	晴朗	疏云	多云	阴天
高云	1.18	2.2	1.14	0.51
	-0.77	-0.98	-0.68	-0.58
低云	1.18	2.17	0.78	0.2
	-0.77	-0.96	-0.68	-0.3

表 6.4 　　　　　　　　　　　　各种自然表面的近似反照率均值

表 面 特 性	反照率	表 面 特 性	反照率
深层水	0.04～0.08	深色湿土、耕地	0.05～0.15
灰色土壤、裸地	0.15～0.25	干燥土、荒漠	0.20～0.35
白砂、石灰	0.30～0.40	绿草等低矮植被（如苜蓿、马铃薯、甜菜等）	0.15～0.25
干草、残茎	0.15～0.20	干草原和无树大草原	0.20～0.30
针叶林	0.10～0.25	落叶林	0.15～0.25
融雪森林	0.20～0.30	老旧肮脏积雪覆盖	0.35～0.65
干净稳定积雪覆盖	0.60～0.75	新鲜干燥雪	0.80～0.90

6.1.3　长波辐射或地面辐射

长波辐射是由大气和地表的陆地和水面的发射产生的辐射通量。地表及其周围的所有物质的温度都比太阳低得多，因此它们发出的辐射比短波辐射的波长长得多。这两种辐射没有重叠，因为地球和大气发射的大部分辐射包含在 $4\sim100\mu m$ 的范围内。

尽管有精密的仪器，观测自然界的长波辐射仍然不像短波辐射那样简单，因为观测长波辐射的仪器发射的辐射的波长和强度需与待测量的波长和强度相当。因此，在许多实际的气象学研究中，根据易测量变量估算长波辐射依旧是更有效率的方法。在 Goody（1964）、Kondratyev（1969）以及 Paltridge 和 Platt（1976）的研究中详述了该方法。

我们可以分别考虑大气向下长波辐射 R_{ld} 和地表向上长波辐射 R_{lu} 这两个地面辐射的分量。

1. 向上长波辐射

在计算向上长波辐射 R_{lu} 时通常假设地面、冠层或水面相当于无限深且具有均匀温度的灰体，其放射率 ε_s 接近于 1。考虑表面温度，可以得到下式：

$$R_{lu}=\varepsilon_s\sigma T_s^4 \tag{6.9}$$

式中：σ 为史蒂芬-玻尔兹曼常数，$\sigma=5.6697\times10^{-8}\,\mathrm{W/(m^2\cdot K^4)}=1.354\times10^{-12}\,\mathrm{cal/(cm^2\cdot s\cdot K^4)}$。

水面的 ε_s 常取 0.97（Anderson，1954；Davies，1971）。其他表面的 ε_s 尚不明确，但也接近于 1。部分文献（Van Wijk 和 Scholte Ubing，1963；Kondratyev，1969）取值见表 6.5。实际应用多简单地假设 $\varepsilon_s=1$。

此外，由于 T_s 很难获取，尤其在陆地上，式（6.9）中 T_s 常用气温 T_a 代替。

表 6.5 　　　　　　　　　　　　部分天然表面的放射率 ε_s

表面特性	放射率	表面特性	放射率
裸露土壤（矿石）	0.95～0.97	裸露土壤（有机物）	0.97～0.98
草原植被	0.97～0.98	森林植被	0.96～0.97
雪地（陈旧）	0.97	雪地（新鲜）	0.99

2. 晴空下的向下长波辐射

计算晴空下大气辐射 R_{ldc} 更精确的方法通常需要垂直温湿度廓线数据，通常这种数据难以获取。因此，有人提出了更简单的方法，这些方法主要基于以下方程：

$$R_{ldc} = \varepsilon_{ac} \sigma T_a^4 \tag{6.10}$$

式中：T_a 为近地面的气温，常取气象站观测高度；ε_{ac} 为晴空下的大气放射率。

目前公开发表的文章中已有多种方法可以计算 ε_{ac}，严格地讲其中大部分都是经验公式，但也可以从物理的角度推导 ε_{ac}。其中一种推导（Brutsaert，1975d）以平稳大气中的辐射传输方程为出发点。对于向下辐射，比通量可以表示为（Goody，1964）

$$R_{ld} = \int_{a(z)=0}^{\infty} \sigma T^4 \frac{\partial \varepsilon_{sl}(a, T)}{\partial a} da \tag{6.11}$$

式中：$T = T(z)$ 为气温；ε_{sl} 为水平大气层发射率，与大气和黑体放射有关。$a = a(z)$ 是无云情况下从地面到高度为 z 的空气柱中的水汽含量。这种压力效应常为平方根，因此单位垂直高度上的平均水汽含量为

$$da = \rho_v (p/p_a)^{1/2} dz \tag{6.12}$$

式中：p_a 为地表大气压。

值得注意的是，式（6.11）和式（6.12）或其类似的公式，是前面提到的更精确的计算方法的基础，并由此衍生而来了辐射图表。

通过假定水平大气层的发射率与空气柱中的水汽含量为幂函数关系，则可以得到式（6.11）和式（6.12）的闭合解：

$$\varepsilon_{sl} = Aa^m \tag{6.13}$$

其中 A 和 m 为常数（包括空气中的 CO_2 在内，分别取 0.75 和 1/7），然后假设最低 15km 的大气层为标准大气。这最后一个假设得到关于 T、p、ρ_v 的方程的第一近似值如下：

$$T = T_a \exp[-(\gamma/T_a)z] \tag{6.14}$$

$$p = p_a \exp(-k_p z) \tag{6.15}$$

$$\rho_v = (0.622 e_a/R_d T_a) \exp(-k_w z) \tag{6.16}$$

式中：e_a 为近地表水汽压；衰减系数 γ/T_a 约为 2.26×10^{-2}/km，近似标准大气；k_p 和 k_w 常取 0.13/km 和 0.44/km。用式（6.11）替换式（6.12），代入式（6.16），得到

$$R_{ldc} = \sigma T_a^4 mA \left[\frac{0.622 e_a}{k_2 R_d T_a} \right]^m B\left(\frac{k_1}{k_2}, m \right) \tag{6.17}$$

式中：$B()$ 为完整的 Beta 函数（Abramowitz 和 Stegun，1964），$k_1 = [k_2 + (4\gamma/T_a)]$，$k_2 = [k_w + (k_p/2)]$。

在晴空条件下，将上述典型常数代入即可得到大气发射率：

$$\varepsilon_{ac} = 1.24 \left(\frac{e_a}{T_a} \right)^{1/7} \tag{6.18}$$

如果 e_a 单位为 mb，则 T 单位为 K。

由于式（6.18）的右侧对 T_a 的变化非常不敏感，可以进一步近似为标准大气近地表温度 $T_a = 288$K，则

$$\varepsilon_{ac} = 0.552 e_a^{1/7} \tag{6.19}$$

其中 e_a 的单位为 mb。当纬度适中及温度大于 0℃时，式 (6.18) 和式 (6.19) (Mermier 和 Seguin，1976；Aase 和 Idso，1978) 采用日均值计算可以得到满意结果，这些条件一般可以用标准大气来描述。

文献中还提出了与观测量相关的纯经验方程。在实际中应用较为广泛的一个公式是 Brunt（1932）提出的，即

$$\varepsilon_{ac} = a + be_a^{1/2} \tag{6.20}$$

其中 a 和 b 为常数，由观测数据确定。表 6.6 中为不同研究者获取的部分数据，图 6.6 比较了式 (6.20) 和式 (6.19) 得到的晴空辐射。

表 6.6　　　　　　　　式（6.19）中的部分常数值（e_a 单位为 mb）

参考文献	位　置	纬度	海拔/m	a	b	相关性	时段
Brunt（1932）	Benson（英格兰）	52°N	6	0.52	0.065	0.97	月
Yamampto（1950）	理论计算与不同数据集拟合			0.51	0.066		
Goss 和 Brooks（1956）	Davis，Central Valley（加利福尼亚州）	38°N	14	0.66	0.039	0.89	月
Anderson（1954）	赫夫纳湖（俄克拉荷马州）	36°N	369	0.68	0.036	0.92	月
DeCoster 和 Schuepp（1957）	Kinshasa（扎伊尔）	4.8°N	321	0.645	0.048		日

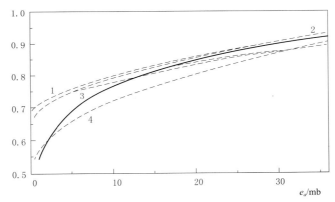

图 6.6　Brunt 方程［式 (6.20)］和 Brutsaert 方程［式 (6.18)］（取 $T_a = 288°$）计算的有效大气发射率 e_{ac} 与屏面（screen level）附近水汽压 e_a（mb）的关系［曲线 1 为基于 Anderson(1954) 得到的 Brunt 参数；曲线 2 基于 DeCoster 和 Schuepp(1957)；曲线 3 基于 Goss 和 Brooks(1956)；曲线 4 基于 Yamamoto(1950)］

实际中应用较为广泛的另一个公式是 Swinbank（1963）提出的，$\varepsilon_{ac} = 0.398 \times 10^{-5} T_a^{2.148}$，通过近似得到

$$\varepsilon_{ac} = 0.92 \times 10^{-5} T_a^2 \tag{6.21}$$

虽然式 (6.21) 的基础似乎纯粹是经验的，但它与理论结果式 (6.18) 基本一致。事实上，Deacon（1970）基于月均值发现，相当大的气候范围内的可用可降雨量与 T_a 的 16.8 倍成指数关系。因此，根据式 (6.16) 可得到 $e_a \sim T_a^{17.8}$，式 (6.18) 经过代换可得到 $\varepsilon_{ac} \sim T_a^{2.4}$，这与 $T_a^{2.148}$ 区别不大。Paltridge 和 Platt（1976）指出，由于式 (6.21) 是

以夜间数据为基础的，它偏向于逆温条件。因此，他们认为应该将用式（6.21）计算得到的白昼均值结果减少 $2 \times 10^6 \, \text{W/cm}^2$。

由 Idso 和 Jackson（1969）提出了一个只考虑温度的经验方程：

$$\varepsilon_{ac} = \{1 - 0.261 \exp[-7.77 \times 10^{-4} (273 - T_a)^2]\} \tag{6.22}$$

式（6.22）的有效温度范围似乎比式（6.21）更广；但 Aase 和 Idso（1978）发现式（6.22）在温度为 0℃ 以下的准确性更低。此后，Satterlund（1979）同时考虑温度和大气湿度提出了一个类似于式（6.18）的经验公式，即

$$\varepsilon_{ac} = 1.08[1 - \exp(-e_a^{T_a/2016})] \tag{6.23}$$

式（6.23）中，e_a 的单位为 mb，T_a 的单位为 K。Satterlund（1979）则更关注于式（6.18）、式（6.22）和式（6.23）这三个公式的比较。比较结果如图 6.7 所示，分析日均温度发现散点与不同类型的式（6.10）有关。

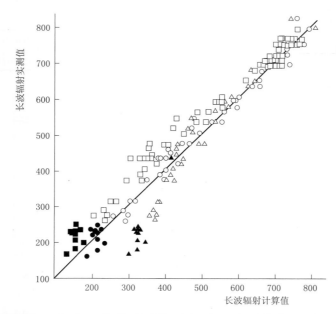

图 6.7　利用 Idso‐Jackson 的式（6.22）（△）、Satterlund 的式（6.23）（○）以及 Brutsaer 的式（6.18）（□）计算的大气辐射 [cal/(cm² • d)] 值和实测值对比 [空心和实心点分别基于 Aase 和 Idso（1978）以及 Stoll 和 Hardy（1955）在晴空下测量的数据（引自 Satterlund，1979）]

我们需要知道式（6.18）～式（6.23）哪一个公式更好。从式（6.18）～式（6.23）的推导可以清楚地看出，如果条件允许应该考虑大气湿度的影响，这是获取更精确的长波辐射方法和辐射图的基础。Brunt（1932）提出的式（6.20）被验证最多，但其常数的变异性是一个严重的问题，这意味着式（6.20）没有适当的函数形式。根据图 6.7 所描述的日均值，发现基于物理基础的式（6.18）得到的结果至少与经验式一样好。式（6.18）的优点在于可以适用于温湿度分层的情况，而式（6.23）在冰点以下表现更好。

3. 云的影响

与 R_{lu} 不同，R_{ld} 受云量的影响。有两种经验方法可以估算云的影响：第一种方法修正式（6.10）中定义的 R_{ld} 或 ε_{ac}；第二种则是修正晴空下净长波辐射的计算。

第一类修正公式可以合并成一个表达式：

$$R_{ld} = R_{ldc}(1 + am_c^b) \tag{6.24}$$

式中：m_c 为天空中的云量；a 和 b 为常数，a 取决于云类。如式（6.24）的 Bolz（1949）版本中取 $b=2$，a 取决于云类，取值列表见表 6.7。Kuzmin 和 Kirillova 应用式（6.24）分别取不同的 a 和 b（Budyko，1974）。

表 6.7   不同天气条件下式（6.24）中 $b=2$ 时玻尔兹参数 a 的取值

云 类	a	云 类	a	云 类	a
卷云（Ci）	0.04	卷层云（Cs）	0.08	高积云（Ac）	0.17
高层云（As）	0.2	积雨云（Cb）	0.2	积云（Cu）	0.2
层积云（Sc）	0.22	乱层云（Ns）	0.25	雾	0.25
平均	0.22				

净长波辐射为

$$R_{nl} = \varepsilon_s R_{ld} - R_{lu} \tag{6.25}$$

采用文献中提及的修正方程类比式（6.24），可以得到

$$R_{nl} = R_{nlc}(1 - a'm_c^{b'}) \tag{6.26}$$

其中晴空下的净长波辐射为

$$R_{nlc} = \varepsilon_s R_{ldc} - R_{lu} \tag{6.27}$$

其中 a' 和 b' 为常数。显然，如果假定式（6.9）中 $T_s = T_a$、$b = b'$，两种修正方法有如下关系：

$$a = a'\left(\frac{1 - \varepsilon_{ac}}{\varepsilon_{ac}}\right) \tag{6.28}$$

由于 ε_{ac} 为 0.75（参考图 6.4），因此式（6.26）中 a' 大约是式（6.24）中 a 的 3 倍。

式（6.26）的大多数应用中取 $b'=1$。60 年前，Ångström 发现当 $a=0.9$ 时，$b'=1$；Unsworth 和 Monteith（1975）基于一个简单的云辐射模型推导出式（6.26）中 $b'=1$，$a'=0.84$，该云辐射模型中 $T_a - T_c = 11\mathrm{K}$（T_c 为云底温度）。另外，1960 年 Barashkova[如 Kondratyev（1969）]发现 $b'=2$，$a'=0.7$。已有不少人尝试将 a'（一般 $b'=1$）与下层、中层和上层云量（即 m_l、m_m、m_u）联系起来，a' 可以用加权方式计算：

$$a' = (a'_l m_l + a'_m m_m + a'_u m_u)/m_c \tag{6.29}$$

其中 a'_l、a'_m 和 a'_u 为常数。例如，表 6.8 列举了一些 Berliand（1952）以及 Berliand（Kondratyev，1969）的常数取值。

M. E. Berliand（Budyko，1974）考虑每个纬度不同云量级别的频率计算了不同纬度的 a' 的平均值（$b'=1$）。Kondo（1967；1976）提出了一种调整 R_{nlc} 的方法，该方法不仅考虑到不同高度的云量，也考虑到空气的平均湿度，并应用于海洋能量平衡的计算。

表 6.8　　采用式（6.29）确定式（6.26）中 $b'=1$ 时净长波辐射的云效应的经验参数

纬　度	季节	a'_l	a'_m	a'_u	平均 a'
\>60°	寒冷	0.90	0.77	0.28	0.82
	温暖	0.86	0.72	0.27	0.80
60°～50°	寒冷	0.86	0.74	0.27	0.77
	温暖	0.80	0.67	0.24	0.70
50°～40°	寒冷	0.82	0.69	0.24	0.71
	温暖	0.78	0.65	0.19	0.69

当没有云覆盖的数据时，可以用式（6.6）或式（6.7）代替式（6.24）中的 n/N 以及式（6.26）中的 m_c。实际上，该方法也隐含在 Penman（1948）的公式中：

$$R_{nl}=R_{nlc}[a+(1-a)(n/N)] \tag{6.30}$$

其中 a 为常数，取 0.10。其他研究估算取值 0.23（Impens，1963）和 0.3（Fitzpatrick 和 Stern，1965），因此，实际计算中 $a=0.2$ 可作为平均值。

6.2　光合作用吸收的能量

在能量平衡研究中，通常忽略固定 CO_2 通量的耗能，即 F_p（CO_2 比通量），除非他们是主要的能量消耗项［如 Sinclair 等（1975）］。在植被条件较好时，$L_p F_p$ 可达到总辐射的 5% 左右，但通常情况下不足 1%。图 6.8 为光合能量通量密度日变化示例。用于固定 CO_2 所需的能量，L_p（固定 CO_2 的转换系数）约为 $1.05\times10^7 J/kg\ CO_2$（或 2500cal/g）。

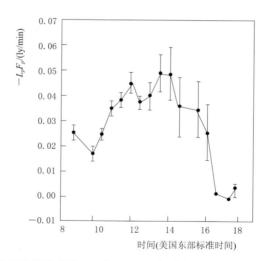

图 6.8　基于能量平衡法［EBBR 式（10.8）］估算的标准玉米田 CO_2 通量密度［$(cm^2 \cdot min)^{-1}$］［该实验于 1970 年 8 月 13 日在纽约的伊萨卡岛附近实施。数据显示约 8% 的测量潜热通量 $L_e E$ 呈现出相似的日变化。时间为东部标准时间。竖条为通量测量值的误差（Sinclair 等，1975）］

6.3 下边界层的能量通量

土壤热通量 G 的特征及最佳计算方法取决于能量平衡方程所对应的下垫面类型。

对于薄层土壤、有植被覆盖的地表、整个湖泊或河流而言，式（6.1）中的 G 表示进入地面的热通量。对于水面，G 是进入下层水体的热通量。

6.3.1 陆面

在有植被覆盖的地表，土壤热通量 G 的日均值通常比能量收支的主要项 R_n、H 和 L_eE 小一个或多个数量级。然而，在较短的时间内，该值相当重要。G 的确定方法有多种，但需对其基本概念进行简述。

1. 土壤热量传输

由于传导是重要的机制，它在对流和辐射中均起到重要作用，因此土壤热量传输的最重要特征可以用传导现象来描述。傅里叶定律提出了比热通量的概念。对于方向垂直向下，即 z 轴指向下的通量，土壤热通量可以表示为

$$Q_H = -K_T \frac{\partial T}{\partial z} \tag{6.31}$$

式中：K_T 为热传导系数。因为在温度梯度下的传热不仅包括传导，也包括其他的机制（主要是水汽运动），K_T 也被称为表层热传导系数。热量守恒定律中式（6.31）可替换为

$$C_s \frac{\partial T}{\partial t} = \frac{\partial}{\partial z}\left(K_T \frac{\partial T}{\partial z}\right) \tag{6.32}$$

式中：$C_s = \rho_s c_s$ 为土壤热容量；c_s 为比热；ρ_s 为土壤密度。当 K_T 不随深度变化时，式（6.32）可以简化为

$$\frac{\partial T}{\partial t} = D_T \frac{\partial^2 T}{\partial z^2} \tag{6.33}$$

式中：D_T 为热扩散系数，$D_T = K_T / C_s$。

（1）比热。根据矿物土 θ_m、有机质 θ_c、水 θ 和空气 θ_a 的体积比例可以确定体积热容 C_s，公式如下：

$$C_s = \rho_m \theta_m c_m + \rho_c \theta_c c_c + \rho_w \theta c_w + \rho_a \theta_a c_a \tag{6.34}$$

式中：c 为比热；ρ 为下标对应的密度。表 6.9 为 De Vries（1963）汇编的土壤成分性质的数值。相应地，土壤热容量 $[J/(m^3 \cdot K)]$ 为

$$C_s = (1.94\theta_m + 2.50\theta_c + 4.19\theta) \times 10^6 \tag{6.35}$$

表 6.9　　　　　　　　　　　**293K 条件下的土壤成分性质**

土壤成分	比热/[J/(kg·K)]	密度/(kg/m³)	土壤成分	比热/[J/(kg·K)]	密度/(kg/m³)
土壤矿物	733	2650	水	4182	1000
土壤有机质	7926	1300	空气	1005	1.2

（2）导热系数。田间土壤一般为非均质，且通常很难在实验室测量所需的小样本中重现它们的结构。为了实现水文研究的目标，土壤热特性最好是就地观测。文献［如 De Vries 和 Peck（1958a；b）、Janse 和 Borel（1965）、Fritto（1974）］中描述了用特殊探针现场测定热导率的方法。但这些方法并不简单，空气滞留（Nagpal 和 Boersma，1973）和探测与土壤接触不当（Hadas，1974）均可能引起误差。

K_T 是式（6.31）和式（6.32）中的一个主要参数，也可以通过已知的 Q_H 和 T 反算来确定。例如 Kimball 和 Jackson（1975）采用了该方法：对日内尺度上土壤温度梯度为零的时段，采用温度梯度法来计算土壤热通量 Q_H ［见式（6.40）］；然后用 Q_H 除以局部温度梯度来计算该处的 K_T。

此外，De Vries（1963）借鉴 Burger（1915）的早期思想建立了热传导理论模型，假设土壤为土壤颗粒与空气泡的混合体，提出了 K_T 的计算方法。该模型利用 Krischer 和 RohnAlter（1940）的公式考虑温度梯度引起的水汽输送的影响。De Vries 研究表明，K_T 模型计算值常比实验数据小 10%。用 Kimball 等（1976a）在土的现场土壤实验数据验证该方法，发现纯传导的热传导比其他任何机制都重要得多，因为该方法忽略了水汽运动的传输项，却得到了更好的结果。同样地，Moench 和 Evans（1970）的实验表明，表面电导率通常与实际热导率相差很小（约 5%）。

图 6.9 为石英砂、砂壤土、壤土和泥炭土的热导率随含水量的变化规律。

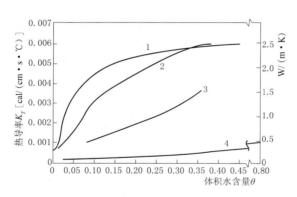

图 6.9　四种土壤热导率 K_T 与含水量的函数关系 ［曲线 1 表示孔隙度为 0.43 的石英砂的实验数据（DeVries，1963）；曲线 2 表示孔隙度为 0.38 的砂壤土的实验数据（Moench 和 Evans，1970）；曲线 33 是在平均孔隙度为 0.41 的壤土的野外数据的中线（Kimball 等，1976a）；曲线 4 表示孔隙度约 0.8 的泥炭土的实验数据（Kersten，1949）］

（3）热扩散系数。C_s 和 K_T 作为深度和含水量的函数，可以用于求解式（6.32）来计算土壤温度和热通量分布。然而，由于土壤热通量通常比地表能量项中其他重要部分小得多，计算得到的土壤热通量并不精确。因此，对于涉及能量平衡或年尺度温度波传播到地面等问题，可以利用具有恒定扩散系数 D_T 的线性方程［式（6.33）］求解。K_T 和 C_s 以及 D_T 是有变化的，因此并不清楚 D_T 常数或特征值该如何取值才能取得最优结果。

过去提出的确定温度的方法主要包括：根据温度实测值，选择合适的方法拟合求解（6.33）。例如，利用表面正弦温度波的解（Chudnovskii，1962；Van Wijk 和 De Vries，1963），该解表达式为

$$T = T_{sa} + a_0 \exp\left[-\left(\frac{\omega}{2D_T}\right)^{1/2} z\right] \sin\left[\omega t - \left(\frac{\omega}{2D_T}\right)^{1/2} z + b\right] \qquad (6.36)$$

式中：T_{sa} 为土壤表面温度均值；a_0 为正弦波 $z=0$、$\omega = 2\pi/p$ 的径向频率振幅；p 为与 t 相同单位的周期；b 为相位常数。

该解表明温度波的最大值出现在后期及随着深度增加的更久以后。扩散系数可以通过观测（即 $t_1, t_2, \cdots$）在不同深度（即 $z_1, z_2, \cdots$）穿透土壤剖面的正弦温度波的最大值计算。也可以通过测定不同深度 z 的波的振幅来确定。式（6.36）的方法相对简单，已在过去的 100 年中广泛使用（Chudnovskii，1962）。但在野外应用很有限，因为表面温度波很少为正弦波。

有学者根据式（6.33）的解提出了更普适的方法，即表面的非正弦温度变化。例如，Van Wijk（1963）提出了在两个深度 z_1 和 z_2 处有温度记录值情况下的实用方法。该方法表述如下。式（6.33）中初始温度常数 T_i 解的拉普拉斯变换为

$$\varphi \{T - T_i\} = a \exp\left[-z\left(\frac{s}{D_T}\right)^{1/2}\right] \tag{6.37}$$

式中：a 为常数；s 为拉普拉斯变换变量。温度记录值为 $T - T_i$ 乘以 $\exp(-st)$，并随时间对适度筛选出的 s 值积分，并进行拉普拉斯变换。扩散系数 D_T 等于 $\exp[-(z_1 - z_2)(s/D_T)^{1/2}]$ 的两个积分的比值。s 值需经过筛选才能对记录中重要部分赋予合适的权重。如果 s 较大，只有当 t 较小时的记录值有用，反之亦然。1h 记录深度为 1cm 时，Van Wijk（1963）取 $s = 0.001 s^{-1}$。

Laikhtman 和 Chudnovskii（1962）基于格林方程［式（6.33）］的通解提出了一种方法，该方法只需要知道一定高度 z_1（例如在地面或近地面处）的温度 $T(z_1, t)$。对于初始温度线性分布 $T(z, 0) = T_i(z) = az + b$（其中 a 和 b 为常数），该解可写作

$$T(z,t) - T_i(z) = \frac{x}{2(\pi D_T)^{1/2}} \int_0^t [T(z_1,\tau) - T_i(z_1)] \frac{\exp\{-x^2/[4D_T(t-\tau)]\}}{(t-\tau)^{3/2}} d\tau \tag{6.38}$$

其中 $x = z - z_1$。从 $x = 0$ 积分到 $x = \infty$ 并乘以 dx，可以得到

$$(D_T)^{1/2} = \frac{\pi^{1/2} \int_{z=z_1}^{\infty} [T(z,t) - T(z,0)] dz}{\int_0^t [T(z_1,\tau) - T(z_1,0)](t-\tau)^{-1/2} d\tau} \tag{6.39}$$

在一定的时间周期 t 内，可以根据测定温度的分布函数计算出热扩散率。式（6.39）的分子的积分为初始温度-深度曲线与周期结束时的面积；积分深度是温度变化的深度。分母是卷积运算；如果时间段划分为 n 个小时间间隔 Δt，T_j 为 Δt 期间 $z = z_1$（近表层）的平均温度，分母可用离散形式：$\sum_{j=1}^{j=n} [T_j - T(z_1,0)](\Delta t)^{1/2}(n - j + 1/2)^{-1/2}$。

2. 估算土壤热通量的方法

土壤表面的热通量可以通过校准过的热通量板直接观测，或者根据温度和水分含量测量结果得到，也可通过理论计算得出。

（1）热通量的观测。该观测装置通常为薄片状绝缘材料，放置在土壤垂直于热通量的方向；平板测量的温差是通过板的热传导效应的直接测量，因此它可以通过适当的校准与周围土壤的热通量联系起来。尽管热通量板使用简单，但其构造、校准和安装都需非常小心（Deacon，1950；Philip，1961；Fuchs 和 Tanner，1968；Idso，1972）。平板材料的导热性能可能与随着含水量变化而变化的土壤导热性不同。如果这种差异很大，或者板离地

表面太近，土壤热通量的规律可能会受到很大的影响。而且太靠近土壤表面也会因为地表的非均匀性而造成取样困难。因此，土壤热通量板应该放置在土壤表面以下至少 5～10cm 处。如果土壤热性质的变化范围太大，校准可能无效，或者必须根据土壤含水量进行调整。板和土壤之间的接触不良，以及板与土壤水运动的干扰，也可能造成观测误差。

（2）温度梯度法。在已知土壤热传导率的情况下，给定深度的土壤热通量原则上可以通过式（6.31）测量土壤温度梯度来计算。然而，K_T 的确定并不容易，因为由不同原因造成的观测梯度往往误差很大，如前文所述。因此，这种方法不适用于直接计算地表热通量，只是为了确定水分和温度梯度较小的深处热通量。

（3）土壤热量的测定。土壤热通量可根据土壤热储量的变化来确定。将式（6.31）代入式（6.32）进行积分，该方法为

$$Q_{H1} - Q_{H2} = \int_{z_1}^{z_2} C_s(z) \frac{\partial T}{\partial t} dz \tag{6.40}$$

式中：Q_{H1} 和 Q_{H2} 分别是深度 z_1 和 z_2 处的热密度。因此，如果 z_1 为土壤表面，z_2 为已知 Q_{H2} 的某个较低的水平面，则在一定的时间间隔内，地表热通量 $G = Q_{H1}$ 可以通过式（6.40）的数值积分来计算开始和结束时被测土壤温度和含水量过程线。土壤热容量可根据式（6.35）计算。如果深度 z_2 足够大，Q_{H2} 可以忽略不计。如果 z_2 不满足该假设，热通量 Q_{H2} 可以通过下列方法来确定。

一种是在 z_2 处应用温度梯度法。如上所述，在更大的深度（$\partial T/\partial z$），θ 随着时间的推移趋于更加均匀和稳定，观测结果更可靠。然而，在这样的深度，K_T 很难精确确定。

Kimball 和 Jackson（1975）描述的零对齐方法解决了该问题。具体阐述如下：土壤剖面已知深度处的零热通量由温度梯度的零点来确定。也就是说，温度 T 廓线在深度 z_2 处为零梯度时刻，地表和 $Q_{H2}=0$ 处的深度 z_2 上下及任一深度 z_1 处的土壤热通量 Q_{H1} 可以由式（6.40）确定。基于该方法，可以确定一些水分含量 θ 不大且 K_T 在一天中约为恒定常数的参考深度（例如 20cm）处的热导率 $Q_{H1}/(\partial T/\partial z)$。当零梯度不存在时，可以用温度梯度法计算参考深度处 Q_{H2} 作为热通量，再用式（6.40）确定任意深度的土壤热通量。

威斯康星州的 C. Tanner 提出了综合法，热通量板放在地面以下 5～10cm 处测定 Q_{H2}，再根据热通量板的深度上观测的温度连续分布来确定式（6.40）中的积分。两种类型的观测方法组合消除了一些热通量板和热量计法的异常特征。因为该土壤热通量板安装位置更深，受土壤表面温湿度变化的干扰较小，它还消除了标准温度梯度方法的一部分不确定因素，尤其是当计算时段短于一天时［如 Hanks 和 Tanner（1972）］，需要 1m 或更深的精确温度。

（4）经验关系。当无法获取观测值时，表面土壤热通量可根据经验关系来估计。最简单的假设是，表面通量 G 与能量收支方程中的其他项成正比。显然可以选择感热通量，则

$$G = c_H H \tag{6.41}$$

式中：c_H 为常数；对于裸土，Kasahara 和 Washington（1971）取 $c_H = 1/3$，该值为 Sasamori（1970）根据 Lettau 和 Dacidson（1957）野外实验数据数值模拟的建议值。假定土壤热通量与净辐射成正比，即

$$G = c_R R_n \tag{6.42}$$

式中：c_R 为经验常数。对于裸土，Fuchs 和 Hadas（1972）发现 c_R 的均值约为 0.3；如图 6.10 所示，式（6.42）在湿润土壤效果最好，在干燥土壤存在滞后。Nickerson 和 Smiley（1975）根据 Lettau 和 Davidson（1957）数据推断，白天 $R_n > 0$ 时，$c_R = 0.19$；$R_n < 0$ 时，$c_R = 0.2$。Perrier（1975b）的研究表明，对于标准玉米下垫面来说，当 R_n 为土壤表面值时，$c_R = 0.2$。Idso（1975）等的数据表明 c_R 随土壤水分含量变化，结合所有数据发现 c_R 约为 0.4。基于这些不同的研究结果，式（6.42）中取 $c_R = 0.3$ 裸露土壤或 R_n 取土壤表面值情况下的优选折中值。然而，对于植被覆盖的表面和树冠顶部的 R_n，c_R 可能要小得多，通常可以忽略不计；图 6.1 为草地，图 6.2 为玉米地。

当然，式（6.41）和式（6.42）都是过度简化了，因为 G 不仅与式（6.1）中某一项有关，而且与所有项相关；因此，这种简单的关系必须对每个给定的问题重新校准，而给出的常数 c_H 和 c_R 只有在特定条件下才是准确的。尽管如此，式（6.41）和式（6.42）在某些实际中非常有用。

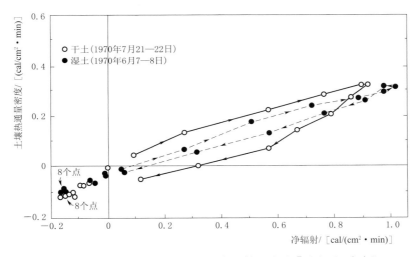

图 6.10　裸土表面土壤热通量和净辐射的关系［图中 "8 个点"
即 8 个观测数据聚集在一起（Fuchs 和 Hadas，1972）］

（5）简化案例的解析解。对地表或近地表温度或热通量变化已知的情况，若已知 $K_T = K_T(z, \theta)$ 及 $C_s = C_s(z, \theta)$，原则上可以根据式（6.31）和式（6.32）算出 $T = T(z, t)$ 和 $Q_H = Q_H(z, t)$。然而，由于 $\theta = \theta(z, t)$，这类计算至少涉及水分运动的求解问题。虽然水分和热量传输是相辅相成的（Philip 和 De Vries，1957；De Vries，1958），但在许多应用中可以对它们进行分别处理。即便如此，以上有关土壤和边界条件的信息仍不足以进行精确的模拟。

使用线性方程［式（6.33）］可以大大简化数学公式；据此可以得到描述土壤热流现象某些特征的解，或给出同数量级的解。式（6.36）~式（6.38）已经暗含了这种方法，最简单的解为式（6.36）在表面处的谐波温度变化的解；土壤中的热通量可采用式（6.31）获得。

$$Q_H = (K_T C_s \omega)^{1/2} a_0 \exp\left[-\left(\frac{\omega}{2D_T}\right)^{1/2} z\right] \sin\left[\omega t - \left(\frac{\omega}{2D_T}\right)^{1/2} z + \frac{\pi}{4} + b\right] \quad (6.43)$$

或者在地表则有

$$G = a_0 (K_T C_s \omega)^{1/2} \sin\left(\omega t + \frac{\pi}{4} + b\right) \quad (6.44)$$

已知平均热导率、平均比热和土壤表面温度振幅 a_0 时，式（6.44）可用于日内或年际尺度的计算。虽然这个解是在理想化条件下推导出来的，但可以用来粗略估算 G 以及吸收的热量或释放的蓄热量。式（6.43）粗略估算了穿透温度波，如 95% 的波抑制在深度 $z = 3(2D_T/\omega)^{1/2}$。

6.3.2　整个水体

在浅水塘或溪流，深度最多几米，G 非常重要；在过去的研究中，常用基于傅里叶定律的温度梯度法［如 Jobson（1977）、Jirka（1978）］测量［如 Brown（1969）］和计算，见式（6.31）。在深水湖，G 通常可以忽略。

6.3.3　水面

当用式（6.1）计算海洋表面或湖泊表面稀薄水层或膜的能量收支时，G 包括几种热传输机制，即热传导、向深层的显热垂向传导以及水面下辐射传导。

通过观测水温剖面，可以通过实验确定所考虑的薄层以下水层的热通量。由于水的比热是已知的（表 3.4），温度的变化直接表明了蓄热变化。因此，在水体下边界已知或可忽略的情况下，利用一个类似于式（6.40）的公式，用 $\rho_w c_w$ 代替 C_s 可以通过连续温度廓线计算 G。

进入水体的热量也可以计算。然而，该问题的处理非常复杂，需单独著书，这远远超出了本问题的范围。因此，读者可参考 Niiler 和 Kraus（1977）以及 Sherman 等（1978）的评论；关于水体辐射的穿透问题，Jerlov（1968）已有研究。计算海洋温度剖面的最新案例可参考 Kondo 等（1979）的论文。

6.4　其他项

6.4.1　平流

这一项包括式（6.1）中流入或流出系统的水所带来的能量。降水是该层上表面垂直平流的一种来源；降雨对积雪层很重要，降雪可能会影响温暖湖泊的能量平衡。横向平流只有在研究整个湖泊的能量收支时需要考虑。每个湖泊单位面积的总平流率为

$$A_h = \rho_w c_w (q_i T_i + P T_p - q_0 T_0) \quad (6.45)$$

式中：c_w 为水体比热；ρ_w 为水体密度；q_i 为该时段内单位面积进入湖泊的总入流；q_0 为相应的出流；P 为降水；T_i、T_p 和 T_0 分别为入流、降水和出流的加权温度。

能量收支平衡计算中，式（6.45）中的入流和出流项的准确性并不重要。因此，诸如蒸发和地下水渗流等其他项通常可以忽略。

6.4.2   储存在地表中的能量的变化率

在稀薄水层、土壤或冠层，能量收支式（6.1）中的 $\partial W/\partial t$ 项被省略。但对于高大植被，则需要考虑该项；观测发现，该项在日出和日落后特别重要，可能与净辐射 R_n 达到相同的数量级（Stewart 和 Thom，1973）。然而在整日尺度下，该项常被忽略。该项对积雪层相当重要（McKay 和 Thurtell，1978），因为正如式（6.1）所述，它包括用于聚变的能量，但很难根据雪的性质直接确定。

湖泊的 $\partial W/\partial t$ 项可以用 6.3.3 小节介绍的海洋表面在稀薄水层以下的 G 的计算方法来确定。因此，该项在实验中由连续的温度剖面观测得到。Crow 和 Hottman（1973）研究了海夫纳湖上水温剖面站网密度对能量平衡计算得到的蒸发量精度的影响。结果发现，最佳台站数为 5 个，或每 $2.1km^2$ 设 1 个站为最佳站点数量。将其增加到 19 个后准确率只提高了 1%。

第 7 章　近地表的平流作用

7.1　内部边界层

当下垫面大且均匀时，由风引起的水平方向的平流效应相对可以忽略，此时可以用前几章介绍的概念估算其区域蒸发。假设边界层水平均匀且稳定，则可以认为其近地面附近的湍流传输现象是一维的。然而在自然条件下，这种假设通常不成立。当蒸发面较小时，如较大的干旱地表所包围的较小的湖泊或灌区，湍流传输在水平方向上的非均匀性显得非常重要。

举一个例子，如果一个不饱和气团从均匀且干燥的陆地表面运动到水面之上，其下边界条件在水陆交界处发生了突变。不仅下垫面湿度将大幅度增加，且表面粗糙度和温度一般都可能与上风区显著不同。因此，在水陆交界处水面一侧，水汽通量会比其陆地一侧突然大很多。同时，由于热量和水汽分层的不连续性会使得大气稳定性和伴随的感热传输发生剧烈变化。由于这种分层和表面粗糙度的变化，平均风速廓线和空气的湍流结构也会随之变化。由于湍流结构控制着传输机制，因此湍流结构的改变会进一步改变大气中温度和水汽廓线的分布。换句话说，在下垫面不连续的情况下，垂直廓线不再处于均衡状态，就像在迎风的均匀地表上，水平梯度也不是等于零。在下垫面发生变化了的新比湿廓线条件下，湍流将沿风向继续向前传输，风速和温度会趋于一种新的平衡，垂向平均梯度再次消失。

这种受地面条件突变影响的大气边界层称为内部边界层。对蒸发而言，它被称为"水汽覆盖层"。在这个区域的下部建立了一个新的平衡，可称为内部均衡层。在非连续表面附近的气流水平方向的输运通常称为局部对流。

关于内部边界层结构的实验结果相对较少。Rider 等（1963）、Millar（1964）、Dyer 和 Crawford（1965）、Davenport 和 Hudson（1967a；b）、Lang 等（1974）以及 Brakke（1978）等的观测结果提供了关于陆地上这种类型的例子和说明，其中涉及水汽和热量传递。Harbeck（1962）、Brutsaert 和 Yu（1968）等对不同大小水面蒸发的数据进行了总结和讨论。Bradley（1968）、Mulhearn（1978）、Lettau 和 Zabransky（1968）、Panofsky 和 Petersen（1972）、Petersen 和 Taylor（1973）、Munro 和 Oke（1975）等讨论了与大气中的局部动量平流有关的实验结果。

7.1.1　平均场方程

为了简化对内部边界层的分析，假设一充分发展的处于稳态的湍流在不连续界面 $x=$

0 处垂直于地表，风沿水平方向 x、侧向 y 以及垂直方向 z 可以分为三个分量，如图 7.1 所示。只要风区长度 x 不太大，内部边界层足够薄，内部边界层就完全包含在大气地表副层中。当科氏效应可以忽略不计的情况下，其边界层内的风速可以写成 $\overline{u} \gg \overline{w}$、$\partial/\partial z \gg \partial/\partial x$ 和 $\overline{v} = \partial/\partial y = 0$。这个控制方程不像 3.4 节的均匀边界层那样简单，故在此做下简要回顾并进行推导。

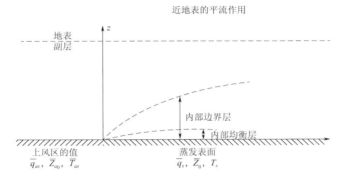

图 7.1　二维内边界层问题的定义草图

当平均比湿 $\overline{q} = \overline{q}(x, z)$ 时，式（3.44）可以写成

$$\overline{u}\frac{\partial \overline{q}}{\partial x} + \overline{w}\frac{\partial \overline{q}}{\partial z} = -\left[\frac{\partial}{\partial x}(\overline{u'q'}) + \frac{\partial}{\partial z}(\overline{w'q'})\right] \tag{7.1}$$

类似地，描述平均运动的动量传递方程，可以从雷诺方程〔式（3.62）〕近似得到

$$\overline{u}\frac{\partial \overline{u}}{\partial x} + \overline{w}\frac{\partial \overline{u}}{\partial z} = -\frac{1}{\rho}\frac{\partial p}{\partial x} - \frac{\partial}{\partial x}(\overline{u'u'}) - \frac{\partial}{\partial z}(\overline{w'u'}) \tag{7.2}$$

$$\overline{u}\frac{\partial \overline{w}}{\partial x} + \overline{w}\frac{\partial \overline{w}}{\partial z} = -\frac{1}{\rho}\frac{\partial p}{\partial z} - g - \frac{\partial}{\partial x}(\overline{u'w'}) - \frac{\partial}{\partial z}(\overline{w'w'}) + g\frac{T_{VD}}{T_a} \tag{7.3}$$

式中：ρ 为参考温度为 T_a 的空气平均密度值；$T_{VD} = T_V - T_{VS}$ 是由式（3.54）定义的静水参考廓线 T_{VS} 的虚温式（3.9）的平均偏差，在中性条件下，这一项可以忽略不计。

当辐射通量散度可以忽略时，平均位温方程〔式（3.67）〕可以写为

$$\overline{u}\frac{\partial \overline{\theta}}{\partial x} + \overline{w}\frac{\partial \overline{\theta}}{\partial x} = -\left[\frac{\partial}{\partial x}(\overline{u'\theta'}) + \frac{\partial}{\partial z}(\overline{w'\theta'})\right] \tag{7.4}$$

最后，由于顺风方向 $\overline{u}$ 的变化，还需要考虑整体大气的连续性方程（3.48），即

$$\frac{\partial \overline{u}}{\partial x} + \frac{\partial \overline{w}}{\partial z} = 0 \tag{7.5}$$

通常进一步假设湍流通量和气压在顺风向的梯度也可以忽略不计，那么内部边界层问题的公式化将进一步简化。Yeh 和 Brutsaert（1970；1971a；b）讨论了当下垫面比湿 $\overline{q}$ 发生突变，而粗糙度和表面温度均匀时（$\overline{w} = 0$），式（7.1）右边第一项在蒸发计算中的重要性。通过使用雷诺相似的涡流扩散系数，会发现当风区大于 1m 时，这一项的影响实际上是难以观察到的。Peterson（1972）研究了式（7.2）和式（7.3）中的各项在估算表面粗糙度变化问题中的重要性。基于湍流动能方程的闭合方法，Peterson（1972）研究表

明，除了粗糙度发生突变的很小范围内，式（7.2）的第一和第二项相对不重要；而由于压力变化的影响可以忽略不计，垂直运动方程式（7.3）也可以忽略。考虑这些研究结果，式（7.1）、式（7.2）和式（7.4）可以写成相同的形式：

$$\overline{u}\,\frac{\partial \overline{q}}{\partial x}+\overline{w}\,\frac{\partial \overline{q}}{\partial z}=-\frac{\partial}{\partial z}(\overline{w'q'}) \tag{7.6}$$

$$\overline{u}\,\frac{\partial \overline{u}}{\partial x}+\overline{w}\,\frac{\partial \overline{u}}{\partial z}=-\frac{\partial}{\partial z}(\overline{w'u'}) \tag{7.7}$$

$$\overline{u}\,\frac{\partial \overline{\theta}}{\partial x}+\overline{w}\,\frac{\partial \overline{\theta}}{\partial z}=-\frac{\partial}{\partial z}(\overline{w'\theta'}) \tag{7.8}$$

一般情况下，地表条件的变化会引起蒸发、地表剪切应力和感热通量的变化。因此，式（7.1）至式（7.5）或式（7.5）至式（7.8），必须在一组合适的边界条件下同时求解，因而方程解也指定一个特定的问题。在第 3.3.3 小节中指出了湍流传输是如何引起闭合问题的，即使式（7.5）简化为式（7.8），也还有七个未知数，即四个平均变量 $\overline{q}$、$\overline{u}$、$\overline{v}$、$\overline{\theta}$ 和三个通量 $\overline{w'u'}$、$\overline{w'q'}$、$\overline{w'\theta'}$，但只有四个方程，无法求解。如果使用式（7.1）至式（7.5），情况更为复杂。因此，为了系统闭合，必须对湍流通量做一些适当的假设，或建立一些附加的方程。

7.1.2　扰动边界层闭合方法综述

许多理论研究致力于解决一个或多个表面特征（如粗糙度、比湿、温度）突变条件下的一种或多种通量在扰动边界条件下的闭合问题。虽然最早研究关注的是下垫面湿度的不连续问题（Sutton，1934），但大部分关注的是表面粗糙度不连续的影响。由于湿度、动量和感热的湍流传输通常是非常相关的，因此研究这些通量的方法可以统一进行综述和分类。

1. 自持性方法

在内部边界层中，影响流动和传输过程相关变量的数量比均匀边界层多得多。这使得我们很难考虑所有重要的无量纲变量，并找到它们之间普适的相似关系。然而，可以通过假设"自持性"来简化局部平流问题。自持性意味着在湍流变化时流动的某些特征保持相似性。具体地说，在局部平流的情况下，它指的是平均速度、切应力、平均湿度、垂直水汽通量等垂直廓线可以用与风区大小 x 无关的函数形式来表示，并且只有这些变量尺度是风区大小的函数。换句话说，可以假设这些标准化变量的风廓线条件不随风浪区而变。在非平流条件下，动态或近地表副层的主要相似特征之一是垂直通量与垂直梯度之间的关系。虽然这不是自持性的一个必要条件，但大多数基于这种方法的研究还是假设这种通量-梯度关系在局部平流条件下是成立的。因此，对于中性条件，通常假设剪切应力与平均风速梯度的关系可以由式（4.1）来描述，但局部剪切应力 u_*^2 用 $-\overline{u'w'}$ 代替。

自持性假设已经在研究中得到以不同的应用。关于局部平流的研究主要是基于卡门-波尔豪森方法（Schlichting，1960），或这种方法的延伸。当地表粗糙度变化时，这种方法需要先预设风廓线，并假定风廓线具有一定的自持性，再基于适当的边界条件和动量方程积分形式［参见式（7.7）和式（7.5）］的约束条件来求解未知参数，即

$$\frac{\mathrm{d}}{\mathrm{d}x}\int_0^{\delta_m}\overline{u}^2\mathrm{d}z-\overline{u}(\delta_m)\frac{\mathrm{d}}{\mathrm{d}x}\int_0^{\delta_m}\overline{u}\mathrm{d}z=u_{*a}^2-u_*^2 \tag{7.9}$$

式中：$\delta_m=\delta_m(x)$ 为内动量边界层的厚度；u_{*a}^2 为迎风面（$x<0$）的摩阻风速；$u_*=u_*(x)$ 为粗糙度变化条件下下风区的摩阻风速。

这种方法是 Elliott（1958）提出的，并由 Panofsky 和 Townsend（1964）、Plate 和 Hidy（1967）、Lettau 和 Zabransky（1968）在分析粗糙度变化问题时进一步发展。Itier 和 Perrier（1976）将卡门-波尔豪森方法推广到其他标量混合物的局部平流问题。他们预先假定垂直通量分布 $\overline{w'q'}=\overline{w'q'}(x,z)$ 可以由最低阶的 z/δ_v 多项式来描述，并满足边界层通量的边界条件。单个标量的内部边界层厚度 $\delta_v=\delta_v(x)$ 是 x 的函数，假设廓线有自持性，这个厚度可以基于标量间的相似性根据式（7.9）来估算。对于水汽，如果动量的局部平流可以忽略，即 $\overline{w}=0$，由式（7.6）可得

$$\int_0^{\delta_v}\overline{u}(z)\frac{\partial\overline{q}}{\partial x}\mathrm{d}z=E-E_a \tag{7.10}$$

其中 $E=E(x)$ 为 $x>0$ 的蒸发速率，而 E_a 为 $x<0$ 的迎风向恒定的蒸发速率。等式（7.10）可以写成

$$\frac{\mathrm{d}\delta_v}{\mathrm{d}x}=(E-E_a)\left(\int_0^{\delta_v}\overline{u}(z)\frac{\partial\overline{q}(x,z)}{\partial\delta_v}\mathrm{d}z\right)^{-1} \tag{7.11}$$

Itier 和 Perrier（1976）进一步假设，$\overline{u}(z)$ 是对数廓线 [参见式（4.3）]，基于式（7.15），$(\partial\overline{q}/\partial z)$ 跟 $\overline{w'q'}$ 相关，K_v 是高程的线性函数，得到了式（7.11）的数值解。卡门-波尔豪森方法的主要近似之一是守恒方程并不是在每个 x 和 z 处都满足，而仅是在平均意义上满足。因为它们是在整个边界层中积分的结果。动量方程 [式（7.7）] 不是以其积分形式近似的；相反，它的解是假设其满足自持性和非平流边界层的相似性而得到的。该方法随后由 Blom 和 Wartena（1969）及 Mulhearn（1977）进一步发展，后者还将它应用于标量混合物的局部平流问题。Mulhearn（1977）指出，该方法与 Rider 等（1963）、Dyer 和 Crawford（1965）的实验观测到的温度廓线吻合很好。然而，这种方法的结果是隐式的，这使它们的应用有些复杂。

2. 一阶闭合：湍流扩散方法

该方法是式（7.6）～式（7.8）中湍流通量的直接近似，通常被称为混合长度理论或 K 理论。该理论对于通量梯度的假设与上述大多数自持性方法的假设非常相似，在某些情况下，它们的假设是一样的。然而，这两种方法是不一样的，应当加以区别。湍流扩散方法主要取决于湍流扩散和梯度传输的概念模型。其中，经常使用的先验假设是涡流扩散系数或涡流黏性系数的函数形式。因此，将守恒方程转化为平流扩散方程并进行求解。如第 2 章所述，K 理论最初由 Boussinesq（1877）用于动量研究，后由 Schmidt（1917）用于标量混合物的研究。通常，该方法假设湍流通量与平均浓度梯度是线性相关的。对于水汽这种标量混合物，两者都是矢量，所以比例因子（即涡流扩散系数）必须是张量。在本章关注的内部边界层条件下，式（7.1）的湍流通量可以写成

$$\overline{u'q'}=-\left(K_{xx}^v\frac{\partial\overline{q}}{\partial x}+K_{xz}^v\frac{\partial\overline{q}}{\partial z}\right) \tag{7.12}$$

$$\overline{w'q'} = -\left(K_{zx}^{v}\frac{\partial \overline{q}}{\partial x} + K_{zz}^{v}\frac{\partial \overline{q}}{\partial z} \right) \tag{7.13}$$

式中：上标 v 指水汽。

这些方程式是基于经验所得，并且除了反映分子运动的平均自由路径和湍流尺度之间具有相似性外，似乎没有物理价值。显然，第 4 章的均匀边界层相似性公式中已经隐含了将通量与梯度联系起来的相同思想。Monin 和 Yaglom（1971）提出了梯度传输模型的一般形式，如式（7.12）和式（7.13）所示，Corrsin（1974）对其描述湍流传输的局限性进行了讨论。虽然对 K 张量的各向异性程度了解较少，但研究者们已提出了多个模型。例如，Brutsaert（1970）基于一个简单的假设提出以下公式：

$$\begin{cases} K_{xx} = \left[\overline{(u')^2} \right]^2 / \varepsilon \\ K_{xz} = K_{zx} = -(\overline{u'w'})^2 / \varepsilon \\ K_{zz} = \left[\overline{(w')^2} \right]^2 / \varepsilon \end{cases} \tag{7.14}$$

式中：ε 是单位质量的湍流能量耗散率。换句话说，假设张量是对称的，那么存在 $K_{xx}/K_{zz} = \left[\overline{(u')^2}/\overline{(w')^2} \right]^2$ 和 $K_{xz}/K_{zz} = -\left[\overline{u'w'}/\overline{(w')^2} \right]^2$。虽然这一结果与一些实验结果并不冲突，但有研究（Yaglom，1972；1976）表明 K 张量在实际情况下更加复杂。

幸运的是，在与内部边界层有关的许多实际问题中，K 张量可能不是非常重要的。由式（7.1）、式（7.12）和式（7.13）所描述的局部平流蒸发的情况中，当风区长度达到几米以上的时候，K_{xz}、K_{zx} 和 K_{xx} 部分的影响可以忽略不计（Yeh 和 Brutsaert，1970；1971a；b）。此外，文献中所有关于粗糙度变化的研究都只考虑了 K_{zz}。因此，基于该方法的大部分局部平流研究将式（7.6）～式（7.8）闭合，如下列公式所示：

$$\overline{w'q'} = -K_{v}\frac{\partial \overline{q}}{\partial z} \tag{7.15}$$

$$\overline{w'u'} = -K_{m}\frac{\partial \overline{u}}{\partial z} \tag{7.16}$$

$$\overline{w'\theta'} = -K_{h}\frac{\partial \overline{\theta}}{\partial z} \tag{7.17}$$

式中：下标 v、m 和 h 分别代表水汽、动量和热量；当仅使用某一分量的时候，可以省略 K 的下标 zz。这些 K 的表达形式被视作是第 4 章均匀边界层通量分布相似性公式的一般形式或其扩展形式。

许多研究分析了在粗糙度没有变化的情况下蒸发对风区长度的依赖关系，这些研究假设均衡风廓线可以用式（4.18）来表示，涡流扩散率可以表示为幂函数：

$$K_{v} = bz^{n} \tag{7.18}$$

其中 b 和 n 都是常数，这些常数通常是通过雷诺相似中 $K_{v} = K_{m}$，以及结合式（7.16）、式（4.18）和 $-u_{*}^{2} = \overline{w'u'}$ 给出，因此有下式：

$$n = 1 - m，b = a_{v}u_{*}^{2}/(ma) \tag{7.19}$$

其中 a 和 m 是式（4.18）的参数。针对均一湍流边界层的情况，Schmidt（1917）、Prandtl 和 Tollmien（1924）、Ertel（1933）等讨论和完善了这个概念。Sutton's（1934）

对平流问题进行了开创性的研究；其后的研究将在 7.2.1 节中进行概述。Dimitriev 和 Sokolova（1954）［见 Panchev 等（1971）］通过使用相似的幂函数进行近似，获得了粗糙度变化问题的解决方法。虽然幂函数廓线不是基于相似性理论，但是，正如前面所提到的，它可以通过率定 a 和 m 等参数来拟合相似的廓线函数，其主要优点是极大简化了湍流扩散问题的数学表达。

早期均匀边界层相似性在一阶闭合模拟中的应用直接来自于动态副层的对数廓线式（4.1）。例如，Gandin（1952）（Panchev 等，1971）和 Nickerson（1968）对中性条件下粗糙度变化问题的解决方案在式（7.16）中使用了以下涡流黏性系数：

$$K_m = k u_* z \tag{7.20}$$

式中：u_* 为从 $x = 0$ 开始在表面顺风向的摩擦速度；u_* 假定已知且恒定。

但大多数 K 模型是用局部通量表示 u_*，可用通用的形式来表示：

$$K_v = l\,(\overline{-u'w'})^{1/2} / \phi_{sv} \tag{7.21}$$

$$K_m = l\,(\overline{-u'w'})^{1/2} / \phi_{sm} \tag{7.22}$$

$$K_h = l\,(\overline{-u'w'})^{1/2} / \phi_{sh} \tag{7.23}$$

式中：l 为混合区长度。Taylor（1969a）研究在中性条件下 $\phi_{sm} = 1$ 和 $l = k(z + z_0)$ 下的粗糙变化问题。随后，Taylor（1969b；c）通过保留 y 分量的动量方程不变，并使用 Blackadar（1962）提出的混合长度来研究更深层的相关通量问题。

$$l = kz(1 + kz\lambda^{-1})^{-1} \tag{7.24}$$

为了便于数值计算，他用 $z + z_0$ 代替 z，并使 $\lambda = aG/|f|$，其中 a 为常数，约等于 0.0004；G 的定义同式（3.73）。Taylor（1970；1971）基于式（7.16）、式（7.17）、式（7.7）和式（7.8）、式（7.22）和式（7.23），假设 $l = k(z + z_0)$，并运用均衡近地表副层的 ϕ_{sm} 以及 ϕ_{sv} 表达式，研究了地表面温度和粗糙度变化引起的气流变化。但是，他根据局部通量重新定义了奥布霍夫长度，即用不含有 $\overline{w'q'}$ 的式（7.26）表示。Estoque 和 Bhumralkar（1970）同样利用式（7.21）～式（7.23）的闭合性假设对 Onishi 和 Estoque（1968）的工作进一步拓展，研究了非均质地形上整个边界层在粗糙度、温度和湿度突变情况下的通量计算问题，包括模型中 $\overline{v}$ 和 $\overline{w'v'}$ 中的水平运动方程，并且保留科氏力项和压力梯度项 $\partial p / \partial x$。假设三个涡流 K 是相同的，即

$$K = l^2 \left[\frac{\partial}{\partial z} (\overline{u}^2 + \overline{v}^2)^{1/2} \right] (1 - \beta \mathrm{Ri})^\alpha \tag{7.25}$$

式中：α 和 β 为常数；l 为类似于式（7.24）的表达式。

Huang 和 Nickerson（1974a）使用建立在均一表面并满足 $\phi_{sm} = \phi_{sm}(\mathrm{Ri})$ 和 $\phi_{sh} = \phi_{sh}(\mathrm{Ri})$ 的相似模型研究了非均一表面情况下的流体分层问题。尽管考虑了各种边界条件，但是 Taylor（1970；1971）、Estoque 和 Bhumralkar 等（1970）以及 Huang 和 Nickerson 等（1974a）的研究并未涉及蒸发。

Weisman 和 Brutsaert 等（1973）研究了温暖湖泊在没有粗糙度变化情况下的蒸发。其基本模型与 Taylor（1970）相似，但包含比湿传输，l 由式（7.24）给出。该模型在第 7.2.2 节中有进一步的讨论，在式（7.21）～式（7.23）中 ϕ_s 函数的表达式由均衡层式（4.42）～式

(4.44) 给出，但包含一个"局部"奥布霍夫长度 $L_a = L_a(x, z)$ [参见式 (4.25)]：

$$L_a = \frac{-(-\overline{u'w'})^{3/2}}{kg[(\overline{w'\theta'}/T) + 0.61\,\overline{w'q'}]} \tag{7.26}$$

3. 高阶闭合模型

高阶闭合模型的本质是二阶矩（即雷诺应力和雷诺通量）不用由式 (7.12)、式 (7.13)、式 (7.15) 和式 (7.17) 等涡流扩散方程近似，而是仍将它们作为未知变量。为解决闭合问题，一些场平均方程用来解决二阶矩的问题。式 (3.47)、式 (3.64) 所包含的三阶矩和其他三阶湍流变量根据一些高阶相似性假设来近似得到。目前使用的模型大多采用 Kolmogorov (1942)、Prandtl 和 Wieghard (1945) 和 Rotta (1951) 首创的湍流相关公式。关于现有模型的详细介绍超出了本书的讨论范围，本书主要讨论这些模型的闭合特征。

从物理过程角度来看，大部分文献中尝试的闭合假设是合理的。但是，像那些一阶闭合性模型一样，证明这些假设的理论合理性并不容易。高阶方法有一个非常常见的假设是三阶矩是与之对应的二阶矩梯度的线性函数。这种假设显然是对涡流扩散模型基本原理的概括，换句话说，它是相似性和 K 理论在更高阶矩的应用。例如，对于内部边界层简单的情况，如果 c 代表 $u'q'$、$w'q'$、$(q')^2$、$u'w'$、$u'w'$ 等，则在第二阶矩 $\overline{c}$ 的相应场方程中，可以考虑将下式作为一种可能 [参考式 (7.12)、式 (7.13)]：

$$\overline{u'c} = -\left(K_{xx}^c \frac{\partial \overline{c}}{\partial x} + K_{xz}^c \frac{\partial \overline{c}}{\partial z} \right) \tag{7.27}$$

$$\overline{w'c} = -\left(K_{zx}^c \frac{\partial \overline{c}}{\partial x} + K_{zz}^c \frac{\partial \overline{c}}{\partial z} \right) \tag{7.28}$$

其中上标指所讨论的 c。同样地，主要问题仍然在 K 项的确定。此外，从物理角度来看，式 (7.27) 和式 (7.28) 的梯度传输假设的局限性可能不亚于式 (7.12) 和式 (7.13) 的局限性。应用高阶闭合的潜在原因是平均场和较低的湍流统计量可能对不合理的近似或更高阶矩的误差不敏感。Wyngaard (1973) 根据实验湍流数据讨论了高阶闭合的含义；Mellor 和 Yamada (1974) 比较了几种备选的简化方法以确定这种类型的建模对方程完整性的敏感程度。Lumley (1978) 对这个问题进行了更广泛的讨论。

(1) 结合湍流动能方程的高阶闭合。这种方法（有时被称为 1.5 阶闭合）仅用于解决粗糙度变化问题，并且尚未尝试用于解决蒸发问题。在这一方法中，平均场方程式 (7.5) 和式 (7.7) 的未知数剩余项通过引入一个特殊的二阶矩场方程来补充，即湍流动能方程式 (3.64)。对于当前研究的稳定局部平流问题，可以近似地写成

$$\overline{u}\frac{\partial \overline{e_t}}{\partial x} + \overline{w}\frac{\partial \overline{e_t}}{\partial z} = -\overline{u'w'}\frac{\partial \overline{u}}{\partial z} + \frac{g}{T_a}(\overline{w'\theta'} + 0.61T_a\overline{w'q'}) - \frac{\partial}{\partial z}\left(\overline{w'e_t} + \frac{\overline{w'p'}}{\rho} \right) - \varepsilon \tag{7.29}$$

式 (7.29) 中，右边第二项在中性条件下为零。然而式 (7.29) 引入了新的未知数，即湍流能量 $\overline{e_t}$、第三阶矩 $\overline{w'e_t}$、相关项 $\overline{w'p'}/\rho$，以及湍流动能的黏性消散系数 ε。通过附加的简单关系可以使系统闭合，这些关系即使在平流条件下也被认为是有效的。在已发表的研究中，第三阶矩 $\overline{w'e_t}$ 近似为一般的梯度传输模型 [参见式 (7.27) 和式 (7.28)]：

$$\overline{w'e_t} = -K_e \frac{\partial \overline{e_t}}{\partial z} \tag{7.30}$$

式（7.30）中相关的压力项被忽略。Peterson（1969a）在模拟大气表层中性条件下的数值模型中，利用式（7.30）并假定 K_e 等于式（7.16）的 K_m。此外，他还假设剪应力与湍流动能成正比，Bradshaw 等（1967）也使用了该假设，即

$$-\overline{u'w'}=a\overline{e}_t \tag{7.31}$$

其中 a 是常数，约为 0.16。他进一步假设黏性消散率 ε 可以按以往的方法确定［参考 Taylor（1935）、Monin（1959）］：

$$\varepsilon=(-\overline{u'w'})^{3/2}/l_e \tag{7.32}$$

其中 $l_e=Kz$。Shir（1972）还使用了式（7.30）和式（7.31）的闭合假设。然而，与 Peterson（1969a）不同的是，他并没有忽略运动方程中的压力梯度项，而是通过将运动方程转化为涡度方程将压力 p 间接地考虑进来。假定当 $z>10\mathrm{m}$ 时，式（7.32）中的长度 l_e 由式（7.24）给出。Huang 和 Nickerson（1974b）将式（7.30）应用于湍流动能方程，其中 $K_e=(\overline{e}_t)^{1/2}l_1$。他们使用式（7.16）并假设 $K_m=K_e$ 来替代式（7.31），式（7.32）用下式替代：

$$\varepsilon=(\overline{e}_t)^{3/2}/l_2 \tag{7.33}$$

式（7.33）中，两个长度参数由 $l_1=a_1z$ 和 $l_2=a_2z$ 给出，其中 a_1 和 a_2 是经验常数。Panchev 等（1971）指出，Nadejdina 在 1966 年就提出用湍流动能方程解析局部平流动量和显热；并提出中性条件下的近似解析解。

刚才所提到的研究都没有涉及大气水汽的局部平流问题，但他们的研究对于用一阶闭合模型来描述湍流传输有一定的参考价值。例如，Peterson（1969b；1971）及 Huang 和 Nickerson（1974b）发现 $[kz/(-\overline{w'u'})^{1/2}](\partial\overline{u}/\partial z)$ 在内部边界副层流动加速或减速的中性条件下并不等于 1.0，他们认为这清晰地反映了混合长度模型的局限性。Peterson（1972）发现，除了在非常接近不连续性边界的位置，压力的影响可能很小。另外，Shir（1972）、Peterson 和 Taylor 等（1973）认为，忽略压力项可能会导致模型产生严重误差。令人惊讶的是后者使用一阶闭合模型也能获得比使用湍动能模型更准确的结果。Huang 和 Nickerson 等（1974b）从他们的计算中得出结论，式（7.31）的参数 a 在非均衡流中不是常数。

（2）结合二阶矩方程的高阶闭合。这种方法也被称为二阶闭合或平均雷诺通量方法。该方法除了包含平均场方程外，还引入二阶矩方程。通过用合理的近似描述高阶湍流统计特征，从而使方程组闭合。

Rao 等（1974a）模拟了中性条件下粗糙度突然变化而产生的内部边界层。在 Rao 等（1974b）中，他们解决了由于水平表面不均匀而导致的动量、热量和水分局部平流的问题。此后的研究将在 7.2.2 节中进一步讨论，他们的模型由一组 16 个耦合抛物型偏微分方程组成，其中包括了 $\overline{u}$、$\overline{w}$、$\overline{\theta}$ 和 $\overline{q}$［式（7.5）～式（7.8）］中的四个平均场方程，四个雷诺应力方程 $\overline{(u')^2}$、$\overline{(v')^2}$、$\overline{(w')^2}$、$\overline{(u'w')}$，两个热通量方程 $\overline{(\theta'w')}$、$\overline{(\theta'u')}$，两个水汽通量方程 $\overline{(q'w')}$、$\overline{(q'u')}$ 以及一个温度变化方程 $\overline{(\theta')^2}$ 比湿变化 $\overline{(q')^2}$ 温湿协方差 $\overline{(q'\theta')}$ 能量消散率 ε_0。包含在二阶矩方程中的三阶矩由方程由式（7.27）和式（7.28）等梯度传输方程近似。K 张量采取以下形式：

$$\begin{cases} K_{xx} = \overline{a\,(u')^2}\ \overline{e_t/\varepsilon} \\ K_{xz} = K_{zx} = \overline{a\,(u'w')}\ \overline{e_t/\varepsilon} \\ K_{zz} = \overline{a\,(w')^2}\ \overline{e_t/\varepsilon} \end{cases} \tag{7.34}$$

其中 a 是约为 0.3 的常数。值得注意的是，三阶矩式（7.34）与二阶矩式（7.14）非常相似。

Rao 等（1974a）的计算结果与 Bradley（1968）中被广泛引用的实验结果有很好的一致性。然而，他们发现大多数先前使用的低阶闭合假设在过渡层中由于粗糙度变化而不成立。这意味着在非均衡状态下式（7.22）中的 l、式（7.32）中的 l_e 及式（7.33）中的 l_2 与 z 不是简单的比例关系，并且式（7.31）中的 a 不是常数。Rao 等（1974a；b）的两项研究表明高阶闭合方法可以成为局部平流条件下求解蒸发解析解的有效工具。然而，现有模型在某些方面仍需进一步研究，特别是植物冠层在土壤干燥过程中的边界层条件变化问题。

7.1.3　局部动量平流的一般特征：风区要求

通过上述闭合方法回顾我们得出的重要结论是，高阶闭合下解常常与低阶相似闭合假设矛盾。例如，Peterson（1969b；1971）的湍流动能方程模型与 Taylor（1969a）、Weisman 和 Brutsaert 等（1973）在一阶闭合模型中进行的涡流扩散或混合长度假设相矛盾。然而，Bradshaw 等（1967）、Peterson（1969a）和 Shir（1972）在式（7.31）和式（7.32）中给出的假设与 Rao 等（1974a）的结果产生矛盾。

尽管缺乏实验证据，理论解析中使用的物理模型也多种多样，但内部边界层的某些特征已经比较清晰。本章节主要探讨表面粗糙度突然变化所引起的局部动量的平流问题，因为这是研究蒸发估算问题的前提。

内部边界层的增长可以采用简单的参数估算，Monin（1959）在研究烟流传输中已经使用了相同的方法。首先假设由于前缘粗糙度发生变化所引起的扰动的垂直传播速率与 $\sigma_w = \overline{[(w')^2]}^{1/2}$ 成比例，已知 σ_w 与 u_* 成比例，并且其比例由 ζ 所决定。因此有

$$\frac{\mathrm{d}z}{\mathrm{d}t} = au_* \tag{7.35}$$

其中 a 为常数。另外，水平传播速率 $\mathrm{d}x/\mathrm{d}t$ 等于平均风速。因此，对于式（7.35），扰动后轨迹的斜率为

$$\frac{\mathrm{d}z}{\mathrm{d}x} = \frac{au_*}{\overline{u}} \tag{7.36}$$

这可以与风廓线函数 $\overline{u}/u_*$ 结合进行积分。例如，对于式（4.3）和式（4.4）的对数定律，可以近似地得到

$$\delta_0(\ln\delta_0 - 1) = bx_0 \tag{7.37}$$

式中：b 是一个常数；$\delta_0 = \delta_m/z_0$，$x_0 = x/z_0$。用符号 δ_m 代表扰动传播到达的高度 z，也就是动量的内边界层厚度。Panofsky 和 Townsend（1964）在 M. Miyake 早期工作之上提出式（7.37）中 $b=1$ 的形式。后来，Panofsky（1973）提出式（7.37）中 $b=0.6$，并用

z_0 表示较粗糙地形的粗糙度。式（7.36）当然也可以与幂函数廓线式（4.19）结合。对于 $d_0 = 0$ 这种简单的情况，可以得到

$$\delta_0 = [a(m+1)/C_p]^{(m+1)^{-1}} x^{(m+1)^{-1}} \tag{7.38}$$

或者在中性条件下，$m = 1/7$，以及 $a \simeq 1.5$ 时，可得到

$$\delta_0 = 0.334 x_0^{0.875} \tag{7.39}$$

这与先前内部边界层增长的估计大致相符。实际上，先前的研究已经发现，除了非常接近 $x = 0$ 处的粗糙度不连续之外，内部边界层的厚度可以用风区的幂函数近似得到，即

$$\delta_m = c_m x^{b_m} \tag{7.40}$$

其中 c_m 和 b_m 取决于大气稳定性，c_m 也取决于逆风和顺风粗糙度高度。Elliott（1958）第一次得到在中性条件下，$b_m = 0.7 \sim 0.8$。Bradley（1968）通过实验证实了该增长速度，这一结果与 Schlichting（1960）的风洞实验结果一致。有研究（Huang 和 Nickerson，1974a）表明从粗糙表面到光滑表面的 b_m 比从光滑表面到粗糙表面的 b_m 略小。式（7.38）表明，b_m 随着大气不稳定性的增加而增加。实际上，Rao（1975）通过二阶闭合模型发现在 L 等于 $-\infty$、-20m、-2m 情况下，b_m 分别等于 0.77、0.88、1.39。根据 Miyake（Panofsky，1973）的研究对式（7.36）进行积分可以得到在极端不稳定或自由对流条件下 $b_m = \dfrac{3}{2}$。几个高阶闭合模型［例如 Peterson（1969a）、Shir（1972）、Rao 等（1974a）］已经得出这样的结论，当下垫面是从平滑到粗糙过渡时，内部均衡副层占据了内部边界层下部约 10%；当从粗糙到平滑过渡时，内部均衡副层占据了内部边界层下部约 5%。该均衡副层被定义为剪应力在表面值 10% 以内的区域。如式（7.37）和式（7.38）表明风区范围在 $100 \sim 200\text{m}$ 的情况下，x/δ_m 大致为 $5 \sim 20$。因此，经验法则表明，对于从光滑到粗糙的过渡区，均衡条件一般发生在高度和风区比为 0.01 的范围内，而对于从粗糙到平滑的条件下，均衡条件则一般发生在高度和风区比为 0.005 的范围内。但这一经验法则仅在下垫面粗糙度变化不是太大的情况下成立。从草地到林地的过渡不仅仅是地表粗糙度发生了改变，其性质也发生了改变。任何适用于计算均匀表面蒸发的方法只要满足风区要求，便可在非均匀表面上使用。因此，在观测高度小于上风区距离约 $1/100 \sim 1/300$ 的范围内，其表面可认为是均匀的。

相对来说，表面剪应力更容易迅速地到达新的均衡值。在 Bradley（1968）的实验中（图 7.2），粗糙度在几米内就发生变化。一个简单的中性条件参数可以再次用于调整表面剪应力，假定粗糙度变化后的风廓线也可以用对数函数来描述，上风廓线和下风廓线在内边界层边界处相交 $\delta_m = \delta_m(x)$，因此有

$$\frac{u_*}{u_{*a}} = \frac{\ln(\delta_m / z_{a0})}{\ln(\delta_m / z_0)} \tag{7.41a}$$

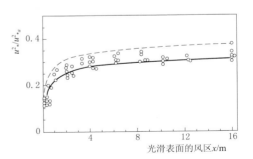

图 7.2　无量纲表面剪切应力与风区的函数关系（过渡粗糙表面 $z_{a0} = 0.25\text{cm}$ 和 $z_0 = 0.002\text{cm}$）［实验数据来自 Bradley（1968）。实线表示 $b = 0.6$ 时的式（7.41）、式（7.37）或者式（7.39）（结果非常相近以至于无法区分）。虚线表示 Rao 等（1974a）通过高阶闭合模型计算得到的数值结果］

或者 $\ln(z_{a0}/z_a)$ 由 M_0 表示，则

$$\frac{u_*}{u_{*a}} = 1 - \frac{M_0}{\ln(\delta_m/z_0)} \tag{7.41b}$$

该式适用于式（7.37）、式（7.39）或式（7.40）中的任何一个。Logan 和 Fichtl（1975）和 Jensen（1978）也使用了式（7.41a，b）；如图 7.2 所示，式（7.41a，b）的结果与 Bradley 的实验数据以及通过二阶闭合模型得到的结果较为一致。

大多数理论模型都能够很好的描述图 7.2 中 u_* 的快速变化。这表明可采用阶跃函数来近似地描述 u_* 与风区距离的关系。

总的来说，除了某些细节或局部地方存在不一致外，大多数模型都能很好地描述风廓线，并与 Bradley（1968）的实验廓线相类似。即使是具有假定廓线的简单自持性模型，其速度分布与实验廓线也相当接近。尽管 Townsend（1965b；1966）的剪应力分布可能不正确，但 Rao 等（1974a）发现其关于垂直剪应力分布的自持性假设可能是正确的。

7.2　局部平流条件下的蒸发

很少有闭合假设能够通过更完整或更高阶的闭合模型的检验。然而，如 7.1 节所述，内部边界层的某些特征对所使用的相似性假设的阶数或类型不敏感。任何给定的特征由于其自身的阶数所决定需要一个最小的闭合阶数；但这并不意味着更复杂或更完整的模型一定会得到更好的结果。例如，Petersen 和 Taylor（1973）发现，混合长度模型对风廓线的模拟结果比湍流动能方程模型模拟的结果更精确。Mellor 和 Yamada（1973）指出没有必要使用最完整的二阶矩模型获得满意的结果。从图 7.2 也可以得出类似的结论。这些结果都表明，相对简单的模型在获得某些低阶特征方面非常有用。

下文将讨论几个简单的蒸发问题。尽管它们可能代表了非常特殊的情况，但它们的结果为解决实际问题提供了思路和有价值的信息，并为参数化提供了建议。

7.2.1　幂函数的解析解

解析解的一个主要优点是它可以提供简洁有序的解决方案。这样可以更容易地解释结果，也可以为研究现象的参数化提供合适的框架。遗憾的是，湍流边界层的对数和相关相似性函数很难用解析解的方法来处理。因此，过去使用了如式（4.18）的幂函数。幂函数似乎没有任何理论基础，它只能视作近似值。然而，在积分或其他平均表达式中，它可以做出精确的描述。Yeh 和 Brutsaert（1971a）发现中性条件下的蒸发可以通过风廓线的幂函数以及对数定律来分析。因为幂函数是一个代数函数，在 $z=0$ 附近没有奇点，所以非常适合作为某些湍流传输问题的解析解。

1. 表面湿度突变的情况

本节讨论的是有限面积的均匀湿润表面蒸发，如湖泊或灌溉地，其温度和粗糙度是均匀的，与周围较干燥的陆地表面相同。在这些简单的条件下，水汽是一种不影响运动动力学或稳定性的被动混合物。因此，该问题可以被认为是非动态的和非能量的，只需要关注水汽的被动传输。这意味着当空气经过湿度不连续点时，风廓线 $\overline{u}=\overline{u}(z)$、$\overline{v}=\overline{w}=0$ 保

持不变。

（1）大范围湿润表面：萨顿问题。如果表面足够大，则湍流水平梯度的影响可以忽略，并且边界条件可以被视为下风向一条侧向无限长的条带 x_f。从式（3.44）或式（7.1）获得控制方程如下：

$$\overline{u}\,\frac{\partial \overline{q}}{\partial x} = -\frac{\partial}{\partial z}(\overline{w'q'}) \tag{7.42}$$

式（7.42）左边部分表示由平均风速引起的局部平流带来的水汽传输的纵向变化。右边表示由于湍流传输导致垂向水汽传输的变化。这种湍流通量可以用式（7.15）的比湿梯度扩散来表示，可以从式（7.42）中得到

$$\overline{u}\,\frac{\partial \overline{q}}{\partial x} = \frac{\partial}{\partial z}\left(K_v\,\frac{\partial \overline{q}}{\partial z}\right) \tag{7.43}$$

如图 7.3 所示，在湿润表面，比湿为常数，若远离湿润表面和上风区前缘的比湿已知，且不受湿润表面的影响，那么这些条件可以写成

$$\begin{cases} z=0，x\geqslant 0，\overline{q}=\overline{q}_s \\ z\rightarrow\infty，x\geqslant 0，\overline{q}=\overline{q}_a \\ z>0，x=0，\overline{q}=\overline{q}_a \end{cases} \tag{7.44}$$

其中 $\overline{q}_a=\overline{q}_a(z)$ 是不受湿润表面影响的那部分大气比湿。假设湿润表面的均匀蒸发速率为 E_a，则 E_a 为一常数：

$$E_a = -\rho K_v\,\frac{\partial \overline{q}_a}{\partial z} \tag{7.45}$$

按照公式，这个问题可以很容易地通过 $\overline{u}$ 和 K_v 的函数关系进行数值求解，通过对数函数定律以及由 4.1 节和 4.2 节中给出的地表副层的其他函数可以得到 $\overline{u}$ 和 K_v 的函数关系，从而进行数值求解。然而，这些函数的解析解似乎比较难以获得。如果使用式（4.18）和式（7.18）的幂函数定律近似，则容易得到解析解。

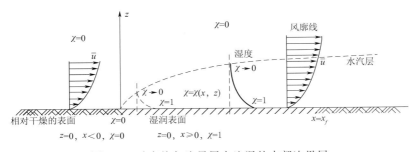

图 7.3 动态均匀边界层中比湿的内部边界层

萨顿（Sutton，1934）首先给出了 $E_a=0$ 的解；但由于其数学形式以及式（4.18）和式（7.18）中 a 和 b 的特定模型仅限于平滑流，萨顿提出的方法很难应用。随后其他学者[如 Jaeger（1945）、Frost（1946）、Calder（1949）、Sutton（1943）、Yih（1952）、Philip（1959）]提出了更为合适的方案，同时也对数学方面的问题进行了分析（Sutton，1943）。Frost 和 Calder 所作的历史回溯也很有趣。

在大多数推导中，周围地面的蒸发量 E_a 往往被忽视；可以通过定义标准化的比湿将其考虑在内［可参见 Laikhtmann（1964）］：

$$\chi = \frac{\overline{q} - \overline{q}_a}{\overline{q}_s - \overline{q}_{as}} \tag{7.46}$$

其中 q_{as} 是 q_a 在表面的值，$x < 0$ 时 $z = 0$。式（7.43）与式（7.45）和式（4.18）、式（7.18）联立可得

$$\frac{\partial \chi}{\partial x} = \frac{b}{a} z^{-m} \frac{\partial}{\partial z} \left(z^n \frac{\partial \chi}{\partial z} \right) \tag{7.47}$$

如 Frost（1946）所建议，式（7.44）的边界条件可以引入相似变量：

$$\xi = \frac{a}{b(2 + m - n)^2} \frac{z^{2+m-n}}{x} \tag{7.48}$$

这将式（7.47）简化为一个常微分方程（假设 $2 + m - n > 0$）：

$$(2 + m - n)\xi \frac{\mathrm{d}^2 \chi}{\mathrm{d}\xi^2} + \left[(2 + m - n)\xi + (1 + m)\right] \frac{\mathrm{d}\chi}{\mathrm{d}\xi} = 0 \tag{7.49}$$

此处边界条件为

$$\begin{cases} \chi = 0, & \xi \to \infty \\ \chi = 1, & \xi = 0 \end{cases} \tag{7.50}$$

结合这些条件，并通过两次积分，可得到如下公式：

$$\chi = \int_{\xi}^{\infty} y^{-(m+1)/(2+m-n)} e^{-y} \mathrm{d}y \Big/ \Gamma\left(-\frac{m+1}{2+m-n} + 1\right) \quad \text{或者} \quad \chi = 1 - P(\nu, \xi) \tag{7.51}$$

式中：$P(a, x)$ 表示不完全伽马函数［例如 Abramowitz 和 Stegun（1964）］；$\Gamma(n)$ 表示完全伽马函数，并且其中 $\nu = (1 - n)/(2 + m - n)$。值得注意的是，伽马函数在大气表面层需要满足 $\nu > 0$ 或 $n < 1$。如果选择合适的有效粗糙度 $\hat{z}_0$，使得 $\hat{z}_0 = z_0 = z_{0v}$，则可以忽略界面副层的存在。同时，尽管式（5.11）与表 5.3 中给出的值接近，但通常 $z_0 \neq z_{0v}$。对于开放水域上的平均情况，可能是一个合适的近似。因此，假设湿润表面附近的局部垂直水汽通量可以由下式给出：

$$E = -K_v \rho \frac{\partial \overline{q}}{\partial z} \Big|_{z \to 0} = E_a - (q_s - q_{as}) K_v \rho \frac{\mathrm{d}\chi}{\mathrm{d}\xi} \frac{\partial \xi}{\partial z} \Big|_{z \to 0} \tag{7.52}$$

单位横向宽度带和下风区 x_f 的平均蒸发量可以由下式给出：

$$\overline{E} = \int_0^{x_f} E \mathrm{d}x \Big/ x_f \tag{7.53}$$

这里给出最终结果：

$$\overline{E} = E_a + \rho b \left(\frac{a}{b x_f}\right)^{\nu} \frac{(1 - \nu)^{2\nu - 2} (m + 1)^{1 - 2\nu}}{\Gamma(\nu)} (\overline{q}_s - \overline{q}_{as}) \tag{7.54}$$

在式（4.18）、式（4.19）和式（7.19）中，使 $a_v = 1$、$d_0 = 0$，则有

$$a = 5.5 u_* / \hat{z}_0^m \quad \text{以及} \quad b = u_* \hat{z}_0^m / (5.5m) \tag{7.55}$$

式（7.54）可以用更简洁的形式表示。空气温度达到 20℃ 时，气压达到 1013.2mb，空气密度 ρ 为 $1.2 \times 10^{-3} \mathrm{g/cm}^3$，式（7.54）可以写成

$$\overline{E} = E_a + N \overline{u}_2 (\overline{e}_s - \overline{e}_{as}) \tag{7.56}$$

式中：$\overline{u}_2$ 为离地面 2m 高度的平均风速；N 为由 Brutsaert 和 Yeh（1970a）给出的传输系数，有

$$N=\frac{7.36\times10^{-7}[1.62m(1+2m)^2\hat{z}_0^{2m}]^{(m+1)/(1+2m)}}{200^m\Gamma[m/(1+2m)](1+m)}x_f^{-m/(1+2m)} \qquad (7.57)$$

如果 $\overline{E}$ 和 E_a 的单位与 $\overline{u}_2$ 相同，$\hat{z}_0$ 和 x_f 的单位为 cm，那么在湿润面上和上风区干燥表面的 $\overline{e}_s$ 和 $\overline{e}_{as}$ 水气压都以 mb 为单位。在正确选择湿润面的粗糙度和风廓线参数 m 之后，可以使用该式计算 $\overline{E}$。

萨顿问题的这一解决方法有几处值得关注的地方。首先是内部边界层的增长。水汽内边界层的高度可以定义为式（7.46）中的较小恒定 χ 取值为 0.05 或 0.01 时的位置。由于 χ 是 ξ 的函数，常数 χ 也意味着常数 ξ。因此，式（7.48）将水汽层的厚度作为风区 x 的函数，即

$$\delta_v=c_v x^{b_v} \qquad (7.58)$$

其中 $b_v=(2+m-n)^{-1}$，c_v 是一个常数，对于给定 χ 可以通过式（7.51）得到确定。在接近中性条件下，其中 $m=1/7\sim1/8$。因此，借助式（7.19）中的第一项得到 $b_v=0.78\sim0.80$，这与式（7.40）中的幂函数 b_m 相同，这在动量内部边界层的大多数实验和理论研究中得到了证实。

关于这个解决方案的其他特点，例如通过与湖泊蒸发和蒸发皿蒸发经验公式比较，可以得出符合物理意义的 m 和 $\hat{z}_0$ 值。哈贝克（Harbeck，1962）对美国西部许多水库进行了超过一周或更长时间的观测，基于观测结果提出了以下传输方程：

$$\overline{E}=N\overline{u}_2(\overline{e}_s-\overline{e}_a) \qquad (7.59)$$

其中 $\qquad N=3.367\times10^{-9}A^{-0.05} \qquad (7.60)$

式（7.59）和式（7.60）中，$\overline{u}_2$ 的单位与 $\overline{E}$、$\overline{e}_s$ 和 $\overline{e}_a$ 都以 mb 为单位；A 为水面面积，单位为 m^2。

从图 7.4 可以看出，所研究水库的表面积在 $4\times10^{-3}\sim1.2\times10^2\,km^2$ 之间。然而，与通过水量平衡方法获得的结果比较，发现即使是表面积约为 19700 km^2 的安大略湖（Yu 和 Brutsaert，1969 a;b），式（7.59）与式（7.60）也能得到合理的月平均结果。对于气候相对干旱的湖泊，周围地面的蒸散量 E_a 可以忽略，式（7.60）所用的数据大多数属于这种情况。

为了使式（7.57）的理论结果与哈贝克式（7.60）的经验结果保持一致，m 的近似值可以通过以下方法获得，使 $A^{1/2}$ 的指数和 x_f 的指数相等，即 $-1/10=-m/(1+2m)$，从而得到 m 的近似值为 $\frac{1}{8}$。该值与基于管道速度廓线的布拉修斯表达式（Prandtl 和

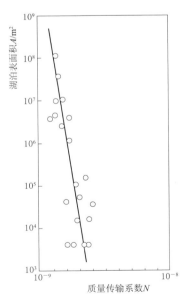

图 7.4 式（7.59）的传输系数 N 与哈贝克所测量的湖泊面积数据的关系 [$\overline{E}$ 与 $\overline{u}_2$、e 单位相同，单位都是 mb（改编自 Harbeck，1962）]

Tollmien，1924）的 m 值非常接近，该 m 值为 $\frac{1}{7}$。它也表明哈贝克湖泊水库的实验数据是在大致接近中性或略微不稳定的平均大气条件下得到的。式（7.57）和式（7.60）可以进一步得到粗糙度 $\hat{z}_0 = 0.0213\text{cm}$。值得注意的是，该值非常接近于 $z_{0v} = z_0 = 0.0228\text{cm}$，$z_{0v}$、$z_0$ 所对应的 $Ce_{10} = Cd_{10} = 1.4 \times 10^{-3}$。如式（5.11）和表 5.3 所示，该值是海面的一个典型值。上述结果说明由式（7.57）给出萨顿问题的幂函数解与哈贝克的经验公式［式（7.60）］很一致，该公式适用于风区在 50m～10km 之间的水面，以及适用于周或月平均尺度。

　　第二组实验数据可用于检查式（7.57）的适用性，该数据是通过测量地面浅方形蒸发皿的蒸发量获得的，蒸发皿大小在 $1.0 \sim 64.0\text{ft}^2$ 之间。对这些数据的回归分析得出，在其他几种可能的替代形式中，式（7.59）的质量传输系数可以由下式给出（Brutsaert 和 Yu，1968）：

$$N = 7.70 \times 10^{-9} (A^{1/2})^{-0.132} \tag{7.61}$$

其中 A 的单位为 cm^2。该结果的有效范围在 $10^3 \sim 6 \times 10^4 \text{cm}^2$ 的范围内。为了使式（7.57）的理论结果与式（7.61）的经验结果保持一致，并通过使 x_f 和 $A^{1/2}$ 的指数相等，从而得到 m 的取值为 $\frac{1}{5.6}$。N 偏大，因为通过拟合观测的风廓线（Yu 和 Brutsaert，1967）而得到的幂函数的指数介于 $\frac{1}{7}$ 和 $\frac{1}{8}$ 之间，这将导致式（7.57）结果为 0.11 和 0.10，而不是式（7.61）的 0.132。这种差异可能是由于忽略了式（7.42）中湍流的纵向和横向梯度、周围地表粗糙度的影响以及蒸发皿的边际效应。另一个因素可能是省略了 E_a，在纽约州北部潮湿的夏季 E_a 的影响是不能忽略的。如果根据观测的风廓线，m 值取为 $\frac{1}{8}$，较小蒸发皿 $\hat{z}_0$ 取为 0.06cm，较大蒸发皿 $\hat{z}_0$ 取为 0.04cm 的情况下，则式（7.57）与式（7.61）相等。

　　式（7.60）和式（7.61）与式（7.57）的比较如图 7.5 所示。下面将介绍一种模拟小范围水面蒸发的方法。

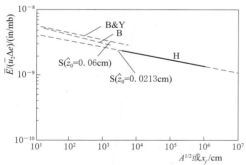

图 7.5　哈贝克（H）经验公式［实线，式（7.60）］，Brutsaert 和 Yu(B&Y) 的式（7.61）以及萨顿模型（S）的理论式（7.57）和布鲁萨（B）的理论式（7.67）之间的比较（当 $m=1/8$ 和 $\hat{z}_0 = 0.0213\text{cm}$，曲线 S 与 H 重合；当 $m = 1/7.6$ 和 $\hat{z}_0 = 0.05\text{cm}$，B 与 B&Y 重合）

　　（2）小范围水面的模拟方法。得到式（7.43）的假设之一是式（3.44）的 $\partial(\overline{u'q'})/\partial x$ 和 $\partial(\overline{v'q'})/\partial y$ 在大范围水面情况下是可忽略的。相反地，对于小范围水面，湍流的水平和垂直梯度相对更为重要，并且由平均风速所代表的平流在大范围水面情况下相对不重要。这可以通过对控制方程进行量纲分析反映出来。在湍流扩散方法的框架中，基于式（3.44）或式（7.1）以及假设条件的式（7.12）和式（7.13），对于均一粗糙度和温度（包括横向湍流）条件下的表面流动问题：

$$\overline{u}\,\frac{\partial \overline{q}}{\partial x}=\frac{\partial}{\partial x}\left(K^{v}_{xx}\frac{\partial \overline{q}}{\partial x}+K^{v}_{xz}\frac{\partial \overline{q}}{\partial x}\right)+\frac{\partial}{\partial y}\left(K^{v}_{yy}\frac{\partial \overline{q}}{\partial y}\right)+\frac{\partial}{\partial z}\left(K^{v}_{zx}\frac{\partial \overline{q}}{\partial x}+K^{v}_{zz}\frac{\partial \overline{q}}{\partial z}\right) \tag{7.62}$$

如果 K^{v}_{zz} 和风区 x_f 分别作为特征扩散率和长度来对变量进行标准化处理，则左侧项 $\overline{u}\,x_f/K^{v}_{zz}$ 为无量纲参数。这表明减小风区 x_f 的问题与减小风速 $\overline{u}$ 的问题是对等的，反映式（7.62）左侧项的相对重要性。下文针对特殊情况提出了三种解决方法，以便评估式（7.42）中被忽略部分的重要性。

虽然对于小范围的水面，式（7.62）左侧项不能完全忽略，但通过简单地省略左侧部分，可以得到由湍流梯度引起的某些特征。因此，可以通过以下公式研究非常小范围的表面蒸发情况：

$$\frac{\partial}{\partial x}\left(K^{v}_{xx}\frac{\partial \overline{q}}{\partial x}\right)+\frac{\partial}{\partial y}\left(K^{v}_{yy}\frac{\partial \overline{q}}{\partial y}\right)+\frac{\partial}{\partial z}\left(K^{v}_{zz}\frac{\partial \overline{q}}{\partial z}\right)=0 \tag{7.63}$$

其中假设 K^{v}_{zz} 可由式（7.18）给出，类似地有

$$K^{v}_{xx}=K^{v}_{yy}=cz^{p} \tag{7.64}$$

其中 c 和 p 是常数。半径为 r_f 且径向坐标为 r 的圆形面的边界条件如下（图7.6）：

$$\begin{cases} z=0,\ 0\leqslant r\leqslant r_f,\ \overline{q}=\overline{q}_s \\ z\to\infty,\ r\geqslant 0,\ \overline{q}=\overline{q}_a \\ z>0,\ r\to\infty,\ \overline{q}=\overline{q}_a \\ z=0,\ r>r_f,\ E_a=0 \end{cases} \tag{7.65}$$

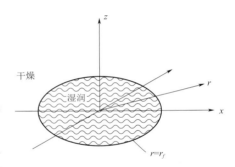

图7.6 式（7.65）边界条件的示意图

式（7.65）的最后一个条件中，E_a 水面周围的陆地蒸发，并不是很重要；如式（7.45）中所示，它可以用 $E_a=$ 常数替换使问题简化。最后，参照式（7.54）一样的处理方式，将 E_a 加到最终式（7.66）中。将式（7.63）在柱面坐标中进行转换，就可以得到平均蒸发率（Brutsaert，1967）：

$$\overline{E}=2^{2\mu}b(c/b)^{\mu}\left(\frac{\mu}{1-n}\right)^{2\mu-1}\sin(\mu\pi)r_f^{-2\mu}\rho(\overline{q}_s-\overline{q}_a)/\pi(1-\mu) \tag{7.66}$$

其中 $\mu=(1-n)/(p-n+2)$。如果假定 $n=p=1-m$ [见式（7.19）]，则 $\mu=m/2$，在近中性条件下约为 $\dfrac{1}{14}$。

基于式（7.55）中的 b 的计算方法，式（7.66）可以简化为实际计算中更实用的方式。令 $c/b=d$ 为各向异性程度的度量，$r_f=(A/\pi)^{1/2}$、$\sin(\mu\pi)\simeq\mu\pi$，当空气温度为 20℃、气压为 1013.2mb、空气密度 $\rho=1.2\times10^{-3}/(\mathrm{g\cdot cm^3})$ 时，由式（7.66）得到一个类似于式（7.56）的质量传输方程：

$$N=\frac{4.87\times10^{-8}(\pi d)^{m/2}\hat{z}_0^{2m}}{200^{m}(2-m)}(A^{1/2})^{-m} \tag{7.67}$$

其中 $\hat{z}_0$ 和 $A^{1/2}$ 单位都是 cm。该解对 K 张量的各向异性程度 d 不是非常敏感，因此就目前的目的而言，假设 d 为 20 可能已经足够准确 [参见式（7.14）]。通过与经验蒸发皿式（7.61）比较，可以得到合适的 m 值和 $\hat{z}_0$ 值。在式（7.61）和式（7.67）中的 $A^{1/2}$ 幂函数

得到 $m = 0.132 = \dfrac{1}{7.6}$，该值略小于中性值 $\dfrac{1}{7}$，是相当接近真实值的。通过这种方式获得的粗糙度 $\hat{z}_0 = 0.05\text{cm}$。这结果也是值得注意的，因为它介于 z_{0v}（参见图 4.24）和 z_0（参见表 5.1）之间，而在式（7.61）的实验中该值可以代表被草围绕的水面类型。因此，尽管式（7.63）是一个极端情况，但其结果与实验数据并不矛盾，其解式（7.66）［或式（7.67）］似乎略优于萨顿模型中式（7.54）［或式（7.57）］所描述的蒸发皿蒸发的方法。

我们可以用类似的方法研究纵向和横向湍流通量项 $\partial(\overline{u'q'})/\partial x$ 和 $\partial(\overline{v'q'})/\partial y$ 在蒸发计算中的相对重要性。横向湍流通量梯度 $\partial(\overline{v'q'})/\partial y$ 对面积小的水面最重要，因此可将横向延伸到无限远的非常窄的条带状水面作为一种极端情况，以便将其与极小圆形水面的情况进行比较。其方程如下：

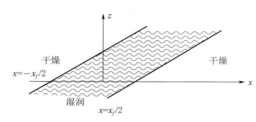

图 7.7　描述边界条件式（7.69）的示意图

$$\frac{\partial}{\partial x}\left(K_{xx}^v \frac{\partial \overline{q}}{\partial x}\right) + \frac{\partial}{\partial z}\left(K_{zz}^v \frac{\partial \overline{q}}{\partial z}\right) = 0 \quad (7.68)$$

其中 K_{xx}^v 和 K_{zz}^v 与式（7.63）相同。如图 7.7 所示，边界条件如下：

$$\begin{cases} z = 0,\ 0 \leqslant |x| \leqslant x_f/2,\ \overline{q} = \overline{q}_s \\[4pt] z \to \infty,\ |x| \geqslant 0,\ \overline{q} = \overline{q}_a \\[4pt] z > 0,\ |x| \to \infty,\ \overline{q} = \overline{q}_a \\[4pt] z = 0,\ |x| > x_f/2,\ z^n \dfrac{\partial \overline{q}}{\partial z} = 0（\text{或者 } E_a = 0） \\[4pt] z > 0,\ |x| = 0,\ z^p \dfrac{\partial \overline{q}}{\partial x} = 0 \end{cases} \quad (7.69)$$

那么平均蒸发的解可以写成（Brutsaert 和 Yeh，1969）：

$$\overline{E} = \pi b \left(\frac{c}{b}\right)^p \left(\frac{2\mu}{1-n}\right)^{2\mu-1} \frac{\Gamma(1-\mu)}{\Gamma(\mu)\Gamma\left[\left(\frac{1}{2}\right)-\mu\right]\Gamma\left[\left(\frac{3}{2}\right)-\mu\right]} \times \left(\frac{x_f}{2}\right)^{-2\mu} \rho(\overline{q}_s - \overline{q}_a) \quad (7.70)$$

其中 $\mu = (1-n)/(p-n+2)$，参考式（7.55），取 $\mu = m/2$ 时，平均蒸发率也可以表示为

$$\overline{E} = \frac{2\pi d^{m/2}\Gamma(1-m/2)}{5.5m(1-m)\{\Gamma[(1-m/2)]\}^2\Gamma(m/2)}\hat{z}_0^m (x_f/2)^{-m}\rho(\overline{q}_s - \overline{q}_a)u_* \quad (7.71)$$

湍流通量横向梯度（$\overline{v'q'}$）的影响可以用式（7.66）和式（7.70）的比值 $x_f^2 = \pi r_f^2$ 表示。这表明，当 m 的取值在 $\dfrac{1}{7}$ 附近时，该比率大约为 1.13。即使在水面范围非常小的极端情况下，把风引起的平流影响忽略不计时，横向湍流 v' 也不可能占总蒸发速率的 13%以上。因此，对于较大的表面，这种影响必然是完全可以忽略的。于是如图 7.1 和图 7.3 所示，我们有充分的理由假设在内部边界层中的表面通量可以被认为是没有横向效应的二维问题。

式（3.44）或式（7.1）的 $\overline{u}\partial \overline{q}/\partial x$ 和 $\partial(\overline{u'q'})/\partial x$ 在二维蒸发问题中的相对重要性可以通过考虑以下方程来评估：

$$\overline{u}\,\frac{\partial \overline{q}}{\partial x}=\frac{\partial}{\partial x}\Big(K^{v}_{xx}\frac{\partial \overline{q}}{\partial x}\Big)+\frac{\partial}{\partial z}\Big(K^{v}_{zz}\frac{\partial \overline{q}}{\partial z}\Big) \tag{7.72}$$

其中由式（4.18）、式（4.19）、式（7.18）和式（7.64）给出的 $\overline{u}$、K^{v}_{xx} 和 K^{v}_{zz} 为幂函数，有 $n=p=m-1$，边界条件与图 7.3 所示相同。

$$\begin{cases} z=0,0\leqslant x\leqslant x_f,\ q=\overline{q}_s \\ z\to\infty,-\infty<x<\infty,\ q=\overline{q}_a \\ z=0,x\to\pm\infty,\ q=\overline{q}_a \\ z=0,x>x_f\ \text{且}\ x<0,\ \rho k^{v}_{zz}\frac{\partial \overline{q}}{\partial z}=0 \end{cases} \tag{7.73}$$

这个方程组可用正则摄动法求解，其中小参数 ε_p 取为无量纲式公式（7.72）右边的第一项系数，可以写成

$$\varepsilon_p=(c/b)(m^m x^m_f C_p/\hat{z}^m_0)^{-4/(1+2m)} \tag{7.74}$$

其中 b 和 c 由式（7.18）和式（7.64）中给出。零阶解是在萨顿问题［式（7.51）］中不受纵向扩散影响的解。用超几何函数表示的一阶解则更为复杂。可以表示为（Yeh 和 Brutsaert，1970）

$$\overline{E}=\overline{E}_0+\varepsilon_p\overline{E}_1 \tag{7.75}$$

其中 $\overline{E}_0$ 是萨顿问题的解，即式（7.54）或式（7.56）右边的第二项，$\overline{E}_1$ 是一阶项，可以写成

$$\overline{E}_1=\frac{-\rho u_*(\overline{q}_s-\overline{q}_a)}{(mx_f)^{1/(1+2m)}(C_p/\hat{z}^m_0)^{1/(1+2m)}}\frac{(\mu-\nu)^2+\nu-\nu^2/4}{(2\mu-1-\nu)(\mu-1-3\nu/2)}$$
$$\times\frac{\nu^{1+4\nu-2\mu}\Gamma(\mu+\nu/2)\Gamma(\mu-\nu/2)\Gamma(\mu-1-\nu/2)}{\Gamma(\nu)\Gamma(\nu+1)\Gamma(2\mu-1-\nu)} \tag{7.76}$$

其中 $\nu=m/(1+2m)$，$\mu=(4+m)/(2+4m)$。式（7.75）如图 7.8 所示。从图中可以看出 $\overline{E}_1$ 是负的，这意味着纵向湍流通量梯度项降低了蒸发速率。然而，图 7.8 也显示这种影响很小，对于风区大于几米的水面而言，这种影响在很大程度上忽略不计。

总之，通过对式（7.54）、式（7.66）、式（7.70）、式（7.75）和式（7.76）给出的解进行比较，可以评估在某些特殊条件下纵向和横向湍流扩散项的相对重要性。对于大多数实际中的问题，计算湖泊水库但不是小的蒸发皿蒸发时，这些部分可以像萨顿的式（7.43）一样忽略不计。此外，忽略两者中的一项所带来的误差能够通过忽略另一项而得到部分补偿。

值得注意的是，在式（7.63）、式（7.68）和式（7.72）中，扩散系数 K^{v}_{zx} 和 K^{v}_{xz} 的非对角线项不包括在内。但在数值研究中已经考虑了它们的影响（Yeh 和 Brutsaert，1971b）。研究

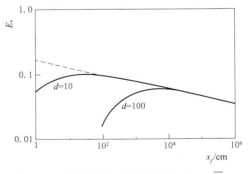

图 7.8 无量纲平均蒸发速率 $E_*=\overline{E}/[\rho u_*(\overline{q}_s-\overline{q}_a)]$ 与风区的关系，其中零阶（虚线）［参考式（7.54）］到一阶（实线）由式（7.75）提供。参数取典型值：$m=1/7$，$C_p/\hat{z}^m_0=9$，$c/b=d=10\sim100$（Yeh 和 Brutsaert，1970）］

发现，这些条件可能会使小面积范围蒸发的速率最多减少 10%。因此，对于风区超过于几米的较大水面，这种影响也是可以忽略不计的。

2. 与能量平衡相关联的地表水汽和热通量传输

这一节所涉及的问题依旧是有限大小的湿润表面的蒸发。但与上一节的分析相比，水面比湿和温度没有具体给定，而蒸发和表面热通量是由表面能量平衡联系起来。在该问题可行的解析解中，要求粗糙度是均匀的，与周围的陆地表面相同，并且假定风廓线 $\overline{u} = \overline{u}(z)$ 和涡度扩散率在空气从湿度和温度突然变化的表面上移动时保持平衡。因此，水汽和感热可以被视为湍流中的被动混合物，它们对动力过程的影响较小。Timofeev（1954）、De Vries（1959）、Rider 等（1963）、Laikhtman（1964）以及 Yeh 和 Brutsaert（1971c）以这种方式研究了低层大气中局部平流以及水汽和热传递的各个方面。以下将概述这些研究。

在假设 $\overline{u} = \overline{u}(z)$，$\overline{v} = \overline{w} = 0$，并且由式（7.15）和式（7.17）给出的中型和大型水面的通量情况下，该问题由式（7.43）的约束可得

$$\overline{u} \frac{\partial \overline{T}}{\partial x} = \frac{\partial}{\partial z}\left(K_h \frac{\partial \overline{T}}{\partial z}\right) \tag{7.77}$$

其中平均温度 $\overline{T}$ 近似等于 θ。即使保留 a_v 和 a_h 也不会使问题复杂化，但依然还是假定了 $K_v = K_h = K$。

边界条件根据以下因素推导出来：在远离湿润表面的地方，大气条件不受其影响；迎风向空气的湿度廓线 $\overline{q}_a(z)$ 已知，而且该廓线是顺风向陆地热量通量和蒸发均衡条件下湿度廓线。虽然这不是解决问题的必要条件，蒸发表面的比湿可以假定是饱和的，而且是表面温度的函数，因此在表面的净能量通量为零。在这个能量平衡中，蒸发表面的入射辐射 R_d 和上风面的入射辐射 R_{da} 是恒定的，并且与地表温度无关，但由于地表反照率不同，它们可能是不同的。由式（7.15）和式（7.17）的解给出的蒸发速率 E 和感热通量 H 是式（7.43）和式（7.77）解的一部分。计算蒸发表面的长波辐射［见式（6.9）］时假设该表面是一个灰体，其发射率为 ε_s，并在温度 $\overline{T}_s$ 下辐射；又由于 $\overline{T}_s$ 是解的一部分，这种辐射也可以沿上风向变化。储存在表面以下的热量变化率为一常数可以用这两种可能的方式来表示：

$$G = G_w = 常数 \tag{7.78a}$$

或者

$$G = K_s(\overline{T}_s - T_{rw}) \tag{7.78b}$$

式中：K_s 为热交换系数；T_{rw} 为在给定的参考深度下的温度，$z = 0$。

因此，边界条件是

$$\begin{cases} \overline{q} = \overline{q}_a(z); \overline{T} = \overline{T}_a(z), 在 x = 0, z > 0 \\ \overline{q} = \overline{q}_s(\overline{T}), 在 0 < x < x_f, z = 0 \\ -c_p \rho K \dfrac{\partial \overline{T}}{\partial z} - L_e \rho K \dfrac{\partial \overline{q}}{\partial z} + \varepsilon_s \sigma \overline{T}^4 + G = R_d, 在 0 < x < x_f, z = 0 \\ -c_p \rho K \dfrac{\partial \overline{T}}{\partial z} = H_a; -\rho K \dfrac{\partial \overline{q}}{\partial z} = E_a, 在 x > x_f, z = 0 \end{cases} \tag{7.79}$$

式中：x_f 为风区长度；c_p 为恒定压力下空气的比热；L_e 为水的蒸发潜热；σ 为史蒂芬-

玻尔兹曼常数；H_a 和 E_a 为来自地表下风向和来自上风向的热通量和水汽通量。

上风向 $\overline{q}_a$ 和 $\overline{T}_a$ 廓线处于平衡状态，满足式（7.45），有

$$\frac{\partial}{\partial z}\left(K\frac{\partial \overline{T}_a}{\partial z}\right)=0 \tag{7.80}$$

具有以下条件：

$$\begin{cases} \overline{q}_a=q_{as},\ \overline{T}_a=T_{as}, & \text{在 } z=0 \\ -c_p\rho K\frac{\partial \overline{T}_a}{\partial z}-L_e\rho K\frac{\partial \overline{q}_a}{\partial z}+\varepsilon_s\sigma T_a^4+G_a=R_{da}, & \text{在 } z=0 \\ -c_p\rho K\frac{\partial \overline{T}_a}{\partial z}=H_a,\ -\rho K\frac{\partial \overline{q}_a}{\partial z}=E_a, & \text{在 } z=0 \end{cases} \tag{7.81}$$

式中：G_a 是从 $x=0$ 上风向进入地面的热量。注意，只有 H_a 和 E_a 中的一个是任意的，因为对于给定的入射辐射和 $\overline{T}_{as}$，它们必须满足式（7.81）的第二项。同时 q_{as} 的值不必是 $\overline{T}_{as}$ 处的饱和值。

当风廓线和涡流扩散率由式（4.18）和式（7.18）给定时，我们可以分别求解式（7.43）、式（7.77）、式（7.78）、式（7.79）、式（7.45）、式（7.80）和式（7.81）就可以联立求解。式（7.78a）的解首先是由 Laikhtman（1964）用积分变换的方法得到的；Yeh 和 Brutsaert（1971c）对式（7.78a）和式（7.78b）也分别用格林函数得到相同的解。因为具体方法详解超出了本书处理的范围，这里没有给出，但可以在一些相关文献中找到。

在蒸发表面，即 $z=0$ 和 $0<x<x_f$ 的区域，温度计算公式为

$$\overline{T}(\xi,0)=\overline{T}_{as}-\frac{L_e(\overline{q}_{as}^*-\overline{q}_{as})}{c_p+\alpha_q L_e}+\frac{\nu^{1-2\nu}\Gamma(\nu)\{c_4+c_2c_3c_6/(c_1+c_3c_5)\}}{\Gamma(1-\nu)\rho b\{a/(bx_f)\}^\nu(1-n)^{1-2\nu}(c_p+\alpha_q L_e)}$$
$$\times\sum_{n=0}^{\infty}\frac{(-\omega)^n\xi^{\nu+\nu n}}{\Gamma(1+\nu+\nu n)} \tag{7.82}$$

同样地，比湿计算公式为

$$\overline{q}(\xi,0)=\overline{q}_{as}+\frac{c_p(\overline{q}_{as}^*-\overline{q}_{as})}{c_p+\alpha L_e}+\frac{\alpha_q\nu^{1-2\nu}\Gamma(\nu)\{c_1+c_2c_3c_6/(c_1+c_3c_5)\}}{\Gamma(1-\nu)\rho b\{a/(bx_f)\}^\nu(1-n)^{1-2\nu}(c_p+\alpha_q L_e)}$$
$$\times\sum_{n=0}^{\infty}\frac{(-\omega)^n\xi^{\nu+\nu m}}{\Gamma(1+\nu+\nu n)} \tag{7.83}$$

式中：$\xi=x/x_f$；$\overline{q}_{as}^*$ 为 $\overline{T}_{as}$ 中的饱和比湿；$\nu=(1-n)/(2+m-n)$，与之前的意义相同；式（7.82）和式（7.83）中的其他项分别为

$$\omega=\frac{c_2\nu^{1-2\nu}\Gamma(\nu)}{(c_1+c_3c_5)\Gamma(1-\nu)}$$
$$c_1=c_p\rho b(\overline{T}_m-\overline{T}_{as})(a/bx_f)^\nu(1-n)^{1-2\nu}$$
$$c_2=4\varepsilon_s\sigma\overline{T}_{as}^3(\overline{T}_m-\overline{T}_{as})$$

对于式（7.78a），
$$c_2=\left(4\varepsilon_s\sigma\overline{T}_{as}^3+K_s\right)\left(\overline{T}_m-\overline{T}_{as}\right)$$

对于式（7.78b），
$$c_3=L_e\rho b(\overline{q}_m-\overline{q}_{as})(a/bx_f)^\nu(1-n)^{1-2\nu}$$

$$c_4 = R_d - R_{da} - G_w + G_a$$

对于式（7.78a），
$$c_4 = R_n - R_{na} + K_s \left(T_{rw} - \overline{T}_{as} \right) + G_a$$

对于式（7.78a），
$$c_5 = \frac{\overline{T}_m - \overline{T}_{as}}{\overline{q}_m - \overline{q}_{as}} \frac{\mathrm{d}q^*}{\mathrm{d}T} \bigg|_{\overline{T} = \overline{T}_{as}} = \frac{\overline{T}_m - \overline{T}_{as}}{\overline{q}_m - \overline{q}_{as}} \alpha_q$$

$$c_6 = \frac{\overline{q}_{as}^* - \overline{q}_{as}}{\overline{q}_m - \overline{q}_{as}}$$

其中 $\overline{T}_m$ 和 $\overline{q}_m$ 是能够代表蒸发表面温度和比湿的特征值。

根据式（7.52）和式（7.53）可以计算单位横向宽度带的平均蒸发速率和下风面风区 x_f 的平均蒸发速率，其结果为

$$\overline{E} = E_a + c_p \rho b \left(\frac{a}{b x_f} \right)^\nu \frac{(1-\nu)^{2\nu-2}(m+1)^{1-2\nu}}{\Gamma(\nu)} \frac{\overline{q}_{as}^* - \overline{q}_{as}}{c_p + \alpha_q L_e}$$
$$+ \frac{\alpha_q}{c_p + \alpha_q L_e} \left(c_4 + \frac{c_2 c_3 c_6}{c_1 + c_3 c_5} \right) \sum_{n=0}^{\infty} \frac{(-\omega)^n}{\Gamma(2+\nu n)} \tag{7.84}$$

平均感热通量也可以得到类似的表达式。

式（7.84）中所示的结果不仅展示了其实际中的适用性，而且能够识别出在一些常用假设中引入的错误。例如，式（7.82）和式（7.83）显示仅当右侧的第二项为零时，表面比湿或温度可以独立于 x，是恒定的。在这种情况下，消去两个方程之间的 $(\overline{q}_{as}^* - \overline{q}_{as}) / (c_p + \alpha_q L_e)$ 可以得到

$$\frac{\overline{T}_s - \overline{T}_{as}}{\overline{q}_s - \overline{q}_{as}} = -\frac{L_e}{c_p} \tag{7.85}$$

式中：$\overline{q}_s$ 和 $\overline{T}$ 为均匀蒸发表面的比湿和温度。

式（7.85）类似于湿球温度计的方程式。从而在第三边界条件式（7.79）中假设平均表面温度能得到一个蒸发潜热通量和显热通量相互平衡的结果。根据 Rider 等（1963）研究的干旱区灌溉农田情况，这种假设是相当令人满意的。但是在深水湖的情况下，考虑到水体吸收或释放的大量热量，这种假设是不现实的。对于这种情况，式（7.85）表明湖表面温度必须满足低于空气温度这个约束条件。同样地，式（7.84）右边的最后一项反映了表面比湿不均匀对蒸发的影响。当比湿均匀时，这一项就不会出现〔在式（7.83）中也不存在〕。应用式（7.83）代替 $c_p(\overline{q}_{as}^* - q_{as})/(c_p + \alpha_q L_e)$，其中用 $\overline{q}_s$ 取代 $\overline{q}(\xi, 0)$ 可以发现式（7.84）与式（7.54）完全相同，这是前面讨论过的萨顿问题的解。以图 7.9 为例，图中显示了在北半球中纬度深水湖用式（7.82）的方法计算的 5 月下风向的温度变化。给定 $m = \frac{1}{8}$ 和 $\hat{z}_0 = 0.02\mathrm{cm}$，基于式（7.55）计算湍流参数 a 和 b，热通量 G_w 为 $5.05 \times 10^{-3}/(\mathrm{cm}^2 \cdot \mathrm{s})$，使用实验平均水面温度和 $T_{rw} = 4℃$ 计算得到 K_s，其他必要的参数和变量采用湖泊的典型数值，比如纽约伊萨卡附近的卡尤加湖的数据。图 7.9 表明式（7.78）的两个物理模型都具有相似的温度分布，尽管式（7.78b）的曲线略微更平缓。图 7.10 显示了结合式（7.78a）和式（7.84）计算的平均蒸发率随湖泊风区长度的变化，该图还展示了式（7.54）的结果，即式（7.84）右侧省略了最后一项计算的结果。在其中一种情况下，根

据式（7.85）可假设该项为零来获得均匀温度。另一种情况下，均匀的比湿是通过式（7.83）在 x 上积分获得，故而其与平均观测值相等。正如深水湖的情况，第二种情况与完全解更一致，差异在 1% 以内。对于热通量 $\overline{H}$ 也可以进行类似的计算，并得到与蒸发 $\overline{E}$ 类似的结果。图 7.11 展示了与图 7.9 相同情况下的标准化波文比 $Bo_n = [H(x) - H_a]/L_e[E(x) - E_a]$ 随着风区长度的变化。

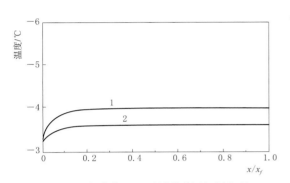

图 7.9 由曲线 1 以及计算得到，例如风区的 $\overline{T}(\xi, 0) - \overline{T}_{as}$ 随着风区长度 x/x_f 的变化关系［本图基于以纽约卡尤加湖的深水水体的 5 月的观测数据，曲线 1 是根据式（7.82）和式（7.78a）得到，曲线 2 是根据式（7.78b）并给定风区 $x_f = 2.74\text{km}$ （Yeh 和 Brutsaert，1971c）得到］

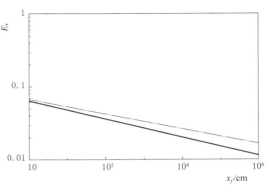

图 7.10 无量纲平均蒸发速率 $E_* = (\overline{E} - E_a)/[\rho u_*(\overline{q}_{as}^* - \overline{q}_{as})]$ 随风区 x_f 的变化关系［结果展示的是深水水体 5 月的情况，根据式（7.78a）计算的式（7.84）的结果如实线所示；假设温度均匀并根据式（7.54）由式（7.85）得到的结果如点划线所示；式（7.82）的平均值如虚线所示。本图结果来自 Yeh 和 Brutsaert（1971c）］

由该方法可知，在分析蒸发的平流或湍流显热传递问题时，使用实验获得的平均表面温度所引起的误差通常很小，实际上可以忽略不计。在湖泊和其他水体情况下，通常风速和风向不稳定，湖水中水是流动的，而且会导致水的混合以及岸边附近的冷却或变暖效应，通过式（7.82）预测的水温很难与实际观测相符。换句话说，热量和水汽通量通常是由表面和空气之间预先存在的温度和湿度差异引起的。然而，在陆地上，由式（7.78）得到的 G 通常较小，能量平衡的主要组成部分是净辐射和湍流通量。因此，该方法对于研究干旱区中间湿润表面的蒸发问题是比较有效的。但对于有植被覆盖的表面，不能像式（7.79）的第三种方法那样简单地处理边界条件

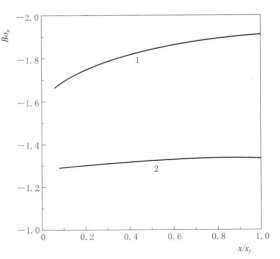

图 7.11 标准化波文比 $Bo_n = [H(x) - H_a]/L_e[E(x) - E_a]$ 随着风区长度的变化［本图的计算条件与图 7.9 一致，基于式（7.78a）的模型结果如曲线 1 所示；基于式（7.78b）的模型结果如曲线 2 所示。本图结果来自 Yeh 和 Brutsaert（1971c）］

（见 5.2 节）。

7.2.2　数值研究

1. 湖泊蒸发的湍流扩散法

Weisman 和 Brutsaert（1973）在关于较为温暖的湖泊或水库的蒸发冷却问题的数值研究中使用了这种方法。该问题涉及水面上的不稳定条件，具有一定的实际意义，例如秋季和初冬的自然深湖，或遭受热污染的水体，并且这些情形经常会遇到。为了使问题简化，陆地和水面的粗糙度假设是相同的，因此可以进一步假设动量的平流仅是不连续表面前缘的温度和湿度突变的结果。同时假定 $z_{0v} = z_{0h} = z_0 = \hat{z}_0$，其中 $\hat{z}_0$ 是有效粗糙度；根据式（5.11）和表 5.3 给出的 C_d、C_e 和 C_h 值的一般相似性，可以认为这种假设能够准确模拟湖面"平均"状况。通过式（7.5）～式（7.8）以及式（7.15）～式（7.17）和式（7.21）～式（7.24）中的湍流扩散假设建立数学模型，ϕ 函数为式（4.45），且同时含有一部分式（7.26）中的 L_a。在式（7.24）中，用到 $\lambda = 5 \times 10^4 \text{cm}$ 和 $7 \times 10^4 \text{cm}$。其边界条件是根据以下考虑确定的：①上风区的大气处于中性状态，并具有已知的湿度廓线 $q_a(z)$，这个湿度廓线是由上风向地面蒸散的平衡决定的，这种上风向的中性风廓线迎风面是由式（7.16）与式（7.22）和式（7.24）的积分得到的对数线性函数；②在水面以上及内边界层之上的条件与上风面相同，也不受水面的影响；③在水面上，温度是已知且均匀的，比湿是饱和的且是该温度的函数。这些条件与萨顿问题式（7.44）的条件相同，不同之处在于，这里对于进入的气流廓线使用的是对数线性分布，而不是幂函数。

在该公式的无量纲化过程中，在稳定长度 L_a 中使用了两个无量纲参数，即

$$\begin{cases} A_* = -\dfrac{(\overline{T}_s - \overline{T}_{as})kg\hat{z}_0}{\overline{T}_{as}}\dfrac{}{u_{*a}^2} & \text{(7.86a)} \\[3mm] B_* = -0.61(\overline{q}_a - \overline{q}_{as})\dfrac{kg\hat{z}_0}{u_{*a}^2} & \text{(7.86b)} \end{cases}$$

式中：u_{*a} 为逆风摩阻风速；所有其他变量如 7.2.1 节中所定义。

为了解决这个问题，必须指定这些稳定参数，因为它们代表了前缘的不连续程度。

在本小节中，主要关注的结果是平均蒸发率，其数值计算是在上风向中性和干燥情况下进行的，结果是风区长度 x_f 上通过平均的无量纲蒸发速率获得：

$$E_* = \frac{\overline{E} - E_a}{\rho u_{*a}(\overline{q}_s - \overline{q}_{as})} \tag{7.87}$$

式中：$\overline{q}_s$ 为水面的比湿；$\overline{q}_{as}$ 为上风面的比湿；E_a 为上风面的蒸散量；$\overline{E}$ 为水面的平均蒸散量。出于实际目的，可以根据某一水平处的风速 $\overline{u}_{ar}$ 和表面湿度的上风向参考值定义水蒸气传输系数［参见式（4.114）］，即

$$\overline{\mathrm{Ce}}_r = \frac{\overline{E} - E_a}{\rho\,\overline{u}_{ar}\,(\overline{q}_s - \overline{q}_{as})} \tag{7.88}$$

式中：r 是指观测风的参考高度 z_r。

该传输系数可用 E_* 和上风面阻力系数 Cd_{ar} 表示为

$$\overline{\mathrm{Ce}}_r = \mathrm{Cd}_{ar}^{1/2} E_* \tag{7.89}$$

图 7.12 和 7.13 显示了 A_* 和 B_* 的不同取值情况下下 E_* 与无量纲风区 $x_f/\hat{z}_0$ 的关系。这些结果表明，A_* 和 B_* 的影响可能很大，特别是前者。然而，图 7.13 表明了即使在等温条件下，即 $A_* = 0$，在 x 处湿度的不连续性可能导致空气不稳定性和动量的局部平流，从而影响传输系数。当 $A_* = B_* = 0$ 时，下风面速度剖面保持中性且不变。除了这里使用的是指数廓线而不是幂函数廓线外，这种情况可以看作萨顿问题。Yeh 和 Brutsaert（1971a）对相关的对数型廓线萨顿问题进行数值解。式（7.57）中的 m 或式（7.54）与式（7.55）中的 m 要求 x_f 的幂函数与 $A_* = B_* = 0$ 时的曲线斜率一致，且图 7.12 中 x_f 值较大式对应 $m = \dfrac{1}{7}$。这也是中性条件下式（4.18）普遍使用的值。风区长度较大情况下的数值解也与哈贝克（Harbeck，1962）的经验式（7.60）一致，而满足这一条件需要具有微小不稳定条件，即满足 A_* 和 B_* 在 $0 \sim -0.001$ 之间，有效粗糙度约为 0.04cm。这与先前在哈贝克的公式和式（7.57）之间的比较中求得的值 $\hat{z}_0 = 0.02$cm 没有很大区别。

根据湍流扩散法的结果，可以得到温度和湿度不连续条件下湖泊蒸发计算的一个近似估算方法。如图 7.12 和图 7.13 所示，当风区长度 x_f 取值大于几米时，E_* 可以看作是风区长度的简单幂函数，即

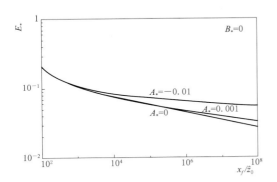 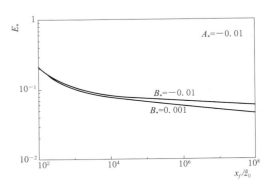

图 7.12　式（7.87）中定义的无量纲蒸发速率 E_* 与无量纲风区 $x_f/\hat{z}_0$ 在不同稳定参数 A_* 和常数 B_* 在不稳定条件下的关系 ［改编自 Weisman 和 Brutsaert（1973）］

图 7.13　与图 7.12 一样，但 B_* 分别取不同的值，而 A_* 设定为常数

$$E_* = a\,(x_f/\hat{z}_0)^{-b} \tag{7.90}$$

其中对于给定的 A_* 和 B_*，a 和 b 为常数。表 7.1 和表 7.2 给出了一些值，与哈贝克的式（7.60）和表 5.3 的比较所示，对于大型湖泊，给定 $\hat{z}_0 = 0.03$cm，式（7.90）的计算结果

是合理的。

表 7.1　　　　　　　　　　　　式（7.90）中系数 a 的一些取值

$-B_*$	$-A_*$				
	0.1	0.05	0.01	0.001	0
0.01			0.121	0.112	0.122
0.003	0.150	0.140	0.120	0.135	0.166
0.001			0.112	0.152	0.167
0			0.120	0.167	0.210

表 7.2　　　　　　　　　　　　式（7.90）中系数 b 的一些取值

$-B_*$	$-A_*$				
	0.1	0.05	0.01	0.001	0
0.01			0.036	0.042	0.045
0.003	0.025	0.034	0.046	0.081	0.089
0.001			0.042	0.082	0.093
0			0.045	0.093	0.112

值得注意的是，这里列出的湍流扩散法的结果对所采用的莫宁-奥布霍夫的 ϕ_s 函数或雷诺相似的具体表达式并不是很敏感；而且对冯·卡门常数的值也不敏感。因此，在文献中的取值范围内，式（4.42）～式（4.44）中 a_v、a_h、β_{sv}、β_{sm}、β_{sh} 值的变化，或式（4.43）的取值从 -0.25～-0.5 的变化，对计算结果的影响都不大。这种不敏感性可以解释为什么差异不大的大气条件能产生较大变化的实验 ϕ_s 函数。在提出问题的过程中，还发现必须将涡流扩散率保持与地表副层的顶部相一致，即在表面上方 50～100m 处。Blackadar（1962）的混合长度式（7.24）提供了一种合适的方法。

2. 局部平流的高阶闭合法

Rao 等（1974b）利用高阶闭合模型研究了地面条件突变引起的水汽、动量和显热的同时发生的局部平流问题。如前所述，他们的模型的控制方程为式（7.5）～式（7.8）对应的平均场，其次是相关变量的二阶矩 $\overline{(u')^2}$、$\overline{(v')^2}$、$\overline{(w')^2}$、$\overline{(u'w')}$、$\overline{(\theta'w')}$、$\overline{(\theta'u')}$、$\overline{(q'w')}$、$\overline{(q'u')}$、$\overline{(\theta')^2}$、$\overline{(q')^2}$、$\overline{(q'\theta')}$ 和能量耗散率 ε，三阶矩为类似于式（7.27）和式（7.28）的梯度传输方程，用式（7.34）给出的 K 近似计算得到，同时用相关的相似表达式计算了 $\overline{(\theta')^2}$、$\overline{(q')^2}$ 和 $\overline{(q'\theta')}$ 的分子扩散破坏率。无论是上风区还是下风区，通过简化的平衡通量风廓线可以认为下边界条件在 $x=0$ 处不连续。因此可以假设在 $z=z_0$ 处，平均变量值是 $\overline{u}=\overline{w}=0$、$\overline{\theta}=\overline{\theta}_0$、$\overline{q}=r_0q^*(\theta_0)$，其中 r_0 是表面相对湿度，q^* 是饱和比湿；假设表面通量与式（4.5）、式（4.11）和式（4.15）的梯度有关，其中 $z-d_0$ 用 z_0 代替；z_0 处的其他二阶矩（即除去通量）根据均衡条件可用湍流测量的表面通量 E、u_* 和

H 表示。

将该模型应用于 Rider 等（1963）的实验条件，该实验中空气从广阔干燥、光滑的地面（$\hat{z}_0 = 0.002$cm）向长满草的灌溉充分的区域（$\hat{z}_0 = 0.14$cm）运动。假设上风区域蒸发为零，且 $z = z_0$ 处的蒸发与下风区的湍流通量相关，从而实现地表能量和水分平衡。如图 7.14 和图 7.15 所示，在不同风区长度 x 下的 $\bar{q}$ 和 $\bar{\theta}$ 的计算曲线与 Rider 等（1963）的数据具有较好的一致性，湿润表面的相对湿度为 60%。由于没有其他实验数据，该模型主要用于确定图 7.16 所示的各种平流效应。此外，计算结果的敏感性还可用于研究边界条件下不同假设的结果。Rao 等（1974b）认为不应将计算结果视为最终结果，而应将其视为验证高阶闭合模型可行性的一个案例。

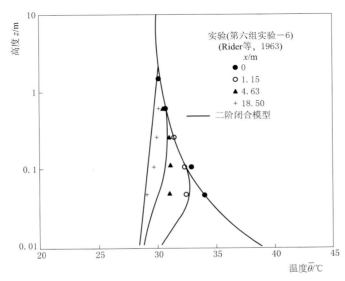

图 7.14 Rider 等（1963）实验观测与高阶闭合模型计算
的平均温度廓线比较图（改编自 Rao 等，1974b）

与早期的相关方法相比，在 Rao 等（1974b）的模型中对低层大气的湍流传输现象的高阶描述有了很大的进步。然而，对于有植被覆盖下垫面的蒸发和蒸散发问题，这种方法在下边界条件的公式化描述还有很大的不确定性。在模型中，假设平均风廓线、温度和比湿度的粗糙度 z_0 是相同的。对于大范围水面，假定 $z_{0v} = z_{0h} = z_0$（参考表 5.3）可能没有太大的问题；但是在 Rao 等（1963）的实验中，即 $z_0 = 0.14$cm 的草地表面，这一假设可能会导致相当大的误差（图 4.24）。这可能是计算结果对粗糙度变化相当敏感的原因之一。此外，计算所采用的表面相对湿度 r_0 必须预先给定，而在实际问题中，它应该是未知且是需要求解的一部分。所有这些都表明，在表面 $z = 0$ 处或附近的边界条件的最佳公式需要进一步的研究。

但如 Rao 等（1974b）的高阶湍流闭合模型在解决涉及局部平流的问题方面有很大的潜力。虽然对于某些实际问题，模型的计算复杂性可能过高，但它们对于实验研究或检验简单方法的有效性是非常有用的。

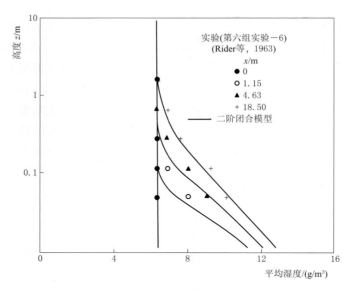

图 7.15　与图 7.14 相同但比较的是平均湿度廓线

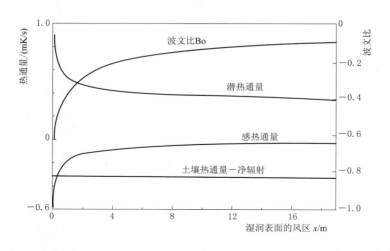

图 7.16　Rider 等（1963）实验条件下基于高阶湍流闭合模型计算
［改编自 Rao 等（1974b）得到的下风区能量平衡（以 $\overline{w'\theta'}$ 为单位）和波文比］

第8章 基于湍流观测的方法

8.1 直接或涡度相关法

涡度相关法的基础是与式（3.44）、式（3.62）和式（3.67）等有关的均值的方程。该方法通过协方差来确定水汽、动量、感热或任何其他混合物的湍流通量。因此，在均一表面的稳定条件下，表面通量 E、H 和 u 可以分别从式（3.74）、式（3.75）和式（3.76）得到。在实际中，通过观测 w' 和 q' 的脉动值，计算其适当平均时段内的协方差，就可以求出 E，u 和 H 值的确定与 E 类似。Dyer（1961）和 Swinbank（1951）分别将式（3.74）和式（3.75）首次应用到标量混合物的计算中。

8.1.1 仪器

脉动值 w' 和 q'、u'、θ'，或任何标量 c' 之间的协方差可以通过对它们之间进行乘积之后取平均值来进行计算。观测这些脉动值的方法有很多。对于风速脉动，最早使用的是热线式风速计，这种传感器在市场上可以购买到。用于此项观测的其他仪器还有具有连续波或脉冲波的超声风速计［例如 Kaimal 等（1968）］、压力球风速计［例如 Goltz 等（1970）］、偏航球风速计［例如 Yap 等（1974）］、各种类型的螺旋桨风速计［例如 Hicks（1972b）］、风向标或三维风向标［例如 Wieringa（1972）］和推力风速计［例如 Smith（1974）］。

观测温度脉动的方法可能比观测其他混合物的方法更容易，因为可供使用的有不同类型的热电偶、热敏电阻和电阻温度计，其中后者通常使用铂丝。这些传感器具有较高的精度和响应特性。

对于湿度脉动观测，最初尝试使用的仪器是干湿球温度计（Dyer，1961；Hicks，1970）。随后，该仪器被具有更快响应特性的其他仪器所取代。常用的仪器是具有各种校准方法的莱曼-阿尔法湿度计［例如 Miyake 和 McBean（1970）、Smith（1974）、Buck（1976）］。其他使用的仪器还包括露点湿度计［例如 Miyake 和 McBean（1970）］、微波折射仪-湿度计［例如 McGavin（1971）、Martin（1971）］、敏化石英晶体振荡器湿度计［例如 Hicks 和 Goodman（1971）］和单光束红外湿度计［例如 Hyson 和 Hicks（1975）、Raupach（1978）］。关于上述仪器的更多细节，读者可以参考相关文献。

对于 CO_2 的观测，Desjardins 和 Lemon（1974）利用改进的红外 CO_2 分析仪观测植被冠层上方 CO_2 浓度变化。

8.1.2 仪器要求

涡度相关法的理论基础很简单,在过去的一二十年中,其应用取得了长足的进步,但这种方法对仪器的要求相当严格,还存在一些方法自身的难题,这些难点主要来自以下要求:①传感器必须具有足够快的响应时间;②平均时段必须足够长;③速度传感器的方向和位置必须精确以确保其他一个或多个分量与速度的相关关系的准确性。

1. 传感器响应

如果传感器的响应太慢,则不能观测到较高频率的脉动,以致部分互相关没有被观测到而造成通量值被低估。光谱测量法〔例如 Miyake 和 McBean(1970)、McGavin 等(1971)、Smith(1974)、Wesely 和 Hicks(1975)〕表明观测涉及速度、温度和比湿脉动的整个频谱或共有频谱的带宽应该为

$$10^{-3} \leqslant \frac{nz}{\bar{u}} \leqslant 5 \sim 10 \tag{8.1}$$

式中:z 为高程,m;$\bar{u}$ 为平均速度,m/s;n 为频率,Hz。解决传感器响应慢的问题的办法是可以将其放置在地表以上更高的位置,因为较高处的湍流频率通常较低。然而,离地面越高,越难满足恒定通量层所需的足够长的下风区长度的条件。因此,由于风区长度的限制,不同传感器的适用性就有一定的差别。例如,现在普遍认为响应时间为 0.3s 的螺旋桨式机械风速传感器用来确定涡度相关性有一定的局限性(Hicks,1972b;Tsvang 等,1973)。类似地,在观测湿度的装置中,响应时间为 0.3s 的干湿球温度计,比前面描述的其他类型传感器要差(Hicks 和 Goodman,1971)。上限响应极限为 0.1Hz 的露点湿度计也有此类问题(Miyake 和 McBean,1970)。

2. 平均时段

在式(3.44)、式(3.62)和式(3.67)等湍流传输公式中,均值与短时高频脉动是分开的,但均值仍受到长时段脉动的不稳定性和趋势的影响。因此,平均时段应尽可能短以保证时间序列的平稳性和不受任何趋势的影响,但是也应该足够长以包含湍流比湿频谱中最慢的低频波动。式(8.1)给出的波谱带宽下限表明,对于典型的高度 5m、平均风速为 5m/s 波谱频率应该是 10^{-3} Hz;也就是说平均时段应该是 34min。因为对一个给定的平均时段,当脉动的时段是平均时段的一半时,其影响会被消除。所以为确保结果的可靠性,目前的一致意见是平均时段至少要达到 15min,或许可长达 1h(Tsvang 等,1973)。在最近的涡度相关法的应用中,采用的平均时段大概在这个范围内变化,大多为 30min 左右。在某些情况下,需要消除趋势对均值的影响。

3. 速度传感器定向

速度的两个分量被认为是平行和垂直于水平面的,在一个倾斜的平面上也通常这么假设。当垂直和水平速度传感器的方向不准确时,风速水平分量 u' 的一部分被记录为垂直分量 w'。这种情况下,对湍流剪切应力 $\overline{u'w'}$ 的估计误差最大,对标量涡流通量的估计也存在一定的误差。考虑系统的垂向速度传感器以逆时针方向倾斜一定角度,则垂直的水汽通量为

$$\overline{w_a'q'} = \cos\alpha \, \overline{w'q'} - \sin\alpha \, \overline{u'q'} \tag{8.2}$$

而实际上水汽通量应该是$\overline{w'q'}$，类似的表达式可以应用于任何其他的标量，产生的误差比为

$$\varepsilon_t = \cos\alpha - 1 - \sin\alpha(\overline{u'q'}/\overline{w'q'}) \tag{8.3}$$

在轻微的非稳定的条件下，由于 α 很小，协方差比率约为 -2，Wesely 和 Hicks（1975）将式（8.3）近似为 $\varepsilon_t = 2\sin\alpha$，每倾斜 1°约产生 3.5%的误差。在中性条件下，协方差比率下降到 -4 左右，根据式（8.3），每倾斜 1°将产生约 7%的误差；而在不稳定的条件下，协方差比率接近为 -1，每倾斜 1°仅产生约 1.7%的误差。这些估计值与已发表的实验中实测误差基本一致。对于热通量，Wieringa（1972）的估计表明仪器中每倾斜 1°将产生（4±2）%的误差。Yap 等（1974）发现，在大气不稳定条件下，每倾斜 1°误差为 5%；在稳定条件下，可能高达 11%。对于 CO_2 通量，Desjardins 和 Lemon（1974）发现，每倾斜 1°误差小于 10%，倾斜 3°误差可大至 25%。

避免这些误差最好的方法是仔细调整好仪器的方向。Kaimal 和 Haugen（1971）建议，在实践中仪器对准应精确到 0.1°。Dyer 等（1970）提出滤波技术减少倾斜误差，但有研究指出这种技术会减少通量的测量值（Kaimal 和 Haugen，1971；Wieringa，1972）。对于船上观测，Mitsuta 和 Fujitani（1974）提出了一种方法来纠正船舶运动产生的误差。

8.2　耗散法

该方法也被称为方差平衡法，需要观测湍流变量，其公式中涉及一些相似理论和其他假设。由于使用到的仪器昂贵且复杂，而且一些假设尚未得到有效的验证，所以该方法还处于发展阶段。最近的经验表明，它最终很可能成为一个实用的方法。

通量，也就是协方差，不是直接测定的，而是通过观测湍流的不同统计特征后估算得到的。因此，原则上只要湍流观测和数据处理设备可用于涡度相关法，该方法就能同样被使用。与涡度相关法不同，耗散法的主要优势在于不受传感器的安装位置和校准方面的严格限制。

耗散法基于平衡方程计算方差。在均一表面上大气稳定条件下比湿方差计算使用式（3.80），湍流动能的方差计算使用式（3.81），温度脉动的均方根计算也使用类似方程。如果需要，还可以添加其他标量的方差平衡方程。为了将方程式（4.26）、式（4.27）和式（4.28）应用于地表副层，可将这些方程改写为

$$E = \rho[k(z-d_0)u_*\varepsilon_q/\phi_{sv}]^{1/2} \tag{8.4}$$

$$u_* = [k(z-d_0)\varepsilon/R_m]^{1/3} \tag{8.5}$$

$$H = \rho c_p[k(z-d_0)u_*\varepsilon_\theta/\phi_{sh}]^{1/2} \tag{8.6}$$

对于任何标量混合物，有

$$F = [k(z-d_0)u_*\varepsilon_c/\phi_{sc}]^{1/2} \tag{8.7}$$

式中：ε_θ、ε_q 和 ε_c 分别为 $\overline{\theta'^2}/2$、$\overline{q'^2}/2$ 和 $\overline{c'^2}/2$ 的摩尔分子扩散率；ε 为湍流动能（$\overline{u'^2}+\overline{v'^2}+\overline{w'^2}$）/2 的消散率。

式（8.4）、式（8.6）和式（8.7）假设标量方差垂向通量的散度{例如比湿 $\partial(\overline{w'q'^2})/$

∂z［参考式（3.80）］} 可忽略不计。Wyngaard 和 Cote（1971）对于 θ' 以及 Leavitt 和 Paulson（1975）对 q' 的实验研究表明，这些散度项相对较小。在式（8.5）中，R_m 项的形式取决于简化的湍流动能方程［式（3.81）］中所作的假设。Busch 和 Panofsky（1968）指出，如果忽略湍流动能和压力传输的垂向通量的散度，R_m 项可写为

$$R_m = \phi_{sm} - \frac{z - d_0}{L} \tag{8.8}$$

耗散法中 R_m 的第二种应用形式是基于 Wyngaard 和 Cote（1971）的经验结果，即对于 $-2 < \zeta \leqslant 0$，有

$$R_m = \left(1 + 0.5 \left| \frac{z - d_0}{L} \right|^{2/3} \right)^{3/2} \tag{8.9}$$

当耗散项 ε_q、ε 和 ε_θ 为已知时，式（8.4）～式（8.6）具有三个隐式未知数［参考式（4.25）］，分别为通量 E、u_* 和 H。还需要另一个标量的通量时，则新加入的第四个未知数 F 必须包含在式（8.7）中。求解式（8.4）～式（8.6），可采用迭代法。例如，假设初始的中性条件成立，则有 $\phi_{sv} = \phi_{sm} = \phi_{sh} = 0$，这提供了通量的一次估计值，将通量估计值代入式（4.25）求出 L，然后根据新的 ϕ 函数值求出通量的二次估计值，以此类推进行迭代。Hicks 和 Dyer（1972）及 Champagne 等（1977）构建了辅助函数，便于求解这个隐式方程组。

确定 ε_θ、ε_q 和 ε 的方法将在以下两节中讨论。

8.2.1　直接方差耗散法

由黏性和分子扩散引起的湍流耗散发生在最小尺度的涡旋中，其中湍流通常被认为是各向同性的，因此将式（3.82）近似为（Taylor，1935）

$$\varepsilon = 15\nu \overline{\left(\frac{\partial u'}{\partial x} \right)^2} \tag{8.10}$$

如果使用 Taylor（1938）的假设 $t = x / \overline{u}$，并将对流与瞬时加速度联系起来，式（3.80）中的耗散项［参考式（3.47）］和式（8.10）可写为

$$\varepsilon_q = \frac{3\kappa_\nu}{(\overline{u})^2} \overline{\left(\frac{\partial q'}{\partial t} \right)^2} \tag{8.11}$$

$$\varepsilon = \frac{15\nu}{(\overline{u})^2} \overline{\left(\frac{\partial u'}{\partial t} \right)^2} \tag{8.12}$$

$$\varepsilon_\theta = \frac{3\kappa_h}{(\overline{u})^2} \overline{\left(\frac{\partial \theta'}{\partial t} \right)^2} \tag{8.13}$$

因此，实验观测上的关键在于测量平均风速和计算 θ'、q' 和 u' 随时间导数的方差。Champagne 等（1977）认为对这些量的观测要求传感器的空间分辨率降到克尔莫格罗夫微尺度 $(\nu^3/\varepsilon)^{1/4}$，这在大气中为 1mm 的数量级，并且还要求设备具有足够高的响应频率（约 10^3 Hz）和足够高的精度。他们还指出，由泰勒假定得到的消散率在高强度湍流中被高估了，因此，根据 Heskestad（1965）和 Lumley（1965）的研究，该方法应进行更正，Boston 和 Burling（1972）以及 Stegen 等（1973）研究过这种求解 ε 和 ε_θ 的方法，但 ε_q

还尚未用这种方式求解过。

8.2.2 惯性耗散（或谱密度）法

这种方法基于克尔莫格罗夫假设［例如 Tennekes 和 Lumley（1972）］，对仪器的要求不像直接法那么严格。谱密度是在惯性层区间内一系列的波数 κ，其一维波谱可表示为

$$F_q(\kappa) = \beta_q \varepsilon^{-1/3} \varepsilon_q \kappa^{-5/3} \tag{8.14}$$

$$F_{uu}(\kappa) = \alpha_u \varepsilon^{2/3} \kappa^{-5/3} \tag{8.15}$$

$$F_\theta(\kappa) = \beta_\theta \varepsilon^{-1/3} \varepsilon_\theta \kappa^{-5/3} \tag{8.16}$$

式中：β_q、α_u 和 β_θ 是克尔莫格罗夫常数；κ 是波数，通常以每单位长度的弧度表示，它与循环频率 n 有关。根据泰勒假定（1938），有 $\kappa = 2\pi n/\overline{u}$，或由 $\kappa = 2\pi f_n/z$ 得到降低的频率 $f_n = nz/\overline{u}$，f_n 可解释为波高与波长的比值。在谱函数 $F(\kappa)$ 整个 κ 范围内进行积分可以分别得到 q'［即式（3.46）中的 $2\overline{m}$］、u' 和 θ' 的方差。具体的比湿谱的例子参见图 8.1 和图 8.2。

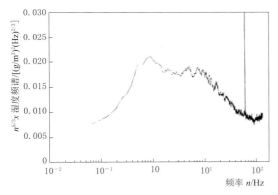

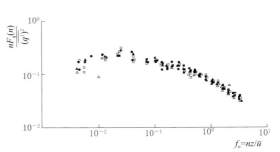

图 8.1　明尼苏达州（1973 年 9 月）耕地上的湿度谱（5/3）半对数图［惯性层区间表现为 1～8Hz 的水平平稳带，较高频率段的下降是莱曼-阿尔法湿度计的响应特性造成的，60Hz 时产生的尖峰由线路噪声引起（Champagne 等，1977）］

图 8.2　红外线湿度计测量的归一化的比湿频谱图［惯性层区间分段的斜率为 −2/3，不同的点代表在 −ζ=0.07～1 范围内 6 个间隔上的稳定性等级（Raupach，1978）］

尽管许多研究都测定了克尔莫格罗夫常数，但其数值大小仍然存在一些不确定性。常数 α_u 通常取 0.55 左右，McBean 等（1971）研究表明 α_u 值为 0.54±0.09，Paquin 和 Pond（1971）指出其值大小为 0.57±0.10，Hicks 和 Dyer（1972）报道的大小为 0.54±0.03。但也有一些人指出 0.55 太大，α_u 更接近 0.50［例如 Frenzen（1977）、Champagne 等（1977）］。多数研究表明，β_q 和 β_θ 的值都在 0.80 左右。Paquin 和 Pond（1971）发现 β_θ 的值为 0.83±0.13，Wyngaard 和 Cote（1971）发现其值为 0.79±0.10，Hicks 和 Dyer（1972）发现其值为 0.71±0.04，Champagne 等（1977）发现其值为 0.82±0.04。对于 β_q，Paquin 和 Pond（1971）发现其值为 0.80±0.17，Smedman-Hogstrom（1973）发现其值为 0.58±0.2，Leavitt（1975）发现其值为 0.81±0.31，Raupach（1978）发现

其值为 0.88 ± 0.26。

将式（8.14）～式（8.16）应用于惯性层区间内，对于一个或多个 κ 值，通过测量频谱密度 $F(\kappa)$ 可以确定耗散的相关参数 ε、ε_θ 和 ε_q，例如图 8.1 中频率为 1Hz 时的情况。还有一个更为可靠的方法是在一定范围的波数上对频谱进行积分以获得在该范围内的波数的方差贡献，比如惯性层区间内波数 $\kappa_2-\kappa_1$ 的方差贡献可以从测量结果中计算出来。另外一个不同但等价的确定耗散项的方法是利用惯性层区间内的结构函数并对其进行空间分离，Paquin 和 Pond（1971）使用这种方法来确定克尔莫格罗夫常数。

惯性耗散法是由 Deacon（1959）首次提出的，Taylor（1961）则首先证明了它的可行性。

总之，对于如何运用耗散方法（无论是直接的还是基于惯性的）来获得准确的结果，目前还没有达成共识。毫无疑问，这些方法在实际应用之前尚需进一步研究。

第9章　基于平均廓线观测的方法

本章所述方法适用于具有足够风区长度的均一下垫面，是直接基于第4章中关于大气边界层相似性理论发展的方法。本章首先简要介绍了廓线表达式的应用，接着总结了一些不同形式的整体传输系数及其相关的应用。

9.1　基于相似理论的平均廓线法

在有两层及以上平均气体浓度的观测时，可以用第4章中给出的边界层通量廓线方程来估算地表通量，本章节标题中出现的"平均"一词是指所使用的 $\bar{q}$、$\bar{u}$ 和 $\bar{\theta}$ 数值是在某个时间段进行平均而获得的。根据第8.1.2节中的讨论，约 $30\sim60\mathrm{min}$ 的平均时间比较合适。估算地表通量时虽然可以使用梯度廓线，但最好使用积分廓线。廓线方程的形式取决于观测的副层位于下垫面以上的高度，图3.1显示了大气边界层的不同副层。

9.1.1　近地表副层中的平均廓线观测

近地表副层是完全湍流层，其范围至少在粗糙高度 h_0 三倍以上至 $50\sim100\mathrm{m}$ 以下的区域。近地表副层中的廓线方程可以用式（4.33a）～式（4.35a）来表示。如果最低观测的高度为地面，廓线方程可以用式（4.33b）～式（4.35b）表示，第4.2.2节中给出了这些方程中的 Ψ 函数。需要注意的是，式（4.33a）～式（4.35a）中的下标1和2分别指的是两个不同的观测高度，在这两个水平面上分别测量 $\bar{q}$、$\bar{u}$ 和 $\bar{\theta}$ 的值，这三个方程中观测高度不一定是相同的。当然，式（4.33b）～式（4.35b）的观测高度也不一定相同。还要注意的是，一般来说，任何其他标量混合物（水汽或显热除外）的表面通量 F 可以用类似的方程计算，即

$$F = a_c k u_* \rho (\bar{c}_1 - \bar{c}_2) \left[\ln\left(\frac{z_2 - d_0}{z_1 - d_0}\right) - \Psi_{sc}(\zeta_2) + \Psi_{sc}(\zeta_1) \right]^{-1} \tag{9.1a}$$

式中：a_c 和 Ψ_{sc} 分别为 a_v 和 Ψ_{sv} 的相似项；c 为平均浓度。可以假设 $a_c = a_v$ 和 $\Psi_{sv} = \Psi_{sc}$。

当最低观测高度为地面时，通量可表示为

$$F = a_c k u_* \rho (\bar{c}_s - \bar{c}) \left[\frac{z - d_0}{z_{0c}} - \Psi_{sc}(\zeta) \right]^{-1} \tag{9.1b}$$

式中：$\bar{c}_s$ 和 $\bar{c}$ 分别为地面和 z 高度的平均浓度；z_{0c} 为混合物的标量粗糙度（参考第5章）。

任何混合物的通量，不管是 E、u_* 还是 H，都不能简单地通过相应浓度的观测来计算，因为式（4.33a）～式（4.35a）每个都包含 u_* 动量通量，而式（4.25）中定义的奥布

霍夫长度 L 又包含 u_*、H 和 E 这三个通量。实际中有两种确定通量问题的替代方法。

1. 平均廓线已知情况下的计算方法

该方法同步求解式（4.33a）～式（4.35a）［或式（4.33b）～（4.35b）］中的三个未知数 u_*、H 和 E，这要求至少有两个水平高度上的平均比湿、平均风速和平均温度的观测值。数值解可以用不同的方法实现。一种简便方法是迭代法：假设式（4.33a）～式（4.35a）中 $L=\infty$，并省略 Ψ_* 项，得到 E、u_* 或 H 的初始估计值，同时基于式（4.25）也获取了 L 的初始估计值；然后将 L 的初始估计值代入式（4.33a）～式（4.35a）中，得到 E、u_* 或 H 的二次估计值，再对 L 进行二次估计；如此循环，当连续的估计值不再显著变化时，停止迭代。当有两个以上高度的 $\overline{q}$、$\overline{u}$ 和 $\overline{T}$ 的观测值时，对于式（4.33a）～式（4.35a），可由最小二乘法得到通过原点的斜线，其斜率即为 E、u_* 和 H 的迭代值。

求解式（4.33a）～式（4.35a）的另一方法涉及运用整体理查森数，如果在 $\overline{q}$、$\overline{u}$ 和 $\overline{T}$ 所外的两个水平面 z_1 和 z_2 上观测，参考式（4.39）可得

$$Ri_B = -\frac{g(z_2-z_1)[\overline{\theta}_1-\overline{\theta}_2+0.61T_a(\overline{q}_1-\overline{q}_2)]}{T_a(\overline{u}_2-\overline{u}_1)^2} \tag{9.2}$$

进一步假设 $a_v=a_h$ 且 $\Psi_{sv}=\Psi_{sh}$，则式（9.2）运用于地表副层时，可写为

$$Ri_{Bs}=(\zeta_2-\zeta_1)[\ln(\zeta_2/\zeta_1)-\Psi_{sh}(\zeta_2)+\Psi_{sh}(\zeta_1)]a_h[\ln(\zeta_2/\zeta_1)-\Psi_{sm}(\zeta_2)+\Psi_{sm}(\zeta_1)]^2 \tag{9.3}$$

对于给定的一个实验观测，z_2、z_1 和 d_0 是已知的并且不变的，所以式（9.3）的右边仅为 L 的函数，按照 4.2.2 节中的关系，可得式（9.3）的反函数为 $L=L(Ri_{Bs})$，L 还与廓线观测值 $\overline{q}_1$、$\overline{q}_2$、$\overline{u}_1$、$\overline{u}_2$、$\overline{T}_1$ 和 $\overline{T}_2$ 有关，$L=L(Ri_{Bs})$ 的数学表达式可以通过图解或拟合曲线法得到。一旦根据式（9.3）的反函数求出 L，就可以通过式（4.34）直接求出 u_*，再通过式（4.33a）和式（4.35a）求出 E 和 H。当观测高度为地面时，式（4.33b）～式（4.35b）的使用与上述过程基本相同，但整体理查森数应写成

$$Ri_{Bs}=\frac{\zeta\{\ln[(z-d_0)/z_{0h}]-\Psi_{sh}(\zeta)\}}{a_h\{\ln[(z-d_0)/z_{0m}]-\Psi_{sm}(\zeta)\}^2} \tag{9.4}$$

其中假设 $a_v=a_h$、$\Psi_{sv}=\Psi_{sh}$ 且 $z_{0v}=z_{0h}$。需要注意的是 z_{0h} 是 u_* 的函数，这在式（9.4）中是未知的。由于式（9.4）仅用于计算稳定性参数，因此，z_{0h} 粗略估计值已经可以满足精度要求了。z_{0h} 的粗略估计也可以通过一些其他方式获得，例如使用由对数分布式（4.6）获得的 u_* 的粗略估计，或者更简单地通过假设 z_{0h} 等于 z_{0m} 乘以一个比例系数（参见第 5 章）。

需要确定其他混合物的通量时，廓线方程式（9.1a）或式（9.1b）作为第四个方程，同时也增加了第四个未知数。

廓线方程式有时可以用整体传输系数的形式来表示，其中整体传输系数由式（4.114）、式（4.115）和式（4.117）定义。在地表副层，水汽的整体传输系数由式（4.119）给出，显热的整体传输系数由类似表达式给出。这只是一个形式问题，对于一个非中性的近地表副层，式（4.114）、式（4.115）和式（4.117）在系数中包含三个通量 E、u_* 和 H，所以它们的求解类似式（4.33a）～式（4.35a）。

2. 平均廓线和一种其他混合物通量已知情况下的计算方法

该方法除了考虑标量的平均廓线外，还已知另一个相似标量的平均廓线和地面通量。在这种情况下，相似性是指廓线方程式（4.33a）～式（4.35a）中的 Ψ 函数相等。

式（1.3）中定义的波文比（Bowen，1926）是这个原理最早的应用。能量平衡方法（参见第 10.1.1 节）中的波文比可表示为

$$\text{Bo} = \frac{c_p(\overline{\theta}_1 - \overline{\theta}_2)}{L_e(\overline{q}_1 - \overline{q}_2)} \tag{9.5}$$

在近地表副层中，式（4.33a）和式（4.35a）假设 $a_v = a_h$ 和 $\Psi_{sv} = \Psi_{sh}$，在水面上，式（9.5）通常使用水面 $\overline{\theta}_s$ 和 $\overline{q}_s$ 值来分别替代 $\overline{\theta}_1$ 和 $\overline{q}_1$，这与式（4.33b）和式（4.35b）中的处理类似。由于 z_{0v} 一般不等于 z_{0h}（见第 5 章），所以这个过程不完全正确。但由于空气中的热量、水汽和大多数其他气体的分子扩散特性非常接近，在大多数实际问题中，这个误差可以忽略。因此，已知显热通量、平均比湿以及近地表副层平均温度的观测值时，根据波文比的概念可以得到一个简单的计算蒸发的表达式，即

$$E = \frac{H(\overline{q}_1 - \overline{q}_2)}{c_p(\overline{\theta}_1 - \overline{\theta}_2)} \tag{9.6}$$

类似地，借助于式（4.33a）和式（9.1a），空气中的任何其他标量混合物的表面通量可以用平均比湿和浓度的观测值以及已知的蒸发速率表示：

$$F = \frac{E(\overline{c}_1 - \overline{c}_2)}{\overline{q}_1 - \overline{q}_2} \tag{9.7}$$

9.1.2 动态副层中的观测

近地表副层下部的平均浓度的廓线呈对数分布。中性条件下，平均浓度的廓线在整个近地表副层呈对数分布，达到 $50 \sim 100\text{m}$ 的高度。Bradley（1972）观察到，即使在极其不稳定的情况下，草地 1m 以上的风廓线也呈对数分布。标量混合物平均浓度的廓线也是这种情况。

在对数风廓线区域，如果 L 的计算独立于相关的通量，则可以大大简化 E、H 和 u_* 的计算方法。例如，联立式（4.33a）中的对数部分和式（4.34a），可获得蒸发速率为

$$E = \frac{a_v k^2 \rho(\overline{u}_2 - \overline{u}_1)(\overline{q}_1 - \overline{q}_2)}{\{\ln[(z_2 - d_0)/(z_1 - d_0)]\}^2} \tag{9.8}$$

Thornthwaite 和 Holzman（1939）最先推导出 $d_0 = 0$ 时这一公式的形式。这个公式多年来一直是许多研究的主题，式（9.8）的完整形式由 Pasquill（1949b）提出，Rider（1957）用此公式计算了不同作物覆盖时的蒸散量。

当下层观测在地面进行时，廓线方程包含粗糙度参数。对于蒸发率的计算，联立式（4.33b）和式（4.34b）来替代式（9.8），即

$$E = \frac{a_v k^2 \rho \overline{u}_1(\overline{q}_s - \overline{q}_2)}{\ln[(z_2 - d_0)/z_{0v}]\ln[(z_1 - d_0)/z_{0m}]} \tag{9.9}$$

式（4.35b）和式（9.2）分别表示 H 和 F 的类似表达式，式中 z_2 为观测 $\overline{q}_2$ 的高度，z_1 为测量 $\overline{u}_1$ 的高度。式（9.9）的类似表达式首先由 Sverdrup（1937）基于光滑表面上

某种黏性副层条件下提出，但假设 $d_0 = 0$，$z_{0m} = z_{0v}$ 且与 ν/u_* 成比例。在 1946 年，Sver-drup（1946）也在粗糙海面条件下，假设 $d_0 = -z_0$ 且 $z_{0v} = z_{0m} = z_0$，得到了类似于式（9.9）的表达式。

9.1.3　上层大气观测：大气边界层廓线法

对于均匀下垫面上方的大气，在稳定条件下，根据 4.3.2 节给出的大气边界层的整体传输方程，可以利用高空大气或无线电探空测风仪的数据来计算地表通量。原则上，如果有近地表副层中 $z = z_1$ 及 $z = \delta$ 边界层顶部的观测值，地表通量可以通过式（4.74）、式（4.76）、式（4.77）和式（4.78）求得。当下层观测在地表面时，通量值由式（4.75）、式（4.76）、式（4.77）和式（4.79）给出。

4.3.1 节讨论了几种定义和确定大气边界层厚度 δ 的方法。对于实际计算蒸发和显热通量时，直接从平均廓线推算出的高度是最可靠的。非稳定条件下，δ 是在逆温层之下的对流混合层上边界高度。稳定条件下，δ 的定义并不容易，但可以认为是地表逆温层的厚度，也就是从地表到大气出现明显降温区域的高度，或风速廓线中最大风速的最低高度。

和 9.1.1 节中关于地表副层的计算一样，任何混合物的通量不可能仅从其浓度的测量结果中计算，不管是 E、u_* 还是 H。式（4.74）～式（4.79）中都包含 L 的函数，所以每个公式都隐含有 E、u_* 和 H。因此，这三个通量必须联立求解。这种联立求解方案类似于 9.1.1 节中讨论的地表副层的方法。Mawdsley 和 Brutsaert（1977）提出了这种确定蒸发的方法，但并不是非常完善，主要是因为当时还没有确定函数关系式 $D = D(\delta/L)$，不久，这个关系式由 Brutsaert 和 Chan（1978）确定。需要注意的是，因为函数 C 与函数 D 并不相同，所以不可能利用上层大气数据和波文比方法［参考式(9.6)］计算蒸发。

为了应用大气边界层廓线法，需要地面以上 2km 左右大气中的平均风速、温度和比湿的廓线数据，这些数据已经公布并可供世界各地的许多站台使用，通常每天两次，分别在格林尼治标准时间 00：00 和 12：00(UT)，通过探空气球的方式确定廓线数据。仅在美国就有超过 70 个无线电探空测风仪测站。

如上所述，式（4.74）～式（4.79）的相似性公式适用于均匀平面上的稳定流状态。这些条件也意味着其有一定的局限性，该方法不适用于海岸线或其他有强烈局部平流的地区，也不能在天气变化和锋面活动时使用。此外，目前已公布的原始数据并不总是准确的，而且廓线观测的垂直间隔经常过大。幸运的是，这项技术的不断进步使得这个问题很可能在未来得到解决。另一个因素是相似函数 A、B、C 和 D 仍然存在不确定性。如 4.3.2 节所示，在实验中确定的值的分散程度或不一致性还很明显。

尽管有这些限制，但重要数据的可用性和相似性方法的可靠基础使这种方法很有吸引力。一个有趣的特点是，当用在均一的下垫面上时，它得到的是区域估计值。实际上，下垫面不连续性对大气边界层的影响需要有数十公里的下风区距离才能反映到大气边界层的顶部。因此观测到的廓线反映了整个上风域的下垫面条件。解决实际问题时，这个方法还需要更多的研究才能充分发挥其优势。尽管如此，这可以作为一种有效的方法来验证其他方法的可靠性。

9.2　整体传输方法

该方法包括整体传输方程的应用，如式（4.114）、式（4.115）和式（4.117）。系数 Ce_r、Cd_r 和 Ch_r 可以通过理论上或经验的方法确定。如果用式（4.114）确定蒸发，必须已知比湿 $\overline{q}_s$。因此，这种方法大多用于水面蒸发，这时 $\overline{q}_s$ 可以简单地用水面温度条件下的饱和比湿 $q^*(T_s)$ 值替代，由于空气中的 $\overline{q}$ 和 $\overline{u}$ 不总在同一高度测量，所以应该将式（4.114）推广如下：

$$E = Ce\,\rho\,\overline{u}_1(\overline{q}_s - \overline{q}_2) \tag{9.10}$$

式中：下标 1 和 2 指的是观测风速和比湿的水平面高度 z_1 和 z_2。

整体传输方法的主要优点在于，它可以基于常规气象观测中容易获得的平均风速、水面温度和空气湿度的数据来计算蒸发。

9.2.1　在均一表面上

整体传输方法最常用于地表副层中。式（4.33b）～式（4.35b）的形式可以在一定程度上证明这一点，由式（5.21）和式（5.10）可以计算出理论整体传输系数。这些方程表明，如果粗糙度参数是常数，或大气是中性的，或 $(z-d_0)/L$ 中反映的稳定性影响是常数或可忽略不计，则使用地表副层中的观测数据得到的理论整体传输系数只能是常数。例如，在中性条件下，借助式（9.9）和式（9.10），水汽的传输系数可以表示为

$$Ce = \frac{a_v k^2}{\ln\left[(z_2 - d_0)/z_{0v}\right]\ln\left[(z_1 - d_0)/z_{0m}\right]} \tag{9.11}$$

在一定的正常风速范围内，这些条件显然在海洋表面能得到满足。粗糙度和大气稳定性都接近恒定，因此整体传输系数被广泛用于计算动量、热量和水汽输送。5.1.2 节和 5.2.2 节回顾了一些最近使用的观测方法和经验方程。尽管如此，目前确定的整体传输系数的不确定性还相当大。这表明，需要准确的结果时，只使用平均系数是不够的，还需要使用 9.1.1 节中所述的廓线技术，包括考虑大气稳定性、标量粗糙度，甚至是海况的影响。

从某种意义上来说，式（9.9）的形式也印证了斯特林（Stelling，1882）提出的蒸发计算公式（2.5）的正确性。从式（3.2）、式（3.5）和式（3.6）可以看出，水汽压 e 与比湿度 $\overline{q}$ 成正比，附加常数 A_s 的引入是提高平均风速和蒸发率相关度的一种方式，虽然这样处理的理论依据并不充分，但类似于斯特林提出的式（2.5），这对描述水面或潮湿表面的蒸发很有效。在 Penman（1948；1956）、Brutsaert 和 Yu（1968）、Shulyakovskiy（1969）和 Neuwirth（1974）等的文献中，可以找到处理各种问题和不同表面的一些例子。

9.2.2　湖泊蒸发

面积较小的湖泊或其他水体很少满足 7.1.3 节中讨论的风区长度要求。在这种情况下，在均一表面下推导出的整体传输系数往往不适用，需要考虑局部平流的影响。目前为

止，实际应用中还没有一个通用的解决方法，已有的几种解决方法叙述如下。

1. 湖泊系数的校准

由于湖库几何形状、周围环境的地形、土地利用和气候的不同，任何湖库都有特定的水汽交换特征。此外，气象站的位置往往有其自身的特点和代表性，这意味着很难提出任何条件下任何湖库都有效的水汽或传热系数表达式。因此，应用整体传输方法最合理的方式可能是对所研究的湖泊系数进行区域校准。最简单的校准形式包括建立 $\overline{u}_r$ 与 $\overline{E}/(\overline{q}_s - \overline{q}_a)$ 或 $\overline{E}/(\overline{e}_s - \overline{e}_a)$ 之间的关系

$$\overline{E} = \mathrm{Ce}\,\rho\,\overline{u}_r(\overline{q}_s - q_a) \tag{9.12}$$

或

$$\overline{E} = N\overline{u}_r(\overline{e}_s - \overline{e}_a) \tag{9.13}$$

式中：$\overline{E}$ 为整个湖面上的平均蒸发量；q_s 和 e_s 分别为饱和比湿湿度和饱和水汽压；q_a 和 e_a 是在湖库附近的参考点测得的大气比湿和水汽压；$\overline{u}_r$ 能够代表研究区的平均风速；Ce 和 N 是整个湖泊的传输系数。

式（9.12）和式（9.13）中的 $\overline{E}$ 值来自其他独立估算方法，如能量平衡法、较详细的廓线观测数据、湖面上的涡度相关法、精确的水量平衡法等。显然，Ce 和 N 值取决于 $\overline{u}_r$ 和 $\overline{q}_a$ 或 $\overline{e}_a$ 的测量位置和其他影响因素，如风向，风区的性质和风区长度以及大气状态。但对于计算长时段平均值而言，后三者的影响通常被忽略。除了式（9.12）和式（9.13）之外，这个校准步骤也可以和其他方程一起使用。许多研究者仍然偏爱斯特林（Stelling，1880）提出的方程式（2.5），一些人也试图通过对平均风速 $\overline{u}_r$ 取幂函数，来改良式（9.12）和式（9.13）。然而，这些不同形式的处理似乎并没有在很大程度上提高该方法的准确性，所以通常认为式（9.12）和式（9.13）的简洁形式是满足计算精度要求的。Harbeck 和 Meyers（1970）、Neuwirth（1974）及 Hoy 和 Stephens（1979）发表了这种方法的应用实例。在这些研究中，用于校准的 $\overline{E}$ 由能量平衡法确定。

当湖面风区长度在几千米范围之内时，仅使用一个点的观测数据就可以得到满意的结果。但是，当湖面变为中尺度时，往往会造成水面条件的一些变化，需要改进的方法。Phillips（1978）提出了一种经验质量传输法来计算安大略湖的蒸发量，他所用的数据来自湖上风区的几个陆地站观测的资料。通过湖泊上 88 个网格点的空中辐射温度计测得湖泊的每日平均水面温度。根据表面水温和上风区地面气温，每个网格点选择一个稳定等级。根据网格点的稳定性等级，将每日平均湿度和风速数据用于五个回归模型中的一个，来计算整个湖面上 88 个点的湿度和风速。然后在每个网格点上使用质量传输方程来计算局部蒸发。如果能从遥感图像上获得水面温度，这种方法在大型湖泊的使用会更有效。

2. 利用岸边观测来校准湖泊系数

当没有湖泊系数校准所需的数据时，需要使用理论模型或根据其他湖泊以前的实验研究结果来导出整体传输系数。

如 7.2.1 节所述，在某些限制性不强的假设下可以得到有限湿润表面的蒸发或热量传输的理论解，这些理论解可用于求解湖泊蒸发问题。没有其他可用信息时，用解决萨顿（Sutton，1934）问题的方法来推求几个星期或一个月的湖面蒸发是相当有效的，参见式

（7.56）、式（7.57），或由哈贝克（Harbeck，1962）推导出来的经验公式（7.59）与式（7.60）。所需的数据包括湖泊的大小、风速（最好是在水面上）、水面的平均温度，以及空气中不受水体影响的水气压（最好在上风位置）。

Weisman 和 Brutsaert（1973）的数值解可以粗略估算大气非稳定性对湖泊蒸发的影响。解析解的应用参见式（7.89）和式（7.90），以及表 7.1 和表 7.2。所需的数据与哈贝克公式相同，并用来计算 A_* 和 B_*。实际运用时，可近似为

$$\begin{cases} A_* = -\dfrac{\overline{T}_s - \overline{T}_{as}}{\overline{T}_{as}} \dfrac{kg\hat{z}_0}{\overline{u}_r^2 \mathrm{Cd}_r} \\[3mm] B_* = -0.61(\overline{q}_s - \overline{q}_{as}) \dfrac{kg\hat{z}_0}{\overline{u}_r^2 \mathrm{Cd}_r} \end{cases} \tag{9.14}$$

其中 $\mathrm{Cd}_r = u_*^2/\overline{u}_r^2$ 代表湖泊及其周围环境的阻力系数。

3. 利用水面观测值来校准湖泊系数

对于中等大小的湖泊，即风区长度在 $1\sim10\mathrm{km}$ 的范围，在湖面中心观测的水汽压为 e_a，通过式（7.51）可以看出传输系数对风区长度不敏感，这种不敏感也能从不同湖泊经验系数的比较中得到验证。这种不敏感性不足为奇，因为当岸线足够远时，具有恒定通量层的内部边界层已经达到 e_a 的观测高度。

在这种条件下，可以使用廓线方法，如 9.1.1 节所述。对于长时段的计算，可以使用与式（4.114）同类的整体传输方程，计算中的系数可以用在海洋上测量的典型值（参见表 5.3），即 $\mathrm{Ce}_{10} = \mathrm{Ch}_{10} = 1.4 \times 10^{-3}$。

在工程实践中，湖泊蒸发通常采用水汽压的整体传输方程式（9.13）计算。在中等大小湖泊的 $\overline{u}_r$ 和 e_a 观测中，通常使用的 N 值是在赫夫纳湖获得的（Marciano 和 Harbeck，1954），即

$$N = 1.215 \times 10^{-2} \tag{9.15}$$

当 E 的单位为 $\mathrm{mm/h^3}$ 时，在水面以上 $8\mathrm{m}$ 处观测 $\overline{u}_r$ 和 e_a，单位分别为 $\mathrm{m/s}$ 和 mb。借助式（3.2）、式（3.5）和式（3.6）、式（9.12）和式（9.13）中系数之间的关系，N 可近似为

$$N = 0.622 \rho p^{-1} \mathrm{Ce} \tag{9.16}$$

因此，对于空气密度 $\rho = 1.2 \times 10^{-3} \mathrm{g/cm^3}$ 和气压为 $1013.25\mathrm{mb}$，式（9.15）中的 N 约等于 $\mathrm{Ce}_8 = 1.527 \times 10^{-3}$。在中性条件下，基于式（9.11），令 $d_0 = 0$，并假设有效粗糙度 $\hat{z}_0 = z_{0m} = z_{0v}$，可得 $\hat{z}_0 = 0.0287\mathrm{cm}$。因此，式（9.15）中的 N 近似等于 $\mathrm{Ce}_{10} = 1.463 \times 10^{-3}$，这在海面上的观测值的范围之内（见表 5.3）。

在筏或湖中心浮标这种稳定平台上获得应用这项技术所必需的数据是一种有效的方式。对于面积非常大的湖泊和形状非常不规则的湖泊，应该使用多个观测站来获取数据。图 9.1 显示了一种用于此目的的浮标。

4. 加热水体的水热传输通量的估算

设计用于处理热负荷的冷却池、水库和溪流的预测模型，其主要目标是描述水体内的热量传输过程。水体中的温度和速度的空间变化比水面上的空气大得多。因此，在目前可

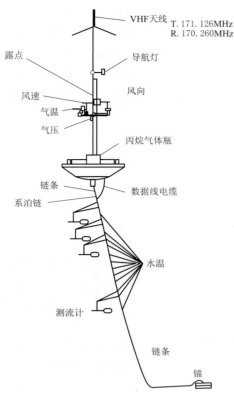

图 9.1　1972—1973 年在安大略湖国际大湖年（IFYGL）期间使用的浮标配置 〔传感器的高度大约在水面以上 3m，丙烷作为电源（改编自 Foreman，1976）〕

用的模型中〔例如 Jirka 等（1978）〕，忽略了大气中的局部平流。水面的热量和水汽传输用局部的整体传输方程计算，水面上的条件取为 e_s 和 T_s 的局部值，它们在空间上随水体运输过程而变化，假定空气中的条件在整个水体中是恒定的。

在一些工程模型中〔例如 Edinger 等（1968）、Yotsukura 等（1973）、Jobson（1973）〕，使用了类似于式（9.12），式（9.13）和式（2.5）的经验整体传输方程。然而，对于在中性或长期平均条件下的水体中得到的系数，这些方程通常不能准确描述热水中的蒸发和热量传输。

温暖水体表面上的空气处于非稳定状态，其传输因对流而增强。局部平流效应不剧烈时，大气稳定性的影响可以通过 9.1.1 节所述的廓线法进行精确测定〔例如 Hicks 等（1977）〕。Shulyakovskiy（1969）提出了另一种更有启发性的方法，其基本思想是，把适用这两种特殊条件下的蒸发经验公式加起来，可以将强制对流和自由对流的影响结合起来。强制对流条件下的蒸发很好理解，中性大气中可以用任何一个整体传输方程来描述，例如式（9.12）、式（9.13）或式（2.5）。自由对流条件下的蒸发没有得到如此多的关注，通常假设它与对流热量传输相似。Yamamoto 和 Miura（1950）提出了这个假设，但他们的研究仅限于层流。Shulyakovskiy（1969）应用了这个假设，提出自由和强制对流的结合公式如下：

$$E = [A + B\bar{u}_2 + C(T_{Vs} - T_{V2})^{1/3}](e_s^* - \bar{e}_2) \tag{9.17}$$

式中：强制对流系数（参考 2.5 节）可以用 B. D. Zaykov 提出的 $A = 0.15$ 和 $B = 0.112$；对流热量传输方程中的自由对流系数可以根据格里古利方程取 $C = 0.094$；E 为蒸发率，mm/d；$\bar{u}_2$ 为 2m 高度的风速，m/s；$\bar{e}_2$ 为 2m 高度的水汽压，mb；T_{Vs} 和 T_{V2} 分别为水面和 2m 处的虚温，K。

Ryan 等（1974）应用舒利亚科夫斯基式（9.17）进行验证，发现该方法得出的系数高估了冷却池的蒸发热量损失。因此，在 M. Fishenden 和 D A Saunders 给出自由对流热量传输方程之后，他们提出强迫对流系数 $A = 0$ 和 $B = 3.2W/(m^2 \cdot mb \cdot ms^{-1})$，这与 Zaykov 的值相同但单位不同，自由对流系数 $C = 2.7W/(m^2 \cdot mb \cdot K^{1/3})$。Ryan 等（1974）的研究与现有的实验数据取得了很好的一致性。Weisman（1975）将舒利亚科夫斯基方程获得的结果与式（7.90）中给出的 Weisman 和 Brutsaert（1973）的湍流扩散方法的结果进行了比较，由于后者的结果与风区长度有关，Weisman 应用式（9.17）时，

取 $A=0$ 和 Ryan 等（1974）的 C 值以及由 Harbeck（1962）式（7.60）中给出的 $B=N$。在扩散模型中使用有效粗糙度 $\hat{z}_0=0.09$cm 时，能够使涡度扩散模型的结果和修正的舒利亚科夫斯基方程的结果一致。这相当于 $Ce_{10}=1.84\times10^{-3}$ 中性空气中的水汽传输系数，比表 5.3 所示的开放水体的值略大。由于第 7 章涡度扩散模型的结果与 $\hat{z}_0=0.02\sim0.04$cm 的实验结果一致，这意味着舒利亚科夫斯基的叠加法高估了 E 值。Jirka 等（1978）在几个强负荷的冷却池应用式（9.17）和 Ryan 等（1974）系数进行验证，发现该方法的预测值偏高 15%～20%。显然，这种自由和强制对流组合的方式需要进一步的研究。

9.3 采样频率

对于基于相似理论的平均廓线法以及相关整体传输法，理想的数据是湍流平均值。如 8.1.2 节所述，考虑到近地表副层的湍流结构，这些平均值应该在平均时间为约 20min～1h 范围内的积分来获得。因此，在实际应用中，一个合理的方法是用观测变量的半小时或小时平均值进行通量计算，对较长时段的通量，则利用短时段通量值再进行计算。

气象资料很少有小时尺度甚至日尺度上的平均值。因此，很有必要了解使用温度、比湿以及风速等的长期平均值时产生的误差。

关于水面的整体传输方法，一些研究表明，使用 $\bar{q}$、$\bar{T}$ 和 $\bar{u}$ 的日平均值通常结果还不错，但使用月平均值会产生相当大的误差。Jobson（1972）分析了来自赫夫纳湖的数据，发现只要平均时长不超过 1 天，由式（9.13）得出的整体传输系数 N 值与气象数据资料的平均时段无关，但取月平均会导致系统误差。随着平均时段从 3 小时增加到 1 天，误差分布的方差增加了 6 倍以上。根据对船舶天气资料的分析，Kondo（1972b）得出的结论是，不超过 1 天的 E 和 H 的时间平均值，可以使用同一时期的 $\bar{u}$、$\overline{T_s-T_a}$ 和 $\overline{q_s-q_a}$ 的时间平均值来近似计算。和使用短时段观测值相比，3 个月的整体传输系数是其 1.3 倍，在周尺度上也仍然是其 1.2 倍。在这两项研究中，传输系数与大气稳定性是相互独立的。

廓线法（考虑大气稳定性）对数据平均时段的敏感性还并不广为所知。未发表的计算结果表明，在下垫面为水面的近地表副层中，使用 $\bar{q}$、$\bar{T}$ 和 $\bar{u}$ 廓线的日平均值计算出的 E 和 H 值，与使用小时尺度上的数据非常接近。虽然这个问题需要进一步的研究，但水体上的昼夜蒸发循环通常很弱，因此这些结果在意料之中。

陆地与水面相反，蒸发率通常表现出明显的日内变化，参见图 1.5、图 6.1 和图 6.2。因此，还没有代表性很好的值可替代小时或半小时的平均值来估算日平均蒸发。

第10章 能量平衡及其相关方法

这些方法包括那些直接应用能量平衡原理或其近似解的公式。式（6.1）给出了能量平衡方程的一种形式，但在许多实际情况中，这种形式可以被大大简化。大多数能量平衡方法的一个共同特征是它们需要确定净辐射 R_n。一般来说，当所有剩余项可以用一些独立的方法来确定时，可以采用能量平衡法先确定式（6.1）或者其简化形式中的某一项。

由于此处的主要目的是确定蒸发 E（或者进入到空气中的显热通量 H），因此根据式（6.1）易得

$$L_e E + H = Q_n \tag{10.1}$$

式中：Q_n 为可利用能量通量，有

$$Q_n = R_n + L_p F_p - G + A_h - \partial W / \partial t \tag{10.2}$$

这些项已在第 6 章中给出。在水文应用中，一般的做法是将能量用蒸发的单位来表示，则式（10.1）可以表示为

$$E + H_e = Q_{ne} \tag{10.3}$$

其中 $H_e = H/L_e$，$Q_{ne} = Q_n/L_e$。另外，请注意，在很多的应用中，特别是在陆地表面，F_p、A_h 和 $\partial W / \partial t$ 等项的值非常小，所以用式 $Q_n = R_n - G$ 计算可利用能量是足够准确的。

正如第 2 章所指出的，第一个应用能量平衡方法的可能是 Homen（1897）。Schmidt（1915）运用该方法确定了海洋表面的 E，但他并没有确定短时间尺度的能量平衡方程中的所有项。约 10 年后，Bowen（1926）提出用某一比率，如式（9.5）来确定湖泊蒸发量的能量平衡方程式（10.1），该比率现在以他的名字命名 [参考式（10.4）]。Cummings 和 Richardson（1927）在将波文比应用到估算湖泊蒸发量的能量平衡方程各项的研究中证实了这个提议。Sverdrup（1935）采用能量平衡方法测定融雪；H 和 E 由空气中的温度梯度和比湿梯度确定，其中幂函数的湍流扩散系数由基于雷诺相似方法观测的风速确定。在同年发表的另一篇论文中 [见 Albrecht（1937）]，他还提出了使用波文比的方法，其本质上则是采用式（9.5）的形式来确定蒸发，见式（10.4）。

10.1 标准应用

当 Q_n 和 H 或 E 可以确定时，采用式（10.1）可以计算其他的未知的能量通量项。然而，通常情况下，H 和 E 都是未知的，因此必须使用间接的方法进行计算。从方法论

的角度来看，这些间接的能量平衡方法类似于 9.1 节的平均廓线法。在本质上，这两种方法的三个方程都隐含了 E、u_* 和 H。在廓线方法中，这三个方程是关于 $\bar{q}$、$\bar{u}$ 和 $\bar{\theta}$ 的方程。而在能量收支平衡方程中，式（10.1）可以和 $\bar{q}$ 与 $\bar{\theta}$ 的方程（9.1.1 节）或者是和 $\bar{u}$ 与 $\bar{\theta}$ 或 $\bar{q}$ 的方程（9.1.2 节）联立使用。

10.1.1 能量平衡-波文比（EBBR）方法

当 Q_n 已知时，将能量平衡方程式（10.3）和式（1.3）中定义的波文比联立可以得到

$$E = \frac{Q_{ne}}{1 + \text{Bo}} \tag{10.4}$$

同样，对于显热通量有

$$H = \frac{\text{Bo} Q_n}{1 + \text{Bo}} \tag{10.5}$$

如式（9.5）所示，波文比可由近地表大气副层的比湿和温度的廓线数据确定。根据 8.1.2 节所讨论的结果，这些数据应该近似取 30min～1h 内的平均值。式（10.4）表明，当波文比小的时候，用波文比能量平衡-波文比法计算的 E 是最准确的。在 Bo＝－1 时，式（10.4）和式（10.5）产生奇点。但是，正如 Tanner（1960）所指出的，对于有植被生长的地表来说，这不成问题，因为这种情况通常只发生在 H 较低时，比如日出、日落前后，偶尔发生在夜间。这种情况更常发生在冷水表面，并且当－1＜Bo＜－0.5 时，有必要采用另外一种方法来避免式（10.4）和式（10.5）中可能会出现的分母很小的问题。Tanner（1960）建议在这些特殊情况下使用整体传输方法。另一种方式则如 Webb（1960；1964）所概括的那样，采用观测的平均风速校正后的波文比的平均值；当可利用能量 Q_n 中的某些项仅在周期为日或更长时间尺度上已知时，此方法特别有用。

能量平衡-波文比方法的优点是公式中没有明确出现大气湍流相似函数。因此这种方法不需要观测湍流或平均风速，并且如式（10.4）和式（9.5）所示，也不受大气稳定性的限制。此外，当波文比较小时，即便是观测条件受到限制时，能量平衡-波文比方法也不易受影响；反观平均廓线法受到的影响则更直接和显著。

能量平衡-波文比方法的有效性主要取决于温度和湿度廓线的相似性；若在地表副层使用则需要式（4.33）和式（4.35）方括号中的项相等。通常假定 $\Psi_{sv} = \Psi_{sh}$；然而，最近的实验研究表明，情况并非总是如此。Verma 等（1978）发现，在有区域（非局部）平流的条件下，与用蒸渗仪获得的蒸发量相比，能量平衡-波文比方法会低估供水充足条件下的植被的蒸发量。这意味着 Ψ_{sv} 和 Ψ_{sh} 在稳定条件下是不一样的。然而，这一发现需要进一步的独立研究来验证〔另见 Brost（1979）、Hicks 和 Everett（1979）〕。第二点是热量和水汽的不同汇或源的分布，因为它们可能发生在树冠中，也很可能反映在植被上方热量和水汽廓线的非相似性上。只有在当高度超过式（4.33）和式（4.35）中给出的廓线时，这种影响才会消失。Garratt（1978a）的数据分析结果表明，这个最小高度大约是粗糙障碍物高度的 3～5 倍。因此，在超过森林冠层大约 10m 或者更高时，这种对于相似性的高度要求可能是无法满足的。正如 C. B. Tanner（1976 年，个人交流）所指出的，在森

林中应用能量平衡-波文比方法时，如果波文比的观测太靠近树冠层顶部可能会导致严重的误差。为了避免这一可能的错误来源，可以通过在两个以上的高度上计算 $\overline{q}$ 和 $\overline{t}$ 来测试波文比随高度的相似度和稳定性，这种方式是非常有用的。在水、土壤和低矮植被等大多数地表，这种方法的应用则不存在什么问题。图 6.2 展示了采用能量平衡-波文比方法与采用蒸渗仪方法获取的 E 的对比结果。Fuchs 和 Tanner（1970）、Sinclair 等（1975）、Revfeim 和 Jordan（1976）等研究了能量平衡-波文比方法的其他方面的特征和其准确性。Anderson（1954）、Mahringer（1970）、Keijman（1974）、Hoy 和 Stephens（1979）介绍了其在湖泊中的应用实例；Fritschen（1966）、Lourence 和 Pruitt（1971）、Perrier 等（1976）以及 Verma 等（1978）介绍了其应用于低矮植被和作物的实例；McNaughton 和 Black（1973）以及 Thom 等（1975）则介绍了其应用于森林的实例。McKay 和 Thurtell（1978）发现这种方法难以运用于有雪覆盖的区域，因为通常难以独立地确定积雪的热量储存。同样，Mahringer（1970）在使用这个方法来确定有冰和雪覆盖的湖泊的蒸发量时也遇到了困难。

波文比概念也可以延伸到用于确定其他混合物的通量 ［参考式（9.6）和式（9.7）］。Sinclair 等（1975）应用它测定 CO_2 的通量。为此，除了波文比公式（1.3）之外，可以定义第二个比率，来建立感热通量和光合能量通量的关系，即

$$\mathrm{Bo}_p = \frac{H}{-L_p F_p} \tag{10.6}$$

在式（4.35）和式（9.1）中，再假设 $a_h = a_s$、$\Psi_{sh} = \Psi_{sc}$，将 $F = F_p$ 应用于 CO_2 通量的量化，由式（10.6）可得

$$\mathrm{Bo}_p = \frac{c_p(\overline{\theta}_1 - \overline{\theta}_2)}{L_p(\overline{c}_2 - \overline{c}_1)} \tag{10.7}$$

在能量平衡方程式（6.1）中代入式（9.5）和式（10.7），如果 A_h 和 $\partial W/\partial t$ 可以忽略不计，则光合能量通量可以表示为

$$-L_p F_p = \frac{R_n - G}{1 + \mathrm{Bo}_p + \mathrm{Bo}_p/\mathrm{Bo}} \tag{10.8}$$

用这种方法获得结果的实例如图 6.8 所示。

10.1.2　风速和标量廓线能量平衡（EBWSP）方法

在应用能量平衡法时，如果缺少平均温度或平均比湿的廓线数据，用平均风速廓线来代替也是可行的。事实上，这种方法比波文比方法更实用，因为它不仅可以得到 E 和 H，还可以得到 u_*。

假设没有比湿的观测资料，我们对风速和标量廓线能量平衡方法（EBWSP）的应用做进一步阐释。我们可以通过联立式（10.1）和廓线方程式（4.34a）［或式（4.34b）］和式（4.35a）［或式（4.35b）］，得到一个包含三个未知变量 E、u_* 和 H 的三个方程构成的方程组。方程组可以在 Q_n、$\overline{\theta}_1 - \overline{\theta}_2$（或者 $\overline{\theta}_s - \overline{\theta}$）和 $\overline{u}_2 - \overline{u}_1$（或者 $\overline{u}$ 和 z_0）观测值已知的基础上求解。该方法对 d_0 的精度不是很敏感，因此如果该值不能观测，则可以通过估算获得；进而将观测的 Q_n、平均风速廓线和平均比湿代入式（10.1）、式（4.33a）［或式

（4.33b）] 和式（4.34a）[或式（4.34b）] 中，联立方程组，即可求解 E、u_*、H。

早在 1938 年，Albrecht（1950）就将这种方法的总体思想应用于与气候相关的蒸发的计算中。E 是通过式（10.1）得到的，其中 R_n 是通过经验公式计算得到的，G 是由土壤温度廓线计算得到的，H 是由整体热传输方程 $H = (T_s - T_a) f_h(\bar{u})$ 计算得到的；对于某一点来说，风函数 $f_h(\bar{u})$ 则被当作一个常数处理。关于稳定性的影响可能最早是在 Fuchs 等（1969）的研究中得以考虑。干燥土壤表面的蒸发速率可以联立式（10.1）和式（4.35b）得到，其中 u_* 可由公式（4.34b）计算得到；但是，这种方法的前提假设是 $z_{0h} = z_0$ 和 $\Psi_{sh} = \Psi_{sm}$，并且 Ψ 函数仅取决于一个整体理查森数。

最近，Stricker 和 Brutsaert（1978）应用这种能量平衡方法，利用小时尺度的净辐射、地面以上 0.10m、1.50m 和 3.0m 高度处的平均温度，以及地面以上 2m 处的风速等的观测值来确定草地的蒸散量。其中，E、u_* 和 H 的值可以通过式（10.1）、式（4.35a）和式（4.34b）迭代计算后再以日为周期进行平均而得到；土壤热通量 G 被忽略掉了。E 的计算值如图 10.1 所示。结果发现，E 对廓线函数 Ψ_{sm} 和 Ψ_{sh} 的计算精度相当不敏感，但是大气稳定性对它的影响是不容忽视的。此外，水汽分层产生的浮力对大气稳定性的影响是非常显著的，这种效应是 E 的 0.61 倍 [见式（4.25）]。

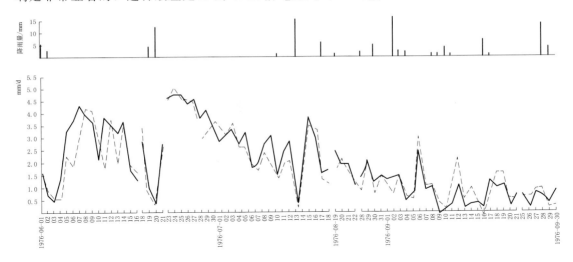

图 10.1　应用平均风速和温度廓线能量平衡法（EBWSP）计算得到的海尔德兰省相对干燥时期的 E（－－－）的日变化；采用式（10.43）计算的降雨和 E（———）（Brutsaert 和 Stricker，1979）也在图中得以体现

与能量平衡-波文比方法不同，风速和标量廓线方法不局限于地表副层，因为它不要求温度和湿度廓线的相似性。原则上，该方法也可采用高层的气象数据。例如，如果比湿数据无法获取或不可靠，则可联立式（10.1）和式（4.76）～式（4.78）[或式（4.79）] 等，采用温度差 $(\bar{\theta}_1 - \bar{\theta}_\delta)$ [或 $(\bar{\theta}_s - \bar{\theta}_\delta)$] 和在 $z = \delta$ 条件下的平均风速 $(\bar{u}_\delta^2 + \bar{v}_\delta^2)^{1/2}$ 计算得到 E、u_* 和 H 的值。风速和标量廓线能量平衡方法及其简化方法（见 10.2.2 节）因同时考虑了能量平衡和蒸发的动力学特征有时被称为综合方法。但是这有点让人费解，因为波文比的计算对于蒸发的动力学有效性的依赖并不亚于平均风速廓线。

10.2 用于湿润表面的简化方法

10.2.1 关于潜在蒸发的一些评论

由于这一节所处理的几种简单的能量平衡之类的方法常常被用来代表潜在蒸散发或作为潜在蒸散发的指标，所以后面会对这个概念作一些评论。"潜在蒸散发"一词最初是由Thornthwaite（1948）在气候分类的背景下引入的，现在普遍被理解为，水分充足条件下被长势均匀的植被完全覆盖的地表的最大蒸发速率。此处特别强调了大面积从而避免了局部平流的潜在影响。虽然这个概念被广泛使用，但也会让人困惑，因为它并不包含所有可能的条件，并且涉及若干不明之处。换句话说，"潜在蒸散发"这个词如果要作为一个明确的参数，则需要作更进一步的规范。

例如，即使在潜在速率下，蒸腾作用也涉及生物效应，如气孔对水汽扩散的阻抗作用，以及植物生长周期中某一生长阶段的影响。出于这个原因，"潜在蒸发"一词可能会更好。它指的是大而均匀的表面（这种表面充分湿润以至于与之接触的空气完全饱和）充分湿润时所产生的蒸发，通常只在发生降水和结露之后才会出现这种情况。潜在蒸散发和潜在蒸发之间的这种区分对于高大植被这种下垫面是非常大的［例如 McNaughton 和 Black（1973）、Stewart 和 Thom（1973）］。在非湿润地表条件下的低矮植被的潜在蒸散发通常与在相同条件下开阔水域的蒸发量非常接近。一种可能的解释是气孔对水蒸气扩散的阻抗可以通过较大的粗糙度来补偿，从而导致植被表面具有较大的传输系数。

另一个不明确的地方是，潜在蒸发量往往是通过在非潜在条件下观测到的气象资料来计算的。显然，这与充分供水表面计算（或观测）的潜在蒸发速率是不同的。事实上，表面可用能量的分配与可用于蒸发的水量有关，并且这种分配会影响大气的温度、湿度和其他状态变量。在使用这个概念时应该牢记这一点。

10.2.2 采用单层高度观测值的风速和标量廓线能量平衡（EBWSP）方法

对于湿润表面，表面比湿可以假定为表面温度下的饱和比湿，即 $q_s = q^*(T_s)$。彭曼（Penman，1948）首次提出这两者可以近似相等；这种处理的优点在于减少了对两个高度的 $\overline{q}$、$\overline{u}$ 和 $\overline{\theta}$ 的观测需求，例如在廓线方法中（第 9 章）和标准能量平衡方法（10.1 节）中，都仅需要单层高度的观测数据。

1. 彭曼方法

彭曼（Penman，1948）推导的公式初衷是针对开放水面。接下来的介绍给出了更一般的推导形式，这种推导形式适用于任何湿润表面，但具备原始公式的基本特征。因为应用了克劳修斯-克拉佩龙方程［见式（3.21）和式（3.24）］，所以最好从采用了水汽压表达形式的波文比公式（9.5）开始推导，配合湿润表面的观测，其表面 $e_s = e^*(T_s)$，则波文比为

$$\text{Bo} = \gamma \frac{\overline{T}_s - \overline{T}_a}{\overline{e}_s - \overline{e}_a} \tag{10.9}$$

式中：e_a 和 T_a 分别为水汽压和空气温度，在参考高度下，根据式（3.2）、式（3.5）和式（3.6）可设

$$\gamma = \frac{c_p p}{0.622 L_e} \tag{10.10}$$

式中：γ 为湿度计常数，在 20℃ 且 $p = 1013.25\text{mb}$ 时，$\gamma = 0.67\text{mb/K}$。注意式中 θ 被 T 代替，因为在近地表副层中它们实际上是相同的。

彭曼公式推导的一个关键步骤是假设

$$\frac{e_s^* - e_a^*}{\overline{T_s} - \overline{T_a}} = \Delta \tag{10.11}$$

式中：$\Delta = \mathrm{d}e^*/\mathrm{d}T$ 为饱和水汽压曲线 $e^* = e^*(T)$ 的斜率；在温度为 T_a 时，$e_a^* = e^*(T_a)$ 即为相应的饱和水汽压；$e^* = e_s^*(T_s)$ 为湿润表面的水汽压。对于水汽饱和的表面来说，$e_s = e_s^*$，那么波文比可以近似为

$$\text{Bo} = \frac{\gamma}{\Delta}\left[1 - \frac{e_a^* - \overline{e}_a}{\overline{e}_s - \overline{e}_a}\right] \tag{10.12}$$

表 10.1 和图 10.2 中给出了在 $p = 1000\text{mb}$ 时，不同温度条件下 γ/Δ 的取值，它们是根据式（10.10）和表 3.4 中列出的 Δ 和 L_e 值获得的。

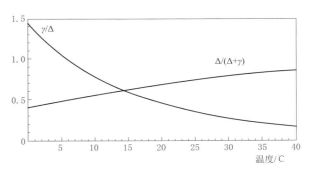

图 10.2 γ/Δ 和 $\Delta/(\Delta+\gamma)$ 在 1000mb 时对温度的依赖性 [γ 由式（10.10）定义，Δ 可以从表 3.4 或式（3.24b）得到]

表 10.1　1000mb 时的 (γ/Δ) 值 [γ 由式（10.10）确定，Δ 由式（3.24b）确定]

空气温度 T_a/℃	γ/Δ	空气温度 T_a/℃	γ/Δ	空气温度 T_a/℃	γ/Δ
−20	5.864	−10	2.829	0	1.456
5	1.067	10	0.7934	15	0.5967
20	0.4549	25	0.3505	30	0.2731
35	0.2149	40	0.1707		

把式（10.12）代入式（10.4），得到

$$Q_{ne} = \left(1 + \frac{\gamma}{\Delta}\right)E - \frac{\gamma}{\Delta}\left(\frac{e_a^* - \overline{e}_a}{\overline{e}_s - \overline{e}_a}\right)E \tag{10.13}$$

在式（10.13）右边的第二项中，可以采用整体质量传输方程表示，即

$$E = f_e(\overline{u}_r)(\overline{e}_s - \overline{e}_a) \tag{10.14}$$

这个方程可作为风函数 $f_e(\overline{u}_r)$ 的定义。如此，最终获得彭曼公式（Penman，1948）：

$$E = \frac{\Delta}{\Delta + \gamma}Q_{ne} + \frac{\gamma}{\Delta + \gamma}E_A \tag{10.15}$$

此处 E_A 为大气的干燥力，由下式计算：

$$E_A = f_e(\overline{u}_r)(e_a^* - \overline{e}_a) \tag{10.16}$$

注意，在彭曼（Penman，1948）的推导中，假设 $Q_{ne}=R_n/L_e$，且式（10.2）中的所有其他项可以忽略不计。式（10.15）一直是许多理论和实验研究的主题［例如 Penman（1956）、Tanner 和 Pelton（1960）、Monteith（1965；1973）、Van Bavel（1966）、Thorn 和 Oliver（1977）］。

如上所述，从实际角度来看，式（10.15）的主要特点是只需要单一高度上平均比湿、风速和温度的观测。鉴于此，当采用廓线方法或标准能量平衡法所需的多高度观测无法获取或难以满足时，这种方法则是非常有用的。

式（10.15）得到了广泛的应用，但目前还没有公认的方法来表示 $f_e(\overline{u}_r)$，即 E_A 中的风函数。从式（10.14）中对于它的定义可以看出，任何质量传输系数均可用于风函数的表达（见 9.2 节）。最简单的方法则是使用经验风函数。彭曼（Penman，1948）首次提出了斯特林类型［式（2.5）］的一个方程，表示如下：

$$f_e(\overline{u}_2)=0.26(1+0.54\overline{u}_2) \tag{10.17}$$

式中：$\overline{u}_2$ 是地面以上 2m 处的平均风速，单位为 m/s，式中的常数要求式（10.16）中 E_A 的单位为 mm/d，且水汽压的单位为 mb。有研究表明［例如 Thom 和 Oliver（1977）］在具有中小粗糙度的自然下垫面采用式（10.17）可以获得合理的结果。彭曼（Penman，1956）为改进式（10.17），将原公式括号内的数值 1 替换为 0.5。尽管显然彭曼后来觉得式（10.17）比改进版本更好，但是后者在水文研究中仍被广泛使用（Thom 和 Oliver，1977）。最近，在蒸渗仪观测的基础上，Doorenbos 和 Pruitt（1975）提出，对于灌溉作物而言，式（10.17）中常数 0.54 应该用 0.86 取代。

根据式（9.10）中定义的整体水汽传输系数，采用式（3.2）、式（3.5）和式（3.6），得到风函数：

$$f_e(\overline{u}_1)=0.662\rho p^{-1}Ce\overline{u}_1 \tag{10.18}$$

式中：z_1 为 $\overline{u}_1$ 的观测高度；z_2 为 e_a 的观测高度。

风函数理论上也可以通过第 4 章的相似廓线函数确定。因此，在中性条件下，根据式（9.9）和式（10.14），此风函数可表示为

$$f_e(\overline{u}_1)=\frac{0.662a_v k^2\overline{u}_1}{R_d T_a \ln[(z_2-d_0)/z_{0v}]\ln[(z_1-d_0)/z_{0m}]} \tag{10.19}$$

同样，式（10.19）中 z_1 为风速的观测高度，z_2 为水汽压的观测高度；如果水汽压 e_a^* 和 e_a 的单位为 mb，则 T_a 的单位为 K，$\overline{u}_1$ 的单位与 E_A 相同，那么 $0.622/R_d$ 可近似等于 2.167×10^{-4}。

当彭曼公式（10.5）用于计算日尺度或更长时间尺度的 E 的平均值时，可以直接使用式（10.17）～式（10.19）来进行风函数的计算。但是，当需计算小时尺度的 E 时，大气稳定性的影响则是非常重要的，因为其在日内是变化的。以下介绍考虑了这种影响的方法。

2. 大气稳定性的影响

尽管式（10.15）仅使用了单一高度的观测值，也可在其风函数中考虑大气稳定度的影响。为此，大气干燥力的表达式（10.16）可以写成类似于式（4.33b）的形式，即

$$E_A = a_v k u_* \rho (q_a^* - q_a) \left[\ln\left(\frac{z_a - d_0}{z_{0v}}\right) - \Psi_{sv}\left(\frac{z_a - d_0}{L}\right) \right]^{-1} \qquad (10.20)$$

式中：q_a 和 q_a^* 分别为实际比湿和饱和比湿。E_A 可以通过以下迭代过程来求解。E 的初始值采用式（10.15）进行计算。E_A 的初始值则可采用经验方法，根据式（10.16）和式（10.17）计算获得；或者采用中性条件下，根据式（10.19）计算获得；亦可假定 $\Psi_{sv} = 0$，采用式（10.20）计算获得。u_* 的计算则通过假定 $\Psi_{sm} = 0$ 采用式（4.34b）计算获得。H 的初始值则采用式（10.1），利用 E 的初始值代入计算获得。通过式（4.25），利用 E、u_* 和 H 的初始值可以获得奥布霍夫长度的初始值 L。有了这个 L，就可以根据式（4.25）计算更新 u_*，同时根据式（10.20）计算更新 E_A，进而采用式（10.15）利用更新的 u_* 和 E_A 来计算获得更新的 E，如此进行迭代计算。这个计算过程可以很容易通过计算机编程处理，当 E 或 L 的逐次估计值足够接近时，运算即可停止。

10.2.3 无平流交换的湿润表面的蒸发

1. 均衡蒸发

式（10.15）的双项结构有助于理解局部平流或大尺度平流效应。当空气与湿润表面有了大面积的接触时，空气可能会趋于饱和，此时的 E_A 应趋于 0。据此，Slatyer 和 Mcllroy（1967）推断式（10.15）的第一项可以被认为是湿润表面的蒸发下限，亦可称之为均衡蒸发。因此，根据定义，均衡蒸发可以表示为

$$E_e = \frac{\Delta Q_{ne}}{\Delta + \gamma} \qquad (10.21)$$

式（10.15）中的第二项可以理解为大气偏离均衡态的程度。在没有云凝结或辐射发散的情况下，这种偏离可能会源于大尺度的或局部的平流效应，这涉及地表或大气状况在水平方向的变化。Priestley（1959）也得到了式（10.21），但他是以能量平衡-波文比（EBBR）方法为基础推导出来的；他假定，当湿润表面空气中的水汽达到饱和时，温度和比湿随高度和时间的变化范围非常小，此时 $q^* = q^*(T)$ 可以进行线性化处理，那么近地表副层中的波文比是一个常数，其计算可采用 $Bo_e = c_p / L_e (dq^*/dT)$，或者［参见式（10.9）和式（10.10）］：

$$Bo_e = \gamma / \Delta \qquad (10.22)$$

该式为温度的函数（见表 10.1 和图 10.2）。E_e 和 Bo_e 的下标 e 表示平衡态的符号。将式（10.22）代入式（10.4）得到式（10.21）。

2. 出现最小平流的一般条件

在湿润表面，很少出现均衡态。这是由于大气边界层从来不是一个真正的均质边界层，在渠道流中有可能出现这种均衡；相反，大气边界层持续不断地与包括凝结、非稳定三维运动等甚至用于维持海洋上方水汽亏缺的大尺度的天气模式相互影响。因此，总是有一定程度的平流出现。尽管如此，式（10.21）的基本观点促进了该研究的进一步发展。Priestley 和 Taylor（1972）已经把均衡蒸发作为一个经验关系的基础，以此给出最小平流条件下的湿润表面的蒸发 E_{pe}；他们分析了根据 $E_{pe} = \alpha_e E_e$ 计算获得的海洋和饱和地表的蒸发数据，其中 α_e 是常量，那么

$$E_{pe} = \alpha_e \frac{\Delta Q_{ne}}{\Delta + \gamma} \tag{10.23}$$

这等价于波文比

$$Bo_{pe} = \alpha_e^{-1}(\gamma/\Delta) + \alpha_e^{-1} - 1 \tag{10.24}$$

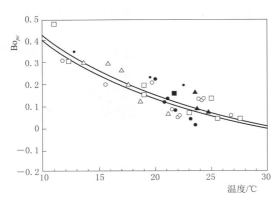

图 10.3　由式（10.24）绘制的湿润表面波文比 Bo_{pe} 随空气温度变化的曲线［上面的曲线代表 $\alpha_e = 1.26$，下面的曲线则代表 $\alpha_e = 1.28$。其数据点（日均值）为 Davies 和 Allen(1973) 从不同观测区收集的］

这取决于温度（图 10.3）。Priestley 和 Taylor（1972）推断，对于大的饱和地表和"无平流交换"的水面，α_e 的最佳估计值是 $\alpha_e = 1.26$。Davies 和 Allen（1973）对于水分充足的草地，Stewart 和 Rouse（1976）对于浅水湖和池塘，以及后来对于饱和的莎草甸（1977）的研究都表明，他们的数据支持前人所提出的 $\alpha_e = 1.26$ 的结论。然而，也有一些迹象表明，α_e 可能稍大一点，可能接近 1.28。如果把与 Priestley 和 Taylor（1972）所分析的数据非常不一致的一组数据（$\alpha_e = 1.08$）舍弃，则其平均值则可能为 1.28。Davies 和 Allen（1973）关于多年生黑麦草的数据实际上得出了 $\alpha_e = 1.27 \pm 0.02$ 的结论，Jury 和 Tanner（1975）对于马铃薯的研究认为 $\alpha_e = 1.28$，Mukammal 等（1977）对于草地的研究则认为 $\alpha_e = 1.29$。

以上关于湿润表面条件下，α_e 的取值为 $1.26 \sim 1.28$ 的研究事实表明，从某种意义上来讲，Slatyer 和 McIlroy（1961）提到的"无平流"条件几乎是不存在的。这表明，在海洋上或大面积饱和地表上，式（10.15）的第二项，即大尺度平流，平均占蒸发的21%～22%。在 DeBruin 和 Keijman（1979）关于一个大的（460km²）浅水湖（3m）的研究中表明，α_e 确实只是一个平均值，并且在某些特定的条件下 α_e 可以假定为不同的值。将 E_e 的日平均值［参见式（10.21）］与波文比方法得到的蒸发量数据对比，结果表明，在夏季和秋初，$\alpha_e = 1.25 \pm 0.01$，相关系数 $r = 0.991$。不过，表 10.2 中列出了 α_e 每个月的变化。此外，如图 10.4 所示，夏季 3 小时尺度的数据分析表明，α_e 在日内也会发生变化，其变化范围为 1.15（早上）～1.42（下午）；而且，这些夏季 3 小时尺度上 α_e 的日平均值约为 1.29。在这一点上把 α_e 这种变化归因于大尺度平流的变化似乎是合理的。

表 10.2　　一个大型浅水湖的 α_e 季节变化（DeBruin 和 Keijman，1979 年之后）

月份	α_e	相关系数	月份	α_e	相关系数
4	1.50	0.98	8	1.20	0.99
5	1.28	0.98	9	1.25	0.99
6	1.25	0.99	10	1.49	0.98
7	1.21	0.99			

值得注意的是，大面积陆地表面覆盖着非常低矮的植被，比如草地，但它并不是有充足水分供应的湿润表面，也会得到同样的 $1.26 \sim 1.28$ 之间的类似于开阔水面的 α_e 值。正如在第 10.2.1 节中提到的，这可能是由于当非湿润叶表的比湿低于饱和比湿时，由更大的有效粗糙度产生的对于植被表面传输系数的偶然性补偿。而且，在一些研究中也报道了 α_e 的不同取值。例如，McNaughton 和 Black（1973）发现，对于幼龄的 8m 高的道格拉斯冷杉林来说，当它供水充足但不是湿润表面时，$\alpha_e = 1.05$；然而，在降雨之后的一天后 α_e 达到了 1.18，这接近水体的值。另外，Barton（1979）也研究了土壤表面的蒸发，在潜在条件下，其 $\alpha_e = 1.05$。显然，还需要进一步的研究来解释 α_e 的这种差异。

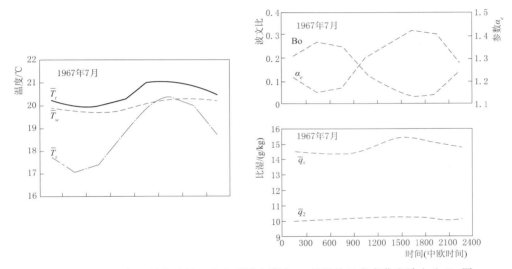

图 10.4　1967 年 7 月荷兰的一个大型浅水湖上 α_e 的平均昼夜变化和波文比 Bo 图

［图 10.4 中显示了水面温度 $\overline{T}_s$、平均水深处的水温 $\overline{T}_w$、空气温度 $\overline{T}_2$、水面空气的比湿 $\overline{q}_s$，以及位于水面以上 2m 的比湿 $\overline{q}_2$（DeBruin 和 Keijman，1979）］

为了改进 Priestley 和 Taylor 的式（10.23），已有研究者做了一些尝试。DeBruin 和 Keijman（1979）提出了一种有截距的线性关系；然而，截距常数仅约为 $10\text{W}/\text{m}^2$，与通常的 $L_e E$ 值相比，是相当小的，至少在夏天来说是这样（此时斜率是 1.17）。因此，他们认为单参数［式（10.23）］与双参数模型之间的差异并不显著。Hicks 和 Hess（1977）利用式（10.22）和式（10.24）提出的框架将长期（多为 $10 \sim 20\text{d}$）的平均波文比与海面温度相关联。他们提出了一个更一般的线性关系，即

$$\text{Bo}_{pe} = \alpha_e (\gamma/\Delta) + b_e \tag{10.25}$$

基于海面上获取的 8 个数据集，拟合得到 $\alpha_e = 0.63$，$b_e = -0.15$。采用式（10.4）和式（10.25）得到在平均最小平流条件下的湿润表面蒸发量：

$$E_{pe} = \frac{Q_{ne}}{\alpha_e(\gamma/\Delta) + 1 + b_e} \tag{10.26}$$

式（10.26）是 Priestley 和 Taylor 公式（10.23）的另一种形式。在约 25℃、$\alpha_e = 1.26$ 时和约 20℃、$\alpha_e = 1.28$ 时，式（10.23）和式（10.26）产生了相同的结果。尽管式（10.25）

与式 （10.24） 确定 α_e 的方式不同，值得注意的是，当 $\alpha_e = 1.28$ 时，采用式 （10.24），可以获得 Hicks 和 Hess （1977） 所展示数据点的中位数。

与能量平衡相关的方法通常需要式 （10.2） 中给出的可用能量项 Q_{ne} 或其近似值。当 Q_{ne} 数据无法获取时，DeBruin （1978） 指出平均最小平流条件下湿润表面的蒸发可由下式获得：

$$E_{pe} = \left(\frac{\alpha_e}{\alpha_e - 1} \right) \left(\frac{\gamma}{\Delta + \gamma} \right) f_e (\overline{u})(e_a^* - \overline{e}_a) \tag{10.27}$$

通过将 Priestley 和 Taylor （1972） 的式 （10.23） 与彭曼 （Penman，1948） 公式 （10.15） 相结合而获得的这个方程的主要优点是，只需单层高度的 $\overline{u}$、$\overline{T}_a$ 和 $\overline{e}_a$ 的观测值。虽然式 （10.27） 明显对 α_e 的变化非常敏感，但 DeBruin （1978） 采用 $\alpha_e = 1.26$ 计算获得的蒸发量与使用波文比方法获得的蒸发量在大湖表面具有相当好的一致性，其日均值的相关系数 $r = 0.85$，而在 $10 \sim 20$d 均值的相关系数达到了 $r = 0.97$。

3. 一些相关的经验公式

前人的研究中提出了很多估算充分供水条件下且具有长势良好的植被下垫面的潜在蒸散发，或称之为潜在耗水的经验公式。其中一些研究是本书当前关注的内容，因为这些研究与平衡蒸发的概念有关或源于平衡蒸发的概念。例如，Makkink （1957） 提出以下公式：

$$E = a \frac{\Delta}{\Delta + \gamma} R_{se} + b \tag{10.28}$$

该式在荷兰地区应用时，在月尺度上能够取得良好的结果。$R_{se} = R_s / L_e$ 为总短波辐射，等效为蒸发率，其中 a、b 为常数；在 Makkink （1957） 的研究中，$a = 0.61$，$b = -0.12$mm/d，E 表示地下水位保持在土壤表面以下 0.5m 处的有草覆盖的地表的潜在蒸散发；当无截距即 $b = 0$ 时，唯一的常数 $a = 0.58$。Stewart 和 Rouse （1976） 指出，式 （10.28） 对于确定浅水湖泊和池塘的蒸发效果很好。从安大略省北部一个小的 （10^5m^2） 浅湖 （0.6m） 获得的日均值来看，他们得出了 $a = 0.9265$ 和 $b = 1.624$ MJ/(m^2 · d) 的结果。

Jensen 和 Raise （1963） 与 Stephens 和 Stewart （1963） 提出了一个更简单的方程：

$$E = (a T_a + b) R_{se} \tag{10.29}$$

此处，a 和 b 是常数。很多研究都给出了 a 和 b 的估计值。从对美国西部灌区内各种作物大约 1000 次耗水 （但有时包括渗漏损失） 的观测分析可知，当平均时段超过 5 天时，Jensen 和 Raise （1963） 计算得到 $a = 0.025/℃$，$b = 0.078$，相关系数 $r = 0.86$。对于供水充分 （但并非湿润表面） 的草地，Stephens 和 Stewart （1963） 在佛罗里达州使用平均月温，得到 $a = 0.55/℃$，$b = 0.072$，$r = 0.81$；同样，Stephens （1965） 使用来自美国北卡罗来纳州的数据得到了 $a = 0.016/℃$，$b = 0.087$，$r = 0.986$，使用加利福尼亚州的数据得到了 $a = 0.019/℃$，$b = 0.12$，$r = 0.967$。

显然，式 （10.28） 和式 （10.29） 的形式可以从式 （10.21） 和式 （10.23） 给出的均衡概念推导出来：如图 10.2 所示，$\Delta / (\Delta + \gamma)$ 可以用 T 的线性函数很好地近似，R_s 通常可以与 R_n 很好地相关，R_n 是 Q_n 在长于日尺度或更长时间尺度上的主要组成部分。但是

因为 R_s 只是能量收支平衡的其中一项，所以给定的相关性只能对于表面类型和它所派生的位置有效。当只有短波辐射和空气温度可用时，式（10.28）和式（10.29）等可能有用。但是，必须通过对公式中的常数进行校准，以适应当地条件。

10.3 实际蒸散发的简化计算方法

本节所采用的方法与能量平衡法有关，因为这种方法也需要可利用能量 Q_n，或其近似值净辐射 R_n。当供水减少，蒸发表面不再是湿润表面时，能量平衡通常会发生相当大的改变。尽管入射辐射 $R_s(1-\alpha_s)+\varepsilon_s R_{1d}$ 可能变化不大（除了湿度对反照率有影响之外），那么在式（10.1）中未被 E 消耗的能量会在 H、R_{lu} 和 G 中重新分配。到目前为止，还尚未有简单且严谨的方法来预测这种再分配规律。下文给出了几种近似的方法。

10.3.1 采用整体气孔阻抗修正的彭曼方法

即使在土壤表面附近或根区供水充分的条件下，有植被生长的地表也不是湿润地表，除非刚发生过降水或者凝结。因此，叶片表面的比湿可能比相应温度下的饱和比湿值要小，此时一些方程，比如彭曼公式（10.15）等将不再适用。为了对这一方法进行改进，Penman 和 Schofield（1951）以及后来的，Monteith（1963）、Thom（1972）和其他研究者，更正式地引入了各种阻力参数来表征水汽饱和的气孔与大气之间的传输特征。需要注意的是，当这个概念用于干燥土壤表面的蒸散发时，它也可以解释为从上层土壤到大气的水汽传输阻力。

式（4.163）中定义的整体气孔阻抗可以采用如下方式应用到彭曼方法中。根据式（3.2）、式（3.5）、式（3.6）和式（10.10），比湿可以用水汽压表示：

$$q=c_p e/\gamma L_e \tag{10.30}$$

当植被为非湿润表面时，表面水汽压 e_s 不等于 e_s^*。但是，它们可以通过式（4.168）和式（4.169）与式（10.30）相关联，如下所示：

$$\overline{e}_s-\overline{e}_a=\left(\frac{r_{av}}{r_{st}+r_{av}}\right)(\overline{e}_s^*-\overline{e}_a) \tag{10.31}$$

式中：$\overline{e}_a$ 是空气中的实际水汽压，其对应于地表副层中参考高度 $z=z_r$ 处的 $\overline{q}_r$。因此，与式（10.12）不同，通过结合式（10.11）和式（10.31），波文比式（10.9）则变为

$$Bo=\frac{\gamma}{\Delta}\left(\frac{r_{st}+r_{av}}{r_{av}}\right)\left(1-\frac{e_a^*-\overline{e}_a}{e_s^*-\overline{e}_a}\right) \tag{10.32}$$

再用式（10.32）取代式（10.13），代入式（10.4），得到

$$Q_{ne}=\left[1+\frac{\gamma}{\Delta}\left(\frac{r_{st}+r_{av}}{r_{av}}\right)\right]E-\frac{\gamma}{\Delta}\left(\frac{r_{st}+r_{av}}{r_{av}}\right)\left(\frac{e_a^*-\overline{e}_a}{e_s^*-\overline{e}_a}\right)E \tag{10.33}$$

采用式（4.169）结合式（10.30）取代式（10.33）右边第二项中的 E，即可获得

$$E=\frac{\Delta Q_{ne}+\rho c_p(e_a^*-\overline{e}_a)/(L_e r_{av})}{\Delta+\gamma(1+r_{st}/r_{av})} \tag{10.34}$$

显然，当 $r_{st}=0$ 时，式（10.34）可简化为与彭曼公式（10.15）等价的表达式。式

（10.34）可能是由 Thom（1972）首次提出的。早些时候，Monteith（1963）已经根据式（4.170）和式（4.171）中定义的 r_c 和 r_a，而不是 r_{st} 和 r_{av}，得出了类似的结果；尽管采用冠层阻力 r_c 的公式仍然在实践中使用，正如式（4.171）所指出的那样，采用 r_{st} 的式（10.34）更合乎逻辑。

与彭曼公式（10.15）的情况一样，使式（10.34）具有吸引力的特征是其仅需要单一高度的观测值，而并非双层或多层高度的观测值的廓线。它的主要缺点是，当它作为一种使用气象数据获取 E 的工具时，r_{st} 通常是未知的。这些影响因素，例如辐射主导的热量，冠层中不同部位的水汽源等的分配的日变化和季节变化，当前的生物活动和衰老，根系的水分胁迫，所考虑的物种的特殊生理特征等，其相互作用是相当复杂且难以量化的。这就解释了为什么直到现在，r_{st} 或 r_c 无法采用其他易获取的土壤、植被和大气等的参数来建立一般表达式。目前发现，气孔阻抗的概念在一些模拟模型中是非常有用的，并且它也可以作为是否发生水分胁迫的诊断指标。但是，若要将其应用于水文和气候学等相关方面的预测，还需要进行更多的研究。

10.3.2　实际蒸发和潜在蒸发之间的互补关系

1. 布切特假设

布切特（Bouchet，1963）得到了如图 10.5 所示的潜在蒸发 E_p 与实际区域蒸发 E 的互补关系：

$$E_p + E = 2E_{p0} \tag{10.35}$$

式中：实际蒸发 E 指的是区域尺度的大而均匀的表面的平均蒸发，这种表面的特征长度为 $1 \sim 10\text{km}$；潜在蒸发 E_p 指的是当可利用能量是唯一限制因素时，主导大气条件下可能会发生的蒸发。

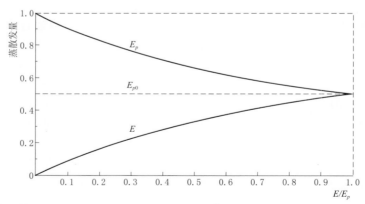

图 10.5　布切特（Bouchet，1963a；b）假设示意图 ［E 和 E_p 与 E/E_p 的关系分别如图所示，因此正如式（10.35）所给出的那样，$E + E_p =$ 常数］

当 E 等于 E_p 时，E_p 可以写作 E_{p0}。式（10.35）的推导，是基于类似于探索式的过程，如下所述。

如果因为某种独立于可用能量之外的原因，当 E 降到 E_{p0} 以下时，会出现一定的剩余

能量可用于蒸发，即

$$E_{p0}-E=q_1 \tag{10.36}$$

在区域尺度上，E 相对于 E_{p0} 的减小可能对净辐射的影响相对较小，它主要影响温度，湿度和近地表空气湍流。因此，这种增加的可利用能量通量 q_1 导致了 E_p 增加。布切特（Bouchet，1963）的主要假设是，在没有局部绿洲效应的情况下能量平衡不受影响，且潜在蒸发会增加 q_1，或者可表示为

$$E_p=E_{p0}+q_1 \tag{10.37}$$

将式（10.36）和式（10.37）组合得到互补关系表达式（10.35）。式（10.35）是分析的第一部分。在可用于蒸发的能量增加的基础上，可以获得第二个关系：

$$2E_{p0} \leqslant (1-\alpha_s)R_{se}+Q_A \tag{10.38}$$

式中：$R_{se}=R_s/L_e$ 是以蒸发单位表示的全球短波辐射通量；α_s 是反照率；Q_A 是大尺度或局部平流。将式（10.38）代入式（10.35），布切特最终得到

$$E_p+E \leqslant (1-\alpha_s)R_{se}+Q_A \tag{10.39}$$

式（10.39）在随后的应用中［参见 Morton（1969）、Fortin 和 Seguin（1975）］通常被简化为以下形式：

$$E_p+E=(1-\alpha_s)R_{se} \tag{10.40}$$

布切特的式（10.39）和式（10.40）并没有被广泛使用，主要是因为难以验证这些假设的正确性。而且无法保证在实际应用中，E_p、E_{p0} 和 Q_A 的观测能够取得理想的观测结果。尽管如此，布切特的方法包含了一些有价值的想法，这些想法促进了相关研究的进一步发展。下文将进一步讨论这个内容。

2. 气候学方法

Morton（1975；1976）将布切特的互补关系式（10.35）应用于气候学方面的蒸散发的估算。假设式（10.35）中的 E_p 是由彭曼公式（10.15）给出的，其中公式中的风函数由一个经验常数 f_A 所代替，Q_{ne} 由 R_{ne}（$=R_n/L_e$）所代替。式（10.35）中的 E_{p0} 被假定为与 Priestley 和 Taylor（1972）在式（10.23）给出的 E_{pe} 相同，其中 $\alpha_e=1.38$。然而，这个公式中采用 $R_{ne}+M_m$ 代替了 Q_{ne}，其中 M_m 是经验对流项，这一项在春季和夏季可作为 0 处理，在 R_n 较低或者为负值的秋季和冬季都是正的，它与净长波辐射和入射短波辐射的关系如下：

$$M_m=(\theta_m R_{nl}-\phi_m R_s)/L_e \tag{10.41}$$

式（10.41）中 R_s 和 R_{nl} 的定义已经在式（6.2）和式（6.25）中给出，其中 θ_m 和 ϕ_m 是经验常数；此外，M_m 也受到 $M_m \geqslant 0$ 的约束。Morton（1976）的结果可以表示为

$$E=\frac{\Delta}{\Delta+\gamma}(1.76R_{ne}+2.76M_m)-\frac{\gamma}{\Delta+\gamma}(e_a^*-e_{da}^*)f_A \tag{10.42}$$

式中：e_{da}^* 是露点温度下的饱和蒸气压；M_m 由式（10.41）给出。这个公式是根据 E 等于降水量的干旱区的气候站点和辐射经验公式获取的月平均温度、湿度、日照和降水数据进行校准的。应用式（10.42）时所需的三个经验常数在 $T \geqslant 0$，$f_A=47.5\text{cal}/(\text{cm}^2 \cdot \text{d} \cdot \text{mb})$ 和 $T<0℃$，$f_A=54.6\text{cal}/(\text{cm}^2 \cdot \text{d} \cdot \text{mb})$ 条件下的取值分别为 $Q_m=1.37$，$\phi_m=0.394$。Morton（1976）采用这种方法来计算大面积和大流域的月蒸发量，该方法在年尺度上得

到了很好的结果。

3. 平流-干燥方法

Brutsaert 和 Stricker（1979）提出了一种将布切特（Bouchet，1963）的互补关系式（10.35）与 Slatyer 和 Mcllroy（1961）的式（10.21）所概述的区域平流效应相结合的方法。据此，假设式（10.35）中的 E_p 是从彭曼公式（10.15）中得到的，但是由于这个方程式在第二项中已经包含了大尺度平流效应，就可以假定不需要额外的平流项。

下垫面供水受到限制的条件下的 E_p 与下垫面供水充足条件下的 E_p 是不同的。因此采用这种方法确定的 E_p 可被当作表观潜在蒸发。在式（10.35）中需要的 E_{p0}，假设可由 E_{pe} 给出，在大尺度平均值小到可以忽略的情况下，有几种表达式可用于潜在蒸发的计算 [例如式（10.23）、式（10.26）和式（10.29）]。这种方法之所以称为"平流-干燥"法，是因为大尺度干燥空气的平流作用使得可用于蒸发的水分亏缺，也就是区域的干旱，正如大气状态所显示的那样。尽管这种方法是独立发展得到的，还是与式（10.42）中给出的 Morton（1976）方法有相似之处；然而，它不需要常数的校准，且可以应用于日尺度而非月尺度。

根据 E_p 和 E_{pe} 表达式的具体选择，可以有几种替代形式。分别采用式（10.15）替代 E_p，采用式（10.23）替代式（10.35）中的 E_{p0} 得到如下公式（Brutsaert 和 Stricker，1979）：

$$E = (2\alpha_e - 1)\frac{\Delta}{\Delta + \gamma}Q_{ne} - \frac{\gamma}{\Delta + \gamma}E_A \tag{10.43}$$

式中：α_e 的取值一般为 1.26～1.28；E_A 采用式（10.16）计算获得。显然，通过使用式（10.26）或者可能的另一个表达式来替代式（10.23），亦可以获得另一种可行但可能等价的形式。另外，除了式（10.15）之外，也可以通过其他方法来确定 E_p，甚至可以通过精确校准过的蒸发皿来确定。

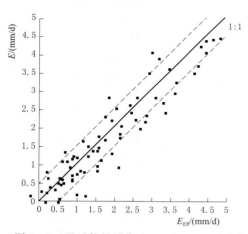

图 10.6　通过能量平衡法（EBWSP）确定的实际蒸散量 E_{EB} 和通过平流-干燥式（10.43）获得的蒸散 E 的对比 [其中，式（10.43）中的 $\alpha_e = 1.28$，$f_e(\overline{u_2})$ 由式（10.17）确定（来自 Brutsaert 和 Stricker，1979）]

采用在海尔德兰省获取的干旱的夏季观测资料，将根据式（10.43）计算得到的蒸发日均值与采用风速和标量廓线能量平衡方法（参见 10.1.2 节）得到的蒸发日均值进行对比，从而对式（10.43）进行验证。如图 10.6 和图 10.1 所示，总体上结果很好。同时也表明了该方法对 α_e 的选择（即 1.26 或 1.28）和 E_A 中风函数 $f_e(\overline{u_r})$ 的选择相对不敏感。

总之，这种方法需要与彭曼公式（10.15）相同的输入数据。所有基于布切特互补关系的方法的主要优点是只需要气象参数，因此不需要土壤湿度数据、植被的气孔阻力特征以及任何和干燥度相关的其他数据，这些数据在其他方法中用于将计算的潜在蒸发量减少到实际蒸发量。式（10.43）中所述的平流-干燥方法还有另一个优点，即它无需通过校准来确定参数。迄今为止，这种方法仅用了一组数据进行测试，因此需要更多的研究来确定其适用性。

10.3.3 均衡蒸发概念的延伸

1. 直接应用

真正的均衡条件，如 10.2.3 节所述，可能相当少见。尽管如此，一些研究中已经注意到，在特定条件下，实际蒸发（在非潜在的条件下）与式（10.21）给出的 E_e 非常接近。

这个想法是由 Denmead 和 Mcllroy（1970）提出的。他们指出，虽然通常上风向平流的影响往往使潜在蒸发量保持在其均衡值以上，但土壤水分亏缺的影响则相反，使实际蒸发量低于潜在值 E_p。据此，他们认为，除了在沙漠或局部平流条件下，实际蒸散发量与均衡蒸发量不应有太大的差异，而且 E_e 甚至可以用于作物实际蒸散发的简单计算。他们尝试了如下形式：

$$E = \alpha_a E_e \tag{10.44}$$

式（10.44）中令 $\alpha_a = 1$，并采用位于澳大利亚堪培拉附近的麦田的小时尺度观测数据进行验证。尽管数据点的分布很散，采用蒸发皿观测的 E 数据表明当蒸发小于 $25\,\mathrm{mW/cm^2}$ 时式（10.44）能够获得很好的结果，但是在高值时 E 会被高估。Wilson 和 Rouse（1972）以及 Davies 和 Allen（1973）也注意到，总体来看，他们在安大略省获得的"中等干旱条件下"不同大田作物实验数据与采用式（10.44），令 $\alpha_a = 1$ 时获得的数据并没有不一致。

然而在更干旱的条件下，事情要复杂得多。Rouse 等（1977）研究了亚北极地区地衣石楠灌丛的地表蒸发，发现湿润土壤 α_a 接近 1.26（$= \alpha_e$），但在干旱条件下，α_a 一般低于 0.95。Brutsaert 和 Stricker（1979）指出，在他们 74 天的研究期间，实际的 E 与 E_e 的平均值几乎相同；然而，如图 10.7 所示的日均值对比结果的散点图，观测的实际的 E 要高于采用平流-干旱方法（10.43）计算的同期的 E。Williams 等（1978）研究了不列颠哥伦比亚省地区的人工牧场的蒸发，证实了在湿润条件下 $\alpha_a = \alpha_e = 1.26$；同时他们也指出，在干旱条件下令 $\alpha_a = 1$，采用式（10.44）时会严重高估 E。

这个简短的回顾表明，当供水条件不受限制时，$\alpha_a = 1$ 条件下式（10.44）可用于平均实际蒸散发的估算。但是这种近似估计的可靠性还尚未得以验证。

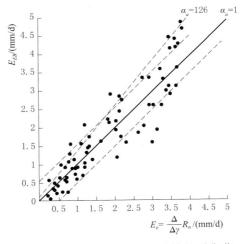

图 10.7 采用式（10.21）计算的平衡蒸发日均值 E_e 和采用能量平衡法观测的实际蒸散发 E_{EB} 的对比〔其中所采用的数据为在海尔德兰省相对干旱时期（1976 年 6—9 月）获得的。α_a 已在式（10.44）中定义（Brutsaert 和 Stricker，1979）〕

2. 考虑干燥影响的经验修正

公式（10.44）中的 α_a 取决于可利用水分，这与其他的表达形式不同。人们曾尝试过将 α_a 与地表水分或其他参数联系起来。值得注意的是 Davies 和 Allen（1973）采用他们的数据对下式进行拟合：

$$\alpha_a = a[1 - \exp(-b\theta/\theta_f)] \tag{10.45}$$

式中：θ 为土壤上部 0.05m 深度处的土壤体积含水量；θ_f 为田间持水量；采用最小二乘法拟合（图 10.8），得到了 $a=1.26$，$b=10.563$（其中 $N=22$，$r^2=0.98$）。其他研究者也应用了式（10.45）[如 Williams 等（1978）、Barton（1979）]，发现尽管数据的趋势基本相同，但参数却大不相同。Mukammal 和 Neumann（1977）尽管并没有用他们的观测数据对式（10.45）进行拟合，但也注意到了 α_a 对 θ 的依赖性。使用表层土壤水分来确定 α_a 可能仅在裸土表面或浅根植物的情况下才是可行的。而且，从回顾的这些研究中可以明显看出，α_a 和 θ 之间的关系并不能够采用统一公式来表达，对于任何一种新的下垫面条件，这种关系都会发生改变。尽管如此，有关 $\alpha_a = \alpha_a(\theta)$（如果存在的话）的研究是很有意义的，因为它可以提供一种利用遥感 [例如 Schmugge（1978）] 或其他技术获得土壤水分数据的方法，以估算地表的蒸发。

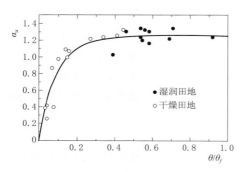

图 10.8　安大略省有黑麦草覆盖的砂壤土地表的 α_a [式（10.44）] 随表土相对土壤含水率 θ/θ_f 的变化（土壤含水率占田间持水率的比值）（引自 Davies 和 Allen，1973）

包含降雨量 P 在内的各种相关因素也被考虑在内。Priestley 和 Taylor（1972）提出了把式（10.44）中的 α_a 作为不同条件下 $\int(E-P)\mathrm{d}t$ 的函数，其中 $\int(E-P)\mathrm{d}t$ 为累积水分亏缺程度，以水深 cm 为单位表示。然而，他们无法通过对其研究结果进行概化来获得在 $\alpha_a=1.26$ 的条件下，这种亏缺值究竟为多少时实际蒸发速率会低于潜在蒸发速率。他们认为，要想解决这个问题，需要在土壤-植被水分运动方面进行更为详细的研究。Shuttleworth 和 Calder（1979）采用了威尔士地区云杉林和诺福克地区欧洲赤松林的长期的（年际的）均衡蒸发和实际蒸发，得到如下关系式：

$$E = (0.72 \pm 0.07)E_e + (0.27 \pm 0.08)P \tag{10.46}$$

以上这些文献的作者强调他们的方程只适用于与其研究区特征相似的特定条件。

第 11 章　质量守恒法

质量守恒法基于质量守恒原理，可应用于水文循环中部分要素的估算。根据质量守恒原理，一般来说，对于任何给定的研究区域，单位时间内入流量减去出流量等于区域内水储量变化速率。据此，如果可以独立的确定质量平衡方程中所有的其他项，蒸发则可作为方程中唯一的未知量。虽然从概念上来看，质量守恒法是迄今为止最为简单的方法，但其应用往往很困难甚至不切实际。因此，这一方法不像空气动力学或能量平衡方法那样常用。然而，其概念上的简明是一个重要的优势，在某些情况下，质量守恒法是非常适用的。本章简要介绍了质量守恒法在实际中的几种应用。

11.1　陆面水量平衡

11.1.1　土壤水分消耗与渗漏

1. 田间试验测定

无论地表是否存在植被，陆地表面的局部蒸发可以通过土壤层的水量平衡方程估算。以单位水平面积上厚度为 h_{s0} 的土柱为研究对象，通过对其在采样时段内所有水量平衡各组分取均值，由此可以得到蒸发速率：

$$E = -\frac{1}{h_{s0}} \int_0^{h_{s0}} \frac{\partial \theta}{\partial t} \mathrm{d}z + (P + q_{ri} + q_{si}) - (q_d + q_{r0} + q_{s0}) \tag{11.1}$$

式中：z 为深度，其坐标轴零点为地表，方向向下为正；θ 为土壤含水率（以体积含水率计）；P 为降水（或灌溉）速率；q_d 为在下边界 $z = h_{s0}$ 处向下渗流或排水的速率；q_{ri} 为土壤表面的侧向入流速率；q_{r0} 为其相应的流出速率；q_{si} 为土壤水流动引起的侧向入流速率以及相应的流出速率 q_{s0}。

在多数实际应用中，侧流项的水量变化往往是可以忽略的，由此水量平衡公式（11.1）变为

$$E = -\frac{1}{h_{s0}} \int_0^{h_{s0}} \frac{\partial \theta}{\partial t} \mathrm{d}z + P - q_d \tag{11.2}$$

采样时段内的有限差分项 $\partial \theta / \partial t$ 的均值是 z 的函数，可以通过多种方法确定。在早期与农作物灌溉相关的田间实验中［例如 Israelsen（1918）、Edlefsen 和 Bodman（1941）］，研究者们通过取样和分析土壤样品烘干前后的重量。最近，中子散射方法和其他［例如 Talsma（1970）］技术同样可用于土壤水的原位测量。

在 q_d 可忽略不计时，蒸发是土壤剖面水分含量的唯一消耗过程，这种情况下最适合

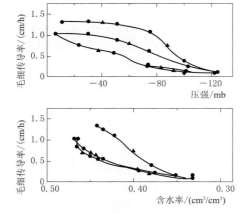

图 11.1 湿润和干燥循环中的粉砂-壤土的毛细管电导率曲线实例 [$k(p_w)$ 关系表现出相当大的不确定性，但 $k(\theta)$ 并非如此。在这一实验中，由于最初施加负压导致的土壤固结，初始周期与后续周期不同（图片源自 Nielsen 和 Biggar，1961）]

采用质量守恒法。况且，通过一些附加资料亦可获得可靠的 q_d 估计值，从而可以通过此方法计算出相应的蒸发。

Buckingham（1907）和 Richards（1931）提出，各向同性土壤中的水的流速 v_s 可以通过将达西定律扩展到非饱和土壤来描述，即

$$v_s = -k\left(\frac{1}{\gamma_w}\nabla p_w - \nabla z\right) \quad (11.3a)$$

式中：p_w 为土壤水压（也称为吸力或张力）；$\gamma_w = \rho_w g$ 为水的比重；$k = k(\theta)$ 为毛细管导度；z 为深度，向下为正。

因为 θ 是土壤水压 p_w 的函数，因此 k 可以表示为压力的函数。图 11.1 给出了沙土的 $k(\theta)$ 和 $k(-p_w)$ 的函数关系。尽管 $k(-p_w)$ 表现出相当大的滞后现象，但这种滞后现象并未表现在 $k(\theta)$ 的函数关系中。图 11.2 以沙土为例给出了 θ 与 $-p_w$ 的关系，表明这种关系同

样存在相当大的滞后现象。换言之，$k = k(-p_w)$ 和 $\theta = \theta(-p_w)$ 均取决于土壤湿润和干燥过程的顺序，通过该顺序来确定当前的 θ 值。显然，当问题只涉及干燥或者湿润过程时，不必考虑其滞后性。图 11.3 亦展示了细砂质壤土和黏土在排水循环期间的 $k(-p_w)$ 的变化。

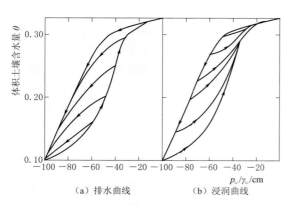

图 11.2 阿德莱德沙丘的土壤含水量 θ 与水压 p_w 之间的滞后关系 [图中可以出，滞后曲线的边界在(a)和(b)中相同（改编自 Talsma，1970）]

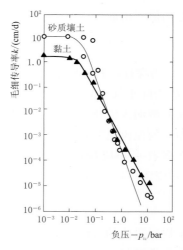

图 11.3 对于砂质壤土（Pachappa）和黏土（Chino）在 25℃时毛细管传导率 k 与负压 $-p_w$ 的函数关系拟合 [其方程如式（11.6）所示（源自 Gardner 和 Fireman，1958）]

v_s 的垂向分量可以写为

$$v_{sz} = -k\left(\frac{1}{\gamma_w}\frac{\partial p_w}{\partial z} - 1\right) \tag{11.3b}$$

若是 $\partial p_w/\partial z$ 和 $k(\theta)$（有限差分形式）的数据可获取，运用式（11.3b）可以确定向下的排水量 $q_d = v_{sz}$。

土壤剖面在 z 点的水压 p_w 可以通过土壤湿度计测量。该装置（图 11.4）是由 Gardner 等（1922）、Kornev（1924）、Israelsen（1927）以及 Richards（1949）等在工作中开发的仪器，它是一个充水压力计，其传感元件由一个多孔杯组成，带有足够的气孔以确保土壤中的水与压力计中的水紧密接触（不漏气）。毛细管导度 k 作为土壤含水量 θ 的函数，可以通过不同的方法确定；针对当前的目的，优选未受到干扰的土壤剖面进行田间观测。Ogata 和 Richards（1957）、Nielsen 等（1964）；Nielsen 等（1973）、Davidson 等（1969a）以及 Baker 等（1974）已经进行的多种试验测定，这些测定通常包括在没有降水 P 的情况下，通过限制土壤表面蒸发 E 来逆向应用式（11.2）与式（11.3）的有限差分项。这种田间试验的结果还可以通过室内实验或计算方法加以补充〔例如 Brutsaert（1967）、Klute（1972）〕。

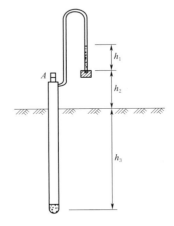

图 11.4 安装在田间试验场地的土壤湿度计示意图〔压力计流体（例如汞）的柱高 h_1 高于储液器表面（地表以上 h_2 柱高），安装在深度为 h_3 的多孔杯中充满了与土壤水接触的水。在 A 处可以打开主管以注满水或排除气泡〕

在一些田间实验中〔例如 Nielsen 等（1973）〕，已经观测到土壤水分在垂直再分配过程中，其在 1m 或更深处（没有地表蒸发的影响）的水力梯度几乎没有变化。因此可将式（11.3）近似为

$$q_d = k \tag{11.4}$$

在这种情况下，可以仅用 $z = h_{s0}$ 处观测的土壤含水量来近似估计 q_d，当然，前提条件是 $k = k(\theta)$ 是已知的。

关于 q_d 也有一些其他的简化计算方式。例如，Tanner 和 Jury（1976）将 q_d 表示为由试验确定的土壤含水量的指数函数。然而，在许多情况下，尤其是在干燥过程的第二阶段〔见式（11.12）〕，可以简单地忽略向下的排水速率，但这种做法在特定情况下还需确认。

在土壤剖面观测几个不同深度的土壤含水量和土水势并不容易，并且有很多注意事项。土壤水消耗方法仅在具有能够满足特定试验观测条件的情况下适用，因此显然这种方法并不适用于常规条件。尽管也存在可能性，但其应用在下列情况下通常很困难：地下水位靠近地表、频繁和大量的降水、不可忽视或未知的净侧流补给、大的排水速率 q_d 以及土壤特性具有相当大的变异性等情况。因此，采用这种方法获取 q_d 的精度在很大程度取决于试验场地的观测条件。在 Jensen（1967）、Davidson 等（1969b）以及 Scholl 和 Hibbert（1973）等的研究中，均可以找到采用这种通过土壤剖面测量方法确定蒸发的实例。

2. 裸土蒸发的理论计算

用于裸土表面蒸发的水分是通过土壤剖面的下层传输到土壤表层的。这种传输的形式是极其复杂的［例如 Philip（1957）、De Vries（1958）］，因为水分的传输在液相和气相中均有发生，不仅涉及压力梯度和重力作用，还涉及温度梯度、土壤热通量以及盐浓度梯度。然而，从水文的角度考虑，可以根据等温条件下的水分运动方程即达西定律［式（11.3）］来确定土壤表面蒸发的主要特征。此处重点关注以下两种情况，即有地下补给的稳定蒸发，以及没有地下水补给的土壤剖面的不稳定蒸发。

（1）有地下补给的稳定蒸发。水分从地下水位处通过土壤剖面传输至土壤表面，并以蒸发的形式离开地表。

对于一个垂直向上的坐标系，取地下水位处为 $z=0$，令 $p_w=0$ 将得到式（11.3b），因为 $E=v_{sz}$，有

$$z=-\frac{1}{\gamma_w}\int_0^{x-p_w}\frac{\mathrm{d}x}{1+E/k(x)} \tag{11.5}$$

如果毛细管导度 $k(p_w)$ 作为土壤水压的函数已知，则在均质土壤剖面中可以很容易地对其进行积分。这里注意到式（11.3）中毛细管导度被定义为 $k(\theta)$，考虑到土壤含水量 θ 是土壤水（毛细管）压力 p_w 的函数，由此 k 也是 p_w 的函数。以往的研究已经提出了几个 $k(p_w)$ 函数形式，其中加德纳（Gardner，1958）提出对于大多数土壤，可以使用以下经验公式来拟合：

$$k=\frac{a}{(-p_w/\gamma_w)^n+b} \tag{11.6}$$

其中 a、b 和 n 为常数，图 11.3 展示了两种土壤的这一函数关系。注意 a/b 是饱和 k_0 时的水力传导率。当 $k=k_0/2$ 时，b 为 $(-p_w/\gamma_w)^n$，对于黏性土壤，n 取值在 2 左右；砂质土壤 n 取值则大于或等于 4。加德纳（Gardner，1958）给出了 $n=1$、3/2、2、3 和 4 时式（11.5）和式（11.6）的解。

式（11.5）给出了任意蒸发速率 E 条件下，土壤水压的垂向分布情况。对于 E 值较低或在地表以下具有较浅地下水位的土壤剖面，$-p_w$ 的值（即土壤表面吸力）相对较小，土壤表面接近饱和。在这种情况下，蒸发速率主要取决于大气条件，而不是土壤剖面水的传输能力。然而，随着空气的干燥或地下水位的加深，土壤表面的吸力 $-p_w$ 也在增加，水向上移动，蒸发速率增加。但是最终会接近一个极限，蒸发速率 E 不再增加；这一极限蒸发速率 E 是完全由土壤剖面的水分传输能力决定的，而与空气的干燥程度无关，或称潜在蒸发。对于大多数实际情况而言，可以假定任何时候的实际蒸发等于潜在蒸发和极限蒸发 E_{lim} 两者中的更小的值。

假设 $z=d_w$ 处的土壤表面近乎干燥或处于田间持水量，可求得极限蒸发量 E_{lim}，此时 $-p_w\to\infty$，$k\to0$。将式（11.5）与式（11.6）结合［例如 Cisler（1969）］通常会得出蒸发的极限速率与地下水深度之间的关系如下：

$$d_w=\frac{\pi}{n\sin(\pi/n)}\left(\frac{a}{a+bE_{lim}}\right)\left(\frac{a+bE_{lim}}{E_{lim}}\right)^{1/n} \tag{11.7a}$$

很多情况下，$a\gg bE_{lim}$，由此可以得出一个很好的近似：

$$E_{\lim} = a \left[\frac{\pi}{n \sin(\pi/n)} \right]^n d_w^{-n} \qquad (11.7b)$$

式 (11.7b) 表明 $E_{\lim}$ 与 d_w^{-n} 成正比。如图 11.5 所示，实验结果也证实了这一点。尽管图 11.5 的理论曲线与式 (11.7b) 类似，但它们并非完全相同。因为在 Gardner 和 Fireman (1958) 实验中，土柱只有 1m 长，且地下水位的深度是通过在土柱底部施加负压来模拟的。该负压作为式 (11.3b) 的积分下限，而不是如式 (11.5) 中那样取零。尽管如此，大部分流动阻力主要发生在土柱顶部附近，那里土壤水吸力最大，如果不把土柱延伸到地下水位，土壤水吸力的损失会很少。

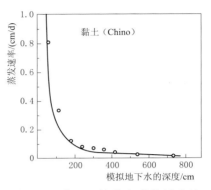

图 11.5　黏土土柱稳定蒸发试验速率与式 (11.3b) 以及式 (11.6) 在 $k = 1100/(p_w^2 + 565)$ 积分计算得到的曲线的对比 [其中 p_w 的单位为 mb (改编自 Gardner 和 Fireman, 1958)]

式 (11.7b) 所依据的模型显然过于简单化了。特别是在土壤表面附近，水汽传输非常重要以至于极限蒸发速率可能大于预测值。但加德纳 (Gardner, 1958) 估计这一增幅不会超过 20%。无论如何，图 11.5 所示的结果说明了存在地下水补给的情况下等温流动模型对于稳定蒸发的适用性。

Willis (1960) 使用式 (11.5) 研究了在两层不同质地组成的土壤剖面的地下水的稳态流。他指出：在许多实际应用中，当 d_w 较大时，土壤的不均匀性对蒸发 E 几乎没有影响；当粗质土壤覆盖在细质土壤上时，分层的影响是明显的，但在相反的条件下，分层的影响则不明显。

(2) 没有地下水补给的土壤剖面的非稳定干燥过程。稳定高地下水位并不常见，通常，从土壤表面蒸发的水来自土壤剖面上储水的释放。为了便于解决这个问题，需要研究土壤表面干燥过程中的两个阶段。

在第一阶段，只要土壤仍然充分湿润，蒸发速率主要受大气条件控制；因此，它有时被称为受能量限制的蒸发速率。显然，当大气条件恒定时，土壤干燥速率也是恒定的。第一阶段的持续时间取决于蒸发速率和土壤剖面的供水能力。因此，该阶段的蒸发速率可基于气象观测来计算。

当土壤表面附近的土壤变干时，土壤表面的供水条件最终会低于大气蒸发能力，土壤蒸发过程进入第二阶段或土壤水分下降阶段。此时，蒸发速率受到土壤剖面的特征及物理性质的限制。从第一阶段到第二阶段的过渡在土壤表面的某一点处可能是非常突然的，但是在整个田间尺度来看内通常是连续变化的。Jackson 等 (1976) 指出这一点，并认为从第一阶段到第二阶段的过渡有时可以通过土壤反照率的变化来表征。

在干燥过程的第二阶段，水分亦通过水汽的形式在土壤剖面扩散。尤其是土壤变得非常干燥之后，土壤剖面中的水分输送对土壤中的温度梯度很敏感。然而，当土壤剖面变干后，土壤蒸发速率通常很小，因此在水文学上意义不大。因此，至少在蒸发速率下降阶段的初期，水主要以液体的形式流动。因此，尽管问题更为复杂 [例如 Philip (1957)、

Cary（1967）］，但正如有地下水补给时的稳定蒸发，现有的研究表明，干燥过程蒸发速率下降阶段的一些更为重要的特征同样可以通过简单的等温流动模型获得。

该方法的控制方程是通过结合土壤水连续方程与达西定律［式（11.3）］得到的。对于不可压缩的各向同性土壤和不可压缩的流体，Richards（1931）给出了垂向流方程：

$$\frac{\partial \theta}{\partial t} = \frac{\partial}{\partial z}\left(k\,\frac{\partial(p_w/\gamma_w)}{\partial z} - k \right) \tag{11.8}$$

为便于数学表达，式（11.8）常改写成

$$\frac{\partial \theta}{\partial t} = \frac{\partial}{\partial z}\left(D\,\frac{\partial \theta}{\partial z} \right) - \frac{\partial k}{\partial z} \tag{11.9}$$

根据定义［Klute（1952）］，$D = k\left[\mathrm{d}(p_w/\gamma_w)/\mathrm{d}\theta \right]$ 为土壤水扩散率。求解式（11.9）并非易事，因为 $D = D(\theta)$ 和 $k = k(\theta)$ 是高度非线性的，且在湿润和干燥交替过程中 $D(\theta)$ 表现出滞后性［如 Staple（1976）］。

将干燥的第二阶段视为解吸问题，可获得简洁化的公式，这种解决方案具有实际意义，最早由加德纳（Gardner，1959）提出，有以下前提假设：首先，假设重力的影响可以忽略不计，因此可以省略式（11.9）右边的第二项，换言之，土柱的垂向与水平向的干燥过程相同，由此式（11.9）转化为

$$\frac{\partial \theta}{\partial t} = \frac{\partial}{\partial z}\left(D\,\frac{\partial \theta}{\partial z} \right) \tag{11.10}$$

其次，边界条件如下：

$$\begin{cases} \theta = \theta_i, & z \geqslant 0, \ t = 0 \\ \theta = \theta_0, & z = 0, \ t > 0 \end{cases} \tag{11.11}$$

式中：θ_i 是土壤初始含水量；θ_0 是干燥土壤表面的含水量。

在式（11.11）的第一个边界条件假设初始含水量是均匀的。第二个边界条件假设土壤表面含水量总是非常低。这些条件与能量限制干燥速率的假设等效，也就是说潜在蒸发非常大即能量限制的干燥速率（潜在的蒸发）非常大，以至于干燥的第一阶段的持续时间可以忽略不计。

迄今为止，式（11.10）与边界条件式（11.11）仍未获得一般性的精确解，而只有近似解或某些类型的扩散方程。加德纳（Gardner，1959）使用了两种解决方法：一种是通过克兰克方法计算的加权平均扩散系数获得线性最优解；另一种方案是以图形方式呈现的，通过迭代获得指数型扩散系数，指数型扩散系数适用于大多数土壤，至少适用于湿润土壤（Brutsaert 和 Stricker，1979）。关于解决方案的详细讨论超出了本书的范围，但无论求解方法如何，无论假定的扩散函数 $D(\theta)$ 如何，式（11.10）与边界式（11.11）的任何解的最有趣特征都是土壤剖面损失的总水量与时间的平方根成比例。这可以很容易的从玻尔兹曼转换 $\phi = z\,t^{-1/2}$ 看出，通过这一转换可以将式（11.10）简化为常微分方程。因此，蒸发速率可以由以下公式给出：

$$E = \frac{1}{2}Det^{-1/2} \tag{11.12}$$

其中对于给定的土壤，当 θ_i 和 θ_0 也给定时，De 是一常数，通常被称为脱水系数。

加德纳（Gardner，1959）在实验室观测了黏土的实际蒸发速率的变化，其结果与式（11.12）之间有具有很好的一致性。该实验的潜在蒸发速率为 4cm/d，土柱长度为 100cm，其含水率呈均匀分布。这些结果如图 11.6 所示。显然，如果土柱足够长，那么蒸发可以有效地持续约 100 天。类似的裸露砂土表面日均蒸发量实验数据如图 11.7 所示，这些数据由 Black 等（1969）通过威斯康星州一个可称重的蒸渗仪获得，并给出了脱水系数 $De = 0.496\text{cm/d}^{1/2}$ 的建议值。Black 等（1969）对比了这一结果与线性的脱水系数求解方程，即 $De = 2(\theta_i - \theta_0)(\overline{D}/\pi)^{1/2}$，其中 $\overline{D}$ 是加权平均扩散率。应用克兰克的方法，即 $\overline{D} = [1.85/(\theta_i - \theta_0)^{1.85}]\int_{\theta_0}^{\theta_i}(\theta_i - \theta)^{0.85}D(\theta)\,\text{d}\theta$，他们估算土样的 $\overline{D}$ 为 $10\text{cm}^2/\text{d}$；因此，当 $\theta_i - \theta_0 = 0.12$ 时，线性化求解得出 $De = 0.43\text{cm/d}^{1/2}$，这比加德纳给出的 0.496 低约 13%。鉴于土壤的自然变化，以及可能来自公式本身的局限性和线性化带来的误差，这两个结果的一致性可能还是比较好的。考虑到土柱湿润的深度有限，Black 等（1969）怀疑降水后蒸发最终将偏离与 $t^{-1/2}$ 的关系曲线。尽管如此，他们还是能够在每次降水后通过采用式（11.12）应用蒸渗仪数据模拟整个夏季的蒸发。第一阶段干燥过程持续时间足够短，可以忽略不计。这可能是由于砂土表面的潜在蒸发总是大于相对较低的实际蒸发。在更适中的干燥条件或者土壤质地相对较细时，土壤干燥的第一阶段应该包括在分析中。

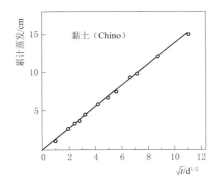

图 11.6　裸土表面累积蒸发量是时间的平方根的函数，该函数的拟合数据来自实验室中 1.0m 的黏土柱（Chino）(Gardner，1959)

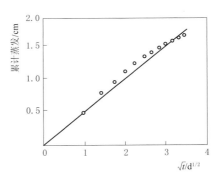

图 11.7　裸露沙土表面累积蒸发量随时间平方根的变化［数据来自田间蒸渗仪观测的均值。直线为脱水系数 $De = 0.496\text{cm/d}^{1/2}$ 的公式（11.12）（改编自 Black 等，1969）］

在式（11.11）中，假定初始土壤含水量是均匀的。但在土壤干燥过程第二阶段初期的土壤水分的分布很少是均匀的，很明显随后的蒸发速率必须取决于初始 θ 的分布；这又取决于第一阶段的蒸发速率和持续时间。尽管如此，Gardner 和 Hillel（1962）在实验室观测到这种影响的持续时间相对较短，因此在第一阶段结束后不久，蒸发速率与初始干燥速率无关，并且仅仅取决于土壤的含水量。这意味着同样的土壤干燥方程，即用于计算潜在蒸发高值的式（11.12），通过适当的时间尺度的转化，可以很好地再现任何潜在蒸发条件下的累计蒸发量。换言之，蒸发速率在低于第一阶段的值后，仍可假定为遵循如式（11.12）所示的同样的减少速率。作为第一个近似值，在第二阶段初期所用的 t 值可以取

为 $t=(\sum E_{p1}/De)^2$，其中 $\sum E_{p1}$ 是第一阶段末的累计蒸发值。

由式（11.12）得出的解的形式及其实验验证是针对理想情况的。在大多数实际田间实验中，影响第一阶段干燥结束的不确定性因素往往会更加复杂，诸如土壤剖面分层、深层渗透或向下渗漏等情况。尽管确实存在理论上的不足，在某些条件下，式（11.12）可以作为一个简单的参数关系来预测第二阶段裸土干燥过程的日平均蒸发速率。在实际中，当可以独立确定 E 时，De 可以通过在一次或两次田间试验获取的干燥过程曲线来确定。当无法满足这个要求时，De 可以通过求解式（11.10）与边界式（11.11）来估算。

11.1.2　流域

在广阔的陆地表面，平均蒸发速率可以从以下形式的水量平衡方程获得

$$E=P+[(Q_{ri}+Q_{gi})-(Q_{r0}+Q_{g0})-dS/dt]/A \tag{11.13}$$

式中：P 为降水（采样期间流域尺度上的均值）；Q_{ri} 和 Q_{r0} 分别为地表径流流入和流出速率；Q_{gi} 和 Q_{g0} 分别为地下水流入和流出速率；S 为流域水储量；A 为流域面积。

1. 年尺度

流域水储量 S 和地下水流量变化是非常难以观测的，式（11.13）主要应用于蒸发 E 的气候学计算，即在年尺度上，dS/dt 近乎为零，而且当流域面积很大时，$Q_{gi}-Q_{g0}$ 相对其他几项是可以忽略不计的。此外，如果流域为自然流域，$Q_{ri}=0$，或在人为跨流域调水的流域，Q_{ri} 通常也是准确知道的。因此，如果 $q_r=(Q_{r0}-Q_{ri})/A$ 是流域单位面积上的平均地表径流，式（11.13）可以简化为

$$E=P-q_r \tag{11.14}$$

在年平均尺度上，用式（11.14）计算得到的蒸发量 E 可用于检验及校准其他方法计算得到的蒸发量。

式（11.14）已经用于推导一些简单的启发式关系。施瑞博尔（Schreiber，1904）研究了早期的相关的工作，并指出当 P 减小时，q_r 也会减小，但当 P 增加时，q_r 会趋向于某一特定值，但不会和 P 相等。因此，他提出了以下中欧河流年径流的插值方程：

$$q_r=P\exp\left(-\frac{a}{P}\right) \tag{11.15}$$

其中 a 是流域给定的常数，数据分析表明 a 在源区和平原区为 $46\sim80$cm，而在河流的中游为 $80\sim115$cm。在年尺度上，这种方法的估算误差在 $10\%\sim15\%$，而在多年尺度则可以控制在 5%。联立式（11.14），得到流域年际蒸发量：

$$E=P\left[1-\exp\left(-\frac{a}{P}\right)\right] \tag{11.16}$$

据 Budyko（1963；1974），在 1911 年奥德克普的研究中认为式（11.16）中的 a 可以由潜在蒸发量 E_p（给定条件下的最大可能蒸发速率）替代。随后类似的推论使得奥德克普提出：

$$E=E_p\tanh\left(\frac{P}{E_p}\right) \tag{11.17}$$

基于同样的思想，布迪克（Budyko，1963；1974）假定以下条件成立，那么在极端

干燥的条件下有

$$\frac{q_r}{P} \to 0 \text{ 或 } \frac{E}{P} \to 1, \quad \frac{R_{ne}}{P} \to \infty \tag{11.18}$$

在极端湿润的条件下有

$$E \to R_{ne}, \quad \frac{R_{ne}}{P} \to 0 \tag{11.19}$$

式中：R_{ne} 为年净辐射值，以蒸发的单位（深度）来表示。为了在解析形式中涵盖中间范围，布迪克尝试了类似于式（11.16）和式（11.17）的差值方程，即

$$E = P\left[1 - \exp\left(-\frac{R_{ne}}{P}\right)\right] \tag{11.20}$$

和

$$E = R_{ne} \tanh\left(\frac{P}{R_{ne}}\right) \tag{11.21}$$

它们分别在图 11.8 中显示为曲线 Ⅰ 和 Ⅱ。因为数据点似乎介于这两个函数曲线之间，因此他随后采取了两者的几何平均值，即

$$E = \left\{ R_{ne} P \tanh\left(\frac{P}{R_{ne}}\right)\left[1 - \exp\left(-\frac{R_{ne}}{P}\right)\right]\right\}^{1/2} \tag{11.22}$$

式（11.22）在图 11.8 显示为曲线 Ⅲ。

由施瑞博尔的推论得出式（11.15）和式（11.16）的这一观点也体现在特尔克（Turc，1954；1955）的工作中。基于大流域的年降水与年径流数据，他指出当 P 增加时，E 不会随着 P 无限增加，同时也不会超过最大的 L_T。因此，他测试了一个启发式的插值方程的一般形式 $E/L_T = (P/L_T)[1 + (P/L_T)^a]^{1/a}$，其中 a 是一个常数。将这一形式应用于不同气候区的大量数据集，特尔克最终提出年蒸发速率的计算公式如下：

$$E = P\left[0.9 + \left(\frac{P}{L_T}\right)^2\right]^{1/2} \tag{11.23}$$

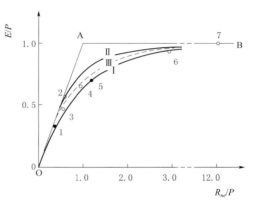

图 11.8　年蒸发量与降水量之比（E/P）是干燥辐射指数 R_{ne}/P 的函数［线 AB 和 OA 分别代表式（11.18）和式（11.19）。曲线 Ⅰ、Ⅱ、Ⅲ 分别代表式（11.20）、式（11.21）和式（11.22）。1—Lapland；2—德国中部；3—Java；4—美国东海岸；5—Irkutsk；6—戈壁；7—埃及（改编自 Budyko，1963）］

式（11.23）应用于 $P/L_T > 0.316$，以及当 $P/L_T < 0.316$、$E = P$ 的情况。最大蒸发速率 L_T 与年平均温度 T_a（℃）存在经验上的相关关系，即 $L_T = 300 + 25 T_a + 0.05 T_a^3$。因此，特尔克建议通过与蒸渗仪数据建立经验关系，将该方法拓展到 10 天尺度。Pike（1964）发现，对式（11.23）稍作改变，比如把公式中的 0.9 替换为 1.0 以及将 L_T 替换为 E 后，式（11.23）在马拉维流域计算开放水面蒸发和蒸发皿蒸发时可以取得更好的结果。

2. 假设 E 与潜在蒸发成比例

通过间接地估算 $\mathrm{d}s/\mathrm{d}t$，可尝试将式（11.13）应用到年内尺度上：

$$E = P - q_r - \mathrm{d}s/\mathrm{d}t \tag{11.24}$$

式中：$s = S/A$ 是流域单位面积上的水储量。

根据观测站网的气象水文数据，布迪克（Budyko，1974）总结给出了一种估算 $\mathrm{d}s/\mathrm{d}t$ 的方法。该方法的主要假设是实际蒸发速率与潜在的蒸发速率 E_p 成比例，即

$$E = E_p \frac{s}{s_0} \tag{11.25}$$

式中：水储量 s 为土壤上层 1m 深的土层中的水储量；s_0 为临界值，高于该临界值时，实际蒸发 E 等于潜在蒸发 E_p。尽管机理并非十分清楚，布迪克（Budyko，1974）公式中的 E_p 与通过彭曼公式（10.15）获得的潜在蒸发类似。换句话说，E_p 是一种表观潜在蒸发，因为它是根据当前（即非潜在）条件下观察到的气象数据计算的。如第 10.2.1 节所述，这与表面充分供水条件不同。式（11.25）中 s_0（通常相当于 $10\sim 20\mathrm{cm}$ 的水层）存在季节和区域性变化，可以通过率定的方法获得 s_0 的值。无论如何，区域上通常无法确定式（11.25）中水储量 s 这一项。因此，可以通过结合式（11.24）消除这一项。如果 E、P 和 q_r 是月均值，s_1、s_2 分别表示月初和月末活动层中的水储量，则式（11.24）变为

$$E = P - q_r + s_1 - s_2 \tag{11.26}$$

因此，月尺度式（11.25）可以改写为

$$\text{当 } 0 < \frac{s_1 + s_2}{2} < s_0 \text{ 时，} \quad E = E_p \frac{s_1 + s_2}{2s_0}$$

$$\text{当 } \frac{s_1 + s_2}{2} \geq s_0 \text{ 时，} \quad E = E_p \tag{11.27}$$

该方法的应用直截了当，特别适用于极度缺水的情形，因为此时没有径流，即 $q_r = 0$。蒸发可以通过如下迭代计算的方法获得。第一个月水储量 s_1 随机给定；将式（11.26）计算的 s_2 代入到式（11.27），从而计算出第一个月的蒸发 E。第二个月按相同的步骤，将第一个月的 s_2 作为第二个月的 s_1，依次类推。将所有月蒸发的总和与年降水总量 P 进行比较，然后根据两者的比率修正第一个月的初始储水量 s_1，重新开始以上步骤直至计算的蒸发量等于观测的年降水量。原则上，当径流 q_r 不可忽略且 P 相比 E_p 并非很小时，也可以应用相同方法。此时，当计算的蒸发量等于 $P - q_r$ 的年际总量时，则终止迭代过程；如果计算的是长期的均值，则计算至最后一个月的储水量 s_2 与初始第一个月的储水量 s_1 估计值一致时停止迭代过程。由于观测数据不足，当 q_r 不可忽略时，其确定可能会存在一些困难。为此，Budyko 和 Zubenok（Budyko，1974）开发了基于经验径流系数和降雨数据计算 $\overline{q}_r$ 的方法。

诸如式（11.25）或式（11.27）的这类方法存在一定的弱点，除了方程中比例关系的有效性问题之外，存在的首要问题即方程中最大土壤水分参数 s_0 是未知数，其次潜在蒸散发量 E_p 的定义也相当模糊（参见 10.2 节）。当然，这种关系可以通过合适的曲线拟合方法进行经验性的校准，但其物理意义目前仍尚不清楚。布迪克水量平衡方法曾经广泛应用于苏联的各个地区，气候数值模拟中也使用了类似的方法。例如，Manabe（1969）以及 Holloway 和 Manabe（1971）应用式（11.25）时取 $s_0 = 0.75 s_{FC}$，其中 s_{FC} 是土壤的田间持水量，后者指的是土壤储水量的上限，假设地表各处该值为 15cm。

3. 基于退水分析

估算水量平衡方程中 $\mathrm{d}s/\mathrm{d}t$ 项的第二种间接方法是分析流域没有降水事件时的流量变化。在自然河流系统中，这种流量主要来自地下含水层的排水补给。在水文学中，这种流量还被称为枯季流、退水流量、基流以及枯水径流等。除了蒸散发对水的消耗，给定流域的枯季流的特征主要取决于所在流域的地质特性。因此，蒸发很小或可以忽略时的枯季流量可以被称为地下水退水流量，也被称为"潜在的"退水流量。

已有文献尝试将观测到的退水流量与流域的蒸散发量联系起来。在加利福尼亚南部一个 $14.5\mathrm{km}^2$ 的森林覆盖流域，Tschinkel（1963）计算了其河岸带的枯季蒸散发量；蒸散发量为实际流量和潜在退水流量之间的差值，其中衰退流量的计算基于以下假定：

$$Q_r = Q_{0r} K_r^{\tau} \tag{11.28}$$

式中：Q_{0r} 为任意时刻的流量；Q_r 为单位时段 $\tau = t/\Delta t$ 之后的流量；Δt 为单位时间步长；K_r^{τ} 为一个常数。

显然，式（11.28）等效于指数衰减函数，事实上是基于地下水储存的线性水库假设，其泄流速率与地下水储存体积成正比。之后，Daniel（1976）针对水平不透水层［见图11.9（Brutsaert 和 Ibrahim，1966）］提出另一种方法，使用线性化裴布依-布西尼斯克含水层模型的理想出流量，并将蒸散发的影响概括为恒定排水率，然后将实际退水曲线与不同蒸发 E 的理论解的无量纲曲线进行比较，从而确定流域蒸散发量。Daniel（1976）成功地将这一方法应用在亚拉巴马州一个 $23\mathrm{km}^2$ 的流域上。需要再次强调的是，这种方法中采用的地下水衰退函数基于一个概化的地下水模型。虽然线性裴布依-布西尼斯克地下水含水层的系统假设可能在特定流域很有用，但不一定具有普遍性。

Brutsaert 和 Nieber（1977）提出了一种描述地下水退水的方法，该方法适用于更广泛的地下水含水层系统。尽管在那篇文章中并未考虑蒸发，但这一方法可以拓展到包含 E 的影响的情形。退水曲线分析方法本质是在没有降水、补给或者其他入流的泄流时期，流域地下水储量与进入河道的排水率之间存在着独特的关系。简单假定这一关系为非线性函数：

$$Q_r = aS^b \tag{11.29}$$

式中：Q_r 为流域出口的平均流量；S 为流域地下水储量；a 和 b 为常数。

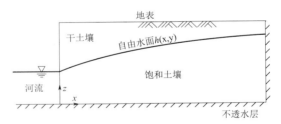

图 11.9　水平不同透水层上的裴布依-布西尼斯克含水层模型（进入河流的流量根据以下假设确定：水平方向的水通量与高度无关，且水力梯度等于地下水自由水面的斜率）

很多概念性含水层模型，包括像 Tschinkel（1963）和 Daniel（1976）采用的模型都可以视为式（11.29）的特殊情况。在没有降水量 P 的情况下，水量平衡方程式（11.13）可以简化为

$$E = -\left(Q_r + \frac{\mathrm{d}S}{\mathrm{d}t}\right)/A \tag{11.30}$$

将式（11.29）代入式（11.30），得到

$$-\frac{\mathrm{d}Q_r}{\mathrm{d}t} = a^{1/b}b\,Q_r^{(b-1)/b}(Q_r + AE) \tag{11.31}$$

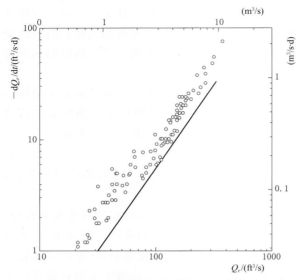

图 11.10　纽约伊萨卡附近的低流量时段的 $-\mathrm{d}Q/\mathrm{d}t$ 与 Q_r 的双对数坐标系图［流域面积 $A = 326\mathrm{km}^2$，下包直线的斜率为 3/2，其值为根据布西尼斯克非线性含水层模型得到的式（11.32）中的（$2b-1$）/b（改编自 Brutsaert 和 Nieber，1977）］

对于给定的流域，其参数 a 和 b 可通过以下方式确定：采用退水期间获取的日径流数据绘制曲线 $\log(-\mathrm{d}Q/\mathrm{d}t)-\log Q$。在日尺度上，$-\mathrm{d}Q/\mathrm{d}t$ 取（$Q_{i-1}-Q_i$）/Δt，Q_r 则为（$Q_i + Q_{i-1}$）/2，其中 Q_i 是退水流量数据中任意一天流量，Q_{i-1} 是 Q_i 前 24h（$\Delta t = 24$）的流量。所有退水流量数据的最低包络直线给出了对应于最小蒸发值或零蒸发时观测到的退水速率［式（11.31）］，这意味着其下包线表示为

$$-\frac{\mathrm{d}Q_r}{\mathrm{d}t} = a^{1/b}b\,Q_r^{(2b-1)/b} \tag{11.32}$$

由此可以估计参数 a 和 b，如图 11.10 所示。

当同一个区域具有多个观测站点的数据时，还可以建立参数 a 和 b 与区域几何形态学特征之间的关系，进行参数区域化。

$$E = \frac{1}{A}\left(-\frac{Q_r^{(1-b)/b}}{a^{1/b}b}\frac{\mathrm{d}Q_r}{\mathrm{d}t} - Q_r\right) \tag{11.33}$$

　　流量 Q_r 的观测精度会影响该方法的使用。式（11.33）涉及 $-\mathrm{d}Q/\mathrm{d}t$ 和（$Q_{i-1}-Q_i$）/Δt 等表示流量变化的项，难以避免会遇到数量级的观测误差。这里只是概述了这一方法，具体到应用时仍需评估其适用性。

11.1.3　湖泊和水库

　　湖泊或水库的水量平衡可以通过式（11.13）来描述。其水量平衡中任一项的重要性程度则主要取决于湖泊或水库及其周边流域的水文地理特征。通过式（11.13）确定蒸发的可行性主要依赖于水量平衡各项的相对大小。显然，只要蒸发 E 的大小与公式右侧任何一项的观测固有误差有着相同的数量级，则很难获得可靠的蒸发 E。因此，该方法不适用于有较大地表径流或地下水渗漏的湖泊。

　　根据湖泊的大小，需要一个或多个观测站点的数据来估算湖泊的降水量。在大多数情况下，湖泊降水量的估计只能依据周边岸上观测站的数据。然而陆地与湖泊水面有着不同的热属性，大湖上的降水可能与周边陆地上的降水有着很大的不同。通过降水的空间分布来获得湖泊内的短时段降水均值，通常是相当困难的。

　　湖泊或水库的渗漏或泄流几乎无法测量。地下水位或其他压力数据结合地质构造数据

能够起到一定的作用，但这些数据通常很少，难以用于可靠的计算中。若是为了检测渗流速率的量级大小，如果所有其他项已知，且蒸发 E 可以在特殊时期采用某种独立的方法进行估算，那么通过式（11.13）可确定渗流速率 $Q_{go} - Q_{gi}$。一旦这些条件能够满足，则式（11.13）便可以基于估算的蒸发量 E 得以应用。

确定湖泊水储量的变化需要水位观测数据以及可靠的湖泊面积-容量关系。后者可以从湖泊及其岸边地形调查中得到。而应用多个水位记录仪则可以避免由于湖面波动以及风潮带来的系统误差。当存在大幅度的温度变化时，考虑水的热膨胀过程，式（11.13）中需要用质量流量代替体积流量。

鉴于以上及其他可能存在的误差，湖泊或水库的水量平衡计算不太可能在短于一周甚至是月尺度上使用。

11.1.4 水量平衡相关的蒸发观测仪器

1. 蒸渗仪

蒸渗仪是放置在田间的容器，其内填充土壤维持植被生长，以便在自然条件下研究土壤-水-植物的关系。"蒸渗仪"这一术语在 19 世纪中叶被广泛使用［例如 Hoffman（1861）］。虽然从词意上来讲，这个词的主要目标最初是用来测定土壤中溶质的侧渗和深层渗漏，但它很快用于水文领域蒸散发的确定［例如 Ebermayer（1879）、Wollny（1893）］。实际上在此之前的很长一段时间，这种方法就已经被尝试用来估算陆面水文过程中的组分，具体而言就是分离土壤容器与周边土壤的水文联系，随后在容器内计算水量平衡。正如第 2 章所述，de LaHire（1703）已经进行过类似的雨水渗透试验，但结果却以失败告终。Dalton（1802c）与他的朋友托马斯·道耶尔合作进行了一项实验，通过将一个直径为 10 英寸、深 3 英尺的金属圆筒埋在地下，一侧露出，允许多余的水通过两个侧管进入瓶内。在 3 年的观察期内，容器内的土壤表面从裸土逐渐变得被草覆盖，在年平均 34 英寸降水以及 5 英寸露水的条件下，总共产生了 30 英寸的蒸发。Parkes（1845）后来报道了迪金森类似的工作。

为了产生与周围区域相同的蒸散发，蒸渗仪内的环境应该能够代表天然土壤剖面及其周围植被环境条件。换言之，在设计和安装蒸渗仪时，必须确保蒸渗仪内土壤表面具有相同的水通量以及土壤剖面中植物根系的具有相同的发育。这意味着蒸渗仪的表面应该与周围的地面齐平，或者应至少与植被根系深度一样深。此外，蒸渗仪中的土壤的结构、质地、含水量和温度的分布也必须尽可能与外部相似。为了保持蒸渗仪内外的土壤具有相同的力学特征，最好将未受干扰的土块或"整体块状"的土壤放置在容器中［例如 Brown等（1974）］；当这些条件难以满足时，由于土壤的性质以及蒸渗仪的相对较大的尺寸，土壤应以相同的顺序放入容器中，并且应具有与自然土壤剖面相同的密度。因为蒸渗仪的深度相对周围实际的土壤环境来说较浅，所以无法保证蒸渗仪内外具有相同的土壤水分廓线，即使在土壤表层也会存在差异。在图 11.11 中，将三种类型的蒸渗仪中的土壤条件与自然条件下的土壤剖面的条件进行了比较，显然，在蒸渗仪内土体的上表面，土壤水压力为零，即大气压。因此，为了模拟自然的排水过程，蒸渗仪的底部应该足够深。如果蒸渗仪深度比较浅（例如为了保持足够的称重灵敏度），可能必须通过真空装置来保持蒸渗仪

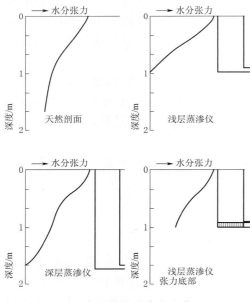

图 11.11　示意图给出了降水或灌溉后天然土壤剖面和三种蒸渗仪中的土壤水负压分布〔改编自 Van Bavel（1961）〕

底部土壤的吸力〔例如 Brown 等（1974）〕。蒸散发的模拟还涉及土壤表面能量平衡的模拟。因此，蒸渗仪内的土壤温度曲线不应该与外部的土壤温度曲线有很大差异。对于具有近乎自然的土壤水分布以及丰富的植被覆盖的深层蒸渗仪，其热属性状况与周围自然环境差距可能是最小的。为了进一步减少热属性的差异，蒸渗仪最好由低电导率的材料组成，并且容器与周围挡壁之间的地表处的缝隙均应加以密封。蒸渗仪与周围环境的热等效性可以通过蒸渗仪内部和外部的土壤剖面温度的分布来检测。同样，当需要高精度时，为了获得相似的热属性分布，蒸渗仪的底部可能必须根据外部自然土壤剖面相同深度处所测量温度来对蒸渗仪底部进行人工加热或降温〔例如 Pruitt 和 Angus（1960）〕。潜在误差的另一个来源是蒸渗仪边缘的表面的非连续性。因此，容器的边缘应尽可能低于土壤表面；但如果蒸渗仪同时也用于降水

的观测，则其边缘必须具有一定的高度以防止产生径流或溢出。类似的，容器壁和周围土壤剖面挡壁之间的间隙应尽可能的窄。亦可通过增加蒸渗仪的表面积减少边缘效应。此外，蒸渗仪的大小也取决于其内生长的植被的非均匀性。换言之，蒸渗仪内单种植物的数量应该足够多，以产生与周围地表相同的平均蒸散发速率。最后，与其他观测方法一样，蒸渗仪的安置和维护亦会受到源区的限制。因此，蒸渗仪内或其周围的异种植物，附近的人行道、微气象仪器、围栏或其他障碍物等都会造成严重的观测误差。

现有的文献中描述了几种不同的蒸渗仪装置。这些蒸渗仪可以分为不可称重式和可称重式。大多数早期的设计〔参见 Dalton（1802c）、Wolly（1893）〕都是不可称重的类型，底部可自由排水。这种类型易于安装且成本低。然而，除非土壤水含量可以通过某种独立的方法来测量，否则这种渗漏型蒸渗仪只能用于长期的观测，如果蒸渗仪容器只接收自然降水，观测两场主要的降水之间的蒸发量，假如还有来自灌溉的水量，则其可适用于周尺度或者更长的时间尺度上。Pruitt 和 Angus（1960）以及 Gilbert 和 Van Bavel（1954）都曾描述这种装置。在地下水位较高的地区，必须在蒸渗仪中安装一个地下水位计来测量将地下水位保持在给定水位所需的入流量和出流量。然而，对于水位计型蒸渗仪，可能需要采取特殊的防护措施以避免盐分的累积〔例如 Gilbert 和 Van Bavel（1954）〕或补偿有其他因素（诸如大气压变化）〔例如 Van Hylckama（1968）〕引起的水位波动。

可称重式的蒸渗仪更昂贵，但其优势在于能够获取日尺度或更短时间尺度上的准确的蒸散发量。以往的实验中已经应用了几种称重技术，包括机械天平、具有可变电阻应变计的称重传感器、以及由浮动容器的浮力变化或液压变化引起的流体位移的液压传感器。早

期可称重式蒸渗仪的设计比较简单［例如 Makkink（1957）］，通常定期地从地面抬起，并通过可移动的机械天平进行称重。Harrold 和 Dreibelbis（1958）以及 Pruitt 和 Angus（1960）等描述了安装在固定的机械天平上的蒸渗仪，从而可以实现连续记录。安装有固定称重装置的蒸渗仪有几个有趣的功能，如图 11.12，它有一个直径 6.1m、深度为 0.91m 的大圆形区域，其底部配有土壤温度控制装置和土壤水负压控制装置。由于该蒸渗仪的面积大，边缘效应很小，容器壁（由 6.3mm 的玻璃纤维组成）与周围陆地表面的间隙面积比蒸渗仪面积的 3% 还要小；每 4 分钟记录一次的重量数据反映的蒸发的精度在 0.03mm 之内。通过使用由压力可变电阻装置组成的称重传感器，可以利用应变计显著简化称重和记录系统的结构。这种类型的蒸渗仪在不少文献中有详细的描述［例如 Van Bavel 等（1962）、Ritchie 和 Burnett（1968）、Rosenberg 和 Brown（1970）、Perrier（1974）］。液压称重系统则通常比机械式或应变计式称重系统更便宜。

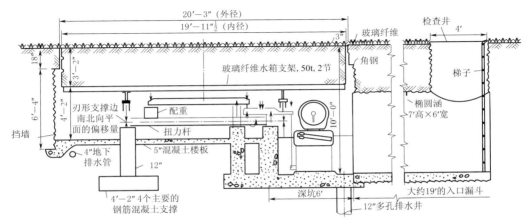

图 11.12　位于加利福尼亚戴维斯的直径 6.1m 的可称重蒸渗仪的西东断面示意图［覆被为多年生黑麦草（Lolium perenne）。其尺寸以英尺和英寸（1 英尺＝12 英寸＝30.48cm）计（来自 Pruitt 和 Angus，1960）］

浮动式蒸渗仪，是通过观测浮动容器的浮力变化引起的流体位移变化来确定重量的变化。通过将浮力室连接到漂浮在水中的容器［如 King 等（1956）］或通过将蒸渗仪容器漂浮在重质流体（例如 $ZnCl_2$ 溶液中）上来获得容器的浮力［例如 King 等（1956）、McMillan 和 Paul（1961）、Lourence 和 Goddard（1967）］；Lourence 和 Goddard（1967）所描述的蒸渗仪容器直径为 6.1m，其结构与图 11.12 相似。后来 Lourence 和 Goddard（1967）进一步改进了这种漂浮式蒸渗仪的设计，以便直接测量其表面的剪应力 τ_0 或摩擦速率 u_*。在第二种液压式称重系统中，重量变化根据液压计中的流体压力变化确定，蒸渗仪容器压在液压计之上。这些传感器可以由充满水的袋子、套管、垫片或由橡胶等材料制成的管子组成。相应类型的蒸渗仪的具体实例在已有的文献中有报道［例如 Forsgate 等（1965）、Hanks 和 Shawcroft（1965）、Ekern（1967）、Black 等（1968）］。

2. 蒸发皿

尽管蒸发皿的观测具有一定的不确定性，且作为观测蒸发的方法之一其适用性亦受到质疑，但蒸发皿仍被广泛使用。蒸发皿的优势是以可见的方式模拟了自由水面的蒸发。尽管如此，虽然有很多与蒸发皿相关的研究，但蒸发皿观测数据的实际应用，仍是非常困难的。多年来研究者尝试应用了多种类型的蒸发皿，并且逐渐形成了一些标准化的类型。为了便于在文献中识别，现在简要描述一些较为常见的蒸发皿。

（1）科罗拉多蒸发皿：这可能是最古老的标准化蒸发皿之一，它的使用可以追溯到 Carpenter（1889；1891）在福特克林斯堡的工作。它有着一个方形的水面，边长为 3 英尺（91.5cm），通常深 1.5 英尺（45.7cm），安装在地面上，其边缘大约在地面上方 4 英寸（10cm）处，这样水面大致与地面保持一致［参见 Rohwer（1934）］。

（2）美国气象局 A 型蒸发皿：这是美国测量蒸发量的官方仪器（Kadel 和 Abbe Jr，1916），但也被广泛应用于其他国家。它是一个圆柱容器，深 10 英寸（25.4cm），直径 4 英尺（121.9cm），内部尺寸结构如图 11.13 所示，由镀锌铁（22 号）或其他不生锈金属构成的。该蒸发皿一般位于木架上，底部距离地面 10～20cm。为了固定木架，有时会填充新的土壤，土壤距离蒸发皿底部约 5cm 以通风。蒸发皿中的水位与蒸发皿顶部的距离应保持在 2～3 英寸（5～7.5cm）。在水位静止时用螺旋测微仪观测水位。在标准装置中，用温度计（最好是最大观测值减去最小观测值）测量水温，用三杯风速仪测量蒸发皿边缘上方约 15cm 处的风速。

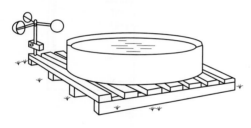

图 11.13　美国气象局 A 型蒸发皿

（3）美国农业部蒸发皿：在 A 型蒸发皿普遍应用之前，该蒸发皿用于美国西部农业部 BPI 的旱地观测站［例如 Horton（1921）］。它的直径为 6 英尺（182.9cm），深度为 2 英尺（61cm），底部安装在地表 20 英寸（51cm）深度处，保持注满水至地面，即蒸发面上边缘以下 10cm 处。这种蒸发皿通常采用与 A 型蒸发皿相同类型的金属板制成。

（4）GGI－3000 蒸发皿：这种蒸发皿是苏联开发的，也是目前广泛应用的标准蒸发皿之一，尤其是在东欧地区［例如 Gangopadhyaya（1966）］。它是一个带圆锥形底座的圆柱罐，表面积为 3000cm^2，直径为 61.8cm，圆柱壁深度为 60cm，中心深度为 68.5cm，容器由镀锌铁皮制成，埋于地下，上边缘约在地面以上 7.5cm。

（5）20m^2 蒸发皿：这种类型的蒸发皿也起源于苏联，它是一个圆柱形池子，平坦的底座由 4～5cm 锅炉板或混凝土板制成。其表面积为 20m^2，直径为 5m，深度为 2m，被放置在地下，上边缘高出地面 7.5cm，水位大致保持在地平面［例如 Gangopadhyaya（1966）］。

蒸发皿数据主要用于解决两类问题：第一类是确定充分供水条件下的植被的蒸发量；第二类是确定湖泊的蒸发量。

作为一种物理现象，任何类型的蒸发皿蒸发都与植被覆盖的地表的蒸散发有着很大的不同。尽管如此，田间实验表明，在较长时期内，在植被完全覆盖和充分供水的条件下，蒸发皿蒸发与周围的植被的蒸散发高度相关［例如 Penman（1948）、Mcllroy 和 Angus（1964）、Pruitt（1966）］。图 11.14 为不同地点月尺度数据的相关性。可以看出蒸发皿系数（在此定义为蒸散发速率与蒸发皿速率的比值），对于草本植物来说约为0.8。已有文献报道了许多蒸发皿系数和回归方程。然而，这些结果有着相当大的变化，取决于植被类型、蒸发皿所处环境和气候条件。因此，校准和标准化蒸发皿系数，对于准确地估算环境的潜在蒸发有着必不可少的作用。

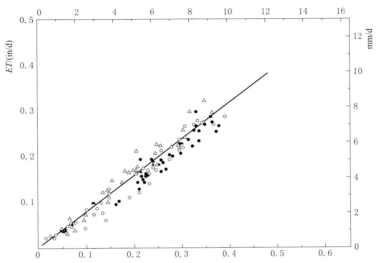

图11.14　来自草或草-三叶草混合的月平均蒸散发 *ET* 与不同地点 A 型蒸发皿蒸发的比较
[最佳拟合直线的斜率为 0.80（改编自 Pruitt，1966）]

还有很多研究尝试将蒸发皿蒸发与湖泊蒸发联系起来。最简单的方法同样是使用蒸发皿系数，即定义为湖泊蒸发与蒸发皿蒸发的比值。不同类型年尺度蒸发皿系数的特征值不同，科罗拉多蒸发皿约为0.80，A 型蒸发皿为0.70，美国农业部蒸发皿为0.92，GGI-3000 蒸发皿为0.82，20m² 蒸发皿则约为1。通常，具有已知蒸发皿系数的较大蒸发皿和安装在地面上的蒸发皿最为可靠的。因此，20m² 的蒸发皿往往是最优选择，但其安装成本高。对于小型蒸发皿，蒸发皿系数不仅取决蒸发皿的类型，还取决于蒸发皿所处环境与气候条件。换句话说，不同湖泊以及同一地区不同月的蒸发皿系数的变化通常很大。因此，蒸发皿系数可以被认为仅用于提供湖泊蒸发量的粗略估计，主要是应用在年尺度上。

蒸发皿的数据转换方法方面的研究进展良好。它包括采用湖泊和蒸发皿的整体质量传输方程 [比较式（9.12）与式（9.13）] 的比来获得湖泊的平均蒸发速率，即

$$\overline{E} = K_{pa} \frac{\overline{e}_s - \overline{e}_a}{\overline{e}_{pa} - \overline{e}_a} E_{pa} \tag{11.34}$$

式中：E_{pa} 为蒸发皿蒸发速率；e_s 和 e_{pa} 分别为湖泊和蒸发皿水面温度下的饱和水汽压，在任意给定情况下，e_s 为参考测点的空气水汽压；K_{pa} 为经验常数。

蒸发皿转换法是由 Kohler（1954）引入的。利用水汽压日均值和 A 型蒸发皿数据，他得到了赫夫纳湖的 $K_{pa} = 0.7$。Webb（1966）对该方法做了局部的修改，使用蒸发皿下午时段（12:00PM—18:00PM）观测温度的最高值对应的 e_{pa} 以及该时段内 e_s 和 e_s 的均值，得到了赫夫纳湖的 $K_{pa} = 1.50$。有人认为使用产生大部分蒸发的下午对应的值应该比使用

每日的均值更为可靠。Hoy 和 Stephens（1979）曾测试过这一方法，其中一个难点是式（11.34）分母上的小值可能导致过大的蒸发$\overline{E}$。通过数据处理，这一问题得到了解决，具体来讲是只选取满足 $0 \leqslant \overline{E} \leqslant 2\text{cm}$ 以及 $\langle \overline{E} \rangle - 3\sigma_E \leqslant \overline{E} \leqslant \langle \overline{E} \rangle + 3\sigma_E$ 的每日蒸发数据$\overline{E}$，这里 $\langle \overline{E} \rangle$ 和 σ_E 分别是给定时期的均值和方差。他们还给出了另一种解决这一问题的建议，就是在式（11.34）中使用变量的长期均值，但使用不同的K_{pa}或添加修正项。后来发现改进后的韦伯方法相比原始的库勒方法更为可靠。Hoy 和 Stephens 使用韦伯方法得到了 A 型蒸发皿的平均$K_{pa}=1.21$，而库勒方法的$K_{pa}=0.66$。当蒸发皿配备有防鸟网时，系数K_{pa}的均值分别为 1.48 和 0.73。虽然蒸发皿换算方法的准确性不如蒸发皿整体质量传输方程，但前者更适合实际操作。

蒸发皿换算方法的优点是只需要测量湖泊水面处的水温，而其他数据可以简单地通过岸上的气象站观测数据获得。常数K_{pa}在给定的湖泊需通过特定的测量试验获得，或分别采用式（7.57）与湖泊蒸发参数以及蒸发皿蒸发参数的比值可以得到K_{pa}的理论值。同样还可以用式（7.60）和式（7.61）的经验关系或类似的关系来获得K_{pa}。但这一方法的合理性尚未经过验证。

3. 其他仪器

过去的几个世纪里，除了蒸发皿，研究者也提出和应用了很多其他类型的用于观测蒸发的装置。Livingston（1908；1909）对此进行了综述。其中大部分装置已经不再使用，只有很少数幸存下来，这些尚存的仪器中更为人们所熟知的是皮歇蒸发计、魏尔德蒸发计以及多孔杯式气压计。

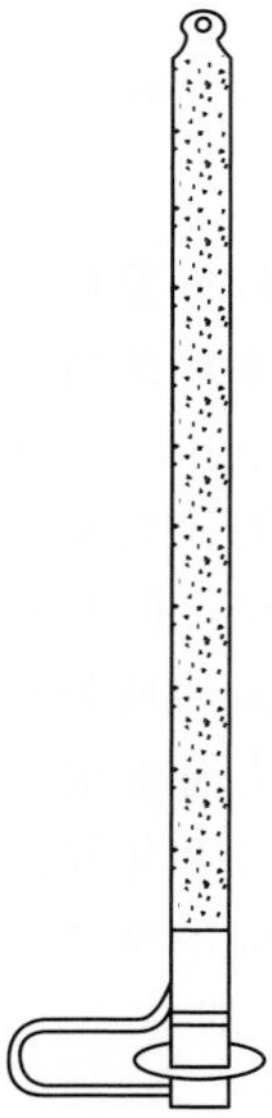

皮歇大约 1872 年在法国发明了皮歇蒸发计，这种蒸发计由一根长 23～30cm，内径为 1cm 的玻璃管组成。管的顶部是封闭的，并有一个可以使其悬浮的环。将玻璃管充满水，并在底部覆盖一层湿润的吸水纸，蒸发面积为 8cm²。当水从吸水纸面蒸发时，玻璃管中的水位下降，并通过玻璃管壁上的刻度记录蒸发量。在玻璃管底部，安装了弯曲的钢丝作为弹簧装置，并连接了一个小的托盘来固定纸盘的位置，以避免强风的影响。

图 11.15 显示了这类仪器较早期的一种形式。在仪器的原始版本中，纸盘上有一个小孔允许气泡通过从而替换蒸发的水。最近的版本则是在玻璃管侧面开孔，使空气可通过该孔进入管内。而且就当前可获得的商用版本中，总蒸发面积较大，约为 13cm²，其直径约为 3.2cm。如今，这种仪器通常置于常规气象观测仪的保护罩内，且应使其蒸发面保持在 1.2m 的高度上。

图 11.15　皮歇蒸发计（Abbe，1905）

由于其独特的形状和蒸发面特征，很难将皮歇蒸发计所观测的蒸发速率与自然界中任何其他类型的蒸发联系起来。而且由于仪器位于保护罩中，并不会暴露在太阳辐射下，因此其蒸发主要依赖于空气中的水汽压差，并且在较小的程度上也与风速有关。这意味着，这种仪器更类似于放置在阴凉处的叶片，而不是暴露在太阳辐射下的水体或潮湿植被。因此，该仪器可能更好地测量式（10.16）中的大气干燥力E_A，而不是蒸发量 E。后者的观察结果使得 Stanhill（1962）认为有可能用皮歇蒸发计观测的蒸

发数据 E_{pi} 来估计彭曼方程的第二项如下：

$$\frac{\gamma}{\Delta+\gamma}E_A = aE_{pi}+b \qquad (11.35)$$

其中 a 和 b 是常数。通过式（10.16）和式（10.17）计算 E_A，Stanhill（1962）得出了内盖夫地区每周的 a 和 b 的均值分别为 0.1469 和 0.1118，单位为 mm/d。Bouchet（1963b）给出了同样的建议，Brochet 和 Gerbier（1972）进一步提出取 $b=0$ 作为式（10.15）的经验替代，由此

$$E = aR_s + bE_{pi} \qquad (11.36)$$

式中：R_s 是全球短波辐射；常数 a 和 b [与式（11.35）中的常数不同] 可以通过联立式（11.36）、式（11.35）以及式（10.15）来估算。Brochet 和 Gerbier（1972）给出一套步骤，可以确定法国任何纬度及一年中任意时刻的相应常数，E_{pi} 在很多站点里都有记录。

威尔德（Wild，1874）在俄罗斯设计的蒸发计由 2.5cm 深的浅圆盘组成，其表面积为 250cm²，直径为 17.84cm，装满水放在天平上。该仪器的原始版本（图 11.16）目前仍被广泛使用，类似于邮政天平的大小。蒸发盘 C 由杠杆平衡的短臂支撑，长臂（即配重臂）测量在渐变弧 G 上蒸发引起的重量损失，用指标 D 表示。该仪器的主要优势在于，即使在冬季较冷的气候，当盘中的水被冻结时，它也可以记录蒸发。天平通常放置于气象站保护罩内，并安置在 1.2m 高的地方。图 11.16 所示的原始威尔德蒸发计比现在的做法更精细。天平放置在玻璃外壳 E 内，以避免称重时受到风速的影响。并将干燥剂（例如 H_2SO_4）放在 F 中以防止天平生锈。箱子的盖子支撑着托盘，仅在观察时取下它从而只称量托盘。该仪器具有一个相同的蒸发盘 C'，该蒸发盘定期与 C 交换，从而防止在 C 中的冰量明显减少且新替换的水还未冻结时中断测量，同时可以确定吹雪情形下的积雪状况。玻璃盒亦需放在防热罩中。

威尔德蒸发计的适用性特征与皮歇蒸发计类似。威尔德蒸发计的优势在于其方法的简明，但这一仪器观测量的重要意义还尚不清楚。

多孔球形气压计是另一种产品，目前同样仍被使用，但它并不像皮歇蒸发计和威尔德蒸发计那样常见。这些气压计的起源可以追溯到 Leslie（1813）的工作仪器，它是由一个多孔陶器的薄球组成，直径 2～3 英寸（5～7.5cm），并在其下部固定有一个小的颈部，胶合了一个有刻度的玻璃管。现在仍在使用的类似的气压计通常以利文斯顿（Livingston，1935）命名，他在美国推广了该气压计的应用。现在的利文斯顿气压计是一种中空的多孔瓷球，直径 5cm，壁厚约 0.3cm。操作时，其潮湿的球形表面不会产生水膜，除了向下的方向之外，其他所有方向均匀地暴露在狭窄的圆柱形颈部，颈部是玻璃制的并连接到

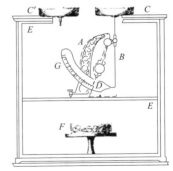

图 11.16　威尔德蒸发计
（Wild，1874）

供水管。将该管通过瓶塞插入到装有蒸馏水的瓶中。通过蒸发表面的孔的毛细作用将水吸入管中。在 Leslie（1813）之后大约 3 年，皮拉尼在意大利展示了类似的工具。皮拉尼气压计 [参见 Livingston（1935）] 由多孔陶瓷盘组成，作为无孔半球的上表面，其安装方

式与利文斯顿气压计相同。

与其他仪器的情况一样，多孔气压计获得的蒸发数据难以解释。这些仪器都有着非常奇怪的形状以及蒸发面，并且它们的能量平衡或空气动力学特征与自然表面的能量平衡和交换特性之间的联系并不明显。此外，这些气压计很容易因为搬运和冷冻而破裂，并且容易被灰尘或其他污染物弄脏。但它们比蒸渗仪和蒸发皿更容易安装及维护。利文斯顿气压计最新的一些应用与灌溉作物的用水需求估算有关。Halkias 等（1955）观测到黑色气压计和白色气压计之间的蒸发差异与灌溉水量具有高度相关性。这种相关性显著高于白色气压计蒸发与作物用水之间的相关性。Shannon（1968）的研究同样证实了这一点，他使用这种配对的气压计估算了灌溉条件下作物的每月蒸散发量，其结果与通过 A 型蒸发皿数据获得的结果同样好甚至更好。由于黑色和白色气压计的蒸发差异与全球短波辐射有关［例如式（10.28）和式（10.29）］，这种配对的黑色与白色气压计系统实际上用作短波辐射计，而不是蒸发装置。Yu 和 Brutsaert（1967）对非常浅的（深度为 1.58cm）、底部分别刷为白色和黑色蒸发皿的蒸发量的差异做了同样的观测，发现这与短波辐射的相关性非常高。

11.2　大气水量平衡

11.2.1　概念和公式

这种方法要求对于选定的有限大的大气控制单元来讲，蒸发最好是水量平衡方程中的唯一未知项。同陆地水量平衡一样，通过将总入流量减去出流量与研究区域中单位时间内水储量的变化相等得出方程式。为了更好地理解这种方法，以平均比湿守恒方程为出发点具有很好的启发性。采用源项 S_v 表示空气中局部蒸发与凝结之间的差异，并假设水平梯度上的湍流以及分子扩散可以忽略不计，式（3.44）可以改写为

$$\frac{\partial \overline{q}}{\partial t} + \overline{u}\frac{\partial \overline{q}}{\partial x} + \overline{v}\frac{\partial \overline{q}}{\partial y} + \overline{w}\frac{\partial \overline{q}}{\partial z} = -\frac{\partial}{\partial z}\left(\overline{w'q'}\right) + S_v \tag{11.37}$$

将连续方程（3.48）乘以 $\overline{q}$ 代入式（11.37），得到

$$\frac{\partial \overline{q}}{\partial t} + \frac{\partial}{\partial x}(\overline{u}\ \overline{q}) + \frac{\partial}{\partial y}(\overline{v}\ \overline{q}) + \frac{\partial}{\partial z}(\overline{w}\ \overline{q}) = -\frac{\partial}{\partial z}\left(\overline{w'q'}\right) + S_v \tag{11.38}$$

通过在所考虑的有限控制体上对式（11.38）积分，得到水量平衡方程。方程两边同时乘以 ρdz 之后，在垂向上积分，以得出从地表 $z = z_s$ 延伸到大气层顶部 $z = z_t$ 的柱状体的控制方程。显然，$\overline{w}\ \overline{q}$ 在大气层的上下边界为 0，另外，垂向湍流水汽通量 $\overline{w'q'}$ 在上边界处为 0，并且由于式（3.74）在下边界处等于 E/ρ，因此，如果假设任意给定的空气柱中凝结的净水量随着速率为 P 的降水而下降，那么

$$-\int_{z_s}^{z_t} S_v \rho dz = P \tag{11.39}$$

对式（11.38）积分得

$$\int_{z_s}^{z_t} \frac{\partial \overline{q}}{\partial t} \rho dz + \int_{z_s}^{z_t} \nabla \cdot (\mathbf{V}\overline{q}) \rho dz = E - P \tag{11.40}$$

其中符号 $\mathbf{V} = \mathbf{V}(x, y, z, t)$ 表示水平速度的平均值（从湍流的角度来看），即 $\mathbf{V} =$

$\mathbf{i}\,\overline{u}+\mathbf{j}\,\overline{v}$。

在乘上 $\mathrm{d}A/A$ 后，式（11.40）在研究区域的水平区域上进行积分。对于式（11.40）的第二项被积函数，可以利用高斯公式，或者

$$\frac{1}{A}\iint_A \nabla \cdot (\mathbf{V}\,\overline{q})\mathrm{d}A = \frac{1}{A}\int_C (\mathbf{V}\,\overline{q}) \cdot \mathbf{n}\mathrm{d}C \tag{11.41}$$

式中：$\mathbf{n}$ 为垂直于外围 C 并指向外部的单位矢量；$\mathrm{d}C$ 为研究区域外围的微分线性元素。如果 $V_n = V_n(x,\ y,\ z,\ t)$ 是垂直于边界并指向外侧的风速分量，则式（11.40）在 A 上的积分可以写为

$$\overline{E}-\overline{P} = \int_{z_s}^{z_t}\frac{\partial \overline{q}}{\partial t}\rho\mathrm{d}z + \frac{1}{A}\int_{z_s}^{z_t}\int_C (\overline{q}V_n)\rho\mathrm{d}C\mathrm{d}z \tag{11.42}$$

式中：$\overline{E}$、$\overline{P}$ 和 $\overline{\partial q/\partial t}$ 分别是给定高程 z 下的蒸发速率、降水速率和 q 的变化率的面积平均值。式（11.42）通常用压力 p 而不是 z 作为垂向坐标。由于大气压通常非常接近静水压，故可采用式（3.26）进行转换。注意，100mb 的压差大致相当于海拔 $900\sim1000\mathrm{m}$ 的气压的变化。如果 $\overline{W}$ 表示为大气柱单位面积上的总水蒸气含量，则在整个控制区域 A 上，式（11.42）可以写为

$$\overline{E}-\overline{P} = \frac{\partial \overline{W}}{\partial t} + \frac{1}{Ag}\int_{p_t}^{p_s}\int_C (\overline{q}V_n)\mathrm{d}C\mathrm{d}p \tag{11.43}$$

式中：p_s 和 p_t 分别是研究区域地表和顶部的压力。式（11.43）表明对于给定地表区域而言，平均蒸发量和平均降水量之间的差异等于该区域水汽增加的速率与该区域上向外散溢的水汽通量之和。

11.2.2 方法应用

对于式（11.43）或其类似的形式，公式中的 $\overline{E}-\overline{P}$ 项，目前通常是在研究区域的多边形的顶点处通过高空的气象观测或无线电探空仪观测得到。因此，研究区域是一个基底面积为 A，由从地表延伸至水分含量足够小（$p=p_t$）的高空的垂直壁包围的棱柱。

式（11.43）的最后一项是将垂直于棱柱侧壁的风速分量和侧壁上的比湿的乘积进行积分。通常情况下，当气象观测站不在研究区域的边界上时，可用插值法进行一些调整〔例如 Cressman（1959）〕。在某些情况下，高空观测亦可以通过飞机、探空仪或卫星获得的数据加以补充。应当注意，如果通过取 V_n 和 $\overline{q}$ 的均值而不是乘积的均值来计算最后一项，则可能导致相当大的误差。而且，使用地转速度 $\mathbf{G}$ 来代替实际廓线速度 $\mathbf{V}(z)$ 通常也会导致错误〔例如 Palmén（1963）、Ferguson and Schaefer（1971）〕。这是由于在垂向上，$\overline{q}$ 和 $\nabla\cdot\mathbf{V}$ 通常紧密相关，如果用 $\nabla\cdot\mathbf{G}$ 计算则会忽略这一相关性〔参见式（3.73）〕。

1. 前人的研究

大气水量平衡方法有两大类应用。第一种是利用现有的无线电探空仪观测网，早期的应用包括 Benton 和 Estoque（1954）对整个北美大陆的水汽输送的分析。其他的几项研究进一步进行了大陆、半球或纬度尺度等大尺度研究。然而，除了全球循环方面的研究外，这种方法在较小区域上的应用通常更受关注。以区域面积小于 $10^6\ \mathrm{km}^2$ 为例，Hutchings（1957）在英格兰南部（4 个站点，区域面积 $A=9\times10^4\mathrm{km}^2$），Palmén（1963）在波

195

罗的海（6 个站点，区域面积 $A=30.3\times10^4\,km^2$），Söderman 和 Wesanterä（1966）在芬兰（5 个站点，区域面积 $A=24.7\times10^4\,km^2$），Rasmusson（1971）通过取观测网的均值在五大湖区（区域面积 $A=24.6\times10^4\,km^2$）、五大湖流域（流域面积 $A=48\times10^4\,km^2$）以及俄亥俄河流域（区域面积 $A=53\times10^4\,km^2$），Rasmusson（1971）在中国东海（8 个站点，区域面积 $A=63.9\times10^4\,km^2$），Rasmusson（1971）和 Magyar 等（1978）将美国细分为面积 A 为 $5.18\times10^4\sim15.1\times10^4\,km^2$ 不等的小区域，分别研究了较小区域的水汽输送过程。在刚刚提到的研究中，所使用的资料是现有的气象站每天两次的观测数据，这些数据在标准压力高度上都可以获取，比如 1000mb、850mb、700mb、500mb、400mb 和 300mb，或其 50mb 的增量值。一般认为，在 $400\sim300$mb，即海拔 $7000\sim8000$m，可以忽略水汽通量散度和水汽储量的变化。多数研究都是计算月尺度上的平均蒸发。

作为全球大气研究计划（GARP）的一部分，该方法的第二大类应用是在大尺度的田间试验的框架内，通过短期密集的观测获得数据。这种实验测量方法在时间上和空间垂直上有着更高的分辨率，并且数据质量比常规的无线电探空仪观测网络更高。已经有一些研究者基于这些数据进行水量平衡方面的研究，例如：Augstein 等（1973）在东大西洋（每 3h 一次观测两周，3 个站点，面积 $A=25\times10^4\,km^2$），Holland 和 Rasmusson（1973）在 Barbados 以东的西大西洋（每天探测 15 次定位器，5 天，间隔 10mb，4 个站点，面积 $A=25\times10^4\,km^2$），Rasmusson 等（1974）在安大略湖（每天探测 8 次，为期 45 天，在 10 个站点以 10mb 为间隔，面积 $A=1.4\times10^4\,km^2$），Nitta（1976）在中国东海（每 6h 观测两个为期 14 天的周期，在 4 个站点以 25mb 的间隔进行插值，面积 $A=17\times10^4\,km^2$）等均进行了相关的研究工作。上述研究对日平均蒸发进行了计算和分析。这些实验获得的结果通常令人满意。例如，如图 11.17 所示，Nitta（1976）和 Murty（1976）在中国东海采用大气平衡法估算与 Kondo（1976）通过均值廓线方法（参见 9.1.1 节）估算的日均值非常一致。但在以上研究中，在安大略湖的研究是个例外，Phillips 和 Rasmusson（1978）指出，尽管采用水汽平衡法估算与采用整体传输方程计算得到日蒸发的变化趋势非常相似，但其绝对值约为其他大多数方法获得的蒸发值的两倍。

2. 潜力与局限性

大气水量平衡法的实际应用所需的数据通常不是从专门设计的试验中获得的，而是从实际运行的高空气象网中获得的。这种世界范围的网络旨在观察天气尺度特征，其时间尺度为数天，空间尺度在 1000km 量级。

因此，每天进行两次观测的观测网可能无法为子网格的变化提供良好的分辨率，并将严重的限制了大气水量平衡的计算精度。这对气象要素具有明显昼夜变化和非均匀地表条件的区域（例如沿海或山区）的影响更为显著。Ferguson 和 Schaefer（1971）指出，安大略湖岸边中尺度和微尺度上风速和水汽湿度的波动不一致会导致严重的混叠误差。通过将采样间隔从 12 小时减少到 2 小时可降低垂向平均水汽通量估算的误差。除了时间和水平空间分辨率外，还存在垂向分辨率问题。无线电探空仪观测数据在标准高程，尤其是当标准高程较低时，即在 1000mb、850mb、700mb 和 500mb 等处其数据分辨率非常差。Ferguson 和 Schaefer（1971）计算得到，700mb（约为海拔 3000m）以下的水汽通量辐散率约为 $1000\sim400$mb 层总水汽通量的 75%；他们推断，只有当低层廓线能够准确地确定时，采用这种方式计算的结果才是可信的。当然，目前使用的无线电探空廓线缺乏足够的垂直分辨率，这也是应用第 9.1.3 节中所描述的采用 ABL 廓线方法面临的主要困难之一。

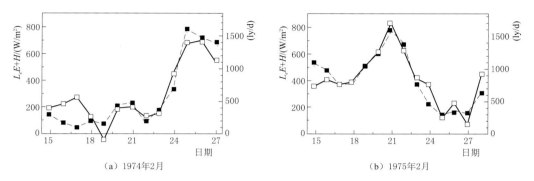

图 11.17　比较 Nitta（1976）和 Murty（1976）借助大气水量平衡（空心正方形）获得的热通量（$H+L_eE$），以及 Kondo（1976）通过均值加权平均方法获得的热通量〔这些结果代表了中国东海的一般情形，虽然数据不是在同一位置获取的，但两种方法观测的区域大致重合。用于大气水量平衡计算的封闭区域面积约为 $17 \times 10^4 \mathrm{km}^2$，其形状大致为矩形，中心在 Okinawa（改编自 Kondo，1976）〕

忽视云层中的平流变化以及液体和固体水储存变化也可能导致相应的误差，式（11.39）假设所有净凝结都以降水的形式下降，对于较大的区域，云中水量的传输和储存可以忽略不计，除非出现冷空气在暖空气上暴发的情况。

最后，还存在观测准确性的问题。Rasmusson（1977）对通量散度计算中的误差进行了详细的分析，指出这些误差通常是由于典型的观测网中不同尺度上无线电探空仪器精度的限制所致。他指出，考虑当前无线电探空仪观测网分布密度和观测计划，该方法的应用在面积不足 $25 \times 10^4 \mathrm{km}^2$ 的区域上受到限制，其结果可能不可靠。该方法可以在 $25 \times 10^4 \sim 10^6 \mathrm{km}^2$ 的范围内具有较好的结果，但最适合大于 $10^6 \mathrm{km}^2$ 的区域。

该方法的优势主要源于其平衡概念的简明性，且世界上许多地方具有大量的高空观测数据库可用。对于水文研究领域所关注的空间尺度，这种方法的可靠性尚待考究。然而，对于气候学领域所关注的更大空间尺度和更长时间尺度来说，这种方法是非常有用且准确的。因此，该方法可以用于测试、比较或完善在较大区域上的平均值。

历史参考文献 (1900 年以前)

Achard (1780a), 'Dissertation sur la cause de l'élévation des vapeurs. Observations sur la physique, sur l'histoire naturelle et sur les arts, etc. ', *Bureau du Journal de Physique*, Paris 15, 463 – 477.

Achard (1780b), 'Mémoire sur Ie froid produit par l'évaporation. Observations sur la physique, sur l'histoire naturelle et sur les arts, etc. ', *Bureau du Journal de Physique*, Paris 16, 174 – 186.

Aelfric (1942), *De temporibus anni*, edited by Heinrich Henel, Early English Text Society, Oxford Univ. Press, London, 105 pp.

Aelfric (1961) De Temporibus Anni' translation from Anglo-Saxon in T. O. Cockayne (ed.) *Leechdoms, Wortcunning and Starcraft of Early England*, Vol. Ⅲ, The Holland Press, London, pp. 177 – 227.

Alexander Neckam (1863), *De naturis rerum*, with the poem of the same author, *De laudibus divinae sapientiae*, edited by T. Wright, Longman, Green, Longman, Roberts and Green, London, 521 pp.

AI-Farabi (1969), *Philosophy of Plato and Aristotle*, translated with an introduction by Mushin Mahdi, Cornell University Press, Ithaca, N. Y. , 158 pp.

Ambrose, St. (1961), *Hexameron, Paradise and Cain and Abel*, translated by J. J. Savage, Fathers of the Church, Inc. , New York, 449 pp.

Archibald, E. D. (1883), 'The increase in velocity of the wind with altitude', *Nature* 27, 243 – 245.

Aristoteles (1574), *Quintum volumen Aristotelis De Coelo, De Generatione & Corruptione, Meteorologicorum, De Plantis*, cum Averrois Cordubensis variis in eosdem commentariis, Venetiis apud Iuntas, 500 pp.

Aristotle (1938a, b), *Problems*, with an English translation by W. S. Hett, Vols. Ⅰ and Ⅱ, W. Heinemann, Ltd. , London, Harvard Univ. Press, Cambridge, Mass. , 461+456 pp.

Aristotle (1952), *Meteorologica*, with an English translation by H. D. P. Lee, W. Heinemann, Ltd, London, Harvard Univ. Press, Cambridge, Mass. , 433 pp.

Bartholomaeus Anglicus (1601), *De genuinis rerum coelestium, terrestrium et inferarum proprietatibuslibr*; Ⅹ Ⅷ [*De rerum proprietatibus*], Francofurti, Apud Wolfgangum Richterum, impensis Nicolai Steinii, Not. & Bibliopolae, 1261 pp. [Facsimile Minerva, G. M. B. H. , Frankfurt a. M. 1964] .

Basil, St. (1963), *Exegetic Homilies*, translated by A. C. Way, The Fathers of the Church, 46, The Catholic Univ. of Amer. Press, Washington, D. C. , 378 pp.

Beda, Venerabilis (1843) *De natura rerum*, in 1. A. Giles, (ed.), *The Miscellaneous Works of Venerable Bede in the Original Latin*, Vol. Ⅵ, Whittaker and Co. , London, 459 pp.

Black, J. (1803), *Lectures on the Elements of Chemistry*, published from his manuscripts by 1. Robison, Longman & Rees, London; W. Creech, Edinburgh, Vol. Ⅰ, , 556 pp.

Boltzmann, L. (1884), 'Ableitung des Stefan's chen Gesetzes, betreffend die Abhiingigkeit der Wärmestrahlung von der Temperatur aus der electromagnetischen Lichttheorie', *Ann. Phys. u. Chemie (Wiedemann)* 22, 291 – 294.

Bouillet, M. (1742), 'Sur l'évaporation des liquides', *Histoire de l'Académie Royale des Sciences*, Paris

55, 18 – 21.

Boussinesq, J. (1877), 'Essai sur la théorie des eaux courantes', *Mémoires présentes par div. savants à l'Acad. des Sciences de l'Institut de France* 23, 1 – 680.

Bowen, I. S. (1926), 'The ratio of heat losses by conduction and by evaporation from any water surface', *Phys. Rev.* 27, 779 – 787.

Burnet, J. (1930), *Early Greek Philosophy*, A. & C. Black, Ltd., London, 375 pp.

Carpenter, L. G. (1889), 'Section of meteorology and irrigation engineering', Second Ann. Rept., Agric. Exp. Station, State Agric. College, Fort Collins, Colo., pp. 49 – 76.

Carpenter, L. G. (1891), 'Section of meteorology and irrigation engineering', Fourth Ann. Rept., Agric. Exp. Station, State Agric. College, Fort Collins, Colo., pp. 29 – 97.

Cherniss, H. (1964), *Aristotle's Criticism of Presocratic Philosophy*, Octagon Books, N. Y., 418 pp.

Conrad von Megenberg (1897) *Das Buch der Natur; Die erste Naturgeschichte in deutscher Sprache* (In Neu-Hochdeutscher Sprache bearbeitet von Hugo Schulz), Verlag J. Abel, Greifswald, 445 pp.

Coutant, V. and Eichenlaub, V. (1974), 'The *De Ventis* of Theophrastus; its contributions to the theory of winds', *Bull. Amer. Meteorol. Soc.* 55, 1454 – 1462.

Dalton, J. (1801), 'New theory of the constitution of mixed aeriform fluids, and particularly of the atmosphere', *J. Nat. Philos., Chemistry and the Arts*, (W. Nicholson) 5, 241 – 244.

Dalton, J. (1802a), 'Experimental essays on the constitution of mixed gases; on the force of steam or vapor from water and other liquids in different temperatures, both in a Torricellian vacuum and in air; on evaporation and on the expansion of gases by heat', *Mem. Manchester Lit. and Phil. Soc.* 5, 535 – 602.

Dalton, J. (1802b), 'Meteorological observations', *Mem. Manchester Lit. and Phil. Soc.* 5, 666 – 674.

Dalton, J. (1802c), 'Experiments and observations to determine whether the quantity of rain and dew is equal to the quantity of water carried off by the rivers and raised by evaporation; with an enquiry into the origin of springs', *Mem. Manchester Lit. and Phil. Soc.* 5, 346 – 372.

Daubrée (1847), 'Observations sur la quantité de chaleur annuellement employée à évaporer de l'eauà la surface du globe, … etc.', *Comptes Rendus Hebd. Acad. Sc.*, Paris 24, 548 – 550.

DeLaHire (1703), 'Sur l'eau de pluie, & sur l'origine des fontaines; avec quelques particularitez sur la construction des cisternes', *Histoire de l'Acad. Roy. des Sciences* (Avec les Mémoires de la Mathématique & de Physique pour la même année), Mem., 56 – 69 (See also Sur l'origine des rivières, *Hist*, 1 – 6).

De Luc, J. A. (1787), *Idées sur fa météorolgie*, (Partie I *De l'évaporation de l'eau*), Tome Ⅰ, Veuve Duchesne, Paris, 516 pp.

De Luc, J. A. (1792), 'On evaporation', *Philos. Trans. Roy. Soc. London* 82, 400 – 424.

Desaguliers, J. T. (1729), 'An attempt to solve the phenomenon of the rise of vapors, formation of clouds and descent of rain', *Philos. Trans. Roy. Soc.* 36, 6 – 22.

Desaguliers, J. T. (1744), *A Course of Experimental Philosophy*, Vol. Ⅱ, W. Innys, M. Senex, and T. Longman, London, 568 pp.

De Saussure, H. -B. (1783), *Essais sur L'Hygrométrie*, 'Ⅲ. Essai, Théorie de l'évaporation', Samuel Fauche, Neuchatel, pp. 183 – 258.

Descartes, René (1637), *Discours de la méthode, plus La Dioptrique, Les Météores et La Géométrie*, De l'Imprimerie de Ian Maire, Leyde [Leiden], 413 pp.

Diels，H. (1879)，*Doxographi Graeci*，G. Reimer，Berlin，854 pp.

Diels，H. (1934)，*Die Fragmente der Vorsokratiker*，5. Aufl. herausgegeben von W. Kranz，Weidmannsche Buchhandlung，Berlin，1. Band，482 pp.

Diogenes Laertius (1925)，*Lives of Eminent Philosophers*，Vol. Ⅱ，with an English translation by R. D. Hicks，William Heinemann，London；G. P. Putnam's Sons，New York，704 pp.

Dobson (1777) 'Observations on the annual evaporation at Liverpool in Lancashire；and on evaporation considered as a test of the moisture or dryness of the atmosphere'，*Philos. Trans. Roy. Soc.* 67，244 – 259.

Ebermayer，E. (1879)，'Wie kann man den Einfluss der Wälder auf den Quellenreichthum ermitteln?' *Forstwissenschaftliches Centralblatt* 2，77 – 81.

Fick，A. (1855)，'Ueber Diffusion'，*Ann. Phys. u. Chemie* (J. C. Poggendorff) 94 (170)，59 – 86.

Fitzgerald，D. (1886)，'Evaporation'，*Trans. Am. Soc. Civ. Eng.* 15，581 – 646.

Fox，R. (1971)，*The Caloric Theory of Gases from Lavoisier to Regnault*，Clarendon Press，Oxford，378 pp.

Franklin，B. (1765)，'Physical and meterological observations，conjectures，and suppositions'，Read June 3，1756，*Philos. Trans. Roy. Soc.* 55，182 – 192.

Franklin，B. (1887)，*The Complete Works* (*Letters to J. Lining*) Vol. 2，498 – 505 (April 14，1757)；Vol. 3，22 – 27 (June 17，1758)，G. P. Putnam's Sons，New York，London.

Freeman，K. (1953)，*The Pre-Socratic Philosophers*，Basil Blackwell，Oxford，486 pp.

Gershon Ben Shlmoh (1953)，*The Gate of Heaven* (Shaar ha-Shamayim) translated and edited by F. S. Bodenheimer，Kiryath Sepher Ltd.，Jerusalem，356 pp.

Gilbert，O.（1907），*Die meteorologischen Theorien des Griechischen Altertums*，B. G. Teubner，Leipzig，746pp.

Gilson，E. (1920，1921)，'Météores Cartésiens et météores scolastiques'，*Revue Neoscolastique de Philosophie*，Louvain 22，358 – 384；23，73 – 84.

Grabmann，M. (1916)，'Forschungen über die Lateinischen Aristotelesübersetzungen des 13. Jahrhunderts'，*Beiträge zur Geschichte der Philosophie des Mittelalters*，18 (5 – 6)，Aschendorffschen Verlagsbuchhandlung，Münster i. W.，270 pp.

Halley，E. (1687)，'An estimate of the quantity of vapour raised out of the sea by the warmth of the sun'，*Philos. Trans. Roy. Soc.*，No. 189 (16)，366～370.

Halley，E. (1691)，'An account of the circulation of the watery vapours of the sea，and of the cause of springs'，*Philos. Trans. Roy. Soc.*，No. 192 (16) 468 – 473.

Halley，E. (1694)，'An account of the evaporation of water，as it was experimented in Gresham Colledge in the year 1693. With some observations thereon'，*Philos. Trans. Roy. Soc. London*，No. 212，(18)，183 – 190.

Hamilton，H. (1765)，'A dissertation on the nature of evaporation and several phenomena of air，water，and boiling liquors'，*Philos. Trans. Roy. Soc.* 55，146 – 181.

Heller，E. (1800)，'Ueber den Einfluss des Sonnenlichts auf die Verdünstung des Wassers'，*Annalen d.*

Physik 4，210－221.

Heninger，S. K.，Jr. (1960)，*A Handbook of Renaissance Meteorology*，Duke Univ. Press，Durham，North Carol.，269 pp.

Hésiode (1928)，*Thégonie；les travaux et les jours；le bouclier*，Texte établi et traduit par P. Mazon，Société d'édition Les belles lettres，Paris，158 pp.

Hesiod (1978)，*Works and Days*，edited by M. L. West，Clarendon Press，Oxford，399 pp.

Hippocrates (1923)，*Airs，Waters，Places*，Vol. Ⅰ，with an English translation by W. H. S. Jones，William Heinemann Ltd.，London；Harvard Univ. Press，Cambridge，Mass.，pp. 71－137.

Hoffmann，R. (1861)，'Versuchemit Lysimetern'，*Jahresber. über die Fortschritte der Agrikulturche-mie* 2，9－15.

Homén，Th. (1897)，'Der tägliche Wärmeumsatz im Boden und die Wärmestrahlung zwischen Himmel und Erde'，*Acta Societ. Scientiarum Fennicae* 23（No. 3）5－147.

Huxley，T. H. (1900)，*Physiography*，MacMillan and Co.，Ltd.，London，D. Appleton and Co.，Ltd.，N. Y.，384 pp.

Ikhwan al-Safa (1861)，*Meteorologie*，IV in "Die Naturanschauung und Naturphilosophie der Araber im zehnten Jahrhundert，aus den Schriften der lautern Brüder" übersetzt von Fr. Dieterici，Nicolai，Sort. Buchhandlung，Berlin，216 pp.

Isidore de Séville (1960)，*De natura rerum-Traité de la nature*，édité par J. Fontaine，Féret et fils，Eds.，Bordeaux，466 pp.

Isidorus Hispalensis，E. (1911)，*Etymologiarum sive originum libri XX*（"Etymologiae"），Oxonii e Typographeo Clarendoniano（Oxford Univ. Press）.

Jansen-Sieben，R. (1968) *"De Natuurkunde van het Geheelal"，een 13-de eeuws middelnederlands Leerdicht*，Académie Royale de Belgique，Brussel，742 pp.

Jelinek，C. and Hann，J. (1873)，'Der Verdunstungsmesser Piche'，*Zeitsch. d. Oesterreich. Gesellsch. Meteorologie* 8，270－271.

Job of Edessa (1935)，*Book of Treasures*，Syriac text edited and translated by A. Mingana，W. Helfer & Sons Ltd.，Cambridge，470 pp.

Jourdain，A. (1960)，*Recherches critiques sur l'âge et l'origine des traductions latines d'Aristote*，（edn. of 1843），Burt Franklin，New York，472 pp.

Kaufmann，A. (1899)，*Thomas von Chantimpré*，Kommissions-Verlag u. Druck von J. P. Bachem，Köln，137 pp.

Lavoisier (1777)，'De la combinaison de la matière du feu avec les fluides évaporables，et de la formation des flu ides élastiques aëriformes'，*Mémoires de mathématique et de physique tirés des registres de l'Académie Royale des Sciences* 90，420－432.

Lear，F. S. (1936)，'St. Isidore and mediaeval science'，*Rice Institute Pamphlet* 23，75－105.

Le Roy (1751)，'Mémoire sur l'élévation et la suspension de l'eau dans l'air et sur la rosée'，*Mémoires de mathematique et de physique tirés des registres de l'Academie Royale des Sciences*，64，481－518.

Leslie，J. (1813)，*Short Account of Experiments and Instruments Depending on the Relations of Air to Heat and Moisture*，Edinburgh：W. Blackwood and J. Ballantyne & Co；Longman，Hurst，Rees，Orme

&. Brown; and J. Murray, London, 178 pp.

Livingston, G. J. (1908), 'An annotated bibliography on evaporation', *Monthly Weath. Rev.* 36, 181 – 186; 301 – 306; 375 – 381.

Livingston, G. J. (1909), 'An annotated bibliography on evaporation', *Monthly Weath. Rev.* 37, 68 – 72; 103 – 109; 157 – 160; 193 – 199; 248 – 252.

Lucretius (1924), *De rerum natura*, with an English translation by W. H. D. Rouse, W. Heinemann Ltd. , London, Harvard Univ. Press, Cambridge, Mass. , 538 pp.

Maury, M. F. (1861), *The Physical Geography of the Sea and its Meteorology*, 8th edn. , edited by J. Leighly, 1963, Harvard Univ. Press, Cambridge, Mass. , 432 pp.

McKie, D. and de V. Heathcote, N. H. (1935), *The Discovery of Specific and Latent Heats*, E. Arnold &. Co. , London, 155 pp.

Mieli, A. (1966), *La science Arabe*, E. J. Brill, Leiden, 467 pp.

Monge (1790), 'Mémoire sur la cause des principaux phénomènes de la météorologie', *Annales de Chimie* 5, 1 – 71.

Needham, J. (1959), *Science and Civilization in China*, Vol. 3: 'Mathematics and the sciences of the heavens and the earth' (with the collaboration of Wang Ling), Cambridge Univ. Press, 977 pp.

Oxford Study Edition (1976), *The New English Bible, with the Apocrypha*, Oxford Univ. Press, N. Y. , 1725 pp.

Parkes, J. (1845), 'On the quantity of rain compared with the quantity of water evaporated from or filtered through soil; with some remarks on drainage', *J. Roy. Agric. Soc. England* 5, 146 – 158.

Parrot (1804), 'Bemerkungen über Dalton's Versuche über die Expansivkräfte...', *Ann. d. Physik* (Gilbert) 17, 82 – 101.

Pernoud, R. (1977), *Pour enlinir avec la moyen-âge*, Editions du Seuil, Paris, 160 pp.

Perrault, P. (1674), *De l'origine des fontaines*, Pierre Le Petit, Tmprimeur &. Libraire, Paris, 353 pp.

Perrault, P. (1733), 'Expérience sur le froid', 1670, *Histoire de l'Académie Royale des Sciences*, 1, 115 – 116.

Peters, F. E. (1968), *Aristotle and the Arabs*, New York Univ. Press, N. Y. , 303 pp.

Pliny (1938), *Natural History*, with an English translation by H. Rackham, Vol. I (Praefatio, Libri I , II), W. Heinemann, Ltd. , London, Harvard Univ. Press, Cambridge, Mass. , 378 pp.

Pliny (1945), *Natural History*, with an English translation by H. Rackham, Vol. IV (Libri XII – XVI), W. Heinemann, Ltd. , London; Harvard Univ. Press, Cambridge, Mass. , 551 pp.

Pouillet (1838), 'Mémoire sur la chaleur solaire, sur les pouvoirs rayonnants et absorbants de l'air atmosphérique, et sur la température de l'espae', *Compt. Rendus Hebd. des Seances de l'Acad. Sci.* , 7, 24 – 65.

Pouillet (1847), *Eléments de physique expérimentale et de météorologie*, 5me edn. , Tome second, Beehet Jeune, Paris, 836 pp.

Rabanus Maurus (1852), 'De universo [De rerum naturis] ', Vol. 111, pp. 10 – 614, in *Patrologiae cur-*

sus completus, J.-P. Migne, Paris.

Reynolds, O. (1874), 'On the extent and action of the heating surface for steam boilers', *Proc. Manchester Liter. Phil. Soc.* 14, 7 – 12.

Schmid, E. E. (1860), *Lehrbuch der Meteorologie*, L. Voss, Leipzig, 1009 pp.

Schmidt, W. (1915), 'Strahlung und Verdunstung an freien Wasserflächen; ein, Beitrag zum Wärmehaushalt des Weltmeers und zum Wasserhaushalt der Erde', *Ann. d. Hydrogr. u. Mar. Meteorol.* 43, 111 – 124.

Schmidt, W. (1917), 'Der Massenaustausch bei der ungeordneten Strömung in freier Luft und seine Folgen', *Sitzber. Kais. Akad. Wissen. Wien* [2a], 126, 757 – 804.

Sedileau (1730a), 'Observations de la quantité de l'eau de pluye tombée à Paris durant près de trois années & de la quantité de l'évaporation, 29 fév. 1692', *Mémoires de l'Académie Royale des Sciences* 10, 29 – 36.

Sedileau (1730b), 'De l'origine des rivières & de la quantité de l'eau qui entre dans la mer & qui en sort, 31 mai 1693', *Mémoires de l'Académie Royale des Sciences* 10, 325 – 339.

Sedileau (1733a), 'Sur la quantité d'eau de pluye tombée à Paris', 1692, *Histoire de l'Académie Royale des Sciences* 2, 133 – 135 (abstract).

Sedileau (1733b), 'Sur la quantité d'eau tombée à l'Observatoire pendant les quatre dernières années, & sur l'origine des rivières', 1693, *Histoire de l'Académie Royale des Sciences* 2, 164 – 167 (abstract).

Seneca (1971; 1972), *Naturales quaestiones*, with an English translation by T. H. Corcoran, W. Heinemann Ltd., London, Harvard Univ. Press, Cambridge, Mass. (Vol. I, 1971, 297 pp.; Vol. II, 1972, 312 pp.).

's Gravesande, G. J. (1742), *Physices elementa mathematica, experimentis confirmata*, Editio tertia, J. A. Langerak, J. and H. Verbeek, Leiden, 1073 pp.

's Gravesande, W. J. (1747), *Mathematical Elements of Natural Philosophy, Confirmed by Experiments*, Vol. II, translated from the Latin by J. T. Desaguliers, 6th edn., W. Innys, T. Longman, T. Shewell, C. Hitch, and M. Senex, London, 389 pp.

Soldner (1804), 'Ueber das allgemeine Gesetz für die Expansivkraft des Wasserdampfes durch Wärme, nach Dalton's Versuchen; Anwendung dieses Gesetzes auf das Verdunsten der Flüssigkeiten', *Annalen d. Phys.* (Gilbert) 17, 44 – 81.

Soldner (1807), 'Nachtrag zu der Abhandlung über das allgemeine Gesetz der Expansivkraft der Wasserdämpfe', *Ann. d. Phys.* (Gilbert) 25, 411 – 439.

Stefan, J. (1879), 'Ueber die Beziehung zwischen der Wärmestrahlung under der Temperatur', *Sitzungsberichte der Math-Naturw. Classe d. Kaiserlichen Akademie d. Wissenschaften*, Wien, Vol. 79 (2), 391 – 428.

Stelling, Ed. (1822), 'Ueber die Abhängigkeit der Verdunstung des Wassers von seiner Temperatur und von der Feuchtigkeit und Bewegung der Luft (vorgelegt 1881)', *Repertorium für Meteorologie, Kaiserliche Akademie der Wissenschaften* (*Meteorologicheskii Sbornik, Imperatorskoj Akademii Nauk*) St. Petersburg, 8, No. 3, 1 – 49 (Also *Z. Oesterr. Ges. Meteor.*, 17, (1882), 372 – 373.)

Stevenson, T. (1880), 'Report on simultaneous observations of the force of wind at different heights above the ground', *J. Scot. Meteor. Soc.* 5, (103), 348 – 351.

Tate, T. (1862), 'Experimental researches on the laws of evaporation and absorption, with a description of a new evaporameter and absorbometer', *Philos. Magazine and J. Science*, 23（Ⅳ）, 126 – 135.

Theophrastus (1975), *De Ventis*, edited and translated by V. Coutant and V. L. Eichenlaub, Univ. of Notre Dame Press, Notre Dame, Indiana, 105 pp.

Thomas Cantimpratensis (1973), *Liber de natura rerum*.（Vorwort H. Boese）, Walter De Gruyter, Berlin, New York, 431 pp.

Van Maerlant, Jacob（1878）, *Naturen Bloeme*, uitgegeven door Eelco Verwijs, J. B. Wolters, Groningen, 251 pp.

Van Musschenbroek P. (1732), 'Ephemerides meteorologicae, barometricae, thermometricae, epidemicae, magneticae, ultrajectinae', *Philos. Trans. Roy. Soc.* 37, 357 – 384.

Van Musschenbroek, P. (1739), *Essai de physique*, Tome 2, traduit du Hollandais par P. Massuet, Samuel Luchtmans, Leyden.

Van Musschenbroek, P. (1769), *Cours de physique experimentale et mathbnatique*, Tome 3, traduit par S. de la Fond, Guillyn Librairie, Paris, 503 pp.

Van Steenberghen, F. (1955), *Aristotle in the West, The Origins of Latin Aristotelianism*, E. Nauwelaerts, Publ., Louvain, 244 pp.

Vincentius Bellovacensis (1624), *Speculum naturale*, Balthazar Bellerus, Duaci (Douai), 1240 pp. （Facsimile of Benedictine Edn., Akademische Druck u. Verlagsanstalt, Graz, 1964）.

Vuilhelmus (1567), *Dialogus de substantiis physicis*: ante annos ducentos confectus, à Vuilhelmo Aneponymo philosopho, pp. 1 – 312, Argentorati, excudebat Iosias Rihelius, (1967 Facsimile edn., Minerva, GMBH, Frankfurt/Main). （Note that the last part, pp. 313 – 363, is by a different author, who is very familiar with Aristotle's two-exhalation theory; the date of this part is at least a century later than the main part.）

Weilenmann, A. (1877a), 'Die Verdunstung des Wassers', *Schweizerische Meteorologische Beobachtungen*, *Zürich*, 12, 7 – 37.

Weilenmann, A. (1877b), 'Berechnung der Grösse der Verdunstung aus den meteorologischen Factoren', *Zeitsch. der Oesterreichischen Gesellschaft für Meteorologie*, *Wien*. (*Meteor. Zeitsch.*) 12, 268 – 271.

Wild, H. (1874), 'Ueber einen einfachen Verdunstungsmesser für Sommer und Winter', *Bull. de l'Académie Impériale des Sciences*, *St. Petersbourg* 19, 440 – 445.

Woeikoff, (1887), *Die Klimate der Erde*, H. Costenoble, Jena, 396＋422 pp.

Wollny, E. (1877), *Der Einfluss der Pflanzendecke und Beschattung auf die physikalischen Eigenschaften und die Fruchtbarkeit des Bodens*, Wiegandt, Hempel & Parey Verlag, Berlin, 197 pp.

Wollny, E. (1893), 'Untersuchungen über den Einfluss der Pflanzendecke und der Beschattung auf die physikalischen Eigenschaften des Bodens', *Forsch. Geb. Agrikulturphysik* 18, 486 – 516.

参 考 文 献

Aase, J. K. and Jdso, S. B. (1978), 'A comparison of two formula types for calculating long wave radiation from the atmosphere', *Water Resour. Res.* 14, 623 – 625.

Abbe, C. (1905), 'The Piche evaporometer', *Monthly Weath. Rev.* 33, 253 – 255.

Abramowitz, M. and Stegun, I. A. (eds.) (1964), *Handbook of Mathematical Functions*, National Bureau of Standards, Applied Math. Ser. No. 55, Washington, D. C., 1046 pp.

Albrecht, F. (1937), 'Messgeräte des Wärmehaushaltes an der Erdoberfläche als Mittel der bioklimatologischen Forschung', *Meteorol. Z.* 54, 471 – 475.

Albrecht, F. (1950), 'Die Methoden zur Bestimmung der Verdunstung der nattirlichen Erdoberfläche', *Arch. Met. Geoph. Biokl.* B2, 1 – 38.

Anderson, E. R. (1954), 'Energy-budget studies', *Water loss investigations: Lake Hefner Studies*, *Tech. Report. Prof. Paper* 269, Geol. Survey, U. S. Dept. Interior, pp. 71 – 119.

Àngström, A. (1924), 'Solar and terrestrial radiation', *Quart. J. Roy. Meteorol. Soc.* 50, 121 – 125.

Arya, S. P. S. (1975), 'Geostrophic drag and heat transfer relations for the atmospheric boundary layer', *Quart. J. Roy. Meteorol. Soc.* 101, 147 – 161.

Arya, S. P. S. (1977), 'Suggested revisions to certain boundary layer parameterization schemes used in atmospheric circulation models', *Monthly Weath. Rev.* 105, 215 – 227.

Arya, S. P. S. and Wyngaard, J. C. (1975), 'Effect of baroclinicity on wind profiles and the geostrophic drag law for the convective planetary boundary layer', *J. Atmos. Sci.* 32, 767 – 778.

Assaf, G. and Kessler, J. (1976), 'Climate and energy exchange in the Gulf of Aqaba (Eilat) ', *Monthly Weath. Rev.* 104, 381 – 385.

Augstein, E., Riehl, H., Ostapoff, F., and Wagner, V. (1973), 'Mass and energy transports in an undisturbed Atlantic trade-wind flow', *Monthly. Weath. Rev.* 101, 101 – 111.

Baker, D. G. and Haines, D. A. (1969), 'Solar radiation and sunshine duration relationships in the North-Central Region and Alaska', Tech. Bull. No. 262, Univ. Minnesota Ag. Exp. Station, 372 pp.

Baker, F. G., Veneman, P. L. M., and Bouma, J. (1974), 'Limitations of the instantaneous profile method for field measurement of unsaturated hydraulic conductivity', *Soil Sci. Soc. Am. Proc.* 38, 885 – 888.

Barton, I. J. (1979), 'A parameterization of the evaporation from nonsaturated surface', *J. Appl. Meteorol.* 18, 43 – 47.

Baumgartner, A. and Reichel, E. (1975), *The World Water Balance*, Elsevier Sci. Publ. Com., Amsterdam and N. Y., 179 pp, 31 maps.

Benton, G. S. and Estoque, M. A. (1954), 'Water-vapor transfer over the North American continent', *J. Meteorol.* 11, 462 – 477.

Black, J. N. (1956), 'The distribution of solar radiation over the earth's surface', *Arch. Meteorol. Geophys. Bioklim.* 7, 165 – 189.

Black, T. A., Gardner, W. R., and Thurtell, G. W. (1969), 'The prediction of evaporation, drainage, and soil water storage for a bare soil', *Soil Sci. Soc. Am. Proc.* 33, 655 – 660.

Black, T. A., Thurtell, G. W., and Tanner, C. B. (1968), 'Hydraulic load-cell lysimeter, construction, calibration, and tests', *Soil Sci. Soc. Am. Proc.* 32, 623 – 629.

Blackadar, A. K. (1962), 'The vertical distribution of wind and turbulent exchange in a neutral atmosphere', *J. Geophys. Res.* 67, 3095 – 3102.

Blackadar, A. K. and Tennekes, H. (1968), 'Asymptotic similarity in neutral barotropic planetary boundary layers', *J. Atmos. Sci.* 25, 1015 – 1020.

Blom, J. and Wartena, L. (1969), 'The influence of changes in surface roughness on the development of the turbulent boundary layer in the lower layers of the atmosphere', *J. Atmos. Sci.* 26, 255 – 265.

Bolz, H. M. (1949), 'Die Abhängigkeit der infraroten Gegenstrahlung von der Bewölkung', *Z. Meteorol* 3, 201 – 203.

Boston, N. E. J. and Burling, R. W. (1972), 'An investigation of high wave-number temperature and velocity spectra in air', *J. Fluid Mech.* 55, 473 – 492.

Bouchet, R. J. (1963a), 'Evapotranspiration réelle et potentielle, signification climatique', General Assembly Berkeley, Intern. Assoc. Sci. Hydrol., Publ. No. 62, Gentbrugge, Belgium, pp. 134 – 142.

Bouchet, R. J. (1963b), 'Evapotranspiration réelle, évapotranspiration potentielle, et production agricole', *Ann. Agron.* 14, 743 – 824.

Bowen, I. S. (1926), 'The ratio of heat losses by conduction and by evaporation from any water surface', *Phys. Rev.* 27, 779 – 787.

Bradley, E. F. (1968), 'A micrometeorological study of velocity profiles and surface drag in the region-modified by a change in surface roughness', *Quart. J. Roy. Meteorol. Soc.* 94, 361 – 379.

Bradley, E. F. (1972), 'The influence of thermal stability on a drag coefficient close to the ground', *Agric. Meteorol.* 9, 183 – 190.

Bradshaw, P., Ferris, D. H., and Atwell, N. P. (1967), 'Calculation of boundary-layer development using the turbulent energy equation', *J. Fluid Mech.* 28, 593 – 616.

Brakke, T. W., Verma, S. B., and Rosenberg, N. J. (1978), 'Local and regional components of sensible heat advection', *J. Appl. Meteorol.* 17, 955 – 963.

Brochet, P. and Gerbier, N. (1972), 'Une méthode pratique de calcul de l'évapotranspiration potentielle', *Ann. Agron.* 23, 31 – 49.

Brost, R. A. (1979), 'Comments on "Turbulent exchange coefficients for sensible heat and water vapor under advective conditions"', *J. Appl. Meteorol.* 18, 378 – 380.

Brown, G. W. (1969), 'Predicting temperatures of small streams', *Water Resour. Res.* 5, 68 – 75.

Brown, K. W., Gerard, C. J., Hipp, B. W., and Ritchie, J. R. T. (1974), 'A procedure for placing large undisturbed monoliths in lysimeters', *Soil Sci. Soc. Am. Proc.* 38, 981 – 983.

Brown, K. W. and Covey, W. (1966), 'The energy-budget evaluation of the micro-meteological transfer processes within a cornfield', *Agric. Meteorol.* 3, 73 – 96.

Brunt, D. (1932), 'Notes on radiation in the atmosphere: I', *Quart. J. Roy. Meteorol. Soc.* 58, 389 – 420.

Brutsaert, W. (1967a), 'Evaporation from a very small water surface at ground level: three-dimensional turbulent diffusion without convection', *J. Geophys. Res.* 72, 5631 – 5639.

Brutsaert, W. (1967b), 'Some methods of calculating unsaturated permeability', *Trans. Am. Soc. Agric. Eng.* 10, 400 – 404.

Brutsaert, W. (1970), 'On the anisotropy of the eddy diffusivity', *J. Meteorol. Soc. Japan* 48, 411 – 416.

Brutsaert, W. (1973), 'Similarity functions for turbulence in neutral air above swell', *J. Phys. Oceanog.* 3, 479 – 482.

Brutsaert, W. (1975a), 'A theory for local evaporation (or heat transfer) from rough and smooth surfaces at ground level', *Water Resour, Res.* 11, 543 – 550.

Brutsaert, W. (1975b), 'The roughness length for water vapor, sensible heat, and other scalars', *J. Atmos. Sci.* 32, 2028 – 2031.

Brutsaert, W. (1975c), 'Comments on surface roughness parameters and the height of dense vegetation', *J. Meteorol. Soc. Japan* 53, 96 – 97.

Brutsaert, W. (1975d), 'On a derivable formula for long-wave radiation from clear skies', *Water Resour. Res.* 11, 742 – 744.

Brutsaert, W. (1979a), 'Heat and mass transfer to and from surfaces with dense vegetation or similar permeable roughness', *Boundary-Layer* Meteorol. 16, 365 – 388.

Brutsaert, W. (1979b), 'Universal constants for scaling the exponential soil water diffusivity?' *Water Resour. Res.* 15, 481 – 483.

Brutsaert, W. and Chan, F. K.-F. (1978), 'Similarity functions D for water vapor in the unstable atmospheric boundary layer', *Boundary-Layer Meteorol.* 14, 441 – 456.

Brutsaert, W. and Ibrahim, H. A. (1966), 'On the first and second linearization of the Boussinesq equation', *Geophys. J. Roy. Astron. Soc.* 11, 549 – 554.

Brutsaert, W. and Mawdsley, J. A. (1976), 'The applicability of planetary boundary layer theory to calculate regional evapotranspiration', *Water Resour. Res.* 12, 852 – 858.

Brutsaert, W. and Nieber, J. L. (1977), 'Regionalized drought flow hydrographs from a mature glaciated plateau', *Water Resour. Res.* 13, 637 – 643.

Brutsaert, W. and Stricker, H. (1979), 'An advection-aridity approach to estimate actual regional evapotranspiration', *Water Resour. Res.* 15, 443 – 450.

Brutsaert, W. and Yeh, G.-T. (1969), 'Evaporation from an extremely narrow wet strip at ground level', *J. Geophys. Res.* 74, 3431 – 3433.

Brutsaert, W. and Yeh, G.-T. (1970a), 'Implications of a type of empirical evaporation formula for lakes and pans', *Water Resour. Res.* 6, 1202 – 1208.

Brutsaert, W. and Yeh, G.-T. (1970b), 'A power wind law for turbulent transfer computations', *Water Resour. Res.* 6, 1387 – 1391.

Brutsaert, W. and Yu, S. L. (1968), 'Mass transfer aspects of pan evaporation', *J. Appl. Meteor.* 7, 563 – 566.

Buck, A. L. (1976), 'The variable-path Lyman-alpha hygrometer and its operating characteristics', *Bull. Am. Meteorol. Soc.* 57, 1113 – 1118.

Buckingham, E. (1907), 'Studies on the movement of soil moisture', Bureau of Soils, Bull. No. 38, U. S. Dept. Agr., Washington, 61 pp.

Budyko, M. I. (1948), *Evaporation under Natural Conditions*, GIMIZ, Leningrad, English Translation, Isreal Progr. Sci. Translations, Jerusalem (1963), 130 pp.

Budyko, M. I. (1970), 'The water balance of the oceans', Symposium on world water balance, Proc. Reading Sympos. Vol. I, Internat. Assoc. Sci. Hydrol., Public. No. 92, pp. 24 – 33.

Budyko, M. I. (1974), *Climate and Life*, Academic Press, N. Y. , 508 pp.

Bunker, A. F. and Worthington, L. V. (1976), 'Energy exchange charts of the North Atlantic Ocean', *Bull. Am. Meteorol. Soc.* 57, 670 – 678.

Burger, H. C. (1915), 'Das Leitvermögen verdünnter mischkristallfreier Lösungen', *Phys. Zeits.* 20, 73 – 76.

Busch, N. E. and Panofsky, H. A. (1968), 'Recent spectra of atmospheric turbulence', *Quart. J. Roy. Meteorol. Soc.* 94, 132 – 140.

Businger, J. A. (1966), 'Transfer of momentum and heat in the planetary boundary layer', Proc. Symp. Arctic Heat Budget and Atmos. Circulation, RAND Corp. RM-5233 – NSF, pp. 305 – 332.

Businger, J. A. , Wyngaard, J. C. , Izumi, Y. , and Bradley, E. F. (1971), 'Flux-profile relationships in the atmospheric surface layer', *J. Atmos. Sci.* 28, 181 – 189.

Businger, J. A. and Yaglom, A. M. (1971), 'Introduction to Obukhov's paper on "Turbulence in an atmosphere with a non-uniform temperature" ', *Boundary-Layer Meteorol.* 2, 3 – 6.

Calder, K. L. (1949), 'Eddy diffusion and evaporation in flow over aerodynamically smooth and rough surfaces: A treatment based on laboratory laws of turbulent flow with special reference to conditions in the lower atmosphere', *Quart. J. Mech. Appl. Math.* 2, 153 – 176.

Cary, J. W. (1967), 'The drying of soil: thermal regimes and ambient pressure', *Agric. Meteorol.* 4, 357 – 365.

Chamberlain, A. C. (1966), 'Transport of gases to and from grass and grass-like surfaces', *Proc. Roy. Soc. London* A290, 236 – 265.

Chamberlain, A. C. (1968), 'Transport of gases to and from surfaces with bluff and wave-like roughness elements', *Quart. J. Roy. Meteorol. Soc.* 94, 318 – 332.

Champagne, F. H. , Friehe, C. A. , LaRue, J. C. , and Wyngaard, J. C. (1977), 'Flux measurements, flux estimation techniques and fine-scale turbulence measurements in the unstable surface layer over land', *J. Atmos. Sci.* 34, 515 – 530.

Charnock, H. (1955), 'Wind Stress on a water surface', *Quart. J. Roy. Meteor. Soc.* 81, 639 – 640.

Charnock, H. (1958), 'A note on empirical wind-wave formulae', *Quart. J. Roy. Meteorol. Soc.* 84, 443 – 447.

Chudnovskii, A. F. (1962), *Heat Transfer in the Soil*, translated from Russian, Israel Program for Scientific Translations, Jerusalem, 164 pp.

Cionco, R. M. (1965), 'A mathematical model for air flow in a vegetative canopy', *J. Appl. Meteorol.* 4, 517 – 522.

Cionco, R. M. (1972), 'A wind-profile index for canopy flow', *Boundary-Layer Meteorol.* 3, 255 – 263.

Cionco, R. M. (1978), 'Analysis of canopy index values for various canopy densities', *Boundary-Layer Meteorol.* 15, 81 – 93.

Cisler, J. (1969), 'The solution for maximum velocity of isothermal steady flow of water upward from water table to soil surface', *Soil Sci.* 108, 148.

Clarke, R. H. (1970), 'Observational studies in the atmospheric boundary layer', *Quart. J. Roy. Meteorol. Soc.* 96, 91 – 114.

Clarke, R. H. (1972), 'Discussion of "Observational studies in the atmospheric boundary layer" ', *Quart. J. Roy. Meteorol. Soc.* 98, 234 – 235.

Clarke, R. H., Dyer, A. J., Brook, R. R., Reid, D. G., and Troup, A. J. (1971), 'The Wangara experiment: boundary layer data', Tech. Paper No. 19, Div. Meteor. Physics., CSIRO, Australia.

Clarke, R. H. and Hess, G. D. (1973), 'On the appropriate scaling for velocity and temperature in the planetary boundary later', *J. Atmos. Sci.* 30, 1346－1353.

Clarke, R. H. and Hess, G. D. (1974), 'Geostrophic departure and the functions A and B of Rossbynumber similarity theory', *Boundary-Layer Meteorol.* 7, 267－287.

Corino, E. R. and Brodkey, R. S. (1969), 'A visual investigation of the wall region in turbulent flow', *J. Fluid Mech.* 37, 1－30.

Corrsin, S. (1974), 'Limitations of gradient transport models in random walks and in turbulence', *Adv. Geophys.* 18A, 25－60.

Coulson, K. L. (1975), *Solar and Terrestrial Radiation*, Academic Press, N. Y., 322 pp.

Cowan, I. R. (1968), 'Mass, heat and momentum exchange between stands of plants and their atmospheric environment', *Quart. J. Roy. Meteorol. Soc.* 94, 523－544.

Crawford. T. V. (1965), 'Moisture transfer in free and forced convection', *Quart. J. Roy. Meteorol. Soc.* 91, 18－27.

Crow, F. R. and Hottman, S. D. (1973), 'Network density of temperature profile stations and its influence on the accuracy of lake evaporation calculations', *Water Resour. Res.* 9, 895－899.

Csanady, G. T. (1967), 'On the resistance law of a turbulent Ekman layer', *J. Atmos. Sci.* 24, 467－471.

Csanady, G. T. (1974), 'The "roughness" of the sea surface in light winds', *J. Geophys. Res.* 79, 2747－2751.

Cummings, N. W. and Richardson, B. (1927), 'Evaporation from lakes', *Phys. Rev.* 30, 527－534.

Daniel, J. F. (1976). 'Estimating groundwater evapotranspiration from streamflow records', *Water Resour. Res.* 12, 360－364.

Davenport, D. C. and Hudson, J. P. (1967a), 'Changes in evaporation rates along a 17-km transect in the Sudan Gezira', *Agric. Meteorol.* 4, 339－352.

Davenport, D. C. and Hudson, J. P. (1967b), 'Meteorological observations and Penman estimates along a 17-km transect in the Sudan Gezira', *Agric. Meteorol.* 4, 405－414.

Davidson, J. M., Stone, L. R., Nielsen, D. R., and LaRue, M. E. (1969), 'Field measurement and use of soil-water properties', *Water Resour. Res.* 5, 1312－1321.

Davidson, K. L. (1974), 'Observational results on the influence of stability and wind-wave coupling on momentum transfer and turbulent fluctuations over ocean waves', *Boundary-Layer Meteorol.* 6, 305－331.

Davies, J. A. (1965), 'Estimation of insolation for West Africa', *Quart. J. Roy. Meteorol. Soc.* 91, 359－363.

Davies, J. A. and Allen, C. D. (1973), 'Equilibrium, potential and actual evaporation from cropped surfaces in southern Ontario', *J. Appl. Meteorol.* 12, 649－657.

Davies, J. A., Robinson, P. J., and Nunez M. (1971), 'Field determinations of surface emissivity and temperature for Lake Ontario', *J. Appl. Meteorol.* 10, 811－819.

Dawson, D. A. and Trass O. (1972), 'Mass transfer at rough surfaces', *Int. J. Heat Mass Transfer* 15, 1317－1336.

Deacon, E. L. (1949), 'Vertical diffusion in the lowest layers of the atmosphere', *Quart. J. Roy. Meteorol. Soc.* 75, 89 – 103.

Deacon, E. L. (1950), 'The measurement and recording of the heat flux into the soil', *Quart. J. Roy. Meteorol. Soc.* 76, 479 – 483.

Dascon, E. L. (1959), 'The measurement of turbulent transfer in the lower atmosphere', *Adv. Geophys.* 6, 211 – 228.

Deacon, E. L. (1970). 'The derivation of Swinbank's long-wave radiation formula', *Quart. J. Roy. Meteorol. Soc.* 96, 313 – 319.

Deacon, E. L. (1973), 'Geostrophic drag coefficients', *Boundary-Layer Meteorol.* 5, 321 – 340.

Deacon, E. L. and Webb, E. K. (1962), 'Small-scale interactions', in M. N. Hill (ed.), *The Sea*, Vol. Ⅰ, Interscience, New York and London, pp. 43 – 87.

Deardorff, J. W. (1972), 'Numerical investigation of neutral and unstable planetary boundary layers', *J. Atmos. Sci.* 29, 91 – 115.

DeBruin, H. A. R. (1978), 'A simple model for shallow lake evaporation', *J. Appl. Meteorol.* 17, 1132 – 1134.

DeBruin, H. A. R. and Keijman, J. Q. (1979), 'The Priestley-Taylor evaporation model applied to a large shallow lake in the Netherlands', *J. Appl. Meteorol.* 18, 898 – 903.

DeCoster, M. and Schuepp, W. (1957), 'Mesures de rayonnement effectif à Léopoldville', *Koninklijke Academie voor Koloniale Wetensch.* (Brussel), *Mededel. der Zittingen* 3 (Nieuwe Reeks), 642 – 651.

Denmead, O. T. (1964), 'Evaporation sources and apparent diffusivities in a forest canopy', *J. Appl. Meteorol.* 3, 383 – 389.

Denmead, O. T. (1976), 'Temperate cereals', in J. L. Monteith (ed.), *Vegetation and the Atmosphere*, Vol. 2, Academic Press, London, pp. 1 – 31.

Denmead, O. T. and McIlroy, I. C. (1970), 'Measurements of non-potential evaporation from wheat', *Agric. Meteorol.* 7, 285 – 302.

Denmead, O. T., Nulsen, R., and Thurtell, G. W. (1978), 'Ammonia exchange over a corn crop', *Soil Sci. Soc. Am. J.* 42, 840 – 842.

Desjardins, R. L. and Lemon, E. R. (1974), 'Limitations of an eddy-correlation technique for the determinationof the carbon dioxide and sensible heat fluxes', *Boundary-Layer Meteorol.* 5, 475 – 488.

De Vries, D. A. (1955), 'Solar radiation at Wageningen', *Meded. Landbouwhogeschool, Wageningen* 55, 277 – 304.

De Vries, D. A. (1958), 'Simultaneous transfer of heat and moisture in porous media', *Trans. Am. Geophys. Un.* 39, 909 – 916.

De Vries, D. A. (1959), 'The influence of irrigation on the energy and the climate near the ground', *J. Meteorol.* 16, 256 – 270.

De Vries, D. A. (1963), 'Thermal properties of soils', in W. R. van Wijk, W. R. (ed.), *Physics of Plant Environment*, North-Holland Pub. Co., Amsterdam, pp. 210 – 235.

De Vries, D. A. and Peck, A. J. (1958a, b), 'On the cylindrical probe method of measuring thermal conductivity with special reference to soils', *Australian J. Phys.* 11, 225 – 271; 11, 409 – 423.

Dipprey, D. F. and Sabersky, R. H. (1962), 'Heat and momentum transfer in smooth and rough tubes at various Prandtl numbers', Tech. Rep. 32 – 269, Jet Propul. Lab., Calif. Inst. of Technol., Pasadena, 1962. (Also published in (1963), *Int. J. Heat Mass Transfer* 6, 329 – 335.)

Donaldson, C. du P. (1973), 'Construction of a dynamic model of the production of atmospheric turbulence and the dispersal of atmospheric pollutants', in D. A. Haugen, (ed.) *Workshop on Micrometeorology*, Amer. Meteorol. Soc., Boston, MA, pp. 313 – 392.

Doorenbos, J. and Pruitt, W. O. (1975), 'Crop water requirements', Irrigation and Drainage Paper No. 24, FAO (United Nations) Rome, 179 pp.

Dunckel, M., Hasse, L., Krügermeyer, L., Schriever, D., and Wucknitz, J. (1974), 'Turbulent fluxes of momentum, heat and water vapor in the atmospheric surface layer at sea during ATEX', *Boundary-Layer Meteorol*. 6, 81 – 106.

Dyer, A. J. (1961), 'Measurements of evaporation and heat transfer in the lower atmosphere by an automatic eddy-correlation technique', *Quart. J. Roy. Meteorol. Soc.* 87, 401 – 412.

Dyer, A. J. (1967), 'The turbulent transport of heat and water vapour in an unstable atmosphere', *Quart. J. Roy. Meteorol. Soc.* 93, 501 – 508.

Dyer, A. J. (1974), 'A review of flux-profile relationships', *Boundary-Layer Meteorol*. 7, 363 – 372.

Dyer, A. J. and Crawford, T. V. (1965), 'Observations of the modification of the microclimate at a leading edge'. *Quart. J. Roy. Meteorol. Soc.* 91, 345 – 348.

Dyer, A. J. and Hicks, B. B. (1970), 'Flux-gradient relationships in the constant flux layer', *Quart. J. Roy. Meteorol. Soc.* 96, 715 – 721.

Dyer, A. J., Hicks, B. B., and Sitaraman, V. (1970), 'Minimizing the levelling error in Reynolds stress measurement by filtering', *J. Appl. Meteorol.* 9, 532 – 534.

Edinger, J. E., Duttweiler, D. W., and Geyer, 1. C. (1968), 'The response of water temperatures to meteorological conditions', *Water Resour. Res.* 4, 1137 – 1143.

Edlefsen, N. E. and Bodman, G. B. (1941), 'Field measurements of water movement through a silt loam soil', *J. Am. Soc. Agron.* 33, 713 – 731.

Ekern, C. (1967), 'Evapotranspiration of pineapple in Hawaii', *Plant Physiol*. 40, 736 – 740.

Elliott, W. P. (1958), 'The growth of the atmospheric internal boundary layer', *Trans. Am. Geophys. Un.* 39, 1048 – 1054.

Emmuanuel, C. B. (1975), 'Drag and bulk aerodynamic coefficients over shallow water', *BoundaryLayer Meteorol*. 8, 465 – 474.

Ertel, H (1933), 'Beweis der Wilh. Schmidtschen konjugierten Potenzformeln für Austausch und Windgeschwindigkeit in den bodennahen Luftschichten', *Meteorol. Z.* 50, 386 – 388.

Estoque, M. A. and Bhumralkar, C. M. (1970), 'A method for solving the planetary boundary layer equations', *Boundary-Layer Meteorol*. 1, 169 – 194.

Federer, C. A. (1977), 'Leaf resistance and xylem potential differ among broad leaved species', *Forest Sci.* 23, 411 – 419.

Ferguson, H. L. and Schaefer, D. G. (1971), 'Feasibility studies for the IFYGL atmospheric water balance project', Proc. 14 – th Conf. Great Lakes Res., Internat. Assoc. Great Lakes Res., pp. 439 – 453.

Fermi, E. (1956), *Thermodynamics*, Dover Pub. Inc., N. Y. 160 pp.

Fichtl, G. H. and McVehil, G. E. (1970), 'Longitudinal and lateral spectra of turbulence in the atmospheric boundary layer at Kennedy Space Center', *J. Appl. Meteorol.* 9, 51 – 63.

Fitzpatrick, E. A. and Stern, W. R. (1965), 'Components of the radiation balance of irrigated plots in a dry monsoonal environment', *J. Appl. Meteorol.* 4, 649 – 660.

Foreman, J. (1976), 'IFYGL physical data collection system: description of archived data', NOAA Tech. Report EDS 15, Nat. Oceanic Atmosph. Admin., U. S. Dept. Commerce, Washington, D. C., 175 pp.

Forsgate, J. A., Hosegood, P. H., and McCulloch, J. S. G. (1965), 'Design and installation of semienclosed hydraulic lysimeters', *Agric. Meteorol.* 2, 43 – 52.

Fortin, J. P. and Seguin, B. (1975), 'Estimation de l'ETR régionale à partir de l'ETP locale: utilisation de la relation de Bouchet à différentes échelles de temps', *Ann. Agron.* 26, 537 – 554.

Frenzen, P. (1977), 'A generalization of the Kolmogorov-von Karman relationship and some further implications on the values of the constants', *Boundary-Layer Meteorol.* 11, 375 – 380.

Friehe, C. A. and Schmitt, K. F. (1976), 'Parameterization of air-sea interface fluxes of sensible heat and moisture by the bulk aerodynamic formulas', *J. Phys. Oceanogr.* 6, 801 – 809.

Friend, W. L. and Metzner, A. B. (1958), 'Turbulent heat transfer inside tubes and the analogy among heat, mass, and momentum transfer', *AICh E J.* 4, 393 – 402.

Fritschen, L. J. (1966), 'Evapotranspiration rates of field crops determined by the Bowen ratio method', *Agron. J.* 58, 339 – 342.

Fritton, D. D., Busscher, W. J., and Alpert, J. E. (1974), 'An inexpensive but durable thermal conductivity probe for field use', *Soil Sci. Soc. Am. Proc.* 38, 854 – 855.

Frost, R. (1946), 'Turbulence and diffusion in the lower atmosphere', *Proc. Roy. Soc. London* A186, 20 – 35.

Fuchs, M. and Hadas A. (1972), 'The heat flux density in a non-homogeneous bare loessial soil', *Boundary-Layer Meteorol.* 3, 191 – 200.

Fuchs, M. and Tanner, C. B. (I968), Calibration and field test of soil heat flux plates,' *Soil Sci. Soc. Am. Proc.* 32, 326 – 328.

Fuchs, M. and Tanner, C. B. (1970), 'Error analysis of Bowen ratios measured by differential psychrometry', *Agric. Meteorol.* 7, 329 – 334.

Fuchs, M., Tanner, C. B., Thurtell, G. W., and Black, T. A. (969), 'Evaporation from drying surfaces by the combination method', *Agron. J.* 61, 22 – 26.

Gangopadhyaya, M., Harbeck, G. E. Jr., Nordenson, T. J., Omar, M. H., and Uryvaev, V. A. (1966), 'Measurement and estimation of evaporation and evapotranspiration', World Met. Organ., Tech. Note No. 83, WMO-No. 201. TP. 105, 121 pp.

Gardner, W., Israelsen, O. W., Edlefsen, N. E., and Clyde, H. (1922), 'The capillary potential function and its relation to irrigation practice', *Phys. Rev. Ser.* 2, 20, 196.

Gardner, W. R. (1958), 'Some steady-state solutions of the unsaturated moisture flow equation with application to evaporation from a water table', *Soil Sci.* 85, 228 – 232.

Gardner, W. R. (1959), 'Soiutions of the flow equation for the drying of soils and other porous media', *Soil Sci. Soc. Am. Proc.* 23, 183 – 187.

Gardner, W. R. and Fireman, M. (1958), 'Laboratory studies of evaporation from soil columns in the presence of a water table', *Soil Sci.* 85, 244 – 249.

Gardner, W. R. and Hillel, D. I. (1962), 'The relation of external evaporative conditions to the drying of soils', *J. Geophys. Res.* 67, 4319 – 4325.

Garratt, J. R. (1977), 'Review of drag coefficients over oceans and continents', *Monthly Weath. Rev.* 105, 915 – 929.

Garratt, J. R. (1978a), 'Flux profile relations above tall vegetation', *Quart. J. Roy. Meteorol. Soc.* 104, 199 – 211.

Garratt, J. R. (1978b), 'Transfer characteristics for a heterogeneous surface of large aerodynamic roughness', *Quart. J. Roy. Meteorol. Soc.* 104, 491 – 502.

Garratt, J. R. and Francey, R. J. (1978), 'Bulk characteristics of heat transfer in the unstable, baroclinic atmospheric boundary layer', *Boundary-Layer Meteorol.* 15, 399 – 421.

Garratt, J. R. and Hicks, B. B. (1973), 'Momentum, heat and water vapour transfer to and from natural and artificial surfaces', *Quart. J. Roy. Meteorol. Soc.* 99, 680 – 687.

Geiger, R. (1961), Das Klima der bodennahen Luftschicht, 4. Aufl., Friedr. Vieweg & Sohn, Braunschweig, 646 pp.

Gilbert, M. J. and Van Bavel, C. H. M. (1954), 'A simple field installation for measuring maximum evapotranspiration', *Trans. Am. Geophys. Un.* 35, 937 – 942.

Glover, J. and Mc Culloch, J. S. G. (1958), 'The empirical relation between solar radiation and hours of sunshine', *Quart. J. Roy. Meteorol. Soc.* 84, 172 – 175.

Goff, J. A. and Gratch, S. (1946), 'Low-pressure properties of water from-160 to 212°F'. *Trans. Am. Heat. Vent. Eng.* 52, 95 – 121.

Goddard, W. B. (1970), 'A floating drag-plate Iysimeter for atmospheric boundary layer research', *J. App. Meteorol.* 9, 373 – 378.

Goltz, S. M., Tanner, C. B., Thurtell, G. W., and Jones, F. E. (1970), 'Evaporation measurements by an eddy correlation method', *Water Resour. Res.* 6, 440 – 446.

Goody, R. M. (1964), Atmospheric Radiation, Clarendon Press, Oxford, 436 pp.

Goss, J. R. and Brooks, F. A. (1956), 'Constants for empirical expressions for down-coming atmospheric radiation under cloudless sky', *J. Meterorol.* 13, 482 – 488.

Grass, A. J. (1971), 'Structural features of turbulent flow over smooth and rough boundaries', *J. Fluid Mech.* 50, 233 – 255.

Giinneberg, F. (1976), 'Abkühlungsvorgänge in Gewässern', *Deutsche Gewiisserk. Mitteil.* 20, 151 – 161.

Hadas, A. (1974), 'Problems involved in measuring the soil thermal conductivity and diffusivity in a moist soil', *Agric. Meteorol.* 13, 105 – 113.

Halkias, N. A., Veihmeyer, F. J., and Hendrickson, A. H. (1955), 'Determining water needs for crops from climatic data', *Hilgardia*, 24, 207 – 233.

Haltiner, G. J. and Martin, F. L. (1957), *Dynamical and Physical Meteorology*, McGraw-Hill Book Co., N. Y., 470 pp.

Hanks, R. J. and Shawcroft, R. W. (1965), 'An economicallysimeter for evapotranspiration studies', *Agron. J.* 57, 634 – 636.

Harbeck, G. E., Jr. (1962), 'A practical field technique for measuring reservoir evaporation utilizing mass-transfer theory', *U. S. Geol. Surv. Prof Paper*, 272-E. pp. 101 – 105.

Harbeck, G. E., Jr. and Meyers, J. S. (1970), 'Present-day evaporation measurement techniques', *J. Hydraul. Div., Proc. ASCE* 96 (*HY7*), 1381 – 1390.

Harrold, L. L. and Dreibelbis, F. R. (1958), 'Evaluation of agricultural hydrology by monolith lysimeters, 1944-55', U. S. Dept. Agr., Tech. Bull. 1179, 166 pp.

Hastenrath, S. and Lamb, P. J. (1978), *Heat Budget Atlas of the Tropical Atlantic and Eastern Pacific Oceans*, Univ. Wisconsin Press, Madison, 104 pp.

Heskestad, .G. (1965), 'A generalized Taylor hypothesis with application for high Reynolds number turbulent shear flows', *J. Appl. Mech.* 87, 735-740.

Hess, G. D. (1973), 'On Rossby-number similarity theory for a baroclinic planetary boundary layer', *J. Atmos. Sci.* 30, 1722-1723.

Hicks, B. B. (1970), 'The measurement of atmospheric fluxes near the surface: a generalized approach', *J. Appl. Meteorol.* 9, 386-388.

Hicks, B. B (1972a), 'Some evaluations of drag and bulk transfer coefficients over water bodies of different sizes', *Boundary-Layer Meteorol.* 3, 201-213.

Hicks, B. B. (1972b), 'Propeller anemometers as sensors of atmospheric turbulence', *Boundary-Layer Meteorol.* 3, 214-228.

Hicks, B. B. (1976a), 'Reply', *Boundary-Layer Meteorol.* 10, 237-240.

Hicks, B. B. (1976b), 'Wind profile relationships from the "Wangara" experiment', *Quart. J. Roy. Meteorol. Soc.* 102, 535-551.

Hicks, B. B., Drinkrow, R. L., and Grauze, G. (1974), 'Drag and bulk transfer coefficients associated with a shallow water surface', *Boundary-Layer Meteorol.* 6, 287-297.

Hicks, B. B. and Dyer, A. J. (1970), 'Measurements of eddy-fluxes over the sea from an off-shore oil rig', *Quart. J. Roy. Meteorol. Soc.* 96, 523-528.

Hicks, B. B. and Dyer, A. J. (1972), 'The spectral density technique for the determination of eddy fluxes', *Quart. J. Roy. Meteorol. Soc.* 98, 838-844.

Hicks, B. B. and Everett, R. G. (1979), 'Comments on "Turbulent exchange coefficients for sensible heat and water vapor under advective conditions"', *J. App. Meteorol.* 18, 381-382.

Hicks, B. B. and Goodman, H. S. (1971), 'The eddy-correlation technique of evaporation measurement using a sensitized quartz-crystal hygrometer', *J. Appl. Meteorol.* 10, 221-223.

Hicks, B. B. and Liss, P. S. (1976), 'Transfer of SO_2 and other reactive gases across the air-sea interface', *Tellus* 28, 348-354.

Hicks, B. B. and Sheih, C. M. (1977), 'Some observations of eddy momentum fluxes within a maize canopy', *Boundary-Layer Meteorol.* 11, 515-519.

Hicks, B. B., Wesely, M. L., and Sheih, C. M. (1977), 'A study of heat transfer processes above a cooling pond', *Water Resour. Res.* 13, 901-908.

Hinze, J. O. (1959), *Turbulence*, McGraw-Hill Book Co., N. Y., 586 pp.

Högström, U. (1974), 'A field study of the turbulent fluxes of heat, water vapour and momentum at a "typical" agricultural site', *Quart. J. Roy. Meteorol. Soc.* 100, 624-639.

Holland, J. Z. and Rasmusson, E. M. (1973), 'Measurements of the atmospheric mass, energy, and momentum budgets over a 500-kilometer square of tropical ocean', *Monthly Weath. Rev.* 101, 44-55.

Holloway, J. L., Jr. and Manabe, S. (1971), 'Simulation of climate by a global general circulation model', *Monthly Weath. Rev.* 99, 335-370.

Horton, R. E. (1921), 'Results of evaporation observations', *Monthly Weath. Rev.* 49, 553-566.

Hoy, R. D. and Stephens, S. K. (1979), 'Field Study of lake evaporation-Analysis of data from phase 2 storages and summary of phase 1 and phase 2', Austral. Water Resour. Council, Dept. of Nation. Development, Tech. Paper No. 41, 177 pp.

Huang, C.-H. and Nickerson, E. C. (1974a), 'Stratified flow over non-uniform surface conditions: mixing-length model', *Boundary-Layer Meteorol*. 5, 395 – 417.

Huang, C.-H. and Nickerson, E. C. (1974b), 'Stratified flow over non-uniform surfaces: turbulent energy model', *Boundary-Layer Meteorol*. 7, 107 – 123.

Hutchings, J. W. (1957), 'Water-vapour flux and flux-divergence over southern England: summer 1954', *Quart. J. Roy. Meteorol. Soc.* 83, 30 – 48.

Hyson, P. and Hicks, B. B. (1975), 'A single-beam infrared hygrometer for evaporation measurement', *J. App. Meteorol*. 14, 301 – 307.

Idso, S. B. (1972), 'Calibration of soil heat flux plates by a radiation technique', *Agric. Met*. 10, 467 – 471.

Idso, S. B., Aase, J. K., and Jackson, R. D. (1975), 'Net radiation-soil heat flux relations as influenced by soil water content variations', *Boundary-Layer Meteorol*. 9, 113 – 122.

Idso, S. B. and Jackson, R. D. (1969), 'Thermal radiation from the atmosphere', *J. Geophys. Res*. 74, 5397 – 5403.

Impens, I. (1963), 'Thermodynamische en physiologisch-ecologische aspecten van de potentiele evapotranspiratie uit grasland', *Mededel. Landbouwhogeschool en Opzoekingsstations v. d. Staat*, *Gent* 28, 429 – 485.

Inoue, E. (1963), 'On the turbulent structure of airflow within crop canopies', *J. Meteorol. Soc. Japan* 41, 317 – 326.

Inoue, K. and Uchijima, Z. (1979), 'Experimental study of microstructure of wind turbulence in rice and maize canopies', *Bull. Nat. Inst. Agric. Sci. Tokyo, Japan, Ser. A* 26, 1 – 88.

Isrealsen, O. W. (1918), 'Studies on capacities of soils for irrigation water, and on a new method of determining volume weight', *J. Agric. Res*. 13, 1 – 37.

Israelsen, O. W. (1927), 'The application of hydrodynamics to irrigation and drainage problems', *Hilgardia* 2, 479 – 528.

Itier, B. and Perrier, A. (1976), 'Présentation d'une étude analytique de l'advection', *Ann. Agron*. 27, 111 – 140.

Jackson, R. D., Idso, S. B., and Reginato, R. J. (1976), 'Calculation of evaporation rates during the transition from energy-limiting to soil-limiting phases using albedo data', *Water Resovr. Res*. 12, 23 – 26.

Jaeger, J. C. (1945), 'Diffusion in turbulent flow between parallel plates', *Quart. Appl. Math*. 3, 210 – 217.

Janse, A. R. P. and Borel, G. (1965), 'Measurement of thermal conductivity *in situ* in mixed materials, e. g., soils', *Netherl. J. Agric. Sci*. 13, 57 – 62.

Jensen, M. E. (1967), 'Evaluating irrigation efficiency', *J. Irrig. Drain. Div., Proc. ASCE* 93 (IR1), 83 – 98.

Jensen, M. E. and Haise, H. R. (1963), 'Estimating evapotranspiration from solar radiation', *J. Irrig. Drain. Div., Proc. ASCE* 89, (lR4), 15 – 41.

Jensen, N. O. (1978), 'Change of surface roughness and the planetary boundary layer', *Quart. J. Roy. Meteorol. Soc.* 104, 351 – 356.

Jerlov, N. G. (1968), *Optical Oceanography*, Elsevier, Amsterdam, 194 pp.

Jirka, G. H. (1978), 'Discussion of "Bed conduction computation for thermal models" ', *J. Hydralil. Div. , Proc. ASCE* 104, 1204 – 1206.

Jirka, G. H. , Watanabe, M. , Hurley-Octavio, H. , Cerco, C. F. , and Harleman, D. R. F. (1978), 'Mathematical predictive models for cooling ponds and lakes; Part A: Model development and design considerations', Ralph M. Parsons Labor. Rept. No. 238, Dept. of Civil Eng. , MIT, Cambridge, Mass.

Jobson, H. E. (1972), 'Effect of using averaged data on the computation of evaporation', *Water Resour. Res.* 8, 513 – 518.

Jobson, H. E. (1973), 'The dissipation of excess heat from water systems', *J. Power Div. , Proc. ASCE* 99 (PO1), 89 – 103.

Jobson, H. E. (1977), 'Bed conduction computation for thermal models', *J. Hydraul. Div. , Proc. ASCE* 103, (HY10), 1213 – 1217.

Jury W A, Tanner C B. Advection Modification of the Priestley and Taylor Evapotranspiration Formula1 [J]. Agronomy Journal, 1975, 67 (6): 840 – 842.

Kadel, B. C. and Abbe, C. , Jr. (1916), 'Current evaporation observations by the Weather Bureau', *Monthly Weath. Rev.* 44, 674 – 677.

Kader, B. A. and Yaglom, A. M. (1972) . 'Heat and mass transfer laws for fully turbulent wall flows', *Int. J. Heat. Mass Transfer* 15, 2329 – 2351.

Kaimal, J. C. and Haugen, D. A. (1971), 'Comments on "Minimizing the levelling error in Reynolds stress measurement by filtering" by Dyer *et al.* (1970) '. *J. App. Meteorol.* 10, 337 – 339.

Kaimai, J. C. , Wyngaard, J. C. , and Haugen, D. C. (1968), 'Deriving power spectra from a threecomponent sonic anemometer', *J. Appl. Meteorof.* 7, 827 – 837.

Kasahara, A. and Washington, W. M. (1971), 'General circulation experiments with a six-layer NCAR model, including orography, cloudiness and surface temperature calculation', *J. Atmos. Sci.* 28, 657 – 701.

Kazanski, A. B. and Monin, A. S. (1960), 'A turbulent regime above the ground atmospheric layer', *Bull. (Izv.) Acad. Sci. , U. S. S. R. , Geophys. Ser.* 1 (*Engl. Edn.*), 110 – 112.

Kazanski, A. B. and Monin, A. S. (1961), 'On the dynamic interaction between the atmosphere and the earth's surface', *Bull. (lzv.) Acad. Sci. , U. S. S. R. , Geophys. Ser.* 5 (Engl. Edn.), 514 – 515.

Keijman, J. Q. (1974), 'The estimation of the energy balance of a lake from simple weather data', *Boundary-Layer Meteorol.* 7, 399 – 407.

Kersten, M. S. (1949), 'Thermal properties of soils', *Bull. Univ. Minnesota Inst. Tech. , Eng. Exper. Stat. , Bull.* 28, 227 pp.

Kim, H. T. , Kline, S. J. , and Reynolds, W. C. (1971), 'The production of turbulence near a smooth wall in a turbulent boundary layer', *J. Fluid Mech.* 50, 133 – 160.

Kimball, B. A. and Jackson, R. D. (1975), 'Soil heat flux determination: a null-alignment method', *Agric. Meteorol.* 15, 1 – 9.

Kimball, B. A. , Jackson, R. D. , Reginato, R. J. , Nakayama, F. S. , and Idso, S. B. (1976a), 'Comparison of field-measured and calculated soil-heat fluxes', *Soil Sci. Soc. Am. J.* 40, 18 – 25.

Kimball, B. A., Jackson, R. D., Nakayama, F. S., Idso, S. B., and Reginato, R. J. (1976b), 'Soil-heat flux determination: temperature gradient method with computed thermal conductivities', *Soil Sci. Soc. Am. J.* 40, 25 – 28.

Kimball, H. H. (1928), 'Amount of solar radiation that reaches the surface of the earth on the land and on the sea, and methods by which it is measured', *Monthly Weath. Rev.* 56, 393 – 399.

King, K. M., Mukammal, E. I., and Turner, V. (1965), 'Errors involved in using zinc chloride solution in floating Iysimeters'. *Water Resour. Res.* 1, 207 – 217.

King, K. M., Tanner, C. B., and Suomi, V. E. (1956), 'A floating lysimeter and its evaporation recorder', *Trans. Am. Geophys. Un.* 37, 738 – 742.

Kitaygorodskiy, S. A. (1969), 'Small-scale atmospheric-ocean interactions', *Izv. Acad. Sci., U. S. S. R., Atmos. Ocean. Phys.* 5, 641 – 649.

Kitaigorodskiy, S. A., Kuznetsov, O. A., and Panin, G. N. (1973), 'Coefficients of drag, sensible heat and evaporation in the atmosphere over the surface of a sea', *Izv. Acad. Sci., U. S. S. R., Atmos. Oceanic Phys.* 9, (11) 1135 – 1141 (English Edn., 644 – 647).

Kitaigorodskii, S. A. and Volkov, Y. A. (1965), 'Calculation of turbulent heat and humidity fluxes in an atmospheric layer near a water surface', *Izv. A cad. Sci., U. S. S. R., Atmos. Oceanic Phys.* (Engl. Transl. AGU) 1, 1317 – 1336.

Klute, A. (1952), 'A numerical method for solving the flow equation for water in unsaturated materials', *Soil Sci.* 73, 105 – 116.

Klute, A. (1972), 'The determination of the hydraulic conductivity and diffusivity of unsaturated soils', *Soil Sci.* 113, 264 – 276.

Kohler, M. A. (1954), 'Lake and pan evaporation', *Water-loss investigations: Lake Hefner Studies, Tech. Report, Prof, Paper* 269, Geol. Survey, U. S. Dept. Interior, pp. 127 – 148.

Kondo, J. (1962), 'Observations on wind and temperature profiles near the ground', *Sci. Rep. Tohoku Univ. (Sendai, Japan), Ser. 5, Geophys.* 14, 41 – 56.

Kondo, J. (1967), 'Analysis of solar radiation and downward long-wave radiation data in Japan', *Sci. Rep. Tohoku Univ. (Sendai, Japan), Ser. 5, Geophys.* 18, 91 – 124.

Kondo, J. (1971), 'Relationship between the roughness coefficient and other aerodynamic parameters', *J. Meteorol. Soc. Japan* 49, 121 – 124.

Kondo, J. (1972), 'On a product of mixing length and coefficient of momentum absorption within plant canopies', *J. Meteorol. Soc. Japan* 50, 487 – 488.

Kondo, J. (1972b), 'Applicability of micrometeorological transfer coefficient to estimate the longperiod means of fluxes in the air-sea interface', *J. Meteorol. Soc. Japan* 50, 570 – 576.

Kondo, J. (1975), 'Air-sea bulk transfer coefficients in diabatic conditions', *Boundary-Layer Meteorol.* 9, 91 – 112.

Kondo, J. (1976), 'Heat balance of the East China Sea during the Air Mass Transformation Experiment', *J. Meteorol. Soc. Japan* 54, 382 – 398.

Kondo, J. (1977), 'Geostrophic drag and the cross-isobar angle of the surface wind in a baroclinic convective boundary layer over the ocean', *J. Meteorol. Soc. Japan* 55, 301 – 311.

Kondo, J. and Akashi, S. (1976), 'Numerical studies of the two-dimensional flow in horizontally homogeneous canopy layers', *Boundary-Layer Meteorol.* 10, 255 – 272.

Kondo, J. and Fujinawa, Y. (1972), 'Errors in estimation of drag coefficients for sea surface in light winds', *J. Meteorol. Soc. Japan* 50, 145 – 149.

Kondo, J., Kanechika, O., and Yasuda N. (1978), 'Heat and momentum transfers under strong stability in the atmospheric surface layer', *J. Atmos. Sci.* 35, 1012 – 1021.

Kondo, J., Sasano, Y., and Ishii, T. (1979), 'On wind-driven current and temperature profiles with diurnal period in the ocean planetary boundary layer', *J. Phys. Oceanog.* 9, 360 – 372.

Kondratyev, K. Ya (1969), *Radiation in the Atmosphere*, Academic Press, N. Y., 912 pp.

Kornev, B. G. (1924), The absorbing power of soils and the principle of automatic self-irrigation of soils', *Soil Sci.* 17, 428 – 429 (abstract).

Korzoun, V. I. *et al.* (eds.) (1977), *Atlas of World Water Balance*, U. S. S. R. National Committee for the International Hydrological Decade, U. N. E. S. C. O. Press, Paris.

Korzun, V. I. *et al.* (eds.) (1978), *World water balance and water resources of the earth*, U. S. S. R. National Committee for the International Hydrological Decade, U. N. E. S. C. O. Press, Paris, 663 pp.

Krischer, O. and Rohnalter, H. (1940), 'Wärmeleitung und Dampfdiffusion in feuchten Gütern', *VDI Forschungsheft* 402.

Krügermeyer, L., Grünewald, M., and Dunckel, M. (1978), 'The influence of sea waves on the wind profile', *Boundary-Layer Meteorol.* 14, 403 – 414.

Laikhtman, D. L. (1964), *Physics of the Boundary Layer of the Atmosphere*, Israel Program for Scientif. Transl. Ltd., Jerusalem, 200 pp.

Landau, L. D. and Lifshitz, E. M. (1959), *Fluid Mechanics*, Pergamon Press, London, 536 pp.

Landsberg, J. J. and James, G. B. (1971), 'Wind profiles in plant canopies: studies on an analytical model', *J. Appl. Ecol.* 8, 729 – 741.

Lang, A. R. G., Evans, G. N., and Ho, P. Y. (1974), 'The influence of local advection on evapotranspiration from irrigated rice in a semi-arid region', *Agric. Meteorol.* 13, 5 – 13.

Launder, B. E. (1975), 'On the effects of a gravitational field on the turbulent transport of heat and momentum', *J. Fluid Mech.* 67, 569 – 581.

Leavitt, E. (1975), 'Spectral characteristics of surface-layer turbulence over the tropical ocean', *J. Phys. Oceanog.* 5, 157 – 163.

Leavitt, E. and Paulson, C. A. (1975), 'Statistics of surface-layer turbulence over the tropical ocean', *J. Phys. Oceanog.* 5, 143 – 156.

Lemon, E. (1965), 'Micrometeorology and the physiology of plants in their natural environment', in F. C. Steward (ed.) *Plant Physiology* Vol. 4A, Academic Press, N. Y., pp. 203 – 227.

Lemon, E., Allen, L. H., Jr., and Mueller, L. (1970), 'Carbon dioxide exchange of a tropical rain forest, Part II', *Bioscience* 20, 1054 – 1059.

Lettau, H. (1959), 'Wind profile, surface stress and geostrophic drag coefficients in the atmospheric surface layer', *Adv. Geophys.* 6, 241 – 257.

Lettau, H. (1969), 'Note on aerodynamic roughness-parameter estimation on the basis of roughness element description', *J. Appl. Meteorol.* 8, 828 – 832.

Lettau, H. and Davidson, B. (1957), *Exploring the Atmosphere's First Mile*, Vols. 1 – 2, Pergamon Press, N. Y.

Lettau, H. and Zabransky, J. (1968), 'Interrelated changes of wind profile structure and Richardson number in air flow from land to inland lakes', *J. Atmos. Sci.* 25, 718 – 728.

Linacre, E. T. (1967), 'Climate and the evaporation from crops', *J. Irrig. Drain. Div.*, *Proc. ASCE* 93 (IR4), 61 – 79.

List, R. J. (1971), *Smithsonian Meteorological Tables*, Smithsonian Institution Press, City of Washington, 6th Edn., 5th Reprint, 527 pp.

Liu, C. K., Kline, S. J., and Johnston, J. P. (1966), 'An experimental study of turbulent boundary layer on rough walls', Report MD-15, Dept. of Mech. Eng., Stanford Univ., Calif.

Livingston, B. E. (1935), 'Atmometers of porous porcelain and paper', their use in physiological ecology', *Ecology* 16, 438 – 472.

Löf, G. O. G., Duffie, J. A., and Smith, C. O. (1966), 'World distribution of solar radiation', *Sol. Energy* 10, 27 – 37.

Logan, E., Jr., and Fichtl, G. H. (1975), 'Rough-to-smooth transition of an equilibrium neutral constant stress layer', *Boundary-Layer Meteorol.* 8, 525 – 528.

Lourence, F. J. and Goddard, W. B. (1967), 'A water-level measuring system for determining evapotranspiration rates from a floating lysimeter', *J. Appl. Met.* 6, 489 – 492.

Lourence, F. J. and Pruitt, W. O. (1971), 'Energy balance and water use of rice grown in the Central Valley of California', *Agron. J.* 63, 827 – 832.

Lowe, P. R. (1977), 'An approximating polynomial for the computation of saturation vapor pressure', *J. Appl. Meteorol.* 16, 100 – 103.

Lumley, J. L. (1965), 'Interpretation of time spectra measured in high-intensity shear flows', *Phys. Fluids* 8, 1056 – 1062.

Lumley, J. L. (1978), 'Computational modeling of turbulent flows', *Adv. Appl. Mech.* 18, 124 – 176.

Lvovitch, M. I. (1970), 'World water balance', Symposium on world water balance, Proc. Reading Sympos., Vol. Ⅱ, Inter. Assoc. Sci. Hydrol., Public. No. 93, pp. 401 – 415.

Lvovitch, M. I. (1973), 'The global water balance', *Trans. Am. Geophys. Un.* 54, 28 – 42 (U.S. – IHD Bulletin, No. 23).

Magyar, P., Shahane, A. N., Thomas, D. L., and Bock, P. (1978), 'Simulation of the hydrologic cycle using atmospheric water vapor transport data', *J. Hydrol.* 37, 111 – 128.

Mahringer, W. (1970), 'Verdunstungsstudien am Neusiedler See', *Arch. Meteorol. Geophys. Biokl.* B18, 1 – 20.

Makkink, G. F. (1957), 'Ekzameno de la formulo de Penman', *Netherl. J. Agric. Sci.* 5, 290 – 305.

Manabe, S. (1969), 'Climate and the ocean circulation', *Monthly Weath. Rev.* 97, 739 – 774.

Mangarella, P. A., Chambers, A. J., Street, R. L., and Hsu, E. Y. (1971), 'Energy and mass transfer through an air-water interface', Tech. Rept. No. 134, Dept. of Civil Eng., Stanford Univ., Calif.

Marciano, J. J. and Harbeck, G. E. Jr., (1954), 'Mass-transfer studies', *Water-loss investigations*: *Lake Hefner Studies*, *Tech. Report*, *Prof Paper* 269, Geol. Survey, U.S. Dept. Interior, 46 – 70.

Martin, H. C. (1971) 'The humidity microstructure: a comparison between refractometer and a Ly-α humidiometer', *Boundary-Layer Meteorol.* 2, 169 – 172.

Mawdsley, J. A. and Brutsaert, W. (1977), 'Determination of regional evapotranspiration from upper air meteorological data', *Water Resour. Res.* 13, 539 – 548.

McBean, G. A., Stewart, R. W., and Miyake, M. (1971), 'The turbulent energy budget near the surface', *J. Geophys. Res.* 76, 6540 – 6549.

McGavin, R. E., Uhlenhopp, P. B., and Bean, B. R. (1971), 'Microwave evapotron', *Water Resour. Res.* 7, 424 – 428.

McIlroy, 1. C. and Angus, D. E. (1964), 'Grass, water and soilèvaporation at Aspendale', *Agric. Meteorol.* 1, 201 – 224.

McKay, D. C. and Thurtell, G. W. (1978), 'Measurements of the energy fluxes involved in the energy budget of a snow cover', *J. Appl. Meteorol.* 17, 339 – 349.

McMillan, W. B. and Paul, H. A. (1961), 'Floating lysimeter uses heavy liquid for buoyancy', *Agric. Eng.* 42, 498 – 499.

Mc Naughton, K. G. and Black, T. A. (1973), 'A study of evapotranspiration from a Douglas fir forest using the energy balance approach', *Water Resour. Res.* 9, 1579 – 1590.

McVehil, G. E. (1964), 'Wind and temperature profiles near the ground in stable stratification', *Quart. J. Roy. Meteor. Soc.* 90, 136 – 146.

Melgarejo, J. W. and Deardorff, J. W. (1974), 'Stability functions for the boundary-layer resistance laws based upon observed boundary-layer heights', *J. Atmos. Sci.* 31, 1324 – 1333.

Melgarejo, J. W. and Deardorff, J. W. (1975), 'Revision to "Stability functions for the boundarylayer resistance laws, based upon observed boundary-layer heights"', *J. Atmos. Sci.* 32, 837 – 839.

Mellor, G. L. and Yamada, T. (1974), 'A hierarchy of turbulence closure models for planetary boundary layers', *J. Atmos. Sci.* 31, 1791 – 1806.

Merlivat, L. (1978), 'The dependence of bulk evaporation coefficients on air-water interfacial conditions as determined by the isotopic method', *J. Geophys. Res.* (*Oceans and Atmos.*) 83 (C6), 2977 – 2980.

Merlivat, L. and Coantic, M. (1975), 'Study of mass transfer at the air-water interface by an isotopic method', *J. Geophys. Res.* 80, 3455 – 3464.

Mermier, M. and Seguin, B. (1976), 'Comment on "On a derivable formula for long-wave radiation from clear skies" by W. Brutsaert', *Water Resour. Res.* 12, 1327 – 1328.

Meroney, R. N. (1970), 'Wind tunnel studies of the air flow and gaseous plume diffusion in the leading edge and downstream regions of a model forest', *Atmos. Environ.* 4, 597 – 614.

Millar, B. D. (1964), 'Effect oflocal advection on evaporation rate and plant water status', *Australian. J. Agric. Res.* 15, 85 – 90.

Millikan, C. B. (1938), 'A critical discussion of turbulent flows in channels and circular tubes', *Proc. 5th Internat. Congr. Appl. Mech*. *Cambridge. MA*, John Wiley & Sons, Inc., N.Y., pp. 386 – 392.

Mitsuta, Y. and Fujitani, T. (1974), 'Direct measurement of turbulent fluxes on a cruising ship', *Boundary-Layer Meteorol.* 6, 203 – 217.

Miyake, M. and McBean, G. (1970), 'On the measurement of vertical humidity transport over land', *Boundary-Layer Meteorol.* 1, 88 – 101.

Moench, A. F. and Evans, D. D. (1970), 'Thermal conductivity and diffusivity of soil using a cylindrical heat source', *Soil Sci. Soc. Am. Proc.* 34, 377 – 381.

Monin, A. S. (1959), 'Smoke propagation in the surface layer of the atmosphere', *Adv. Geophys.* 6, 331 – 343.

Monin, A. S. (1970), 'The atmospheric boundary layer', *Ann. Rev. Fluid Mech.* 2, 225 – 250.

Monin, A. S. and Obukhov, A. M. (1954), 'Basic laws of turbulent mixing in the ground layer of the atmosphere', *Tr. Geojiz. Instit. Akad. Nauk. S.S.S.R.*, No. 24 (151), pp. 163 – 187 (German translation (1958), 'Sammelband zur Statistischen Theorie qer Turbulenz', H. Goering, (ed.), Akademie Verlag, Berlin, 228 pp.

Monin, A. S. and Yaglom, A. M. (1971), *Statistical Fluid Mechanics. Mechanics of Turbulence*, Vol. 1, The MIT Press, Cambridge, Mass., 769 pp.

Monteith, J. L. (1965), 'Evaporation and environment', in G. E. Fogg, (ed.) *The State and Movement of Water in Living Organisms*, Sympos. Soc. Exper. Biol., Vol. 19, Academic Press, N. Y., pp. 205 – 234.

Monteith, J. L. (1973), *Principles of Environmental Physics*, American Elsevier Publ. Co., N. Y., 241 pp.

Montgomery, R. B. (1940), 'Observations of vertical humidity distribution above the ocean surface and their relation to evaporation', *MIT Woods Hole Oceanogr. Instn .Pap. Phys. Oceanog. Meteorol.* 7 (4), 30 pp.

Montgomery, R. B. and Spilhaus, A. F. (1941), 'Examples and outline of certain modifications in upper-air analysis', *J. Aeronaut. Sci.* 8, 276 – 283.

Morton, F. I. (1969), 'Potential evaporation as a manifestation of regional evaporation', *Water Resour. Res.* 5, 1244 – 1255.

Morton, F. I. (1975), 'Estimating evaporation and transpiration from climatological observations', *J. Appl. Meteorol.* 14, 488 – 497.

Morton, F. I. (1976), 'Climatological estimates of evapotranspiration', *J. Hydraul. Div., Proc. ASCE.* 102 (HY3), 275 – 291.

Mukammal, E. I. and Neumann, H. H. (1977), 'Application of the Priestley-Taylor evaporation model to assess the influence of soil moisture on the evaporation from a large weighing Iysimeter and Class A pan', *Boundary Layer Meteorol.* 12, 243 – 256.

Mulhearn, P. J. (1977), 'Relations between surface fluxes and mean profiles of velocity, temperature and concentration, downwind of a change in surface roughness', *Quart. J. Roy. Meteorol. Soc.* 103, 785 – 802.

Mulhearn, P. J. (1978), 'A wind-tunnel boundary-layer study of the effects of a surface roughness change: rough to smooth', *Boundary-Layer Meteorol.* 15, 3 – 30.

Müller-Glewe, J. and Hinzpeter, H. (1974), 'Measurements of the turbulent heat flux over the sea', *Boundary-Layer Meteorol.* 6, 47 – 52.

Munk, W. H. (1955), 'Wind stress on water: an hypothesis', *Quart. J. Roy. Meteorol. Soc.* 81, 320 – 332.

Munro, D. S. and Oke, T. R. (1975), 'Aerodynamic boundary-layer adjustment over a crop in neutral stability', *Boundary-Layer Meteorol.* 9, 53 – 61.

Murty, L. K. (1976), 'Heat and moisture budgets over AMTEX area during AMTEX'75', *J. Meteorol. Soc. Japan* 54, 370 – 381.

Nagpal, N. K. and Boersma, L. (1973), 'Air entrapment as a possible source of error in the use of a cylindrical heat probe', *Soil Sci. Soc. Am. Proc.* 37, 828 – 832.

Neuwirth, F. (1974) 'Ueber die Brauchbarkeit empirischer Verdunstungsformeln dargestellt am Beispiel des Neusiedler Sees nach Beobachtungen in Seemitte und in Ufernähe', *Arch. Meteorol. Geophys. Biokl., Ser. B* 22, 233 – 246.

Nickerson, E. C. (1968), 'Boundary-layer adjustment as an initial value problem', *J. Atmos. Sci.* 25, 207 – 213.

Nickerson, E. C. and Smiley, V. E. (1975), 'Surface layer and energy budget parameterizations for mesoscale models', *J. Appl. Met.* 14, 297 – 300.

Nielsen, D. R. and Biggar, J. W. (1961), 'Measuring capillary conductivity', *Soil Sci.* 92, 192 – 193.

Nielsen, D. R., Biggar, J. W., and Erh, K. T. (1973), 'Spatial variability of field-measured soil-water properties', *Hilgardia* 42, 215 – 259.

Nielsen, D. R., Davidson, J. M., Biggar, J. W., and Miller, R. J. (1964), 'Water movement through Panoche clay loam soil', *Hilgardia* 35, 491 – 506.

Niiler, P. P. and Kraus, E. B. (1977), 'One-dimensional models of the upper ocean', in E. B. Kraus, (ed.) *Modeling and Prediction of the Upper Layers of the Ocean*, Pergamon Press, New York, pp. 143 – 172.

Nikuradse, J. (1933), 'Strömungsgesetze in rauhen Rohren', *VDI Forschungsheft 361 (Beilage Forsch. Geb. Ingenieurw.* B4), 22 pp.

Ninomiya, K. (1972), 'Heat and water-vapor budget over the East China Sea in the winter season', *J. Meteorol. Soc. Japan* 50, 1 – 17.

Nitta, T. (1976), 'Large-scale heat and moisture budgets during the air mass transformation experiment', *J. Meteorol. Soc. Japan* 54, 1 – 14.

Nunner, W. (1956), 'Wärmeübergang und Druckabfall in rauhen Rohren', *VDI-Forschungsh.* 455 *(Beilage Forsch. Geb. Ingenieurw.* B22), 39 pp.

Obukhov, A. M. (1946), 'Turbulence in an atmosphere with non-uniform temperature', *Trudy Instit. Teoret. Geofiz; AN-S. S. S. R.*, No. 1 (English Translation: (1971), *Boundary-Layer Meteorol.* 2, 7 – 29).

Ogata, G. and Richards, L. A. (1957), 'Water content changes following irrigation of bare-field soil that is protected from evaporation', *Soil Sci. Soc. Am. Proc.* 21, 355 – 356.

Oliver, H. R. (1975), 'Ventilation in a forest', *Agric. Meteorol.* 14, 347 – 355.

Onishi, G. and Estoque, M. A. (1968), 'Numerical study on atmospheric boundary-layer flow over inhomogeneous terrain', *J. Meteorol. Soc. Japan* 46, 280 – 286.

Ordway, D. E., Ritter, A., Spence, D. A., and Tan, H. S. (1963), 'Effects of turbulence and photosynthesis on CO_2 profiles in the lower atmosphere', in E. R. Lemon (ed.), *The Energy Budget at the Earth's Surface*, ARS, USDA. Production Res. Rept. No. 72, Washington, DC, pp. 3 – 6.

Owen, P. R. and Thomson, W. R. (1963), 'Heat transfer across rough surfaces', *J. Fluid Mech.* 15, 321 – 334.

Paeschke, W. (1937), 'Experimentelle Untersuchungen zum Rauhigkeits-und Stabilitatsproblem in der bodennahen Luftschicht', *Beiträge z. Phys. d. freien Atmos.* 24, 163 – 189.

Palmén, E. (1963), 'Computation of the evaporation over the Baltic Sea from the flux of water vapor in the atmosphere', General Assembly Berkeley, Intern. Assoc. Sci. Hydrol., Publ. No. 62, Gentbrugge, Belgium, pp. 244 – 252.

Paltridge, G. W. and Platt, C. M. R. (1976), *Radiative Processes in Meteorology and Climatology*, Elsevier Sci. Pub. Co., Amsterdam, 318 pp.

Panchev, S., Donev, E., and Godev, N. (1971), 'Wind profile and vertical motions above an abrupt change in surface roughness and temperature', *Boundary-Layer* Meteorol. 2, 52 – 63.

Panofsky, H. A. (1963), 'Determination of stress from wind and temperature measurements', *Quart. J. Roy. Meteorol. Soc.* 89, 85 – 93.

Panofsky, H. A. (1973), 'Tower meteorology', in D. A. Haugen, (ed.) *Workshop on Micrometeorology*, Amer. Met. Soc., pp. 151 – 176.

Panofsky, H. A. and Petersen, E. L. (1972), 'Wind profiles and change of terrain roughness at Risø', *Quart. J. Roy. Meteorol. Soc.* 98, 845 – 854.

Panofsky, H. A. and Townsend, A. A. (1964), 'Change of terrain roughness and the wind profile', *Quart. J. Roy. Meteorol. Soc.* 90, 147 – 155.

Paquin, J. E. and Pond, S. (1971), 'The determination of the Kolmogoroff constants for velocity, temperature and humidity fluctuations from second- and third-order structure functions', *J. Fluid Mech.* 50, 257 – 269.

Pasquill, F. (1949a), 'Eddy diffusion of water vapour and heat near the ground', *Proc. Roy. Soc. London* A198, 116 – 140.

Pasquill, F. (1949b), 'Some estimates of the amount and diurnal variation of evaporation from a clayland pasture in fair spring weather', *Quart. J. Roy. Meteorol. Soc.* 75, 249 – 256.

Paulson, C. A. (1970), The mathematical representation of wind speed and temperature profiles in the unstable atmospheric surface layer', *J. Appl. Meteorol.* 9, 857 – 861.

Paulson, C. A., Leavitt, E., and Fleagle, R. G. (1972), 'Air-sea transfer of momentum, heat and water determined from profile measurements during BOMEX', *J. Phys. Oceanog.* 2, 487 – 497.

Payne, R. E. (1972), 'Albedo of the sea surface', *J. Atmos. Sci.* 29, 959 – 970.

Penman, H. L. (1948), 'Natural evaporation from open water, bare soil, and grass', *Proc. Roy. Soc. London* A193, 120 – 146.

Penman, H. L. (1956), 'Evaporation: an introductory survey', *Netherl. J. Agric. Sci.* 4, 9 – 29.

Penman, H. L. and Schofield, R. K. (1951), 'Some physical aspects of assimilation and transpiration', *Sympos. Soc. Exper. Biol.* 5, 115 – 129.

Perrier, A. (1975a), 'Etude physique de l'evapotranspiration dans les conditions naturelles', *Ann. Agron.* 26, 1 – 18.

Perrier, A. (1975b), 'Assimilation nette, utilisation de l'eau et microclimat d'un champ de mais', *Ann. Agron.* 26, 139 – 157.

Perrier, A., Archer, P., and Blanco de Pablos, A. (1974), 'Etude de l'évapotranspiration réelle et maximale de diverses cultures: dispositif et mesures', *Ann. Agron.* 25, 697 – 731.

Perrier, A. Itier, B., Bertolini, J. M., and Katerji, N. (1976), 'A new device for continuous recording of the energy balance of natural surfaces', *Agric. Meteorol.* 16, 71 – 84.

Perry, A. E. and Joubert, P. N. (1963), 'Rough-wall boundary layers in adverse pressure gradients', *J. Fluid Mech.* 17, 193 – 211.

Petersen, E. L. and Taylor, P. A. (1973), 'Some comparisons between observed wind profiles at Risø and theoretical predictions for flow over inhomogeneous terrain', *Quart. J. Roy. Meteorol. Soc.* 99, 329 – 336.

Peterson, E. W. (1969a), 'Modification of mean flow and turbulent energy by a change in surface roughness under conditions of neutral stability', *Quart. J. Roy. Meteorol. Soc.* 95, 561 – 575.

Peterson, E. W. (1969b), 'On the relation between the shear stress and the velocity profile after a change in surface roughness', *J. Atmos. Sci.* 26, 773 – 774.

Peterson, E. W. (1971), 'Predictions of the momentum exchange coefficient for flow over heterogeneous terrain', *J. Appl. Meteorol.* 10, 958 – 961.

Peterson, E. W. (1972), 'Relative importance of terms in the turbulent-energy and momentum equations as applied to the problem of a surface roughness change', *J. Atmos. Sci.* 29, 1470 – 1476.

Petukhov, B. S. and Kirillov, V. V. (1958), 'On the question of heat transfer to a turbulent flow of fluids in pipes', *Teploenergetika*, No. 4, pp. 63 – 68.

Petukhov, B. S., Krasnoschekov, E. A., and Protopopov, V. S. (1961), 'An investigation of heat transfer to fluids flowing in pipes under supercritical conditions', *International Developments in Heat Transfer*, Part III, 1961 International Heat Transfer Conference, Boulder, Color., pp. 569 – 578.

Philip, J. R. (1957), 'Evaporation, and moisture and heat fields in the soil', *J. Meteorol.* 14, 354 – 366.

Philip, J. R. (1959), 'The theory of local advection', *J. Meteorol.* 16, 535 – 547.

Philip, J. R. (1961), The theory of heat flux meters', *J. Geophys. Res.* 66, 571 – 579.

Philip, J. R. and De Vries, D. A. (1957), 'Moisture movement in porous materials under temperature gradients', *Trans. Am. Geophys. Un.* 38, 222 – 232.

Phillips, D. W. (1978), 'Evaluation of evaporation from Lake Ontario during IFYGL by a modified mass transfer equation', *Water Resour. Res.* 14, 197 – 205.

Phillips, D. W. and Rasmusson, E. M. (1978), 'Lake meteorology panel', Proc. IFYGL Wrap – up Workshop Oct. 1977, IFYGL Bull. (Special) No. 22, 13 – 26, Nat. Ocean. Atmos. Adm., U.S. Dept. Commerce.

Pickett, R. L. (1975), 'Intercomparison of Canadian and U.S. automatic data buoys', *Marine Tech. Soc. J.* 9, (*No. 10*), 20 – 22.

Pierce, F. J. and Gold, D. S. (1977), 'Near wall velocity measurements for wall shear inference in turbulent flows', *U.S. Dept. Inter., Bur. Stand., Spec. Publ.* 484, (2), 621 – 648.

Pike, J. G. (1964), 'The estimation of annual run-off from meteorological data in a tropical climate', *J. Hydrol.* 2, 116 – 123.

Pinsak, A. P. and Rogers, G. K. (1974), 'Energy balance of Lake Ontario', Proc. IFYGL Symposium, 55th Ann. Meet. Amer. Geophys. Un., 86 – 101, NOAA, U.S. Dept. Commerce, Rockville, MD.

Plate, E. J. (1971), 'Aerodynamic characteristics of atmospheric boundary layers', AEC Critical Review Series, U.S. Atomic Energy Commission, Div. Tech. Info., 190 pp.

Plate, E. J. and Hidy, G. M. (1967), 'Laboratory study of air flowing over a smooth surface onto small water waves', *J. Geophys. Res.* 72, 4627 – 4641.

Pochop, L. D., Shanklin, M. D., and Horner, D. A. (1968), 'Sky cover influence on total hemispheric radiation during daylight hours', *J. Appl. Meteorol.* 7, 484 – 489.

Pond, S., Fissel, D. B., and Paulson, C. A. (1974), 'A note on bulk aerodynamic coefficients for sensible heat and moisture fluxes', *Boundary-Layer Meteorol.* 6, 333 – 339.

Pond, S., Phelps, G. T., Paquin, J. E., McBean, G. and Stewart, R. W. (1971), 'Measurements of the turbulent fluxes of momentum, moisture and sensible heat over the ocean', *J. Atmos. Sci.* 28, 901 – 917.

Prandtl. L. (1904), 'Ueber Flüssigkeitsbewegung bei sehr kleiner Reibung', Verhandl. III. Internat.

Math. -Kong., Heidelberg, Teubner, Leipzig pp. 484 – 491, (1905) (Also in *Gesammelte Abhundlungen*, Vol. 2, Springer-Verlag, Berlin, 1961, pp. 575 – 584, English in NACA, Tech. Mem. No. 452).

Prandtl, L. (1932), 'Meteorologische Anwendungen der Stromungslehre', *Beitr. Phys. Fr. Atmosph.* 19, 188 – 202.

Prandtl, L. und Tollmien, W. (1924), 'Die Windverteilung über dem Erdboden, errechnet aus den Gesetzen der Rohrströmung', *Z. Geophys.* 1, 47 – 55.

Prandtl, L. and Wieghardt, K. (1945), 'Ueber ein neues Formelsystem für die ausgebildete Turbulenz', Nachr. Akad. Wissen., Göttingen, Math. KI. 6 – 19; See also *Gesammelte Abhandlungen*, Vol. 2, Springer-Verlag, Berlin, 1961 pp. 874 – 887. .

Prescott, J. A. (1940), 'Evaporation from a water surface in relation to solar radiation', *Trans. Roy. Soc. South. Aust.* 64, 114 – 125.

Priestley, C. H. B. (1954), 'Convection from a large horizontal surface', *Australian J. Phys.* 6, 297 – 290.

Priestley, C. H. B. (1959), *Turbulent Transfer in the Lower Atmosphere*, Univ. Chicago Press, Chicago, III., 130 pp.

Priestley, C. H. B. and Taylor, R. J. (1972), 'On the assessment of surface heat flux and evaporation using large-scale parameters', *Monthly Weath. Rev.* 100, 81 – 92.

Pruitt, W. O. (1966), 'Empirical method of estimating evapotranspiration using primarily evaporation pans', in *Evapotranspiration and its Role in Water Resources Management*, Am. Soc. Agric. Eng., St. Joseph, Mich., pp. 57 – 61.

Pruitt, W. O. and Angus, D. E. (1960), 'Large weighing Iysimeter for measuring evapotranspiration', *Trans. Am. Soc. Agric. Eng.* 3, 13 – 15, 18.

Pruitt, W. O., Morgan, D. L., and Lourence, F. J. (1968), 'Energy, momentum and mass transfers above vegetative surfaces', Tech. Rept. ECOM – 0447 (E) – F, Dept. Water Sci. Eng., Univ. Calif., Davis, 49 pp.

Pruitt, W. O., Morgan, D. L., and Lourence, F. J. (1973), 'Momentum and mass transfers in the surface boundary layer', *Quart. J. Roy. Meteorol. Soc.* 99, 370 – 386.

Pruitt, W. O., von Oettingen, S., and Morgan, D. L. (1972), 'Central California evapotranspiration frequencies', *J. Irrig. Drain. Div.*, *Proc.* ASCE 98, 177 – 184.

Rao, K. S., Wyngaard, J. C., and Coté, O. R. (1974a), 'The structure of the two-dimensional internal boundary layer over a sudden change of surface roughness', *J. Atmos. Sci.* 31, 738 – 746.

Rao, K. S., Wyngaard, J. C., and Coté, O. R. (1974b), 'Local advection of momentum, heat, and moisture in micrometeorology', *Boundary-Layer Meteorol.* 7, 331 – 348.

Rasmusson, E. M. (1971), 'A study of the hydrology of eastern North America using atmospheric vapor flux data', *Monthly Weath. Rev.* 99, 119 – 135.

Rasmusson, E. M. (1977), 'Hydrological application of atmospheric vapor-flux analyses', Operational Hydrol. Rept. No. 11, WMO – No. 476, World Meteorol. Org., 50 pp.

Rasmusson, E. M., Ferguson, H. L., Sullivan, J., and Den Hartog, G. (1974), 'The atmospheric budgets program of IFYGL'. Proc. 17th Conf. Great Lakes Res., Internat. Assoc. Great Lakes Res., pp. 751 – 777.

Raupach, M. R. (1978), 'Infrared fluctuation hygrometry in the atmospheric surface layer', *Quart. J. Roy. Meteorol. Soc.* 104, 309–322.

Revfeim, K. J. A. and Jordan, R. B. (1976), 'Precision of evaporation measurements using the Bowen ratio', *Boundary-Layer Meteorol.* 10, 97–111.

Reynolds, O. (1894), 'On the dynamical theory of incompressible viscous fluids and the determination of the criterion', *Phil. Trans. Roy. Soc. London*, A186 (1895), Part 1, 123–161.

Richards, J. M. (1971), 'Simple expression for the saturation vapour pressure of water in the range $-50°$ to $140°$', *Brit. J. Appl. Phys.* 4, L15–L18.

Richards, L. A. (1931), 'Capillary conduction of liquids through porous mediums', *Physics* 1, 318–333.

Richards, L. A. (1949), 'Methods of measuring soil moisture tension', *Soil Sci.* 68, 95–112.

Richardson, L. F. (1920), 'The supply of energy from and to atmospheric eddies', *Proc. Roy. Soc. London* A97, 354–373.

Rider, N. E. (1954), 'Eddy diffusion of momentum, water vapour, and heat near the ground', *Phil. Trans. Roy. Soc. London*, A246, 481–501.

Rider, N. E. (1957), 'Water losses from various land surfaces', *Quart. J. Roy. Meteorol. Soc.* 83, 181–193.

Rider, N. E., Philip, J. R., and Bradley, E. F. (1963), 'The horizontal transport of heat and moisture- A micrometeorological study', *Quart. J. Roy. Meteorol. Soc.* 89, 507–531.

Ritchie, J. T. and Burnett, E. (1968), 'A precision weighing lysimeter for row crop water use studies', *Agron. J.* 60, 545–549.

Robinson, N. (1966), *Solar Radiation.* Elsevier Publ. Co., New York, 347 pp.

Rohwer, C. (1934), 'Evaporation from different types of pans', *Trans. Am. Soc. Civ. Eng.* 99, 673–703.

Rosenberg, N. E. and Brown, K. W. (1970), 'Improvements in the Van Bavel-Myers automatic weighing lysimeter', *Water Resour. Res.* 6, 1227–1229.

Rossby, C. -G. (1932), 'A generalization of the theory of the mixing length with applications to atmospheric and oceanic turbulence', *MIT, Meteorol. Papers, Cambridge, Mass.* 1, (4), 36 pp.

Rossby, C. G. and Montgomery, R. B. (1935), 'The layers of frictional influence in wind and ocean currents', *MIT, Woods Hole, Pap. Phys. Oceanog. Meteorol.* 3, (3), 101 pp.

Rossby, C. G., (1940), 'Planetary flow patterns in the atmosphere', *Quart. J. Roy. Meteorol. Soc. Suppl.* 66, 68–87.

Rotta, J. C. (1951), 'Statistische Theorie nichthomogener Turbulenz', *Z. Phys.*, 129, 547–572; 131, 51–77.

Rouse, W. R., Mills, P. F., and Stewart, R. B. (1977), 'Evaporation in high latitudes', *Water Resour. Res.* 13, 909–914.

Ryan, P. J., Harleman, D. R. F., and Stolzenbach, K. D. (1974), 'Surface heat loss from cooling ponds', *Water Resour. Res.* 10, 930–938.

Saito, T. (1962), 'On estimation of transpiration and eddy-transfer coefficient within plant communities by energy balance method', *J. Agric. Meteorol. (Nogyo Kisho) Japan* 17, 101–105.

Sasamori, T. (1970), 'A numerical study of atmospheric and soil boundary layers', *J. Atmos. Sci.* 27,

1122 – 1137.

Satterlund, D. R. (1979), 'An improved equation for estimating long-wave radiation from the atmosphere', *Water Resour. Res.* 15, 1649 – 1650.

Satterlund, D. R. and Means, J. E. (1978), 'Estimating solar radiation under variable cloud conditions', *Forest Sci.* 24, 363 – 373.

Schlichting, H. (1960), *Boundary Layer Theory* (translated by J. Kestin), 4th edn., McGraw-Hill, N. Y., 647 pp.

Schmidt, W. (1915), 'Strahlung und Verdunstung an freien Wasserflächen: ein Beitrag zum Wärmehaushalt des Weltmeers und zum Wasserhaushalt der Erde', *Ann. d. Hydrogr. u. Mar. Met.* 43, 111 – 124.

Schmugge, T. (1978), 'Remote sensing of surface soil moisture', *J. Appl. Meteorol.* 17, 1549 – 1557.

Schmugge, T. J., Jackson, T. J., and McKim, H. L. (1980), 'Survey of methods for soil moisture determination', *Water Resour. Res.* 16, 961 – 979.

Scholl, D. G. and Hibbert, A. R. (1973), 'Unsaturated flow properties used to predict outflow and evapotranspiration from a sloping lysimeter', *Water Resour. Res.* 9, 1645 – 1655.

Schreiber, P. (1904), 'Ueber die Beziehungen zwischen dem Niederschlag und der Wasserführung der Flüsse in Mitteleuropa', *Meteorol. Z.* 21, 441 – 452.

Seginer, I. (1974), 'Aerodynamic roughness of vegetated surfaces', *Boundary-Layer Meteorol.* 5, 383 – 393.

Seginer, I., Mulhearn, P. J., Bradley, E. F., and Finnigan, J. J. (1976), 'Turbulent flow in a model plant canopy', *Boundary-Layer Meteorol.* 10, 423 – 453.

SethuRaman, S. and Raynor, G. S. (1975), 'Surface drag coefficient dependence on the aerodynamic roughness of the sea', *J. Geophys. Res.* 80, 4983 – 4988.

Shahane, A. N., Thomas, D., and Bock, P. (1977), 'Spectral analysis of hydrometeorological time series', *Water Resour. Res.* 13, 41 – 49.

Shannon, J. W. (1968), 'Use of atmometers in estimating evapotranspiration', *J. Irrig. Drain. Div., Proc. ASCE* 94 (IR3), 309 – 320.

Shaw, R. H. (1977), 'Secondary wind speed maxima inside plant canopies', *J. Appl. Meteorol.* 16, 514 – 521.

Shawcroft, R. W., Lemon, E. R., Allen, L. H. Jr., Stewart, D. W., and Jensen, S. E. (1974), 'The soilplant-atmosphere model and some of its predictions', *Agric. Met.* 14, 287 – 307.

Sheppard, P. A. (1958), 'Transfer across the earth's surface and through the air above', *Quart. J. Roy. Meteorol. Soc.* 84, 205 – 224.

Sheppard, P. A., Tribble, D. T., and Garratt, J. R. (1972), 'Studies of turbulence in the surface layer over water (Lough Neagh), Part I Instrumentation, programme, profiles', *Quart. J. Roy. Meteorol. Soc.* 98, 627 – 641.

Sheriff, N. and Gumley, P. (1966), 'Heat transfer and friction properties of surfaces with discrete roughnesses', *Int. J. Heat Mass Transfer* 9, 1297 – 1319.

Sherman, F. S., Imberger, J., and Corcos, G. M. (1978), 'Turbulence and mixing in stably stratified waters', *Ann. Rev. Fluid Mech.* 10, 267 – 288.

Shir, C. C. (1972), 'A numerical computation of air flow over a sudden change of surface roughness', *J. Atmos. Sci.* 29, 304 – 310.

Shnitnikov, A. V. (1974), 'Current methods for the study of evaporation from water surfaces and evapotranspiration', *Hydrol. Sci. Bull.*, *Intern. Assoc. Hydrol. Sci.* 19, 85 – 97.

Shulyakovskiy, L. G. (1969). 'Formula for computing evaporation with allowance for temperature of free water surface', *Soviet Hydrol. Selec. Papers*, No. 6, 566 – 573.

Shuttleworth, W. J. and Calder, I. R. (1979), 'Has the Priestley-Talyor equation any relevance to forest evaporation?', *J. Appl. Meteorol.* 18, 639 – 646.

Sinclair, T. R., Allen, L. H., and Lemon, E. R. (1975), 'An analysis of errors in the calculation of energy flux densities above vegetation by a Bowen-ratio profile method', *Boundary-Layer Meteorol.* 8, 129 – 139.

Slatyer, R. O. and McIlroy, I. e. (1967), *Practical Microclimatology*, CSIRO, Melbourne, Australia, 310 pp.

Smedman-Högström, A. – S. (1973), 'Temperature and humidity spectra in the atmospheric surface layer', *Boundary-Layer Meteorol.* 3, 329 – 347.

Smedman-Högström, A. -S and Högström, U. (1973), 'The Marsta micrometeorological field project', *Boundary-Layer Meteorol.* 5, 259 – 273.

Smith, S. D. (1974), 'Eddy flux measurements over Lake Ontario', *Boundary-Layer Meteorol.* 6, 235 – 255.

Smith, S. D. and Banke, E. G. (1975), 'Variation of the sea surface drag coefficent with wind speed', *Quart. J. Roy. Meteorol. Soc.* 101, 665 – 673.

Söderman, D. and Wesantera, J. (1966), 'Some monthly values of evapotranspiration in Finland computed from aerological data', *Geophysica*, 8, 281 – 290.

Stanhill, G. (1962), 'The use of the Piche evaporimeter in the calculation of evaporation', *Quart. J. Roy. Meteorol. Soc.* 88, 80 – 82.

Stanhill, G. (1969), 'A simple instrument for the field measurement of turbulent diffusion flux', *J. Appl. Meteorol.* 8, 509 – 513.

Staple, W. J. (1976), 'Prediction of evaporation from columns of soil during alternate periods of wetting and drying', *Soil Sci. Soc. Am. J.* 40, 756 – 761.

Stegen, G. R., Gibson, C. H., and Friehe, e. A. (1973), 'Measurements of momentum and sensible heat fluxes over the open ocean', *J. Phys. Oceanog.* 3, 86 – 92.

Stephens, J. C. (1965), 'Discussion of "Estimating evaporation from insolation" ', *J. Hydraul. Div.*, *Proc. ASCE* 91, (HY5), 171 – 182.

Stephens, J. C. and Stewart, E. H. (1963), 'A comparison of procedures for computing evaporation and evapotranspiration', General Assembly of Berkeley, Int. Assoc. Sci. Hydrology, Publn. No. 62, pp. 123 – 133.

Stewart, J. B. and Thorn, A. S. (1973), 'Energy budgets in pine forest', *Quart. J. Roy. Meteorol. Soc.* 99, 154 – 170.

Stewart, R. B. and Rouse, W. R. (1976), 'A simple method for determining the evaporation from shallow lakes and ponds', *Water Resour. Res.* 12, 623 – 628.

Stewart, R. B. and Rouse, W. R. (1977), 'Substantiation of the Priesley and Taylor parameter $\alpha = 1.26$ for potential evaporation in high latitudes', *J. Appl. Meteorol.* 6, 649 – 650.

Stricker, H. and Brutsaert, W. (1978), 'Actual evapotranspiration over a summer period in the "Hupsel Catchment" ', *J. Hydrol.* 39, 139 – 157.

Sutton, O. G. (1934), 'Wind structure and evaporation in a turbulent atmosphere', *Proc. Roy. Soc. London*, A146, 701 – 722.

Sutton, O. G. (1953), *Micrometeorology*, McGraw-Hili Book Co., N. Y., 333 p.

Sutton, W. G. L. (1943), 'On the equation of diffusion in a turbulent medium', *Proc. Roy. Soc. London* A182, 48 – 75.

Sverdrup, H. U. (1935), 'The ablation on Isachsen's Plateau and on the Fourteenth of July glacier in relation to radiation and meteorological conditions', *Geograf Ann.* (Stockholm) 17, 145 – 166.

Sverdrup, H. U. (1937), 'On the evaporation from the oceans', *J. Mar. Res.* 1, 3 – 14.

Sverdrup, H. U. (1946), 'The humidity gradient over the sea surface', *J. Meteorol.* 3, 1 – 8.

Swinbank, W. C. (1951), 'The measurement of vertical transfer of heat and water vapor by eddies in the lower atmosphere', *J. Meteorol.* 8, 135 – 145.

Swinbank, W. C. (1963), 'Long-wave radiation from clear skies', *Quart. J. Roy. Meteorol. Soc.* 89, 339 – 348.

Szeicz, G. and Long, I. F. (1969), 'Surface resistance of crop canopies', *Water Resour. Res.* 5, 622 – 633.

Takeda, K. (1966), 'On roughness length and zero-plane displacement in the wind profile of the lowest air layer', *J. Meteorol. Soc. Japan, Ser. II* 44, 101 – 107.

Talsma, T. (1970), 'Hysteresis of two sands and the independent domain model', *Water Resour. Res.* 6, 964 – 970.

Tan, H. S. and Ling, S. C. (1963), 'Quasi-steady micro-meteorological atmospheric boundary layer over a wheatfield', in E. R. Lemon (ed.), *The Energy Budget at the Earth's Surface*, ARS, USDA Production Res. Rept. No. 72, Washington, DC, pp. 7 – 25.

Tanner, C. B. (1960), 'Energy balance approach to evapotranspiration from crops', *Soil Sci. Soc. Am. Proc.* 24, 1 – 9.

Tanner, C. B. and Jury, W. A. (1976), 'Estimating evaporation and transpiration from a row crop during incomplete cover', *Agron. J.* 68, 239 – 242.

Tanner, C. B. and Pelton, W. L. (1960), 'Potential evapotranspiration estimates by the approximate energy balance method of Penman', *J. Geophys. Res.* 65, 3391 – 3413.

Taylor, G. I. (1935), 'Statistical theory of turbulence', *Proc. Roy. Soc. London* A151, 421 – 478.

Taylor, G. I. (1938), The spectrum of turbulence', *Proc. Roy. Soc. London* AI64, 476 – 490.

Taylor, P. A. (1969a), 'On wind and shear stress profiles above a change in surface roughness', *Quart. J. Roy. Meteorol. Soc.* 95, 77 – 91.

Taylor, P. A. (1969b), 'On planetary boundary layer flow under conditions of neutral thermal stability', *J. Atmos. Sci.* 26, 427 – 431.

Taylor, P. A. (1969c), 'The planetary boundary layer above a change in surface roughness', *J. Atmos. Sci.* 26, 432 – 440.

Taylor, P. A. (1970), 'A model of airflow above changes in surface heat flux, temperature and roughness for neutral and unstable conditions', *Boundary-Layer Meteorol.* 1, 18 – 39.

Taylor, P. A. (1971), 'Airflow above changes in surface heat flux, temperature and roughness; an extension to include the stable case', *Boundary-Layer Meteorol.* 1, 474 – 497.

Taylor, R. J. (1960), 'Similarity theory in the relation between fluxes and gradients in the lower atmosphere', *Quart. J. Roy. Meteorol. Soc.* 86, 67 – 87.

Taylor, R. J. (1961), 'A new approach to the measurement of turbulent fluxes in the lower atmosphere', *J. Fluid Mech.* 10, 449 – 458.

Tennekes, H. (1970), 'Free convection in the turbulent Ekman layer of the atmosphere', *J. Atmos. Sci.* 27, 1027 – 1034.

Tennekes, H. (1973), The logarithmic wind profile', *J. Armos. Sci.* 30, 234 – 238.

Tennekes, H. and Lumley, J. L. (1972), *A First Course in Turbulence*, The MIT Press, Cambridge, Mass. , 300 pp.

Thorn, A. S. (1971), 'Momentum absorption by vegetation', *Quart. J. Roy. Meteorol. Soc.* 97, 414 – 428.

Thorn, A. S. (1972), 'Momentum, mass and heat exchange of vegetation', *Quart. J. Roy. Meteorol. Soc.* 98, 124 – 134.

Thorn, A. S. (1975), 'Momentum, mass and heat exchange of plant communities', in J. L. Monteith, (ed.) *Vegetation and the Atmosphere*, Vol. Ⅰ. Principles, Academic Press, London, pp. 57 – 109.

Thorn, A. S. and Oliver, H. R. (1977), 'On Penman's equation for estimating regional evaporation', *Quart. J. Roy. Meteorol. Soc.* 103, 345 – 357.

Thorn, A. S. , Stewart, J. B. , Oliver, H. R. , and Gash, J. H. C. (1975), 'Comparison of aerodynamic and energy budget estimates of fluxes over a pine forest', *Quart. J. Roy. Meteorol. Soc.* 101, 93 – 105.

Thornthwaite, C. W. (1948), 'An approach toward a rational classification of climate', *Geograph. Rev.* 38, 55 – 94.

Thornthwaite, C. W. and Holzman, B. (1939), The determination of evaporation from land and water surfaces', *Monthly Weath. Rev.* 67, 4 – 11.

Timofeev, M. P. (1954), 'Change in the meteorological regime on irrigation', *Izv. Akad. Nauk*, S. S. S. R. , *Ser. Geogaf No. 2*, 108 – 113.

Townsend, A. A. (1965a) 'Self-preserving flow inside a turbulent boundary layer', *J. Fluid Mech.* 22, 773 – 797.

Townsend, A. A. (1965b), 'The response of a turbulent boundary layer to abrupt changes in surface conditions', *J. Fluid Mech.* 22, 799 – 822.

Townsend, A. A. (1966), 'The flow in a turbulent boundary layer after a change in surface roughness', *J. Fluid Mech.* 26, 255 – 266.

Tschinkel, H. M. (1963), 'Short-term fluctuation in streamflow as related to evaporation and transpiration', *J. Geophys. Res.* 68, 6459 – 6469.

Tsukamoto, O. , Hayashi, T. , Monji, N. , and Mitsuta, Y. (1975), Transfer coefficients and turbulence-flux relationship as directly observed over the ocean during the AMTEX '74', Scient. Report, 4th AM-TEX Study Confer. , (Tokyo, Sept. 1975), pp. 109 – 112.

Tsvang, L. R. , Koprov, B. M. , Zubkonskii, S. L. , Dyer, A. J. , Hicks, B. B. , Miyake, M. , Stewart, R. W. , and McDonald, J. W. (1973), 'A comparison of turbulence measurements by different instruments: Tsimlyansk field experiment', *Boundary-Layer Meteorol.* 3, 499 – 521.

Turc, L. (1954, 1955), 'Le bilan d'eau des sols: relations entre les precipitations, l'évaporation et l'écoulement', *Ann. Agron.* 5, 491 – 595; 6, 5 – 131.

Uchijima, Z. (1962), 'Studies on the micro-climate within plant communities' (1): 'On the turbulent transfer coefficient within plant layer', *J. Agric. Meteorol.* (*Nogyo Kisho*) *Japan* 18, 1 – 9.

Uchijima, Z., Udagawa, T., Horie, T. and Kobayashi, K. (1970), 'Studies of energy and gas exchange within crop canopies' (8): 'Turbulent transfer coefficient and foliage exchange velocity within a corn canopy', *J. Agric. Meteorol.* (*Nogyo Kisho*) *Japan* 25, 215 – 227.

Uchijima, Z. and Wright, J. L. (1964), 'An experimental study of air flow in a corn plant-air layer', *Bull. Nation. Inst. Agric. Sci. Japan* (*Nogyo Gijutsu Kenkyusho Hokoku*) A11, 19 – 66.

Unsworth, M. H. and Monteith, J. L. (1975), 'Long-wave radiation at the ground', *Quart. J. Roy. Meteorol. Soc.* 101, 13 – 24.

Van Bavel, C. H. M. (1966), 'Potential evaporation: the combination concept and its experimental verification', *Water Resour. Res.* 2, 455 – 467.

Van Bavel, C. H. M. (1961), 'Lysimetric measurements of evapotranspiration rates in the eastern United States', *Proc. Soil Sci. Soc. Am.* 25, 138 – 141.

Van Bavel, C. H. M. (1967), 'Changes in canopy resistance to water loss from alfalfa induced by soil water depletion', *Agric. Meteorol.* 4, 165 – 176.

Van Bavel, C. H. M. and Myers, L. E. (1962), 'An automatic weighing Iysimeter', *Agric. Eng.* 43, 580 – 583, 587 – 588.

Van Bavel, C. H. M. and Reginato, R. J. (1965), 'Precision Iysimetry for direct measurement of evaporative flux', Internat. Sympos. Methodol. of Plant Eco-Physiol., Montpellier, France, 1962, pp. 129 – 135.

Van Hylckama, T. E. A. (1968), 'Water level fluctuation in evapotranspirometers', *Water Resour. Res.* 4, 761 – 768.

Van Wijk, W. R. (1963), 'General temperature variations in a homogeneous soil', in W. R. Van Wijk, (ed.), *Physics of Plant Environment*, North Holland Publ. Co., Amsterdam, pp. 144 – 170.

Van Wijk, W. R. and De Vries, D. A. (1963), 'Periodic temperature variations in a homogeneous soil', in W. R. Van Wijk, (ed.), *Physics of Plant Environment*, North Holland Publ. Co., Amsterdam, pp. 102 – 143.

Van Wijk, W. R. and Scholte Ubing, D. W. (1963), 'Radiation', in W. R. Van Wijk (ed.) *Physics of Plant Environment*, North Holland Publ. Co., Amsterdam, pp. 62 – 101.

Verma, S. B., Rosenberg, N. J., and Blad, B. L. (1978), 'Turbulent exchange coefficients for sensible heat and water vapor under advective conditions', *J. Appl. Meteorol.* 17, 330 – 338.

Warhaft, Z. (1976), 'Heat and moisture flux in the stratified boundary layer', *Quart. J. Roy. Meteorol. Soc.* 102, 703 – 707.

Webb, E. K. (1960), 'On estimating evaporation with fluctuating Bowen ratio', *J. Geophys. Res.* 65, 3415 – 3417.

Webb, E. K. (1964), 'Further note on evaporation with fluctuating Bowen ratio', *J. Geophys. Res.* 69, 2649 – 2650.

Webb, E. K. (1966), 'A pan-lake evaporation relationship', *J. Hydrology*, 4, 1 – 11.

Webb, E. K. (1970), 'Profile relationships: The log-linear range, and extension to strong stability', *Quart. J. Roy. Meteorol. Soc.* 96, 67 – 90.

Weisman, R. N. (1975), 'Comparison of warm water evaporation equations', *J. Hydraul. Div., Proc. ASCE* 101 (HY10), 1303 – 1313.

Weisman, R. N. and Brutsaert, W. (1973), 'Evaporation and cooling of a lake under unstable atmospheric conditions', *Water Resour. Res.* 9, 1242 – 1257.

Wesely, M. L., Eastman, J. A., Cook, D. R., and Hicks, B. B. (1978), 'Daytime variations of ozone eddy fluxes to maize', *Boundary-Layer Meteorol.* 15, 361 – 373.

Wesely, M. L. and Hicks, B. B. (1975), 'Comments on "Limitations of an eddy-correlation technique for the determination of the carbon-dioxide and sensible heat fluxes"', *Boundary-Layer Meteorol.* 9, 363 – 367.

Wieringa, J. (1972), 'Tilt errors and precipitation effects in trivane measurements of turbulent fluxes over open water', *Boundary-Layer Meteorol.* 2, 406 – 426.

Wieringa, J. (1974), 'Comparison of three methods for determining strong wind stress over Lake Flevo', *Boundary-Layer Meteorol.* 7, 3 – 19.

Williams, R. J., Broersma, K., and Van Ryswyk, A. L. (1978), 'Equilibrium and actual evapotranspiration from a very dry vegetated surface', *J. App. Meteorol.* 17, 1827 – 1832.

Williamson, R. E. (1963), 'The management of soil salinity in Iysimeters', *Soil Sci. Soc. Am. Proc.* 27, 580 – 583.

Willis, W. O. (1960), 'Evaporation from layered soils in the presence of a water table', *Soil Sci. Soc. Am. Proc.* 24, 239 – 242.

Wilson, R. G. and Rouse, W. R. (1972), 'Moisture and temperature limits of the equilibrium evapotranspiration model', *J. Appl. Meteorol.* 11, 436 – 442.

Wooding, R. A., Bradley, E. F., and Marshall, J. K. (1973), 'Drag due to regular arrays of roughness elements of varying geometry', *Boundary-Layer Meteorol.* 5, 285 – 308.

Wright, J. L. and Brown, K. W. (1967), 'Comparison of momentum and energy balance methods of computing vertical transfer within a crop', *Agroh. J.* 59, 427 – 432.

Wüst, G. (1937), 'Temperatur-und Dampfdruckgefälle in den untersten Metern über der Meeresoberfläche', *Meteorol. Z.* 54, 4 – 9.

Wyngaard, J. C. (1973), 'On surface layer turbulence', in D. A. Haugen (ed.), *Workshop on Micrometeorology*, Amer. Meteorol. Soc., pp. 101 – 149.

Wyngaard, J. C., Arya, S. P. S., and Coté, O. R. (1974), 'Some aspects of the structure of convective planetary boundary layers', *J. Atmos. Sci.* 31, 747 – 754.

Wyngaard, J. C. and Coté, O. R. (1971), 'The budgets of turbulent kinetic energy and temperature variance in the atmospheric surface layer', *J. Atmos. Sci.* 28, 190 – 201.

Yadav, B. R. (1965), 'Total solar radiation in relation to duration of sunshine', *Indian J. Meteorol. Geophys.* 16, 261 – 266.

Yaglom, A. M. (1972), 'Turbulent diffusion in the surface layer of the atmosphere', *Izv. Acad. Sci. U.S.S.R., Atmos. Oceanic Phys.* 8, 579 – 593 (English edn. AGU 333 – 340.)

Yaglom, A. M. (1976), 'Semi-empirical equations of turbulent diffusion in boundary layers', *Fluid Dynamics Trans. (Polish Acad. Sci., Inst. Fund. Technol. Res., Warsaw)* 7 (II), 99 – 144.

Yaglom, A. M. (1977), 'Comments on wind and temperature flux-profile relationships', *BoundaryLayer Meteorol.* 11, 89 – 102.

Yaglom, A. M. and Kader, B. A. (1974), 'Heat and mass transfer between a rough wall and turbulent fluid flow at high Reynolds and Péclet numbers', *J. Fluid Mech.* 62, 601 – 623.

Yamada, T. (1976), 'On the similarity functions *A*, *B* and *C* of the planetary boundary layer', *J. Atmos. Sci.* 33, 781 – 793.

Yamamoto, G. (1950), 'On nocturnal radiation', *Sci. Rep. Tohoku Univ. (Sendai, Japan), Ser.* 5, *Geophys.* 2, 27 – 43.

Yamamoto, G. and Shimanuki, A. (1964), 'Profiles of wind and temperature in the lowest 250 meters in Tokyo', *Sci. Rep. Tohoku Univ. (Sendai, Japan), Ser.* 5, *Geophys.* 15, 111 – 114.

Yamamoto, G. and Miura, A. (1950), 'Evaporation by natural convection', *Sci, Rep. Tohoku Univ. (Sendai, Japan), Ser.* 5, *Geophys.* 2, 48 – 50.

Yap, D., Black, T. A., and Oke, T. R. (1974), 'Calibration and tests of a yaw sphere-thermometer system for sensible heat flux measurements', *J. Appl. Meteorol.* 13, 40 – 45.

Yasuda, N. (1975), 'The heat balance at the sea surface observed in the East China Sea', *Sci. Rep. Tohoku Univ. (Sendai, Japan), Ser.* 5, *Geophys.* 22, 87 – 105.

Yeh, G. T. and Brutsaert, W. (1970), 'Pertubation solution of an equation of atmospheric turbulent diffusion', *J. Geophys. Res.* 75, 5173 – 5178.

Yeh, G. T. and Brutsaert, W. (1971a), 'A numerical solution of the two dimensional steady-state turbulent transfer equation', *Monthly Weath. Rev.* 99, 494 – 500.

Yeh, G. T. and Brutsaert, W. (1971b), 'Sensitivity of the solution for heat flux or evaporation to offdiagonal turbulent diffusivities', *Water Resour. Res.* 7, 734 – 735.

Yeh, G. T. and Brutsaert, W. (1971c), 'A solution for simultaneous turbulent heat and vapor transfer between a water surface and the atmosphere', *Boundary-Layer Meteorol.* 2, 64 – 82.

Yih, C. -S. (1952), 'On a differential equation of atmospheric diffusion', *Trans. Am. Geophys. Un.* 33, 8 – 12.

Yotsukura, N., Jackman, A. P., and Faust, C. R. (1973), 'Approximation of heat exchange at the air-water interface', *Water Resour. Res.* 9, 118 – 128.

Yu, S. L. and Brutsaert, W. (1967), 'Evaporation from very shallow pans', *J. Appl. Meteorol.* 6, 265 – 271.

Yu, S. L. and Brutsaert, W. (1969a), 'The generation of an evaporation time series for Lake Ontario', *Water Resour. Res.* 5, 785 – 796.

Yu, S. L. and Brutsaert, W. (1969b), 'Stochastic aspects of Lake Ontario evaporation', *Water Resour. Res.* 5, 1256 – 1266.

Yordanov, D. and Wippermann, F. (1972), 'The parameterization of the turbulent fluxes of momentum, heat and moisture at the ground in a baroclinic planetary boundary layer', *Beitr. Phys. Atmos., Contr. Atmos. Phys.* 45, 58 – 65.

Zilitinkevich, S. S. (1969), 'On the computation of the basic parameters of the interaction between the atmosphere and the ocean', *Tellus* 21, 17 – 24.

Zilitinkevich, S. S. and Deardorff, J. W. (1974), 'Similarity theory for the planetary boundary layer of time-dependent height', *J. Atoms. Sci.* 31, 1449 – 1452.

Zilitinkevich, S. S., Laikhtman, D. L., and Monin, A. S. (1967), 'Dynamics of the atmospheric boundary layer', *lzv. Acad. Sci. U.S.S.R., Atmos. Oceanic Phys.* 3, 297 – 333 (English edn. AGU, 170 – 191).

名 词 术 语 索 引

atomic concepts (history)　　　　　　　　　　　　（阐释蒸发的）原子概念（历史）

    in Greek philosophy　　　　　　　　　　　　　　希腊哲学中～

    in middle ages　　　　　　　　　　　　　　　　中世纪～

    of Descartes and Halley　　　　　　　　　　　　笛卡尔和哈雷～

    particle separation theory　　　　　　　　　　　～与离子分解理论

available energy flux　　　　　　　　　　　　　可用能量通量

averaging period　　　　　　　　　　　　　　　平均时段

B

baroclinicity　　　　　　　　　　　　　　　　斜压性

bluff-rough surface　　　　　　　　　　　　　　不可穿透粗糙面

Bouchet's hypothesis　　　　　　　　　　　　　布切特假设

boundary layer，　　　　　　　　　　　　　　　边界层

    see atmospheric boundary layer　　　　　　　　参见 大气边界层

    internal，*see* internal boundary layer　　　　　　内部～，参见 内部边界层

Boussinesq assumption　　　　　　　　　　　　布西尼斯克假定

Bowen ratio　　　　　　　　　　　　　　　　　波文比

    application　　　　　　　　　　　　　　　　　～的应用

    over wet surfaces　　　　　　　　　　　　　　　湿润表面的～

    scalar admixtures　　　　　　　　　　　　　　　标量混合物的～

    with bulk stomatal resistance　　　　　　　　　～与气孔整体阻抗

    with local advection　　　　　　　　　　　　　～与局部平流

bulk transfer equations　　　　　　　　　　　　整体传输方程

    atmospheric boundary layer　　　　　　　　　　～与大气边界层

    for foliage elements　　　　　　　　　　　　　叶片的～

    in terms of resistance　　　　　　　　　　　　根据阻抗的～

    interfacial sublayer　　　　　　　　　　　　　界面副层的～

    scalar admixtures，surface sublayer　　　　　　标量混合物或表面副层的～

    surface sublayer　　　　　　　　　　　　　　　近地表副层～

    to determine evaporation　　　　　　　　　　　用～确定蒸发量

    see also mass transfer coefficient，　　　　　　另参见 传输系数、

    drag coefficient，heat transfer coefficient，　　拖曳系数、传热系数、

    wind function　　　　　　　　　　　　　　　　风函数

C

canopy resistance　　　　　　　　　　　　　　冠层阻抗

canopy sublayer　　　　　　　　　　　　　　　林冠副层

capillary conductivity　　　　　　　　　　　　毛细管导度

catchment evaporation　　　　　　　　　　　　流域蒸发

    proportional to potential evaporation　　　　　　～与潜在蒸发的比例相关关系

    related to net radiation　　　　　　　　　　　　～与净辐射的关系

246

附 图　全球年蒸发量分布图

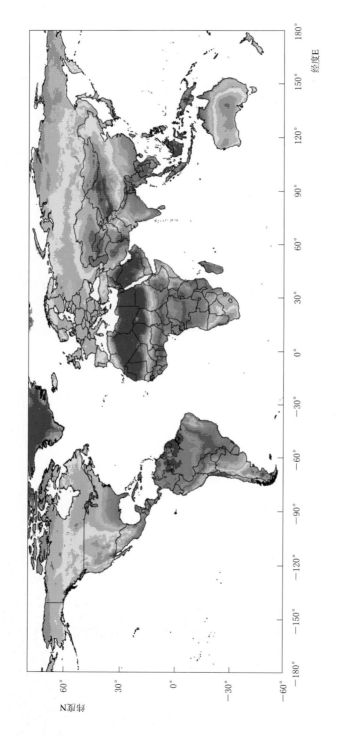

年平均蒸发量/（mm/a）

50　100　200　300　400　500　600　700　800　900　1000　1100　1200　1300　1400　1500

［原著者 2020 年计算结果。参见：Brutsaert，W.，L. Cheng，and L. Zhang（2020），Spatial Distribution of Global Landscape E-vaporation in the Early Twenty First Century by Means of a Generalized Complementary Approach，Journal of Hydrometeorology，2020，21（2），287–298，doi：10. 1175/JHM–D–19–0208. 1.］